建筑工程施工监理人员岗位丛书

建筑工程监理基础知识

（第二版）

杨效中　主编

中国建筑工业出版社

图书在版编目(CIP)数据

建筑工程监理基础知识/杨效中主编. —2 版. —北京：中国建筑工业出版社，2012.11 (2023.9 重印)

（建筑工程施工监理人员岗位丛书）

ISBN 978-7-112-14815-8

Ⅰ. ①建… Ⅱ. ①杨… Ⅲ. ①建筑工程-监理工作-基本知识 Ⅳ. ①TU712

中国版本图书馆 CIP 数据核字(2012)第 255951 号

本书自 2003 年出版以来监理工作要求有了进一步的提高，监理工作的法规体系有了进一步的完善，监理工作方法也有了进一步的发展，因此重新修订了本书。本书的修订体现在三个方面：一是适应监理工作制度与法规的新要求；二是强化质量与安全方面的监理工作；三是简明实用、体系完整。

* * *

责任编辑：郦锁林　赵晓菲

责任设计：李志立

责任校对：肖　剑　王雪竹

建筑工程施工监理人员岗位丛书

建筑工程监理基础知识(第二版)

杨效中　主编

*

中国建筑工业出版社出版、发行(北京西郊百万庄)

各地新华书店、建筑书店经销

北 京 天 成 排 版 公 司 制 版

北京圣夫亚美印刷有限公司印刷

*

开本：787×1092 毫米　1/16　印张：20¾　字数：500 千字

2013 年 11 月第二版　　2023 年 9 月第三十三次印刷

定价：48.00 元

ISBN 978-7-112-14815-8

(22814)

建筑工程施工监理人员岗位丛书编委会

主　编　杨效中

副主编　徐　钊　徐　霞

编　委　蒋惠明　杨卫东　谭跃虎　何皎皎　梅　钰

　　　　桑林华　段建立　郑章清　卢本兴　卢希红

　　　　关洪军　杨庆恒

丛书第二版前言

随着我国城镇化进程的加快推进，固定资产投资继续较快增长，工程建设任务将呈现出量大、面广、点多、线长的特征，工程监理任务更加繁重。与此同时，工程项目的技术难度越来越大，标准规范越来越严，施工工艺越来越精，质量要求越来越高，对工程监理企业能力和工程监理人员素质提出了更高要求。

本丛书自2003年出版以来，我国的建设监理工作也有了很大的发展，在2005年和2010年两次召开了全国建设监理工作会议。2004年国务院颁布了《建设工程安全生产管理条例》，住房和城乡建设部也修订出台了《注册监理工程师管理规定》和《工程监理企业资质管理规定》，住房和城乡建设部与国家发改委共同出台了《建设工程监理与相关服务收费标准》，住房和城乡建设部与国家工商行政管理总局联合发布《建设工程监理合同（示范文本）》GF—2012—0202，《建设工程监理规范》GB/T 50319—2013的修订完成，促进了工程监理制度的不断完善，对规范工程监理行为，提高工程监理水平，起到了重要的促进作用。

2003年以来，建筑工程的技术也有了很大的发展，国家先后出台了与建筑工程相关的材料、设计、施工、试验、验收等各类标准有数百项之多，与建筑工程监理直接相关的标准有近两百项，广大监理人员也必须适应建筑技术的发展和工程建设的需要。

2004年以来国务院多次发布了节能方面的政策与文件，全国人大于2007年新修订的《节约能源法》进一步突出了节能在我国经济社会发展中的战略地位，明确了节能管理和监督主体，增强了法律的针对性和可操作性，为节能工作提供了法律保障。工程监理单位也应承担相应的节能监理工作。

上述三大方面的发展与变化使得本套丛书第一版的内容已不能满足当前监理工作的需要。因此，我们对本套丛书进行了全面的修订。

本套丛书基本框架维持不变，增加了《建筑节能工程监理》一书。本丛书修订工作主要突出三方面的工作：一是以现行国家与行业的法规政策为依据对丛书的内容进行全面的修订；二是以2003年以来国家行业修订或新颁布的材料标准、技术规范或验收规定为依据，修改相关内容和充实相关内容；三是根据建筑工程近年来的新发展，增加了新技术方面的内容，同时删去了一些不太常见的内容以减少篇幅。

本书的修订由解放军理工大学、上海同济工程项目管理咨询有限公司、江苏建科监理有限公司、江苏安厦项目管理有限公司和苏州工业园区监理公司等具有丰富监理工作经验的人员共同完成。

随着我国监理事业的不断向纵深发展，对监理工作手段与方法的探讨也在不断深入。尽管我们具有一定的监理工作经验，编写过程中也尽了最大的努力，但是由于学识水平有限、编写时间仓促，书中难免有不当之处，敬请读者给予批评指正。

丛书主编　杨效中

2013年6月

第 二 版 前 言

为了专业技术人员进行初级的监理业务培训与教学，我们编写了本书。

本书自 2003 年出版以来受到了读者的欢迎，重印 17 余次。10 年来，监理工作要求有了进一步的提高，监理工作的法规体系有了进一步的完善，监理工作方法也有了进一步的发展，本教材已难以适应当前监理业务培训的要求，因此我们重新组织修订了本书。本书的修订体现在三个方面：

一是适应监理工作制度与法规的新要求。2003 年以来，国家出台了《建设工程安全生产管理条例》、住房和城乡建设部修订了《工程监理企业资质管理规定》、《注册监理工程师管理规定》、住房和城乡建设部与国家发改委共同出台了《建设工程监理与相关服务收费标准》、《建设工程监理规范》GB/T 50319—2013 等。本次修订以最新的文件、规范为依据。

二是强化质量与安全方面的监理工作。质量和安全是一切工程项目的生命线。监理工作者都应以对国家、对人民、对历史高度负责的精神，把质量和安全摆在首位。本书充实了质量控制内容并增加了安全生产监理工作一章。

三是简明实用、体系完整。本书原有二十章，修订调整为十二章，以监理工作制度为起点，强调监理工作的组织、内容与一般方法，最后再分别讲授质量控制、进度控制、合同与招标、造价控制、安全生产、信息管理等。进度控制中增加了横道图与流水施工组织计划，造价控制中增加了工程量清单计价的介绍。

本书由杨效中担任主编，由余有山、蒋惠明担任副主编。第一章由蒋惠明编写，第二、三、四、五、八章由杨效中编写，第六、七章由余有山编写，第九、十、十二章由仲洁编写，第十一章由杨红林编写。全书由杨效中统稿，由徐霞主审。

监理工作还在发展之中，作者的理论水平与现场经验有限，书中一定有一些欠妥之处，诚请广大读者提出宝贵意见。

目　　录

第一章 工 程 监 理 概 论

第一节 工 程 建 设 概 述

工程建设是以工程建设项目为单元来实施的，因此要想了解工程建设的基本情况，首先要从建设项目开始。

一、建设项目

（一）概念

基本建设工程项目，亦称建设项目，是指在一个总体设计或初步设计范围内，由一个或几个单项工程所组成，经济上实行统一核算，行政上实行统一管理的项目单元。一般以向上级申报和审批的可行性研究报告中的建设内容作为一个建设项目。

凡属于一个总体设计中的主体工程和相应的附属配套工程、综合利用工程、环境保护工程、供水供电工程以及水库的干渠配套工程等，都统作为一个建设项目；凡是不属于一个总体设计，经济上分别核算，工艺流程上没有直接联系的几个独立工程，应分别列为几个建设项目。

每个建设项目构成，又可细分为单项工程、单位工程、分部（分项）工程。

（二）分类

由于工程建设项目种类繁多，为了适应科学管理的需要，正确反映工程建设项目的性质、内容和规模，可从不同角度对工程建设项目进行分类。

1. 按建设性质划分

基本建设项目可分为新建项目、扩建项目、迁建项目和恢复项目。

（1）新建项目

是指根据国民经济和社会发展的近远期规划，按照规定的程序立项，从无到有、"平地起家"的建设项目。有的单位如果原有基础薄弱需要再兴建的项目，其新增加的固定资产价值超过原有全部固定资产价值（原值）3倍以上时，才可算新建项目。

（2）扩建项目

是指现有企业、事业单位在原有场地内或其他地点，为扩大产品的生产能力或增加经济效益而增建的生产车间、独立的生产线或分厂的项目；事业和行政单位在原有业务系统的基础上扩充规模而进行的新增固定资产投资项目。

（3）迁建项目

是指原有企业、事业单位，根据自身生产经营和事业发展的要求，按照国家调整生产力布局的经济发展战略的需要或出于环境保护等其他特殊要求，搬迁到异地而建设的项目。

（4）恢复项目

是指原有企业、事业和行政单位，因在自然灾害或战争中使原有固定资产遭受全部或部分报废，需要进行投资重建来恢复生产能力和业务工作条件、生活福利设施等的建设项目。这类项目，不论是按原有规模恢复建设，还是在恢复过程中同时进行扩建，都属于恢复项目。但对尚未建成投产或交付使用的项目，受到破坏后，若仍按原设计重建的，原建设性质不变；如果按新设计重建，则根据新设计内容来确定其性质。

基本建设项目按其性质分为上述四类，一个基本建设项目只能有一种性质，在项目按总体设计全部建成以前，其建设性质是始终不变的。

改造项目包括挖潜工程、节能工程、安全工程、环境保护工程等。

2. 按投资作用划分

工程建设项目可分为生产性建设项目和非生产性建设项目。

（1）生产性建设项目。是指直接用于物质资料生产或直接为物质资料生产服务的工程建设项目。主要包括：

1）工业建设，包括工业、国防和能源建设；

2）农业建设，包括农、林、牧、渔、水利建设；

3）基础设施建设，包括交通、邮电、通信建设，地质普查、勘探建设等；

4）商业建设，包括商业、饮食、仓储、综合技术服务事业的建设。

（2）非生产性建设项目。是指用于满足人民物质和文化、福利需要的建设和非物质资料生产部门的建设。主要包括：

1）办公用房。国家各级党政机关、社会团体、企业管理机关的办公用房；

2）居住建筑。住宅、公寓、别墅等；

3）公共建筑。科学、教育、文化艺术、广播电视、卫生、博览、体育、社会福利事业、公共事业、咨询服务、宗教、金融、保险等建设；

4）其他建设。不属于上述各类的其他非生产性建设。

（三）建设项目的特点

建设项目作为项目，具备项目的特征，即有质量、工期和投资条件的约束。而作为建设项目，又具备与其他项目不同的特点，其突出的特点可归纳如下：

（1）一次性。基本建设是一次性项目，就其成果来看是单件性，投资额特别大，所以在建设中，只能成功。如达不到要求，将产生深远的影响，甚至直接关系到国民经济的发展。

（2）建设周期长。在很长时间内，基本建设只消耗人力、物力、财力，而不提供任何产品，风险比较大。

（3）整体性强。基本建设每个项目都有独立的设计文件，在总体设计范围内，各单项工程具有不可分割的联系，一些大的项目还有许多配套工程，缺一不可。这样就要求基本建设工作具有连续性，一旦开工，就不能中断。

（4）产品具有固定性。基本建设产品的固定性，使得其设计单一，不能成批生产（建设），也给实施带来复杂性，且受环境影响大，管理复杂。

（5）协作要求高。基本建设的项目比一般工业产品大得多，协作要求高，涉及行业多，协调控制难度大。

二、我国工程项目建设程序

我国的工程项目管理程序经过了多年的改革与变化，形成了比较科学的基本程序，如图 1-1 所示。监理人员是专门从事项目管理的专业人员，应该更深地了解科学的项目建设与管理的程序与流程。

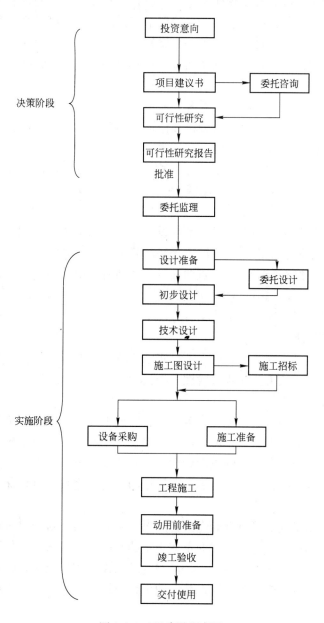

图 1-1　工程建设程序图

按我国目前的项目建设程序，大中型项目的建设过程基本可分为两大阶段，即项目决策阶段和项目实施阶段。

（一）项目决策阶段

项目决策阶段的主要任务是编制项目建议书，进行可行性研究和编制可行性研究报告。

1. 项目建议书

项目建议书是建设某一项目的建议性文件，是对拟建项目的轮廓设想。项目建议书的主要作用是为推荐拟建项目提出说明，论述建设它的必要性，以便供有关的部门选择并确定是否有必要进行可行性研究工作。项目建议书经批准后，方可进行可行性研究。但项目建议书不是项目最终决策文件。为了进一步做好项目前期工作，目前在项目建议书之前增加了项目策划或探讨工作，以便在确认初步可行时再按隶属关系编制项目建议书。

2. 可行性研究

可行性研究是在项目建议书批准后开展的一项重要的决策准备工作。可行性研究是对拟建项目的技术和经济的可行性进行分析和论证，为项目投资决策提供依据。

承担可行性研究的单位应当是经过资质审定的规划、设计、咨询和监理单位。它们对拟建项目进行经济、技术方面的分析论证和多方案的比较，提出科学、客观的评价意见，确认可行后，编写可行性研究报告。监理单位在此阶段接受委托进行的咨询工作称为相关服务工作。

可行性研究报告是确定建设项目、编制设计文件的基本依据。可行性研究报告要选择最优建设方案进行编制。批准的可行性报告是项目最终的决策文件和设计依据。

可行性研究报告经有资格的工程咨询等单位评估后，由计划或其他有关部门审批。经批准的可行性研究报告不得随意修改和变更。

可行性研究报告经批准后，组建项目管理班子，并着手项目实施阶段的工作。

（二）项目实施阶段

立项后，建设项目进入实施阶段。项目实施阶段的主要工作包括设计、建设准备、施工安装、动用前准备、竣工验收等阶段性工作。

1. 项目设计

设计工作开始前，项目业主按工程监理制度的要求委托工程监理单位进行相关的服务活动。在监理单位的协助下，根据可行性研究报告，做好勘察和调查研究工作，落实外部建设条件，组织开展设计方案竞赛或设计招标，确定设计方案和设计单位。

对一般项目，设计按初步设计和施工图设计两个阶段进行。有特殊要求的项目可在初步设计之后增加技术设计阶段。

初步设计是根据批准的可行性研究报告和设计基础资料，对项目进行系统研究、概略计算和估算，做出总体安排。它的目的是在指定的时间、空间限制条件下，在投资控制额度内和质量要求下，做出技术上可行、经济上合理的设计和规定，并编制项目总概算。

在初步设计的基础上进行施工图设计，使工程设计达到施工安装的要求，并编制施工图预算。

2. 建设准备

项目施工前必须做好建设准备工作。其中包括征地、拆迁、平整场地、通水、通电、通路以及组织设备、材料订货，组织施工招标，选择施工单位，报批开工报告等多项工作。

施工前各项施工准备由施工单位根据施工项目管理的要求做好。属于业主方的施工准备，如提供合格施工现场、设备和材料等也应根据施工要求做好。

3. 施工和动用前准备

按设计进行施工安装，建成工程实体。

与此同时，业主在监理单位协助下做好项目建成动用的一系列准备工作。例如，人员培训、组织准备、技术准备、物资准备等。

4. 竣工验收

竣工验收是项目建设的最后阶段。它是全面考核项目建设成果，检验设计和施工质量，实施建设过程事后控制的重要步骤。同时，也是确认建设项目能否动用的关键步骤。

申请验收需要做好整理技术资料、绘制项目竣工图纸、编制项目决算等准备工作。

对大中型项目应当经过初验，然后再进行最终的竣工验收。简单、小型项目可以一次性进行全部项目的竣工验收。对于建设项目全部完成，各单项工程已全部验收完成且符合设计要求，并且具备项目竣工图、项目决算、汇总技术资料以及工程总结等资料，可由业主向负责验收的单位提出验收申请报告。

项目验收合格即交付使用。同时按规定实施保修。

第二节　工程监理的概念

一、工程监理的概念

工程监理单位受建设单位委托，根据法律法规、工程建设标准、勘察设计文件及合同，在施工阶段对建设工程质量、进度、造价进行控制，对合同、信息进行管理，对工程建设相关方的关系进行协调，并履行建设工程安全生产管理法定职责的服务活动。

其要点有：

行为对象——工程监理是针对工程项目施工所实施的以监督管理为核心内容的服务活动。

行为主体——工程监理的行为主体是监理单位，监理单位要有相应的资质。

基本条件——工程监理的实施需要业主的委托和授权。

监理依据——法律法规、工程建设标准、勘察设计文件及合同等。

实施阶段——工程监理发生在项目建设的施工阶段。但是，在建设工程勘察、设计、保修等阶段提供的服务活动称为监理工作的相关服务。

行为特征——工程监理是一种微观的服务活动；针对具体的工程项目实施具体的质量控制、进度控制和投资控制，并进行合同管理与信息管理。同时要履行相关的法律责任。

二、我国工程监理的发展阶段

（1）1988 年以前，中国没有监理制度、监理公司及监理工程师。但是在世界银行和亚洲银行贷款的项目中却把实施咨询作为贷款的先决条件，因此，此阶段的项目咨询（类似于工程监理）很少，如鲁布革水电站、西三公路、南昌大桥等。有关资料估计：1979～1988 的 10 年中我国共支付项目咨询费达 15 亿美元；例如京津塘高速公路由丹麦金硕公司进行咨询，共 5 名丹麦咨询工程师，3 年共支付 135 万美元。

（2）1988～1992 年为试点阶段。原建设部在 1988 年 7 月 25 日发出开展建设监理试点工作的通知，在北京、天津、上海、哈尔滨、南京、宁波、深圳、沈阳、交通部、能源部共八市两部进行监理工作的试点，在这期间上述的八市两部分别在设计院、研究所和学院的基础上组建了监理公司，并对一些建设项目实施了监理，取得了明显的监理效果。

（3）1993～1995 年为稳步发展阶段。经过四年的试点工作，发展了一批监理公司，培养了一批监理人员，实施了一批工程项目的监理工作，为我国的建设监理发展奠定了基础。但是前四年的试点工作所产生效应还没有扩展到全国，许多城市还没有成立监理公司或还没有实施工程项目监理，因此还有必要进一步发展试点阶段所取得的成果。这一阶段的重点是在全国每一个城市至少成立一个监理公司和至少实施一个工程项目的监理工作，为把建设监理推广到全国打下良好的基础。

（4）1996～2000 年全面推广阶段。又经过三年的发展，全社会对建设监理的认识有了很大的提高，主动委托监理的项目不断增加。同时，监理人员经过多年的探索和实践，逐步建立起一套比较规范的监理工作方法和制度。监理单位作为市场主体之一，与建设单位、承包单位、政府主管部门的关系日益清晰，尤其监理单位与建设单位的责权利关系所形成的委托监理合同内容日益规范。因此在全国推行监理制度、实现产业化，使监理制度规范、统一、有效已势在必行。原建设部与原国家计委于 1995 年 12 月 15 日联合发布《工程建设监理规定》，标志着我国建设监理向全国全面推广。

三、监理工作内容

根据《建设工程监理合同（示范文本）》GF—2012—0202，监理单位的监理工作内容至少有：

（1）收到工程设计文件后编制监理规划，并在第一次工地会议 7d 前报委托人。根据有关规定和监理工作需要，编制监理实施细则；

（2）熟悉工程设计文件，并参加由委托人主持的图纸会审和设计交底会议；

（3）参加由委托人主持的第一次工地会议，主持监理例会并根据工程需要主持或参加专题会议；

（4）审查施工承包人提交的施工组织设计，重点审查其中的质量安全技术措施、专项施工方案与工程建设强制性标准的符合性；

（5）检查施工承包人工程质量、安全生产管理制度及组织机构和人员资格；

（6）检查施工承包人专职安全生产管理人员的配备情况；

（7）审查施工承包人提交的施工进度计划，核查承包人对施工进度计划的调整；

（8）检查施工承包人的试验室；

（9）审核施工分包人资质条件；

（10）查验施工承包人的施工测量放线成果；

（11）审查工程开工条件，对条件具备的签发开工令；

（12）审查施工承包人报送的工程材料、构配件、设备质量证明文件的有效性和符合性，并按规定对用于工程的材料采取平行检验或见证取样方式进行抽检；

（13）审核施工承包人提交的工程款支付申请，签发或出具工程款支付证书，并报委托人审核、批准；

(14) 在巡视、旁站和检验过程中，发现工程质量、施工安全存在事故隐患的，要求施工承包人整改并报委托人；

(15) 经委托人同意，签发工程暂停令和复工令；

(16) 审查施工承包人提交的采用新材料、新工艺、新技术、新设备的论证材料及相关验收标准；

(17) 验收隐蔽工程、分部分项工程；

(18) 审查施工承包人提交的工程变更申请，协调处理施工进度调整、费用索赔、合同争议等事项；

(19) 审查施工承包人提交的竣工验收申请，编写工程质量评估报告；

(20) 参加工程竣工验收，签署竣工验收意见；

(21) 审查施工承包人提交的竣工结算申请并报委托人；

(22) 编制、整理工程监理归档文件并报委托人。

相关服务的范围和内容要在监理合同中的附录 A 进行约定。

第三节　工程监理的性质

工程监理是一种特殊的工程建设活动，它是工程建设活动日益复杂并进一步分工的结果，与其他的工程建设行为有明显的区别。

一、服务性

工程监理是在工程项目建设过程中，利用自己在工程建设方面的知识、技能和经验为客户提供高智能建设管理与监督服务，以满足项目业主对项目管理的需要。它所获得的报酬也是技术服务性的报酬，是脑力劳动的报酬。它不同于承建商的直接生产活动，不同于业主的直接投资行为。

需要明确指出，工程监理是监理单位接受项目业主的委托而开展的技术与管理服务活动。因此，它的直接服务对象是客户，是委托方，也就是项目业主，这是不容模糊的。这种服务性的活动是按工程监理合同来进行的，是受法律约束和保护的。在监理合同中明确地对各种服务工作进行了分类和界定，哪些是"正常服务（工作）"；哪些是"附加服务（工作）"。因此，监理单位没有任何合同责任和义务为它提供直接的工程建设产品的生产。但是，在实现项目总目标上，参与项目建设的三方是一致的，他们要协同实现工程项目。因此，有许多工作需要监理工程师进行协调、指导、纠正，以便使工程能够顺利进行。

工程监理的服务性使它与政府对工程建设行政性监督管理活动区别开来，也使它与承建商在工程项目建设中的活动区别开来。

二、独立性

从事工程监理活动的监理单位是直接参与工程项目建设的"三方当事人"之一。它与项目业主、承建商之间的关系是平等的、横向的。在工程项目建设中，监理单位是独立的服务于业主的一方，不是无条件服务于业主。我国的有关法规明确指出，监理单位应按照独立、自主的原则开展工程监理工作。国际咨询工程师联合会在它的出版物《业主与咨询工程师标准服务协议书条件》中明确指出，监理单位是"作为一个独立的专业公司受聘于业主去履行服务的一方"，应当"根据合同进行工作"，它的监理工程师应当"作为一名独立的专业人员进行工作"。同时，国际咨询工程师联合会要求其会员"相对于承包商、制造商、供应商，必须保持其行为的绝对独立性，不得从他们那里接受任何形式的好处，而使他的决定的公正性受到影响或不利于他行使委托人赋予他的职责"，"不得与任何可能妨碍他作为一个独立的咨询工程师工作的商业活动有关"，"咨询工程师仅为委托人的合法利益行使其职责，他必须以绝对的忠诚履行自己的义务并且忠诚地服务于社会的最高利益以及维护职业荣誉和名望"。因此，监理单位在履行监理合同义务和开展监理活动的过程中，要建立自己的组织，要确定自己的工作准则，"要运用自己掌握的方法和手段，根据自己的独立判断，并独立地开展工作"。而不是无条件听命于业主来开展工作。监理单位既要认真、勤奋、竭诚地为委托方服务，协助业主实现预定目标，也要按照公平、独立、自主的原则开展监理工作。

工程监理的这种独立性是建设监理制的要求，是监理单位在工程项目建设中的第三方地位所决定的，是它所承担的工程监理的基本任务所决定的。因此，独立性是监理单位开展工程监理工作的重要原则。

三、公正性

在工程项目建设中，监理单位和监理工程师应当担任什么角色和如何担任这些角色是从事工程监理工作的人们应当认真对待的一个重要问题。监理单位和监理工程师在工程建设过程中，一方面应当作为能够严格履行监理合同各项义务，能够竭诚地为客户服务的"服务方"，同时，应当成为"公正的第三方"。也就是在提供监理服务的过程中，监理单位和监理工程师应当排除各种干扰，以公正的态度对待委托方和被监理方，特别是当业主和被监理方发生利益冲突或矛盾时能够以事实为依据，以有关法律、法规和双方所签订的工程建设合同为准绳，站在第三方立场上公正地加以解决和处理，做到"公正地证明、决定或行使自己的职责"。

对工程监理和监理单位公正性的要求，首先是建设监理制对工程监理进行约束的条件。因为，实施建设监理制的基本宗旨是建立适合社会主义市场经济的工程建设新秩序，为开展工程建设创造可靠、协调的环境，为投资者和承包商提供公平竞争的条件。建设监理制的实施，使监理单位和监理工程师在工程项目建设中具有重要地位。一方面，使项目业主或法人可以摆脱了具体项目管理的困扰；另一方面，由于得到专业化的监理公司的有力支持，使业主与承建商在业务能力上达到一种平衡。为了保持这种状态，首当其冲的是要对监理单位和它的监理工程师制定约束条件。公正性要求就是重要约束条件之一。

公正性还是工程监理正常和顺利开展的基本条件。监理工程师进行目标规划、动态控制、组织协调、合同管理、信息管理等工作都是为力争在预定目标内实现工程项目建设任务这个总目标服务。但是，仅仅依靠监理单位而没有设计、施工、材料和设备供应单位的配合是不能完成这个任务的。监理成败的关键很大程度上取决于能否与承建单位以及与项目业主进行良好合作，相互支持，互相配合。而这一切都需要以监理能否具有公正性作为基础。

工程监理的公正性也是承建商的共同要求。由于建设监理制赋予监理单位在项目建设中具有一定的监督管理的权力，被监理方必须接受监理方的监督管理。所以，他们迫切要求监理单位能够办事公道，公正地开展工程监理活动。

公正性是监理行业的必然要求，它是社会公认的职业准则，也是监理单位和监理工程师的基本职业道德准则。

四、科学性

工程监理是一种高智能的技术服务，要求从事工程监理活动应当遵循科学的准则。

工程监理的科学性是由被监理单位的社会化、专业化特点决定的。承担设计、施工、材料和设备供应的都是社会化、专业化的单位。它们在技术管理方面已经达到了一定水平。这就要求监理单位和监理工程师应当具有更高的素质和水平。只有如此，他们才能实施有效的监督管理。所以，监理单位应当按照高智能、智力密集型原则进行组建。

工程监理的科学性是由它的技术服务性质决定的。它是专门通过对科学知识的应用来实现其价值的。因此，要求监理单位和监理工程师在开展监理服务时能够提供科学含量高的服务，以创造更大的价值。

工程监理的科学性是由工程项目所处的外部环境特点决定的。工程项目总是处于动态的外部环绕包围之中，无时无刻都有被干扰的可能。因此，工程监理要适应千变万化的项目外部环境，要抵御来自它的干扰，这就要求监理工程师既要富有工程经验，又要具有应变能力，要进行创造性的工作。

工程监理的科学性是由它的维护社会公共利益和国家利益的特殊使命决定的。在开展监理活动的过程中，监理工程师要把维护社会最高利益当作自己的天职。这是因为，工程项目建设牵扯到国计民生，维系着人民的生命和财产的安全，涉及公众利益。因此，监理单位和监理工程师需要以科学的态度，用科学方法来完成这项工作。

按照工程监理科学性要求，监理单位应当有足够数量的、业务素质合格的监理工程师，要有一套科学的管理制度，要配备计算机辅助监理的软件和硬件，要掌握先进的监理理论、方法，积累足够的技术、经济资料和数据，要拥有现代化的监理手段。

第四节　工程监理的定位与责任

一、工程监理的定位

监理定位与监理工作内涵、监理工作性质之间又有着密不可分的关系。一般来说，监理工作的内涵决定了监理工作性质，而监理工作性质又决定了监理定位。监理定位问题是整个监理事业发展的导向性、原则性问题，是监理行业发展的风向标，它主导了我国监理行业的发展方向。

我国建立建设工程监理制度的最初构想是由专业化的咨询单位帮助业主对工程建设实施全过程、全方位的管理，即从项目决策阶段的可行性研究开始，到设计阶段、施工阶段和工程保修阶段都实行监理，对工程质量、进度、费用进行控制。因此工程监理被定义为社会化的监理单位接受业主的委托，依据法律法规和相关规范、标准和建设工程合同，对工程建设的过程进行微观的监督和管理。其工作内涵包括咨询工作和管理服务工作。但是具体的工作内容又取决于监理委托合同。因此不同项目的监理工作内容是差异的。

FIDIC合同条件的框架关系是业主、工程师和承包商之间的"三位一体",是一种三角关系,但并非是等边三角关系。"工程师"在业主的委托下,运用科学的管理手段和方法,依据委托合同对工程进行管理。由于科学、技术本身具有客观、公正的特点,业主聘请"工程师"代表他进行授权范围的管理也能为承建方所接受。可见"工程师"被接受的前提条件是其"公平",这样也就在科学、技术层面上能够对承建方利益"有所保障"。

在工程建设体系中监理(咨询)工程师的特点:

"工程师"的存在和被接受取决于市场的需要,业主的需要;

"工程师"必须具有丰富的相关技术、知识与经验,以及管理与协调能力;

"工程师"接受业主委托,维护业主利益;

"工程师"是专业化、社会化的咨询服务机构;受业主委托,以自身的专业技术、管理技术有效地为业主控制工程建设的进度、质量和投资,有效地管理合同,使工程建设项目的总目标得到最优实现;

"工程师"因为其"公平",也为承建方所接受。

监理单位的定位可从三个方面理解:

(1)监理单位应该在质量、投资、进度和安全生产方面为建设单位完成工程建设项目而提供咨询与监督管理服务活动。委托单位与承建单位在工程建设管理上信息是不对称的,有了监理方的咨询与管理服务,监理单位要积极维护建设单位的利益,可以实现委托方与承建方的信息对称。从这个意义上讲,监理单位与建设单位的出发点是一样的。可以看作为"一家人"。

(2)监理单位履行咨询与管理服务不得损害承建方利益,他在处理建设单位与施工单位矛盾时必须公正。他只能从科学角度而不能从利益角度、感情角度来处理问题。公正地处理委托方与承建方的利益问题不应当与支付监理费联系起来。如果担心委托单位不支付监理费,往往在处理矛盾时偏袒委托方,最后的结果只会更大地损害委托方利益。从这个意义上说他又是独立的"第三方"。这个第三方不是利益的第三方,而是公正客观的角度上的第三方。

(3)监理单位在履行咨询与管理服务的过程中必须遵守法律法规,并在职责范围和工程建设管理法律框架内维护公众利益。他应当在所委托的工作范围内监督施工单位遵守质量、安全、环境保护、节能等方方面面的法律。他应当保证自己不违反法律法规,但是他无法向政府保证承建单位一定能够遵守法律法规。也就是说,他是守法者,而不是执法者,他不能也无法行使政府管理职责。

二、工程监理的责任

监理单位或监理人员在接受监理任务后应努力向项目业主或法人提供与之水平相适应的服务。相反,如果不能够按照监理委托合同及相应法律开展监理工作,按照有关法律和委托监理合同,委托单位可按监理委托合同对监理单位进行违约金处罚,或对监理单位起诉。如果违反法律,政府主管部门或检察机关可对监理单位及负有责任的监理人员提起诉讼。法律法规规定的监理单位和监理人员的责任有三个方面:

1. 工程监理的民事责任

监理的民事责任是指监理违反了法律或者合同约定的民事义务，侵害了其他各方的民事权利，按照民法规定必须承担的法律后果。承担方式一般是赔偿损失、支付违约金。

对于工程项目监理，不按照委托监理合同的约定履行义务，对应当监督检查的项目不检查或不按规定检查，给建设单位造成损失的，应承担相应的赔偿责任。

与承包单位串通，为承包单位谋取非法利益，给建设单位造成损失的，应当与承包单位承担连带赔偿责任。

与建设单位或建筑施工企业串通，弄虚作假，降低工程质量的，责令改正、处以罚款、降低资质等级、吊销资质证书；有违法所得的予以没收；造成损失的，承担连带赔偿责任。

2. 工程监理的行政责任

行政责任是指监理单位或个人违反了行政管理方面的法律、法规所规定的应当承担的法律责任。

（1）监理单位及监理人员未按法律法规、规范、强制性标准及监理委托合同规定完成相应工作造成质量事故，应当接受行政处罚。

（2）监理单位及监理人员未按法律法规、规范、强制性标准及监理委托合同规定完成相应工作造成安全事故，应当接受行政处罚。

（3）监理单位违法经营，如转让监理业务、擅自开业、超越许可范围、故意损害甲、乙方利益等，要接受政府行政处罚。如责令改正、没收违法所得、罚款、停业整顿、降低资质等级、吊销资质证书等。

3. 工程监理的刑事责任

刑事责任是指监理人员在执业过程中触犯了刑律，构成犯罪，国家司法机关对监理人员的违法犯罪行为追究其应当承担的刑事法律后果。

如刑法第137条规定，监理人员违反国家法规、规范及工程建设强制性标准，降低工程质量标准，造成重大安全事故的，对直接责任人员处5年以下徒刑或拘役，并罚金；特别严重的处10年以下徒刑或拘役，并罚金。

思考题

1. 我国设立工程监理制度的原因是什么？
2. 监理工作的主体有什么样的要求？
3. 工程监理的性质有哪些？
4. 工程监理人员在从事监理工作时的主要责任有哪些？

第二章 我国工程监理制度的基本内容

《建筑法》第四章明确规定"国家推行建筑工程监理制度",并授权国务院规定实行强制监理的建筑工程的范围。

《建筑法》规定,实行监理的建筑工程由建设单位委托具有相应资质条件的工程监理单位监理。建设单位与其委托的工程监理单位应当签订书面委托监理合同。

从事建设监理活动的工程监理单位,应当具备下列条件:有符合国家规定的注册资本;有与从事监理活动相适应的注册监理工程师;有从事相应建筑活动所应有的技术设备、管理制度和相应的业绩等其他条件。

第一节 强制监理的范围

对于我国的重点建设项目、基础设施项目、外国政府或机构贷款项目等,我国的法律《建筑法》、《建设工程质量管理条例》等规定应强制实行监理。一方面可保证这些建设项目的建设效果,使建设项目能够按照既定的目标进行;另一方面也可推动我国现阶段的监理工作。

1995 年发布的《工程建设监理规定》中规定四个方面的工程建设项目必须实行监理,但是操作起来不是非常明确。为了进一步明确强制监理的范围,建设部于 2001 年 1 月 17 日发布了第 86 号令:《建设工程监理范围和规模标准的规定》。

一、强制监理的范围

(1) 国家重点建设工程:依据《国家重点建设项目管理办法》所确定的对国民经济和社会发展有重大影响的骨干项目。

(2) 大中型公用事业项目:指项目总投资在 3000 万元以上的下列工程项目:

1) 供水供电、供气、供热等市政工程项目;

2) 科技、教育、文化等项目;

3) 体育、旅游、商业等项目;

4) 卫生、社会福利等项目;

5) 其他公用事业项目。

(3) 成片开发建设的住宅小区工程:建筑面积在 5 万 m² 以上的小区必须强制监理;小于 5 万 m² 的小区由各省建设行政主管部门确定。

(4) 利用外国政府或者国际组织贷款、援助资金的项目。

(5) 国家规定必须实行监理的其他项目是指总投资在 3000 万元以上的关系公共利益和安全的以下基础设施项目:

1) 煤炭、石油、化工、电力、新能源项目;

2）铁路、公路等交通运输业项目；

3）邮政电信信息网等项目；

4）防洪等水利项目；

5）道路、轻轨、污水、垃圾、公共停车场等城市基础设施项目；

6）生态保护项目；

7）其他基础设施项目；

8）学校、影剧院、体育场项目。

二、强制监理的内容

施工阶段的质量进度和造价应全面委托给监理单位监理，因为项目的质量、进度和投资是密切相关的。如果只委托一个方面的监理工作，势必造成监理单位只顾其中的一个方面而不顾其他。如果分别把工程项目的三个方面委托给不同的监理单位，一方面不同的监理单位管理同一个项目，不可避免地会发生各种矛盾，被监理单位会收到不同指令来源的各种指令，这些指令也不可避免地发生冲突。另一方面没有一个单位综合地考虑工程建设的综合效益，监理工作的效果就很差。建议还是要按照监理合同示范文本的内容全部委托，即三控二管理一协调一履职。

第一，从监理工作的责任和特点来看，监理工作的基本特征是咨询和管理，根据管理学的最基本的原理，管理者的权力和责任必须平衡，需要一定的权力方能实施有效的管理。

第二，从目前监理工作的现状来看，在我国的市场经济初期，由于承包单位的利益驱动，不少承包单位过于追求经济效益，忽视质量管理。单纯实施质量监理，很难取得好的监理效果，因此监理机构需要具有控制工程造价的权力，以使工程的质量控制和工程造价管理能够有机地结合起来。

第三，从系统理论的思想来看，工程的质量、工期和投资（在施工阶段称为造价）是工程项目的相互对立又相互联系的三个重要方面或三大目标，要使工程项目能够按照预定目标顺利建成使用，必须进行综合的控制和管理。强行隔离开来进行控制或管理将会带来混乱和过多的协调工作量。

质量、进度、造价控制是工程项目的基本目标，也是工程监理的基本目标，而安全生产管理和节能环保是工程监理的社会责任和历史责任。各个目标之间互相作用、相互影响，切不可肢解工程项目目标，只为强调工程质量和安全生产，而忽视工程进度、造价等目标。

第二节　监　理　单　位

监理单位是依法成立并取得国务院建设主管部门颁发的工程监理企业资质证书，从事建设工程监理活动的服务机构。

工程监理企业应当按照其拥有的注册资本、专业技术人员等资质条件申请资质，经审查合格，取得相应等级的资质证书后，方可在其资质等级许可的范围内从事工程监理活动。当需要申报更高级别的资质等级时需要工程监理业绩，以证明企业的监理工作能力。

一、监理单位的资质要素

监理单位的资质，主要体现在监理能力及其监理效果上。监理单位的监理能力和监理效果主要取决于：监理单位人员素质、专业配套能力、技术装备、监理经历和管理水平等。正因为如此，我国的建设监理法规规定，按照这些要素的状况来划分与审定监理单位的资质等级。

（一）监理人员素质

监理单位是智能型企业，监理单位的产品是高智能的技术服务。所以，工作性质决定了监理单位是高智能的人才库。尤其较之一般性的生产企业来说，监理单位对人才的专业技术素质的要求是相当高的。一个人，如果没有较高的专业技术水平，就难以胜任监理工作；作为一个群体，谁的监理人员素质高，谁的监理能力就强，取得较好监理成效的概率就大。因此，监理单位的领导人应把培养、挑选高素质的监理人才作为搞好本单位工作的头等大事。

关于监理人员的素质，应当说包括多项内容：一是监理人员要具备较高的工程技术、组织管理或技术经济的专业知识和实际运用技能；二是监理人员要具有较强的组织协调能力；三是监理人员要具备高尚的职业道德；四是能胜任监理工作的需要。对监理单位技术负责人的素质要求则更高一些：应当在某一方面具有较强的技术水平；应具有较强的组织协调和领导才能；应当取得国家认可的《监理工程师注册证书》。

关于对监理人员专业知识的要求，一般说来，从事监理工作的人员都应具有大专以上（含大专）的学历。对一个监理单位来说，具有大学本科以上学历的人员应占大多数。在专业职称方面，具有高级职称的人员应有 20% 左右，中级职称的人员应有 50% 左右，具有初级职称的人员应有 20% 左右，其余 10% 以下的人员可不要求具备专业职称，如汽车司机、生活服务人员、后勤管理人员等。对于甲级资质监理单位来说，最好还应有与主要经营范围相对应的具有较高技术水平的专家。

监理人员应当具备某一专业技能，而且还要掌握与自己本专业相关的其他专业方面以及经营管理方面的基本知识，成为一专多能的复合型人才。

（二）专业配套能力

任何一项工程建设，往往都需要几个或者十几个专业人员的协同工作。在现代化建设中，如石油化工、水利水电、铁路、公路、港口、航空、通信、矿山乃至国防工程等，其生产工艺十分庞杂，涉及的学科知识也相当广泛。因此，需要几十个专业方面的人员共同努力进行建设。与此同时担当这些工程项目的监理工作，当然也需要多专业的人员共同来完成。如主要从事民用建筑工程建设监理业务的监理单位，应配备建筑、结构、电气、给水排水、供暖、测量、工程经济等专业人员，较为复杂民用建筑工程的建设监理单位，还要配备机械设备、空调、通信、地下工程等专业人员。工业工程建设项目的监理单位，如承担水电工程建设监理业务的监理单位，还要配备地质、水利、水电机械设备、电力等专业方面的监理人员。承担铁路工程建设监理业务的监理单位，还要增配隧道、桥梁、路基、轨道、地质、站场、铁路通信信号、给水排水、电力牵引等多项专业人员。

根据所承担的监理工程业务的要求，配备专业齐全的监理人员，这是专业配套能力的起码要求。较强专业配套能力的重要标志在于各主要专业的监理人员中应当拥有多名具有高级专业技术职称，同时还应取得《监理工程师注册证书》。

（三）监理单位的技术装备

监理单位的技术装备也是其资质要素之一。尽管工程建设监理是一门管理性的工作，但也少不了有一定的技术装备，作为进行科学管理的辅助手段。没有较先进的技术装备辅助管理，就不能称其为科学管理，甚至就谈不上管理。建设监理还不单是一种管理专业，还要有必要的分析性、设计性、验证性的工程建设实施行为。如运用计算机对某些关键部位结构设计或工艺设计的复核验算，运用高精度的测量仪器对建筑(构筑)物方位的复核测定，使用先进的无损探伤设备对焊接质量的复核检验等，借此作出科学的判断，加强对工程建设的监督管理。所以，对于监理单位来说，技术装备是必不可少的。

综合国内外监理单位的技术装备内容，大体上有以下几项：

（1）计算机。主要用于电算、各种信息和资料的收集整理及分析，用于各种报表、文件、资料的打印等办公自动化管理，更重要的是要开发计算机软件辅助监理工作。

（2）工程测量仪器和设备。主要用于对建筑物(构筑物)的平面位置、空间位置和几何尺寸以及有关工程实物的测量。

（3）检测仪器设备。主要用于确定建筑材料、建筑机械设备、工程实体等方面的质量状况。如混凝土强度回弹仪、焊接部件无损探伤仪、混凝土灌注桩质量测定仪以及相关的化验、试验设备等。

（4）交通、通信设备。主要包括常规的交通工具，如汽车、摩托车等；电话、电传、传呼机、步话机等。装备这类设备主要是为了适应高效、快速现代化工程建设的需要。

（5）照相、录像设备。工程建设活动是不可逆转的，而且就连其中间产品(或叫过程产品)随着工程建设活动的进展，绝大部分被隐蔽起来。为了相对真实地记载工程建设过程中重要活动及其产品的情况，为事后分析、查证有关问题，以及为以后的工程建设活动提供借鉴等，有必要进行照相或录像加以记载。

作为监理工作，需要上述各项仪器、设备。但是，不等于完全要监理单位自行装备。因为监理单位提供的是智力服务，而不是提供服务设施，尤其是大型的或特殊专业使用的，或昂贵的技术装备均由业主无偿提供监理单位使用。监理单位完成约定的监理业务后，把这些设备的残值移交给业主。业主不能提供的设备，如有关建筑材料的物理、化学试验设备、新型的建筑检测设备等，监理单位可委托有这些设备的单位代为检测、试验。监理单位应与相关的测试单位建立较稳固的业务联系，甚至可以建立固定的合作关系或股份关系，以满足监理工作的需要。

（四）监理单位的管理水平

管理是一门科学。对于企业来说，管理包括组织管理、人事管理、财务管理、设备管理、生产经营管理、科技管理以及档案文书管理等多方面的内容。监理单位的管理也都涉及上述各项内容。

一个单位、一个企业管理得好坏，领导的素质高低，包括领导者本身的技术水平、领导者的品德和作风、领导艺术和领导方法等至关重要。不难设想，一个没有一定专业技术能力的领导，或是一个品行不端、独断专行，或者没有领导方法，不懂领导艺术的领导是否能把一个企业管理好。第二，管理工作还要制订并严格执行科学的规章制度，靠法规制度进行管理，而不是单靠一、二个领导进行管理。所以，考察一个监理单位管理工作的优劣，一是要考察其领导者的能力，二是要侧重考察其规章制度的建立和贯彻情况如何。

（五）监理单位的经历和成效

监理单位的经历是指监理单位成立之后，从事监理工作的历程。一般情况下，监理单位从事监理工作的年限越长，监理的工程项目就可能越多，监理的成效会越大，监理的经验也会越丰富。刚成立不久的监理单位，从事监理活动的经历短，实践少，经验也不会多，其资质高低也就难以评定。显然，监理经历是确定监理单位资质的重要因素之一。

监理成效，主要是指监理活动在控制工程建设投资、工期和保证工程质量等方面取得的效果。工程不竣工，这些效果很难得到最终的认定。有了经过认可的监理成效，才能评定一个监理单位的能力大小，才能确定其资质等级的高低。因此，在审定甲级以上监理单位资质时，规定必须有一定数量竣工的工程。一般情况下，监理成效是一个监理单位人员素质、专业配套能力、技术装备状况和管理水平以及监理经历的综合反映。

二、监理单位的资质等级划分及业务范围

（一）监理单位资质等级标准

监理单位的资质按照等级分为综合资质、专业资质和事务所资质。其中，综合资质、事务所资质不分级别。专业资质一般可分为甲级、乙级；房屋建筑、水利水电、公路和市政公用专业资质可设立丙级。

专业资质按照工程性质和技术特点分为 14 个专业工程类别，其各个类别各个等级的人员配备要求如表 2-1 所示。

1. 综合资质标准

（1）具有独立法人资格且注册资本不少于 600 万元；

（2）具有 5 个以上工程类别的专业甲级工程监理资质；

（3）注册监理工程师不少于 60 人，注册造价工程师不少于 5 人，一级注册建造师、一级注册建筑师、一级注册结构工程师及其他勘察设计注册工程师累计不少于 15 人次；

（4）企业具有完善的组织机构和质量管理体系，有健全的技术、档案等管理制度；

（5）企业具有必要的工程试验检测设备；

（6）申请工程监理资质之日起前 2 年内没有规定禁止的行为；

（7）申请工程监理资质之日起前 2 年内没有因企业监理责任造成质量事故；

（8）申请工程监理资质之日起前 2 年内没有因企业监理责任发生三级以上工程建设重大安全事故或发生 2 起以上四级工程建设安全事故。

2. 专业资质标准

（1）甲级

1）具有独立法人资格且注册资本不少于 300 万元；

2）企业技术负责人应为注册监理工程师，并具有 15 年以上从事工程建设工作经历或者具有工程类高级职称；

3）注册监理工程师、注册造价工程师、一级注册建造师、一级注册建筑师、一级注册结构师及其他勘察设计注册工程师累计不少于 25 人次；其中，相应专业注册监理工程师不少于《专业资质注册监理工程师人数配备表》（表 2-1）中要求配备的人数，注册造价工程师不少于 2 人；

4）企业近 2 年内独立监理过 3 个以上相应专业的二级工程项目；

5）企业具有完善的组织机构和质量管理体系，有健全的技术、档案等管理制度；

6）企业具有必要的工程试验检测设备；

7）申请工程监理资质之日起 2 年内没有规定禁止的行为；

8）申请工程监理资质之日起 2 年内没有因企业监理责任造成质量事故；

9）申请工程监理资质之日起 2 年内没有因本企业监理责任发生三级以上工程建设重大安全事故或者发生 2 起以上四级工程建设安全事故。

（2）乙级

1）具有独立法人资格且注册资本不少于 100 万元；

2）企业技术负责人应为注册监理工程师，并具有 10 年以上从事工程建设工作的经历；

3）注册监理工程师、注册造价工程师、一级注册建造师、一级注册建筑师、一级注册结构师及其他勘察设计注册工程师累计不少于 15 人次；其中，相应专业注册监理工程师不少于《专业资质注册监理工程师人数配备表》（表 2-1）中要求配备的人数，注册造价工程师不少于 1 人；

4）有较完善的组织机构和质量管理体系，有技术、档案等管理制度；

5）有必要的工程试验检测设备；

6）申请工程监理资质之日起 2 年内没有规定禁止的行为；

7）申请工程监理资质之日起 2 年内没有因企业监理责任造成质量事故；

8）申请工程监理资质之日起 2 年内没有因本企业监理责任发生三级以上工程建设重大安全事故或者发生 2 起以上四级工程建设安全事故。

（3）丙级

1）具有独立法人资格且注册资本不少于 50 万元；

2）企业技术负责人应为注册监理工程师，并具有 8 年以上从事工程建设工作经历；

3）相应专业注册监理工程师不少于《专业资质注册监理工程师人数配备表》（表 2-1）中要求配备的人数；

4）有必要的质量管理体系和规章制度；

5）有必要的工程试验检测设备。

专业资质注册监理工程师人数配备表

表 2-1

序号	工程类别	甲级	乙级	丙级
1	房屋建筑工程	15	10	5
2	冶炼工程	15	10	
3	矿山工程	20	12	
4	化工石油工程	15	10	
5	水利水电工程	20	12	5
6	电力工程	15	10	
7	农林工程	15	10	

续表

序号	工程类别	甲级	乙级	丙级
8	铁路工程	23	14	
9	公路工程	20	12	5
10	港口与航道工程	20	12	
11	航天航空工程	20	12	
12	通信工程	20	12	
13	市政公用工程	15	10	5
14	机械电子工程	15	10	

注：表中各专业资质注册监理工程师人数配备是指企业取得本专业工程类别注册的注册监理工程师人数。

3. 事务所资质标准

(1) 取得合伙企业营业执照，具有书面合作协议书；

(2) 合伙人中有3名以上注册监理工程师，合伙人均有5年以上从事建设工程监理的工作经历；

(3) 有固定的工作场所；

(4) 有必要的质量管理体系和规章制度；

(5) 有必要的工程试验检测设备。

(二) 业务范围

1. 综合资质

可以承担所有专业工程类别建设工程项目的工程监理业务。

2. 专业资质

(1) 专业甲级资质：可承担相应专业工程类别建设工程项目的工程监理业务；

(2) 专业乙级资质：可承担相应专业工程类别二级以下(含二级)建设工程项目的工程监理业务；

(3) 专业丙级资质：可承担相应专业工程类别三级建设工程项目的工程监理业务。

3. 事务所资质

可承担三级建设工程项目的工程监理业务，但是，国家规定必须实行监理的工程除外。

此外，工程监理企业都可以开展相应类别建设工程的项目管理、技术咨询等业务。

三、监理单位的资质管理

(一) 工程监理单位资质管理机构及其职责

根据我国现阶段管理体制，我国监理单位的资质管理确定的原则是"分级管理，统分结合"，按中央和地方2个层次进行管理。

国务院建设行政主管部门负责全国工程监理单位资质的统一管理工作。涉及铁道、交通、水利、信息产业、民航等专业工程监理资质的，由国务院铁道、交通、水利、信息产业、民航等有关部门配合国务院建设行政主管部门实施资质管理工作。

省、自治区、直辖市人民政府建设行政主管部门负责本行政区内工程监理单位资质的统一管理工作，省、自治区、直辖市人民政府交通、水利、通信等有关部门配合同级建设行政主管部门实施相关资质类别工程监理企业资质的管理工作。

（二）资质审批实行公示公告制度

资质初审工作完成后，初审结果先在中国工程建设信息网上公示。经公示后，对于工程监理单位符合资质标准的，予以审批，并将审批结果在中国工程建设信息网上公告。实行这一制度的目的是提高资质审批工作的透明度，便于社会监督，从而增强其公正性。

（三）违规处理

工程监理单位必须依法开展监理业务，全面履行委托监理合同约定的责任和义务。出现违规现象时，建设行政主管部门将依据情节给予必要的处罚。违规现象主要有以下几方面：

（1）以欺骗手段取得《工程监理企业资质证书》；

（2）超越本单位资质等级承揽监理业务；

（3）未取得《工程监理企业资质证书》而承揽监理业务；

（4）转让监理业务。国家有关法律法规明令禁止转让监理业务，转让监理业务是指监理单位不履行委托监理合同约定的责任和义务，将所承担的监理业务全部转给其他监理单位，或者将其肢解以后分别转给其他监理单位的行为；

（5）挂靠监理业务。国家有关法律法规明令禁止挂靠监理业务，挂靠监理业务是指监理单位允许其他单位或者个人以本单位名义承揽监理业务；

（6）与建设单位或者施工单位串通，弄虚作假，降低工程质量；

（7）将不合格的建设工程、建筑材料、建筑构配件和设备按照合格签字；

（8）工程监理单位与被监理工程的施工承包单位以及建筑材料、建筑构配件和设备供应单位有隶属关系或者其他利害关系，并承担该项建设工程的监理业务。

第三节　监理工程师

监理工程师分为注册监理工程师和专业监理工程师。注册监理工程师可以担任总监理工程师及其代表，也可以担任注册专业内的所有岗位。专业监理工程师是在总监理工程师的领导下负责某一个专业或岗位的监理工作。

一、注册监理工程师的概念

注册监理工程师是取得国务院建设主管部门颁发的《中华人民共和国注册监理工程师注册执业证书》和执业印章，从事建设工程监理与相关服务等活动的人员。

监理单位可以任命注册监理工程师为工程项目的总监理工程师或专业监理工程师，对外具有被赋予的相应责任与签字权。

二、监理工程师的素质

为适应监理工作岗位责任的需要，监理工程师应比一般的工程师具有更高的管理素质，其素质要求由下列要素构成：

1. 精通专业知识

监理工程师首先应是一名合格的工程师。现代工程建设投资巨大，技术复杂，可能涉及结构、电气、水利、机械、化工等多方面的专业知识。因此，不能要求监理工程师面面俱到，但要求他应是精通某一类型工程的工程师。因为只有这样，监理工程师才能对该类型的工程建设进行有效的监督管理工作。具有某一领域或某种工程的专业知识，是成为一名合格的监理工程师的基础。

2. 具有经济管理知识

管理学也是一门科学，是对人类行为进行有效的约束与督促的学问。监理工程师进行建设工程监理的过程中，对工程进度、质量、投资的控制，很大程度上是直接面对工程建设施工人员的。如果监理工程师具备工程管理学知识，就能在严格监督的前提下有效地调动工程建设队伍的积极性，从而保证监理目标的实现。另外，经济学知识也是监理工程师不可缺少的，尤其是对于项目的经济分析及合同管理方面的知识。具备这两方面知识，不但使监理工程师参与可行性研究及项目决策、项目招投标工作，拓宽了监理工程师的工作领域，而且也方便了监理工程师的施工监理工作，以合同为依据展开监理业务并以合同为依据维护自身利益。

3. 要有丰富的工程实践经验

工程经验对监理工程师是十分重要的。没有丰富的实践经验，往往不能很好地利用已经掌握的理论基础知识，使建设监理业务顺利完成，甚至导致失败。在我国的有关法规中规定：参加监理工程师考试，必须具备一定年限以上的从事工程设计或工程施工的工作经验。这一规定，就是为了保证监理工程师具备丰富的实践工作经验。

4. 要具备一定的计算机知识

监理工程师在开展工作时，会遇到大量的信息处理问题，其中主要是一些施工过程的数据、合同管理、施工进度控制以及大量的施工日记、报表等。没有一定的计算机应用能力，就不能以现代化的信息处理手段来完成信息处理工作。

5. 具有充沛的精力

监理工程师应具有健康的身体和充沛的精力，这一点对于驻地工程师就更为重要了。监理工作流动性大，工作条件差，工作时间没有规律，有时为了完成监理任务，不得不连续工作十几个小时以上。这就决定了监理工程师必须具备健康的身体和充沛的精力。

三、注册监理工程师的纪律和道德要求

各行业都具有独特的道德和纪律，这是与职业特点相适应的。在国外，监理工程师的纪律与道德要求通常由监理工程师协会制定，用以约束监理工程师的行为。

（一）职业道德守则

（1）维护国家的荣誉和利益，按照"守法、诚信、公正、科学"的准则执业。

（2）执行有关工程建设的法律、法规、规范、标准和制度，履行监理合同规定的义务和职责。

（3）努力学习专业技术和建设监理知识，不断提高业务能力和监理水平。

（4）不以个人名义承揽监理业务。

（5）不同时在两个或两个以上监理单位注册和从事监理活动，不在政府部门和施工、

材料设备的生产供应等单位兼职。

(6) 不为所监理项目指定承建商、建筑构配件、设备、材料和施工方法。

(7) 不收受被监理单位的任何礼金。

(8) 不泄露所监理工程各方认为需要保密的事项。

(9) 坚持独立自主地开展工作。

(二) 工作纪律

(1) 遵守国家的法律和政府的有关条例、规定和办法等。

(2) 认真履行工程建设监理合同所承诺的义务和承担约定的责任。

(3) 坚持公正的立场,公平地处理有关各方的争议。

(4) 坚持科学的态度和实事求是的原则。

(5) 在坚持按监理合同的规定向业主提供技术服务的同时,帮助被监理者完成其担负的建设任务。

(6) 不以个人的名义在报刊上刊登承揽监理业务的广告。

(7) 不得损害他人名誉。

(8) 不泄露所监理的工程需保密的事项。

(9) 不在任何承建商或材料设备供应商中兼职。

(10) 不擅自接受业主额外的津贴,也不接受被监理单位的任何津贴。不接受可能导致判断不公的报酬。

监理工程师违背职业道德或违反工作纪律,由政府主管部门没收非法所得收缴《监理工程师资格证书》,并可处以罚款。监理单位还要根据企业内部的规章制度给予处罚。

四、注册监理工程师的考试与能力要求

(一) 注册监理工程师考试

报考的条件:(1)从事工程建设管理或工程建设相关的工作人员;

(2)高级职称,或中级职称满三年。

考试时间:每年进行一次,由中国建设监理协会发布考试大纲和考试时间。

考试内容:考试科目共四门,第一门是监理概论与相关法规,第二门是三控制,内容包括质量控制、进度控制与投资控制,第三门是合同管理,第四门是案例分析,内容包括前面的所有内容。

考试方式:闭卷答题,前三门全为客观题,案例分析为主观题。

合格标准:全国统一分数线,允许在两年通过全部的四门科目。

(二) 注册监理工程师的能力要求

(1) 组织协调能力。监理工程师经常要组织各种会议,协调有关单位的矛盾,进行费用或工期方面的索赔处理等工作。完成这些工作,都要求监理工程师具备较强的组织协调能力。

(2) 表达能力。包括书面表达能力和口头表达能力。表达能力有助于监理工程师书面提出有关的监理工作报告,有助于监理工程师组织有关会议,有助于协调有关单位的矛盾等。

(3) 管理能力。监理工程师要具有一定的抓主要矛盾的能力和工程预见能力,只有具

备这种能力才能使监理工程师从繁杂的日常事务中解脱出来，处理关键的主要工作。工程预见能力可以帮助监理工程师进行有效的主动控制。

(4) 综合解决问题能力。工程建设中的事务和问题常常不是单一的质量问题或进度、投资问题，监理工程师要具备经济、法律、管理、技术方面的知识和能力，按照合同要求和国家的法律要求、技术规范的要求并考虑有关各方的利益来处理有关的工作，协调有关各方的矛盾。

五、监理工程师的注册

监理工程师注册制度是政府对监理从业人员实行市场准入控制的有效手段。监理工程师经注册，即表明获得了政府对其以监理工程师名义从业的行政许可，因而具有相应岗位的责任和权力。仅取得《监理工程师执业资格证书》，没有取得《监理工程师注册证书》的人员，则不具备这些权力，也不承担相应的责任。

监理工程师的注册，根据注册内容的不同分为3种形式，即初始注册、延续注册和变更注册。按照我国有关法规规定，监理工程师依据其所学专业、工作经历、工程业绩，按专业注册，每人最多可以申请两个专业注册，并且只能在一家建设工程勘察、设计、施工、监理、招标代理、造价咨询等企业注册。

(一) 初始注册

经考试合格，取得《监理工程师执业资格证书》的，可以申请监理工程师初始注册。

(1) 申请初始注册，应具备以下条件：

1) 经全国注册监理工程师执业资格统一考试合格，取得资格证书；

2) 受聘于一家相关单位；

3) 达到继续教育要求。

(2) 申请监理工程师初始注册，一般要提供下列材料：

1) 监理工程师注册申请表；

2) 申请人的资格证书和身份证复印件；

3) 申请人与聘用单位签订的聘用劳动合同复印件及社会保险机构出具的参加社会保险的清单复印件；

4) 学历或学位证书、职称证书复印件，与申请注册相关的工程技术、工程管理工作经历和工程业绩证明；

5) 逾期初始注册的，应提交达到继续教育要求的证明材料。

(3) 申请初始注册的程序是：

1) 申请人向聘用单位提出申请；

2) 聘用单位同意后，连同上述材料由聘用企业向所在省、自治区、直辖市人民政府建设行政主管部门提出申请；

3) 省、自治区、直辖市人民政府建设行政主管部门初审合格后，报国务院建设行政主管部门；

4) 国务院建设行政主管部门对初审意见进行考核，对符合注册条件者准予注册，并颁发由国务院建设行政主管部门统一印制的《监理工程师注册证书》和执业印章，执业印章由监理工程师本人保管。

　　国务院建设行政主管部门对监理工程师初始注册随时受理审批，并实行公示、公告制度，符合注册条件的进行网上公示，经公示未提出异议的予以批准确认。

　　（二）延续注册

　　监理工程师初始注册有效期为3年，注册有效期满要求继续执业的，需要办理延续注册。延续注册应提交下列材料：

　　（1）申请人延续注册申请表；

　　（2）申请人与聘用单位签订的劳动合同复印件及社会保险机构出具的参加社会保险的清单复印件；

　　（3）申请人注册有效期内达到继续教育要求的证明材料。

　　延续注册的有效期同样为3年，从准予延续注册之日起计算。国务院建设行政主管部门定期向社会公告准予延续注册的人员名单。

　　（三）变更注册

　　监理工程师注册后，如果注册内容发生变更，如变更执业单位、注册专业等，应当向原注册管理机构办理变更注册。

　　变更注册需要提交下列材料：

　　（1）申请人变更注册申请表；

　　（2）申请人与新聘用单位签订的聘用劳动合同复印件及社会保险机构出具的参加社会保险的清单复印件；

　　（3）申请人的工作调动证明（与原聘用单位解除聘用劳动合同或者聘用劳动合同到期的证明文件、退休人员的退休证明）；

　　（4）在注册有效期内或有效期届满，变更注册专业的，应提供与申请注册专业相关的工程技术、工程管理工作经历和工程业绩证明，以及满足相应专业继续教育要求的证明材料；

　　（5）在注册有效期内，因所在聘用单位名称发生变更的，应提供聘用单位新名称的营业执照复印件。

　　（四）注销注册

　　注册监理工程师如果有下列情形之一的，应当办理注销注册，交回注册证书和执业印章，注册管理机构将公告其注册证书和执业印章作废：

　　（1）不具有完全民事行为能力；

　　（2）申请注销注册；

　　（3）注册证书和执业印章已失效；

　　（4）依法被撤销注册；

　　（5）依法被吊销注册证书；

　　（6）受到刑事处罚；

　　（7）法律、法规规定应当注销注册的其他情形。

六、注册监理工程师的继续教育

　　1. 继续教育的目的

　　随着时代的进步，监理工程师要不断更新知识，通过继续教育使注册监理工程师能够及时掌握与工程监理有关的政策、法律法规和标准规范，熟悉工程监理与工程项目管理的新理论、新方法，了解工程建设新技术、新材料、新设备及新工艺，适时更新业务知识，不断提高注册监理工程师业务素质和执业水平，以适应开展工程监理业务和工程监理事业发展的需要。因此，注册监理工程师每年都要接受一定学时的继续教育。国际上一些国家，如美国、英国等，对执业人员的年度考核也有类似的要求。

2. 继续教育的学时

注册监理工程师在每一注册有效期(3 年)内应接受 96 学时的继续教育，其中必修课和选修课各为 48 学时。必修课 48 学时每年可安排 16 学时。选修课 48 学时按注册专业安排学时，只注册了 1 个专业的，每年接受该注册专业选修课 16 学时的继续教育；注册 2 个专业的，每年接受相应 2 个注册专业选修课各 8 学时的继续教育。

注册监理工程师申请变更注册时，在提出申请之前，应接受申请变更注册专业 24 学时选修课的继续教育。注册监理工程师申请跨省级行政区域变更执业单位时，在提出申请之前，还应接受新聘用单位所在地 8 学时选修课的继续教育。

注册监理工程师在公开发行的刊物上发表有关工程监理的学术论文，字数在 3000 字以上的，每篇可抵充选修课 4 学时；从事注册监理工程师继续教育授课工作和考试命题工作，每年每次可冲抵选修课 8 学时。

3. 继续教育的方式和内容

继续教育的方式有两种，即集中面授和网络教学。继续教育的内容主要有：

(1) 必修课：国家近期颁布的与工程监理有关的法律法规、标准规范和政策；工程监理与工程项目管理的新理论、新方法；工程监理案例分析；注册监理工程师职业道德。

(2) 选修课：地方及行业近期颁布的与工程监理有关的法规、标准规范和政策；工程建设新技术、新材料、新设备及新工艺；专业工程监理案例分析；需要补充的其他与工程监理业务有关的知识。

第四节　监理业务的承接

一、业主选择监理单位的方式

按照市场经济体制的观念，建设单位将监理业务委托给哪家监理单位是建设单位的自由，监理单位愿意接受哪个建设单位的监理委托是监理单位的权力。

建设工程监理与相关服务，应当遵循公开、公平、公正、自愿和诚实信用的原则。必须依法招标的建设工程，应通过招标方式确定监理单位。监理服务招标应优先考虑监理单位的资信程度、监理方案的优劣等技术因素。

监理单位承揽监理业务的方式有两种：一是通过投标竞争取得监理业务；二是由建设单位直接委托取得监理业务。

我国有关法规规定：建设单位一般通过招标投标的方式选择监理单位。在不宜公开招标的机密工程或没有投标竞争对手的情况下，或者是工程规模较小、比较单一的监理业务，或者是对原监理单位的续用等情况下，建设单位可直接委托监理单位承担监理业务的方式会增加。

在监理招标投标方面，一些省市出台了监理招标文件示范文本供监理使用。监理单位参与竞标时要编制投标文件，投标文件一般包括两部分内容：一是商务标，主要是监理酬金的报价、派驻的监理人员清单与资历和拟投入监理工作的仪器设备；二是技术标，主要包括监理工作的方案。

二、委托监理合同的组成

2012年2月，住房和城乡建设部与国家工商行政管理总局联合发布了《建设工程监理合同(示范文本)》GF—2012—0202，该合同是现阶段我国建设单位委托监理任务的主要合同文本形式。该合同示范文本包含两部分内容：一是监理工作；二是监理相关服务工作。

1. 合同文件的组成

监理合同文件包括：

(1) 协议书；

(2) 中标通知书(适用于招标工程)或委托书(适用于非招标工程)；

(3) 投标文件(适用于招标工程)或监理与相关服务建议书(适用于非招标工程)；

(4) 专用条件；

(5) 通用条件；

(6) 附录，即：附录A 相关服务的范围和内容，附录B 委托人派遣的人员和提供的房屋、资料、设备。

本合同签订后，双方依法签订的补充协议也是本合同文件的组成部分。

三、监理单位的义务

(一)监理工作范围与内容

监理范围在合同专用条件中约定。

要完成相应的监理工作内容(见第一章第二节)，监理单位应组建满足工作需要的项目监理机构，配备必要的检测设备。项目监理机构的主要人员应具有相应的资格条件。

(二)监理人员的要求

按照监理工作量的大小配备足够数量的监理人员，专业应当配套。按照监理人员进退场计划组织人员进场。

在监理合同履行过程中，总监理工程师及重要岗位监理人员应保持相对稳定，以保证监理工作正常进行。

监理单位可根据工程进展和工作需要调整项目监理机构人员。监理单位更换总监理工程师时，应提前7d向委托人书面报告，经委托人同意后方可更换。监理单位更换项目监理机构其他监理人员，应以相当资格与能力的人员替换，并通知委托人。

监理单位应及时更换有下列情形之一的监理人员：

(1) 有严重过失行为的；

(2) 有违法行为不能履行职责的；

(3) 涉嫌犯罪的；

(4) 不能胜任岗位职责的；

（5）严重违反职业道德的；

（6）专用条件约定的其他情形。

委托人可要求监理单位更换不能胜任本职工作的项目监理机构人员。

（三）履行监理职责

监理单位应遵循职业道德准则和行为规范，严格按照法律法规、工程建设有关标准及本合同履行职责。

在监理与相关服务范围内，委托人和承包人提出的意见和要求，监理单位应及时提出处置意见。当委托人与承包人之间发生合同争议时，监理单位应协助委托人、承包人协商解决。

当委托人与承包人之间的合同争议提交仲裁机构仲裁或人民法院审理时，监理单位应提供必要的证明资料。

监理单位应在专用条件约定的授权范围内，处理委托人与承包人所签订合同的变更事宜。如果变更超过授权范围，应以书面形式报委托人批准。

在紧急情况下，为了保护财产和人身安全，监理单位所发出的指令未能事先报委托人批准时，应在发出指令后的 24h 内以书面形式报委托人。

除专用条件另有约定外，监理单位发现承包人的工作人员不能胜任本职工作的，有权要求承包人予以调换。

（四）其他义务

监理单位应按专用条件约定的种类、时间和份数向委托人提交监理与相关服务的报告。

在本合同履行期内，监理单位应在现场保留工作所用的图纸、报告及记录监理工作的相关文件。工程竣工后，应当按照档案管理规定将监理有关文件归档。

监理单位无偿使用附录 B 中由委托人派遣的人员和提供的房屋、资料、设备。除专用条件另有约定外，委托人提供的房屋、设备属于委托人的财产，监理单位应妥善使用和保管，在本合同终止时将这些房屋、设备的清单提交委托人，并按专用条件约定的时间和方式移交。

四、委托人的义务

委托人应在委托人与承包人签订的合同中明确监理单位、总监理工程师和授予项目监理机构的权限。如有变更，应及时通知承包人。

委托人应按照附录 B 约定，无偿向监理单位提供工程有关的资料。在本合同履行过程中，委托人应及时向监理单位提供最新的与工程有关的资料。

委托人应为监理单位完成监理与相关服务提供必要的条件。

委托人应按照附录 B 约定，派遣相应的人员，提供房屋、设备，供监理单位无偿使用。

委托人应负责协调工程建设中所有外部关系，为监理单位履行本合同提供必要的外部条件。

委托人应授权一名熟悉工程情况的代表，负责与监理单位联系。委托人应在双方签订本合同后 7d 内，将委托人代表的姓名和职责书面告知监理单位。当委托人更换委托人代表时，应提前 7d 通知监理单位。

在本合同约定的监理与相关服务工作范围内，委托人对承包人的任何意见或要求应通知监理单位，由监理单位向承包人发出相应指令。

委托人应在专用条件约定的时间内，对监理单位以书面形式提交并要求作出决定的事宜，给予书面答复。逾期未答复的，视为委托人认可。

委托人应按本合同约定，向监理单位支付酬金。

五、酬金与其他费用

在监理合同示范文本中，酬金包含两部分：一是监理酬金；二是相关服务酬金。其中相关服务酬金根据专用条件的约定可能包含勘察阶段服务酬金、设计阶段服务酬金、保修阶段服务酬金、其他相关服务酬金。

酬金又分为正常工作酬金和附加工作酬金。"正常工作酬金"是指监理单位完成正常工作，委托人应给付监理单位并在协议书中载明的签约酬金额。"附加工作酬金"是指监理单位完成附加工作，委托人应给付监理单位的金额。

1. 酬金的构成

正常的监理酬金的构成，是监理单位在工程项目监理和相关服务中所需的全部成本，再加上合理的利润和税金。其中，成本包括直接成本和间接成本。

（1）直接成本

1）监理人员和监理辅助人员的工资，包括津贴、附加工资、奖金等。

2）用于该项工程监理人员的其他专项开支，包括差旅费、补助费等。

3）监理期间使用与监理工作相关的计算机和其他检测仪器、设备的摊销费用。

4）所需的其他外部协作费用。

（2）间接成本

间接成本包括全部业务经营开支和非工程项目的特定开支：

1）管理人员、行政人员、后勤服务人员的工资。

2）经营业务费，包括为招揽业务而支出的广告费等。

3）办公费，包括文具、纸张、账表、报刊、文印费用等。

4）交通费、差旅费、办公设施费（企业使用的水、电、气、环卫、治安等费用）。

5）固定资产及常用工器具、设备的使用费。

6）业务培训费、图书资料购置费。

7）其他行政活动经费。

2. 监理酬金的计算方法

为规范建设工程监理与相关服务收费行为，维护发包人和监理单位的合法权益，国家发改委和原建设部于2007年发布了《建设工程监理与相关服务收费管理规定》（发改价格〔2007〕670号），建设工程监理与相关服务收费根据建设项目性质不同情况，分别实行政府指导价或市场调节价。依法必须实行监理的建设工程施工阶段的监理收费实行政府指导价；其他建设工程施工阶段的监理收费和其他阶段的监理与相关服务收费实行市场调节价。

实行政府指导价的建设工程施工阶段监理收费，其基准价根据《建设工程监理与相关服务收费标准》计算，最大浮动幅度为上下20％。发包人和监理单位应当根据建设工程的实际情况在规定的最大浮动幅度内协商确定收费额。实行市场调节价的建设工程监理与相关服务收费，由发包人和监理单位协商确定收费额。

具体内容如下：

（1）施工监理服务收费＝施工监理服务收费基准价×（1±浮动幅度值）。

（2）施工监理服务收费基准价＝施工监理服务收费基价×专业调整系数×工程复杂程度调整系数×高程调整系数。

（3）施工监理服务收费基价：施工监理服务收费基价是完成国家法律法规、规范规定的施工阶段监理基本服务内容的价格。施工监理服务收费基价按表2-2确定，计费额处于两个数值区间的，采用直线内插法确定施工监理服务收费基价。

施工监理服务收费基价表　　　　　　　　　　　　　　　表 2-2

序号	计费额(万元)	收费基价(万元)	费率
1	500	16.5	3.30%
2	1000	30.1	3.01%
3	3000	78.1	2.60%
4	5000	120.8	2.42%
5	8000	181.0	2.26%
6	10000	218.6	2.19%
7	20000	393.4	1.97%
8	40000	708.2	1.77%
9	60000	991.4	1.65%
10	80000	1255.8	1.57%
11	100000	1507.0	1.51%
12	200000	2712.5	1.36%
13	400000	4882.6	1.22%
14	600000	6835.6	1.14%
15	800000	8658.4	1.08%
16	1000000	10390.1	1.04%

注：计费额大于1000000万元的，以计费额乘以1.039%的收费率计算收费基价。其他未包含的收费由双方协商议定。

3. 施工监理服务收费的计费

施工监理服务收费以建设项目工程概算投资额分档定额计费方式收费的，其计费额为工程概算中的建筑安装工程费、设备购置费和联合试运转费之和，即工程概算投资额。对设备购置费和联合试运转费占工程概算投资额40%以上的工程项目，其建筑安装工程费全部计入计费额，设备购置费和联合试运转费按40%的比例计入计费额。但其计费额不应小于建筑安装工程费与其相同且设备购置费和联合试运转费等于工程概算投资额40%的工程项目的计费额。

4. 施工监理服务收费调整系数

施工监理服务收费调整系数包括：专业调整系数、工程复杂程度调整系数和高程调整系数。

（1）专业调整系数是对不同专业建设工程的施工监理工作复杂程度和工作量差异进行调整的系数。计算施工监理服务收费时，专业调整系数在《建设工程监理与相关服务收费管理规定》（发改价格〔2007〕670号）中的《施工监理服务收费专业调整系数表》中查找确定。

（2）工程复杂程度调整系数是对同一专业不同建设工程项目的施工监理复杂程度和工作量差异进行调整的系数。工程复杂程度分为一般、较复杂和复杂三个等级，其调整系数分别为：一般（Ⅰ级）0.85；较复杂（Ⅱ级）1.0；复杂（Ⅲ级）1.15。计算施工监理服务收费时，工程复杂程度在《建设工程监理与相关服务收费管理规定》中的《工程复杂程度表》中查找确定。

（3）高程调整系数如下：

海拔高程2001m以下的为1；

海拔高程2001～3000m为1.1；

海拔高程3001～3500m为1.2；

海拔高程3501～4000m为1.3；

海拔高程4001m以上的，高程调整系数由发包人和监理单位协商确定。

5. 按比例计算施工监理服务收费

（1）发包人将施工监理服务中的某一部分工作单独发包给监理单位，按照其占施工监理服务工作量的比例计算施工监理服务收费，其中质量控制和安全生产监督管理服务收费不宜低于施工监理服务收费额的70%。

（2）建设工程项目施工监理服务由两个或者两个以上监理单位承担的，各监理单位按照其占施工监理服务工作量的比例计算施工监理服务收费。发包人委托其中一个监理单位对建设工程项目施工监理服务总负责的，该监理单位按照各监理单位合计监理服务收费额的4%～6%向发包人加收总体协调费。

6. 监理工作中的其他费用

（1）外出考察费用。经委托人同意，监理单位人员外出考察发生的费用由委托人审核后支付。

（2）检测费用。委托人要求监理单位进行的材料和设备检测所发生的费用，由委托人支付，支付时间在专用条件中约定。

（3）咨询费用。经委托人同意，根据工程需要由监理单位组织的相关咨询论证会以及聘请相关专家等发生的费用由委托人支付，支付时间在专用条件中约定。

（4）奖励。监理单位在服务过程中提出的合理化建议，使委托人获得经济效益的，双方在专用条件中约定奖励金额的确定方法。奖励金额在合理化建议被采纳后，与最近一期的正常工作酬金同期支付。

思考题

1. 强制监理范围以外的工程是否可以委托监理？为什么？

2. 监理单位的基本能力要求是什么？按照国家的规定，监理单位划分为几类和几级？相应的要求有哪些？

3. 监理工程师的能力要求有哪些？如何培养这些能力？

4. 试分析国家实行强制监理制度的利弊。

5. 监理工程师的考试科目有哪些？

6. 根据国家的文件，如何计算监理费基准价？

第三章 工程项目的监理组织

第一节 组织的基本原理

一、组织的含义

组织是指人们为了使系统达到它的特定目标，使全体参加者经过分工与协作以及设立不同层次的权力和责任制度，而构成的能够一体化运行的人的组合体。

(1) 目标是组织存在的前提；

(2) 没有分工与协作就不是组织；

(3) 没有不同层次的权力与责任制度就不能实现组织活动和组织目标。

此外，组织是系统的组织，组织是掌握知识、技术、技能的群体人的组织；组织的内部与外部之间必然需要信息沟通；组织是具有结构性整体，又是一体化运行的机构。

二、组织结构的概念

组织结构是指组织系统内部的构成和各组成部分较为稳定的相互关系和联系方式。它有多种提法：确定正式关系与职责的形式；向组织各部门或个人分派任务和各种活动的方式，协调各个分离活动或任务的方式；组织中权力、地位和等级关系。

组织结构包括：

(1) 职务或职权体系的描述；

(2) 组织内各部门、机构和人员目标、任务、工作和职能分工及协调活动；

(3) 各项活动的方式、方法和程序。

这些内容可以通过组织结构图、任务职能分工表、工作流程图表达。

三、组织设计

组织设计就是对组织活动和组织结构的设计过程。

(1) 组织的构成因素：合理的管理层次、跨度、管理部门和管理职能；

(2) 组织设计原则：分工协作原则、权责一致原则、才职相称原则、管理跨度—管理层次统一原则、分权与集权原则、弹性原则、效率原则；

(3) 组织结构的基本模式：惟一命令源的直线式、具有多命令源的职能式、具有两个命令源的矩阵式；

(4) 组织活动基本原理：

1) 要素有用原理——人尽其才，物尽其用；

2) 主观能动性原理——设法调动组织内个人的主观能动性；

3）动态相关性原理——由于相关因子的作用，发挥整体效应，使得 1＋1 大于 2；

4）规律效应性原理——按组织活动规律来设计，按规律办事。

第二节 工程项目监理组织的形式

一、建设项目监理组织的形式及其特点

监理工作是针对每一个具体项目而言的。监理单位受业主委托开展监理工作，必须建立相对应的项目监理组织。建设监理的组织机构即指项目监理机构，这与监理单位的组织是不同的，后者是公司的组织。项目监理组织是临时的，一旦项目完成，组织即宣告结束。项目监理组织通常要深入到工程建设的第一线。

组织形式是组织结构形式的简称，是指一个组织以什么样的结构方式去处理层次、跨度、部门设置和上下级关系。项目监理组织形式多种多样，通常有以下几种典型形式。

（一）直线制监理组织

直线制组织结构是最早出现的一种企业管理机构的组织形式，它是一种线性组织结构，其本质就是使命令线性化，即每一个工作部门，每一个工作人员都只有一个上级。其整个组织结构自上而下实行垂直领导，指挥与管理职能基本上由主管领导者自己执行，各级主管人对所属单位的一切问题负责，不设职能机构，只设职能人员协助主管人工作。图 3-1 所示为按建设子项目分解设立的直线制监理组织形式。

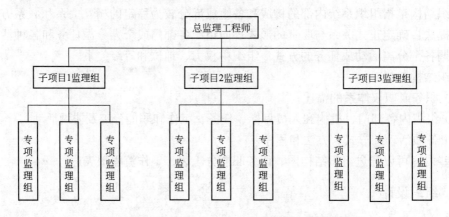

图 3-1 按建设子项目分解设立的直线制监理组织形式

图 3-2 所示为按建设阶段分解设立的直线制监理组织形式。

这种监理组织结构形式的主要特点为：

（1）机构简单，权责分明，能充分调动各级主管人的积极性；

（2）权力集中，命令统一，决策迅速，下级只接受一个上级主管人的命令和指挥，命令单一严明；

（3）对主管领导者的管理知识和专业技能要求较高。要求总监理工程师通晓各种业务，通晓多种知识技能，成为"全能"式人物。

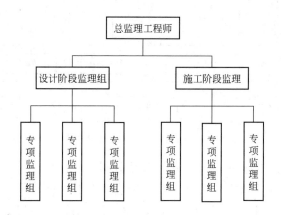

图 3-2　按建设阶段分解设立的直线制监理组织形式

（二）职能制监理组织

这种监理组织形式，是在总监理工程师下设一些职能机构，分别从职能角度对基层监理组进行业务管理，并在总监理工程师授权的范围内，向下下达命令和指示。这种组织系统强调管理职能的专业化，即将管理职能授权给不同的专业部门。按职能制设立的监理组织结构形式如图 3-3 所示。

职能制监理组织的主要特点为：

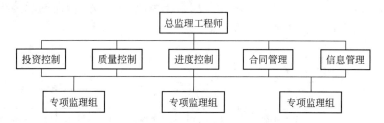

图 3-3　职能制监理组织结构形式

（1）有利于发挥专业人才的作用，有利于专业人才的培养和技术水平、管理水平的提高，能减轻总监理工程师负担；

（2）命令系统多元化，各个工作部门界限也不易分清，发生矛盾时，协调工作量较大；

（3）不利于责任制的建立和工作效率的提高。

职能制监理组织形式适用于工程项目在地理位置上相对集中的工程。

（三）直线—职能制组织

这种组织系统吸收了直线制和职能制的优点，并形成了它自身的特点。它把管理机构和管理人员分为两类：一类是直线主管，即直线制的指挥机构和主管人员，他们只接受一个上级主管的命令和指挥，并对下级组织发布命令和进行指挥，而且对该单位的工作全面负责。另一类是职能参谋，即职能制的职能机构和参谋人员。他们只能给同级主管充当参谋、助手，提出建议或提供咨询。直线—职能制组织形式如图 3-4 所示。

这种监理组织结构的主要特点为：

（1）既能保持指挥统一、命令一致，又能发挥专业人员的作用；

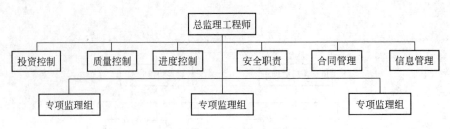

图 3-4 直线—职能制组织形式

（2）管理组织结构系统比较完整，隶属关系分明；

（3）重大的问题研究和设计有专人负责，能发挥专业人员的积极性，提高管理水平；

（4）职能部门与指挥部门易产生矛盾，信息传递路线长，不利于互通情报；

（5）管理人员多，管理费用大。

（四）矩阵制监理组织

矩阵制组织亦称目标—规划制，是美国在 20 世纪 50 年代创立的一种新的管理组织形式。从系统论的观点来看，解决质量控制和成本控制等问题都不能只靠某一部门的力量，需要集中各方面的人员共同协作。因此，该组织结构是在直线职能组织结构中，为完成某种特定的工程项目，从各部门抽调专业人员组织专门项目组织同有关部门进行平行联系，协调各有关部门活动并指挥参与工作的人员。

按矩阵制组织设立的监理组织由两套管理系统组成，一套是横向的职能机构系统，另一套为纵向的子项目系统，如图 3-5 所示。

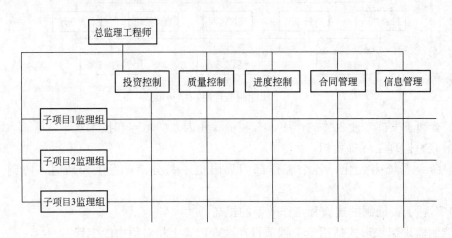

图 3-5 矩阵制监理组织形式

矩阵制组织形式的优点表现在：

（1）它解决了传统模式中企业组织和项目组织相互矛盾的状况，把职能原则与对象原则融为一体，求得了企业长期例行性管理和项目一次性管理的统一。

（2）能以尽可能少的人力，实现多个项目（或多项任务）的高效管理。因为通过职能部门的协调，可根据项目的需求配置人才，防止人才短缺或无所事事，项目组织因此就有较好的弹性应变能力。

（3）有利于人才的全面培养。不同知识背景的人员在一个项目上合作，可以使他们在知识结构上取长补短，拓宽知识面，提高解决问题的能力。

矩阵制的缺点表现在：

（1）由于人员来自职能部门，且仍受职能部门控制，这样就影响了他们在项目上积极性的发挥，项目的组织作用大为削弱。

（2）项目上的工作人员既要接受项目上的指挥，又要受到原职能部门的领导。当项目和职能部门的领导发生矛盾，当事人就难以适从。要防止这一问题的产生，必须加强项目和职能部门的沟通，还要有严格的规章制度和详细的计划，使工作人员尽可能明确干什么和如何干。

（3）管理人员若管理多个项目，往往难以确定管理项目的先后顺序，有时难免会顾此失彼。

矩阵制组织形式适用于在一个组织内同时有几个项目需要完成，而每个项目又需要有不同专长的人在一起工作才能完成这一特殊要求的工程项目。

二、组织机构设置的原则

1. 目的性原则

项目组织机构设置的根本目的，是为了产生组织功能和实现管理总目标。从这一根本目标出发，就要求因目标设事，因事设岗，按编制设定岗位人员，以职责定制度和授予权力。

2. 高效精干的原则

组织机构的人员设置，以能实现管理所要求的工作任务为原则，尽量简化机构，做到高效精干。配备人员要严格控制二、三线人员，力求一专多能，一人多职。

3. 管理跨度和分层统一的原则

要根据领导者的能力和建设项目规模大小、复杂程度等因素去综合考虑，确定适当的管理跨度和管理层次。

4. 专业分工与协作统一的原则

分工就是按照提高管理专业化程度和工作效率的要求，把管理总目标和任务分解成各级、各部门、各人的目标和任务。当然，在组织中有分工也必须有协作，应明确各级、各部门、各人之间的协调关系与配合办法。

5. 弹性和流动的原则

建设项目的单一性、流动性、阶段性是其生产活动的特点，这必然会导致生产对象数量、质量和地点上的变化，带来资源配置上品种和数量的变化。这就要求管理工作和管理组织机构随之进行相应调整，以使组织机构适应生产的变化，即要求按弹性和流动的原则来建立组织机构。

6. 权责一致的原则

就是在组织管理中明确划分职责、权利范围，同等的岗位职务赋予同等的权力，做到权责一致。权大于责，会出现滥用权力；责大于权，会影响积极性。

7. 才职相称的原则

使每个人的才能与其职务上的要求相适应，做到才职相称，即人尽其才、才得其用、用得其所。

三、工程项目监理组织建立的步骤

（一）明确目标

根据工程建设监理合同确定监理组织的目标和任务，并划分为分解目标。

（二）确定监理工作内容

明确为了完成目标和任务所需要的各种监理活动，如工程变更、进度款审核、招标、检测等，并把它们加以分门别类，如投资控制类、进度控制类、质量控制类等。

（三）组织结构设计

（1）考虑工程的特点和任务，及公司的人力资源情况，确定组织结构形式；

（2）合理地确定管理层次，如决策层、中间控制层、作业控制层；

（3）制定岗位职责——按权责一致，进行必要的授权，让其承担一定的责任；

（4）选派监理人员——按老中青结合、专业配套、团队合作等要求配备监理工程师和监理员；

（5）按职权关系，纵向横向地联系起来，形成组织结构并绘制组织结构图；

（6）制定分工表。

（四）制定工作流程和考核标准

根据所分配的任务和工作，制定各项主要工作流程和考核标准。工作流程应把有关的部门和人员联系起来，并确定相关的协调措施。

（五）制定监理信息流程

各监理部门应当根据自己管理上的需要，确定所需信息的种类、内容、周期等，在信息管理部门的统一规划下制定监理信息流程图。

第三节 项目监理组织人员配备

监理人员的配备是监理工作的第一件大事，必须给予足够的重视。应根据项目的实际情况、监理任务的深度与密度、监理工作所处的环境以及所在监理企业的实际情况等来综合确定，形成一个职责明确、专才与帅才结合、老中青结合、优势互补，并有较强团队精神的监理组织。

一、项目监理人员的结构与数量

1. 项目监理组织人员结构要求

（1）要有合理的专业结构；

（2）要有合理的技术、职称结构。

2. 监理人员数量的决定因素

（1）工程建设强度＝投资/工期；

（2）工程复杂程度；

（3）监理工作的要求及监理工作内容；

（4）监理单位业务水平；

（5）工期情况；

(6) 项目监理组织结构；

(7) 被监理单位的管理水平；

(8) 需要协调的工作量。

二、监理机构人员组成的要求

1. 总监理工程师与总监理工程师代表

总监理工程师要有监理企业的法人授权；要有注册监理工程师证书；要有三年同类工程项目的监理工作经验。

监理规范对于总监理工程师的职称没有提出特别的要求，主要是因为工程项目有大有小，技术的复杂程度也不尽相同。对于一些普通的项目，中级职称的工程师完全具有独立工作能力，工程师完全能够胜任工作。当工程项目技术较为复杂时，并不排除建设单位对项目总监提出的如职称、工作经历等方面的特殊要求。

总监理工程师代表：一般指项目比较大或总监理工程师有可能一段时间不在位时设立，资格要求是要具有注册监理工程师证书，要有两年同类工程项目的监理工作经验。

2. 专业监理工程师

专业监理工程师作为某个专业监理工作的负责人，他的工作关系到总监理工程师管理意图能否实现，尤其在一些大的项目中这种表现更为突出。专业监理工程师的配备应该由总监理工程师来掌握，包括从专业结构方面的考虑、年龄方面的考虑、经验方面的考虑和能力方面的考虑。要至少具有一年同类工程项目的监理工作经验。

3. 监理员

监理员的工作是监理机构的基础工作，他的工作特点是以现场工作为主，较多的是执行专业监理工程师或总监理工程师的指令，没有太多的决策权。因此监理员应具有较强的专业技术方面的知识和能力。相对而言，在管理与决策方面不必有太高的要求。因此监理规范规定监理员应具有相关专业知识，经过一定的监理业务培训即可。

三、监理机构的有关要求

(1) 人员数量的要求。由于各个项目的差异很大，很难给出一个办法来确定。工程项目所涉及的专业数量、项目的技术要求、项目的承包商数量、占地范围、工作环境都会影响监理人员数量配备。监理人员数量的关键是要满足监理工作的需要，并且一般不得少于三人。一般可按一年完成的投资额再经过各种修正来确定监理人员数量。

要根据项目监理工作的需要进行数量上的增减或人员调整，调整时要考虑工作的延续与交接。

(2) 组织结构的形式选择。原则是有利于目标控制、有利于合同管理、有利于信息传递、有利于总监决策。

(3) 监理单位应在签订监理合同后，应及时通过书面形式确定总监人选及其他监理人员构成、分工等应通知建设单位。项目监理机构应在施工现场办公。撤离时应通知建设单位。

(4) 工程监理单位调换总监理工程师，事先应征得建设单位同意；调换专业监理工程师，总监理工程师应书面通知建设单位。

（5）总监的承担项目的数量。总监理工程师最多可同时承担 3 个项目的总监。

四、监理人员职责

1. 总监理工程师的职责

（1）确定项目监理机构人员及其岗位职责；

（2）组织编制监理规划，审批监理实施细则；

（3）根据工程进展情况安排监理人员进场，检查监理人员工作，调换不称职监理人员；

（4）组织召开监理例会；

（5）组织审核分包单位资格；

（6）组织审查施工组织设计、（专项）施工方案、应急救援预案；

（7）审查开复工报审表，签发开工令、工程暂停令和复工令；

（8）组织检查施工单位现场质量、安全生产管理体系的建立及运行情况；

（9）组织审核施工单位的付款申请，签发工程款支付证书，组织审核竣工结算；

（10）组织审查和处理工程变更；

（11）调解建设单位与施工单位的合同争议，处理费用与工期索赔；

（12）组织验收分部工程，组织审查单位工程质量检验资料；

（13）审查施工单位的竣工申请，组织工程竣工预验收，组织编写工程质量评估报告，参与工程竣工验收；

（14）参与或配合工程质量安全事故的调查和处理；

（15）组织编写监理月报、监理工作总结，组织整理监理文件资料。

总监理工程师不得将下列工作委托给总监理工程师代表：

（1）组织编制监理规划，审批监理实施细则；

（2）根据工程进展情况安排监理人员进场，调换不称职监理人员；

（3）组织审查施工组织设计、（专项）施工方案、应急救援预案；

（4）签发开工令、工程暂停令和复工令；

（5）签发工程款支付证书，组织审核竣工结算；

（6）调解建设单位与施工单位的合同争议，处理费用与工期索赔；

（7）审查施工单位的竣工申请，组织工程竣工预验收，组织编写工程质量评估报告，参与工程竣工验收；

（8）参与或配合工程质量安全事故的调查和处理。

2. 专业监理工程师职责

（1）参与编制监理规划，负责编制监理实施细则；

（2）审查施工单位提交的涉及本专业的报审文件，并向总监理工程师报告；

（3）参与审核分包单位资格；

（4）指导、检查监理员工作，定期向总监理工程师报告本专业监理工作实施情况；

（5）检查进场的工程材料、设备、构配件的质量；

（6）验收检验批、隐蔽工程、分项工程；

（7）处置发现的质量问题和安全事故隐患；

（8）进行工程计量；

（9）参与工程变更的审查和处理；

（10）填写监理日志，参与编写监理月报；

（11）收集、汇总、参与整理监理文件资料；

（12）参与工程竣工预验收和竣工验收。

3. 监理员职责

（1）检查施工单位投入工程的人力、主要设备的使用及运行状况；

（2）进行见证取样；

（3）复核工程计量有关数据；

（4）检查和记录工艺过程或施工工序；

（5）处置发现的施工作业问题；

（6）记录施工现场监理工作情况。

思考题

1. 组织结构的要素是什么？

2. 试举例说明四种监理组织结构的适用条件。

3. 组织结构设计的原则是什么？

4. 影响监理人员数量的因素有哪些？你认为如何估算监理人员数量较为合理？

5. 监理员的工作要求是什么？

6. 在监理组织结构中如何建立畅通的监理信息渠道？

第四章　监理工作内容与方法

第一节　监理工作内容

我国引进监理制度的目的并非只实施施工阶段的监理，国际上监理咨询企业的服务范围很宽，由于监理制度在我国实施的时间还不长，对监理工作其他方面的服务范围仍然存在一些认识上的差异。除了施工阶段的监理工作已经比较成熟外，其他方面的监理服务尚在试行和发展之中。因此目前强制监理工作的基本服务内容主要限定在施工阶段的质量控制、进度控制、造价控制、合同管理和协调工作。监理单位为了实施综合的有效的控制，必须对工程建设的有关合同和各种信息进行管理。

一、监理工作的基本内容

1. 合同管理方面

（1）协助建设单位与承包单位、材料供应单位签订各类合同，避免合同缺陷的发生；

（2）对建设单位签订的承包合同等所管理的合同进行履约分析和风险分析，预测可能出现的问题；

（3）提醒或协助建设单位履约，如：及时供料、及时付款、对材料设备进行验收等；

（4）针对合同履行中的情况，公正地解释合同条款的含义；

（5）根据建设单位的授权，发布开工令、停工令和复工令；

（6）公正地处理工程变更事宜；

（7）公正地处理索赔事宜；

（8）组织工地会议，协调各方关系；

（9）进行工程质量的控制（详见质量控制）；

（10）进行工程进度的控制（详见进度控制）；

（11）进行工程计量、支付的控制（详见造价控制）；

（12）提交有关阶段的、专项的或总体的工程报告（月报、评估报告）；

（13）做好监理记录，管理监理档案工作。

2. 质量控制方面

（1）审查工程项目的施工组织设计、技术方案；

（2）检查工程所用的材料、半成品、构件和设备的质量；

（3）检查质量管理体系；

（4）审查分包单位；

（5）审查和现场检查各种配合比的准确程度；

（6）审查测量放样的方案，现场检查与复查控制成果及放样；

（7）对所有隐蔽工程进行验收；

（8）采取主动控制的措施；

（9）对施工过程进行检查；

（10）对工程质量（分项＼分部工程）进行验收和评定。

3. 进度控制方面

（1）审查进度计划；

（2）定期检查工程进度，并对比分析工程进度；

（3）根据实际情况提出进度控制措施。

4. 造价控制方面

（1）对实际完成的工程量进行计量；

（2）对工程计量进行计价，审查进度付款申请；

（3）审查工程决算；

（4）审查工程变更或设计变更洽商的价款。

二、监理工作扩展的服务内容

（1）项目决策方面的相关工作；

（2）招标方面的相关工作；

（3）勘察设计监理；

（4）材料与设备监造方面的相关工作；

（5）代理前期准备工作；

（6）非常规的质量检测和监测；

（7）职业技能培训。

第二节　工程项目监理程序

工程项目实施建设监理程序可以用图 4-1 表示。

一、确定项目总监理工程师，成立项目监理组织

每一个拟监理的工程项目，监理单位都应根据工程项目的规模、性质，业主对监理工作的要求，委派相称职的人员担任项目的总监理工程师，代表监理单位全面负责该项目的监理工作。总监理工程师对内向监理单位负责，对外向业主负责。

在总监理工程师的具体领导下，组建项目的监理班子，并根据签订的监理委托合同，制定监理规划和具体的实施计划，开展监理工作。

监理单位在承接项目监理任务时，在参与项目监理的投标，拟订监理方案（大纲），以及与业主商签监理委托合同时，即应安排称职的人员（最好是拟安排该项目

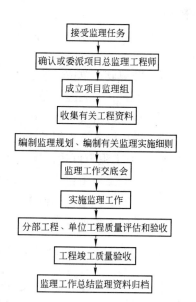

接受监理任务
↓
确认或委派项目总监理工程师
↓
成立项目监理组
↓
收集有关工程资料
↓
编制监理规划、编制有关监理实施细则
↓
监理工作交底会
↓
实施监理工作
↓
分部工程、单位工程质量评估和验收
↓
工程竣工质量验收
↓
监理工作总结监理资料归档

图 4-1　工程项目实施建设监理程序图

的总监)主持该项工作。这样，项目的总监理工程师在承接任务阶段即早已介入，从而更能了解业主的建设意图和对监理工作的要求，并为后续的人员配备、编制监理规划、协调各种关系等工作打下一个好的基础。

二、收集有关资料

1. 反映工程项目特征的有关资料

(1) 工程项目的批文；

(2) 规划部门关于规划红线范围和设计条件通知；

(3) 土地管理部门关于准于用地的批文；

(4) 批准的工程项目可行性研究报告或设计任务书；

(5) 工程项目地形图；

(6) 工程项目勘测、设计图纸及有关说明。

2. 反映当地工程建设政策、法规的有关资料

(1) 关于工程建设报建程序的有关规定；

(2) 当地关于拆迁工作的有关规定；

(3) 当地关于工程建设应交纳有关税、费的规定；

(4) 当地关于工程项目建设管理机构资质管理的有关规定；

(5) 当地关于工程项目建设实行建设监理的有关规定；

(6) 当地关于工程建设招标投标制的有关规定；

(7) 当地关于工程造价管理的有关规定等。

3. 反映工程所在地区技术经济状况等建设条件的资料

(1) 气象资料；

(2) 工程地质及水文地质资料；

(3) 与交通运输(包括铁路、公路、航运)有关的可提供的能力、时间及价格等资料；

(4) 与供水、供电、供热、供燃气、电信有关的可提供的容(用)量、价格等资料；

(5) 勘测设计单位状况；

(6) 土建、安装施工单位状况；

(7) 建筑材料及构件、半成品的生产、供应情况；

(8) 进口设备及材料的有关到货口岸、运输方式的情况等。

4. 类似工程项目建设情况的有关资料

(1) 类似工程项目投资方面的有关资料；

(2) 类似工程项目建设工期方面的有关资料；

(3) 类似工程项目的其他技术经济指标等。

三、编制工程项目的监理规划

工程项目的监理规划，是开展项目监理活动的纲领性文件，其内容将在下一章中介绍。

四、制定各专业监理实施细则

在监理规划的指导下，为具体指导投资控制、质量控制、进度控制的进行，还需结合工程项目实际情况，制定相应的实施细则。有关内容将在下一章进行介绍。

五、根据制定的监理细则，开展监理工作

作为一种科学的工程项目管理制度，监理工作的规范化体现在：

（1）以有关的法律、合同、工程文件及有关的标准和规范作为开展监理工作的依据；

（2）按照既定的工作程序进行有关的验收、审查、检验、签署各种文件；

（3）以科学的态度抓问题的本质，对问题进行全面的分析，提出符合实际情况的解决问题的方案；

（4）开展监理工作时，应严格遵守职业道德，保持公正。

六、组织工程项目竣工预验收，签署工程建设监理意见

工程项目施工完成后，应由监理单位在正式验交前组织竣工预验收，在预验收中发现的问题，应与施工单位沟通，提出要求，签署工程建设监理意见。

七、参与竣工验收并向业主提交工程建设监理档案资料

工程项目建设监理业务完成后，向业主移交合同约定的档案资料，如图纸、设计变更、工程变更资料、合同文件、监理指令性文件、会议纪要、各种签证资料等。

八、监理工作总结

（1）监理工作总结应包括以下主要内容：

委托合同履行情况概述；监理任务或监理目标完成情况的评价；由业主提供的供监理活动使用的办公用房、车辆、试验设施等的清单；表明监理工作终结的说明、监理工作中存在的问题及改进的建议，也应及时加以总结，以指导今后的监理工作，并向政府有关部门提出政策建议，以不断提高我国工程建设监理的水平等。

（2）应向本单位提交的监理工作总结：其内容主要包括：监理工作的经验，可以是采用某种监理技术、方法的经验，也可以是采用某种经济措施、组织措施的经验，以及签订监理委托合同方面的经验，如何处理好与业主、承包单位关系的经验等。

第三节 控制的类型

工程项目的建设一旦开始进行，即表示建设项目从各种人力、物力、资金等资源开始输入并转换输出为建设项目这一转换过程的开始。在转换过程中产生的各种信息以不同方式、通过不同的回路反馈到各级控制人员那里，经过分析与对比，控制人员对不同的控制对象确定不同的控制工作重点，并采用不同控制工作类型进行控制。控制类型可按照控制的目标与标准的不同分为作业控制与结果控制，也可按控制措施的作用范围分为局部控制

与全面控制。也可按纠偏措施的作用环节不同而分为主动控制、事中控制和被动控制，本书着重讨论主动控制、事中控制和被动控制。

控制工作的关键是反馈。在计划付诸实施后，没有信息反馈，工程项目的建设就无法得到控制。随着计算机在信息管理系统中的应用，实时信息系统得到了很大发展。所谓实时信息就是事件一发生就出现的信息并能实现反馈。它的出现为实时控制提供了条件。由于工程项目建设的信息具有分散性、不完整性、信息量大等多种特征，监理人员及其他管理人员虽然也可通过联网随时了解各种工程项目情况，但是在目前的绝大多数的目标控制及管理活动中，得到的信息大都是"时(间)滞(后)信息"，因此在信息反馈与采取纠偏措施之间出现时间延迟，以致纠正措施往往作用在工程项目建设过程中的不同环节上，如图4-2所示。

一、事中控制

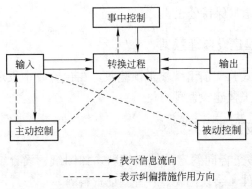

图 4-2　按控制措施作用环节划分的控制类型图

事中控制，又称为现场控制。由图4-2可以看出，这类控制工作的信息反馈与纠正措施都是处于正在进行当中的计划执行过程或工程建设项目的设计、施工转换过程之中，它是一种主要作为基层监理人员所采用的控制工作方法。监理人员通过深入现场、巡视旁站、监督检查，并立即发出纠正措施，以保证控制目标的实现。

工程项目建设监理的事中控制包括的内容有：

(1) 向受控人员明确恰当的工作方法和工作过程；

(2) 监督检查受控人员的工作以保证工程项目建设目标及其计划的实现；

(3) 实时收集工程项目建设中的各种信息；

(4) 发现不合标准或与项目总目标及其分解目标相比有偏差时，立即采取纠偏措施。

在实际的施工监理工作中，大量的控制工作都是属于事中控制。例如，现场浇筑混凝土时，对原材料的质量控制，对混凝土拌合质量的控制，对浇筑和振捣质量的旁站都是现场的事中控制；钻孔灌注桩的孔深测量、沉渣测量也是事中控制；基坑开挖时对位移及沉降的监测和投资控制中的现场计量测量、暂定金额的使用都是事中控制的应用实例。

从事中控制的内容及所处的阶段来看，事中控制具有下列特征：

(1) 事中控制适用于能够及时收集到反馈信息的转换过程，不能及时收集到反馈信息的工作则无法实现事中控制。

(2) 事中控制适用于其分解目标及其标准非常明确且单一的转换过程。如果转换过程或受控对象的分解目标复杂、标准繁多，因而难以及时发现偏差，导致难以及时采取纠正措施。

(3) 事中控制的有效性取决于控制人员的业务素质、管理水平、控制能力、控制经验，以及受控对象对纠偏措施的理解程度。

(4) 事中控制是一种过程控制，它需要与主动控制、被动控制相结合，共同完成目标控制工作。

在进行事中控制时，要注意避免单凭主观意志进行工作，控制人员要注意加强自身的业务学习和素质的提高，亲临现场认真仔细地进行信息收集与偏差识别，以目标与标准为依据，服从整体目标控制要求，完成自己的控制职责，逐级实施控制。

二、主动控制

主动控制是指预先分析目标偏离的可能性，并且拟定和采取各项预防措施，以使计划目标得以实现的一种控制类型。《建设工程监理规范》GB/T 50319—2013 要求在各个方面都要进行主动控制。

下列措施帮助我们如何采取主动控制行动：

（1）详细调查并分析研究工程项目的外部环境条件，以确定哪些是影响建设目标实现和计划运行的各种有利和不利因素，并将它们考虑在工程建设计划和有关的管理或监理工作职能当中。

（2）将各种影响建设目标实现和计划实行的潜在因素揭示出来，为风险分析和风险管理提供依据，并在工程项目的建设管理和监理工作当中做好风险管理工作。

（3）用科学的方法制定计划。做好计划的可行性分析，消除那些资源不可行、技术不可行、经济不可行的各种错误和缺陷，保障工程项目的实施有足够的时间、空间、人力、物力和财力。力求使工程建设的计划最优。事实上，计划制定得越明确、越完善，就越能达到最佳的控制效果。

（4）切实做好监理机构的组织工作，使监理机构与机构的目标和监理工作计划高度一致，把监理的目标控制任务落实到监理机构的每一个成员，做到职权明确、通力协作。

（5）必要的备用方案以对付可能出现的意外情况。

（6）各种计划包括质量目标要有一定的"松弛度"，也就是说要考虑一定的风险量。使监理工作保持主动。

（7）信息传递渠道的畅通，并加强信息收集和信息处理工作，为预测工程建设的未来发展状况提供全面、及时和可靠的信息。

三、被动控制

被动控制是指当工程建设按计划进行时，监理或管理人员对计划（包括质量管理方案）的实施进行跟踪，把输出的结果信息进行加工整理，并与原来的计划值进行对比，从中发现偏差，从而采取措施纠正偏差的一种控制类型。

《建设工程监理规范》GB/T 50319—2013 所规定的检查、验收都是被动控制的措施。

被动控制依赖于反馈，并且有一定量的时间滞后。作为监理机构要尽可能使反馈的时滞减少到最小程度。

四、主动控制与被动控制相结合

两种控制，即主动控制与被动控制，对监理工程师而言缺一不可，它们都是实现项目目标所必须采用的控制方式。有效地控制是将主动控制与被动控制紧密地结合起来，力求加大主动控制在控制过程中的比例，同时进行定期、连续的被动控制。只有如此，方能完成项目目标控制的根本任务。

怎样才能做到主动控制与被动控制相结合呢？用图 4-3 来表明它们的关系。

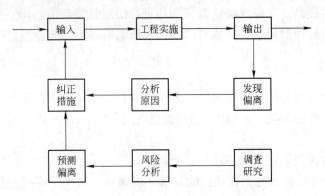

图 4-3　主动控制与被动控制相结合示意图

注：图中"纠正措施"包括主动控制采用的纠正措施和被动控制采用的纠正措施。

实际上，所谓主动控制与被动控制相结合也就是要求监理工程师在进行目标控制的过程中，既要实施前馈控制又要实施反馈控制，既要根据实际输出的工程信息又要根据预测的工程信息实施控制，并将它们有机地融合在一起。控制工作的任务就是通过各种途径找出偏离计划的差距，以便采取纠正潜在偏差和实际偏差的措施，来确保计划取得成功。能够做到这一点，关键有两条：一要扩大信息来源，即不仅从被控系统内部获得工程信息还要从外部环境获得有关信息；二要把握住输入这道关，即输入的纠正措施应包括两类，既有纠正可能发生偏差的措施，又有纠正已经发生偏差的措施。

第四节　监理工作中的目标控制方法

一、目标的规划与计划

如果监理工程师事先不知道他所期望的是什么，他就谈不到控制。实际上目标规划和计划越明确、全面和完善，控制的效果就越好。

（一）目标规划和计划与目标控制的关系

图 4-4 表示的是工程项目建设过程中的规划、控制之间的关系。

从图中可以看到，目标规划和计划与控制之间是一种交替出现的循环链式的关系。图示告诉我们，建设一项工程，首先要根据业主需求制定目标规划Ⅰ，即确定项目总体投资、进度、质量目标，确定实

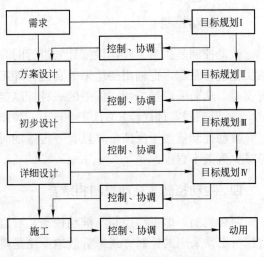

图 4-4　规划与控制的关系示意图

现项目目标的总体计划和下一阶段即将开始的工作实施计划。在确定目标规划的过程中，重要的是做好需求与规划之间的协调工作，使需求与规划保持一致。然后，按目标规划Ⅰ的要求进行方案设计。在方案设计的过程中根据目标规划实施控制，力求使方案设计符合规划的目标要求。同时，根据输出的方案设计还要对原规划进行必要调整，以解决目标规划中不适当的问题。接下来，根据方案设计的输出，在目标规划Ⅰ的基础上调整、细化项目目标规划，得出较为详细的目标分解和较详细的实现目标的计划，即目标规划Ⅱ。然后根据目标规划Ⅱ进行初步设计。在初步设计过程中进行控制，使初步设计尽量符合规划Ⅱ的要求。如此循环下去，直到项目动用。

与控制的动态性相一致，在项目运行的整个过程中，目标规划和计划也是处于动态变化之中。工程的实施既要根据目标规划和计划实施控制，力求使之符合目标规划和计划的要求，同时又要根据变化了的内部因素和外部环境适当地调整目标规划和计划，使之适应控制的要求和工程的实际。目标规划和计划要在工程实施当中反复调整，真正成为控制的前提和依据。

（二）控制的效果在很大程度上取决于目标规划利计划的质量和水平

如果目标规划和计划的质量和水平不高，那么，就很难取得很好的目标控制效果。目标控制能够取得理想成果与目标规划的计划以下方面的质量有直接关系：

1. 正确地确定项目目标

若能有效地控制目标，首先要能正确地确定目标。然而，要做到这一点，则需要监理工程师积累足够的有关工程项目的目标数据，建立项目目标数据库，并且能够把握、分析、确定各种影响目标的因素以及确定它们影响量的方法。正确地确定项目投资、进度、质量目标必须全面而详细地占有已建项目的目标数据，并且能够看到拟建项目的特点，找出拟建项目与类似的已建项目之间的差异，计算出这些差异对目标的影响量，从而确定拟建项目的各项目标。

2. 正确地分解目标

为了有效开展投资、进度、质量等方面的目标控制，需要将各项总目标进行分解。目标分解应当满足目标控制的全面性要求。例如，项目投资是由建设工程费、安装工程费、工器具购置费以及其他费组成，为了实施有效控制就需要将目标按建设费用组成进行分解；由于构成项目的每一部分都占用投资，因此，需要按项目结构进行投资分解；由于项目资金总是分阶段、分期支出的，为了合理地使用资金，有必要将投资按使用时间进行分解。目标分解应当满足项目实现过程的系统性要求。例如，为了保障工程项目实体质量，需要从工序质量开始控制，进而实现分部工程、单位工程、单项工程质量控制，从而实现对整个项目质量的最终控制。目标分解还应当与组织结构保持一致。这是因为目标控制总是由机构、人员来进行的，它是与机构、人员、任务、职能分工密切相关的。

3. 制定既可行又优化的计划

实现目标离不开计划。编制计划包括选择确定目标、任务过程和各个具体行动。它需要做出决策，在各种方案里选择实施的行动路线。计划是为实现预期目标而架起的桥梁，它需要确定为实现预期目标所采取行之有效的措施。因此，计划工作是所有管理工作中永远处于前期的工作。只有制定了计划使管理人员知道目标、任务和行动，才能解决需要何种组织结构和人员来实现计划的各项要求，才能解决如何实施有效的领导，使所有参加者为组织的目标做出贡献，才能提供评价标准，实现有效控制。所以，计划是目标控制的重要依据和前提。

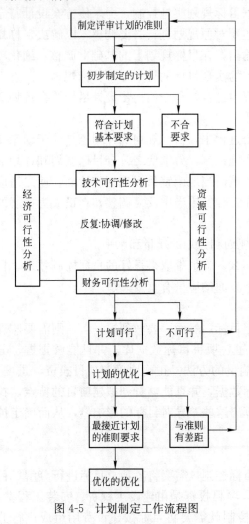

图 4-5 计划制定工作流程图

计划是否可行，是否优化，直接影响目标能否顺利实现。图 4-5 是计划制定工作流程。

图示告诉我们，要制定一项计划首先应当确定评审计划的有关准则，它是决定一项计划是否可行和优化的标准和原则。初步计划制定出来，就要先看它是否符合计划的最基本要求，例如进度计划的工期要求。如果计划的基本要求达不到，那么就要重新制定或对初步计划进行修改。如果基本要求能够达到，计划制定工作就要深入一步进行，即对计划进行可行性分析，这是制定计划关键步骤。可行性分析就是剔除各种有碍计划实施的因素，保障计划的实施有足够的资源、技术支持有足够的经济力量和财务支持。如果确认计划的可行性存在着问题，就应当反复再对计划进行调整、修改直至可行为止。一项仅仅可行的计划，并不能称为优化的计划。优化的计划是与评定计划准则最接近的计划。优化计划的得出往往需要做多次反复调整的工作，直到计划被认为最大限度地接近各项计划准则为止。

只有制定出技术上可行、资源上可行、经济上可行、财务上可行的实现目标的计划，并在此基础上得出最大限度地满足计划准则要求的优化计划，才能为有效目标控制提供可靠的保障。

二、控制的程序和基本环节工作

目标控制的基本原理首先表现在控制的过程上，不论是进度控制、质量控制，还是投资控制，其控制的一般过程都包括：投入、转换、反馈、对比和纠偏等基本环节性工作，继而是新的一轮循环，并且是在新的水平、新的高度上进行循环。

（一）控制的程序

控制程序如图 4-6 所示。从图中可以看出控制过程：控制是在事先制定的计划基础上进行的，计划要有明确的目标。工程开始实施，要按计划要求将所需的人力、材料、设备、机具、方法等资源和信息进行投入。于是计划开始运行，工程得以进展，并不断输出实际的工程状况和实际的投资、进度、质量目标。由于外部环境和内部系统的各种因素变化的影响，实际输出的投资、进度、质量目标有可能偏离计划目标。为了最终实现计划目标，控制人员要收集工程实际情况和其他有关的工程信息，将各种投资、进度、质量数据和其他有关工程信息进行整理、分类和综合，提出工程状态报告。控制部门根据工程状态报告将项目实际完成的投资、进度、质量状况与相应的计划目标进行比较，以确定是否偏离了计划。如果计划运行正常，那么就按原计划继续运行；反之，如果实际输出的投资、进度、质量目标已经偏离计划目标，或者预计将要偏离，就需要采取纠正措施，或改变投入，或修改计划，或采取其他纠正措施，使工程建设及其计划呈现一种新状态，使工程能够在新的计划状态下进行。

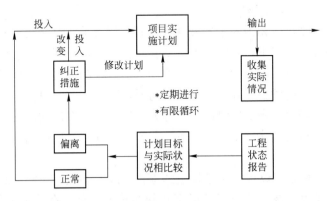

图 4-6 控制流程图

一个建设项目目标控制的全过程就是由这样的一个个循环过程所组成的。循环控制要持续到项目建设动用，控制贯穿项目的整个建设过程。

（二）控制过程的基本环节性工作

从控制的每个循环中可以清楚地看到控制过程的基本环节性工作。对于每个控制循环来说，如果缺少这些基本环节中的某一个，这个循环就不健全，就会降低控制的有效性，就不能发挥循环控制的整体作用。每一个控制过程都要经过投入、转换、反馈、对比、纠正等基本步骤。因此，做好投入、转换、反馈、对比、纠正各项工作就成了控制过程的基本环节性工作。

1. 投入——按计划要求投入

控制过程首先从投入开始。一项计划能否顺利地实现，基本条件首先是能否按计划所要求的人力、财力、物力进行投入。计划确定的资源数量、质量和投入的时间是保证计划实施的基本条件，也是实现计划目标的基本保障。因此，要使计划能够正常实施并达到预计目标，就应当保证能够将质量、数量符合计划要求的资源按规定时间和地点投入到工程建设中去。

监理工程师如果能够把握住对"投入"的控制，也就把握住了控制的起点要素。

2. 转换——做好转换过程的控制工作

所谓转换，主要是指工程项目的实现总是要经由投入到产出的转换过程。正是由于这样的转换才使投入的材料、劳力、资金、方法、信息转变为产品，如设计图纸、分项（分部）工程、单位工程、单项工程，最终输出完整的工程项目。在转换过程中，计划的运行往往会受到来自外部环境和内部系统多因素干扰，造成实际工程偏离计划轨道。而这类干扰往往是潜在的，未被人们所预料或人们无法预料的。同时，由于计划本身不可避免地存在着程度不同的各种问题，因而造成期望的输出与实际输出之间发生偏离。比如，计划没有经过科学的资源可行性分析、技术可行性分析、经济可行性分析和财务可行性分析，在计划实施过程中就难免发生各种问题。

监理工程师应当做好"转换"过程的控制工作：跟踪了解工程进展情况，掌握工程转换的第一手资料，为今后分析偏差原因，确定纠正措施提供可靠依据。同时，对于那些可以及时解决的问题，采取"即时控制"措施，发现偏离，及时纠偏，避免"积重难返"。

做好转换过程中的控制工作是实现有效控制的重要工作。

3. 反馈——控制的基础工作

对一项即使认为制定得相当完善的计划，控制人员也难以对它运行的结果有百分之百的把握。因为计划实施过程中，实际情况的变化是绝对的，不变是相对的。每个变化都会对预定目标的实现带来一定的影响。所以，控制人员、控制部门对每项计划的执行结果是否达到要求都十分关注。例如，外界环境是否与所预料的一致？执行人员是否能切实按计划要求实施？执行过程会不会发生错误？等等。而这些正是控制功能的必要性之所在。因此，必须在计划与执行之间建立密切的联系，需要及时捕捉工程信息并反馈给控制部门来为控制服务。

反馈给控制部门的信息既应包括已发生的工程状况、环境变化等信息，还应包括未来工程预测的信息。信息反馈方式可以分成正式和非正式两种。在控制过程中两者都需要。正式信息反馈是指书面的工程状况报告，它是控制过程中应当采用的主要反馈方式。非正式信息反馈主要指口头方式，对口头方式的信息反馈也应当给予足够的重视。当然，对非正式信息反馈还应当让其转化为正式的信息反馈。

控制部门需要什么信息，取决于监理工作的需要。信息管理部门和控制部门应当事先对信息进行规划，这样才能获得控制所需要的全面、准确、及时的信息。

为使信息反馈能够有效配合控制的各项工作，使整个控制过程流畅地进行，需要设计信息反馈与管理系统。它可以根据需要建立信息来源和供应程序，使每个控制和管理部门都能及时获得它们所需要的信息。

4. 对比——以确定是否偏离

控制系统从输出得到反馈信息并把它与计划所期望的状况相比较，是控制过程的重要特征。控制的核心是找出差距并采取纠正措施，使工程得以在计划的轨道上进行。

对比是将实际目标成果与计划目标比较，以确定是否偏离。因此，对比工作的第一步是收集的工程实际成果并加以分类、归纳，形成与计划目标相对应的目标值，以便进行比较。对比的第一步是对比较结果的判断。什么是偏离？偏离就是指那些需要采取纠正措施的情况。凡是判断为偏离的，都是那些已经超过了"度"的情况。因此，对比之前必须确定衡量目标偏离的标准。这些标准可以是定量的，也可以是定性的，还可采用定量与定性相结合的方式。例如，某网络进度计划在实施过程中，发现其中一项工作比计划要求拖延了一段时间。根据什么来判断它是否偏离了呢？答案应当用标准来判断。如果这项工作是关键工作，或者虽然不是关键工作，但它拖延的时间超过了它的总时差，那么这种拖延肯定影响了计划工期，理所当然地应判断为偏离，需要进一步采取纠偏措施。如果它既不是关键工作，又未超过总时差，它的拖延时间小于它的自由时差或者虽然大于自由时差但并未对后续工作造成大的影响，就可以认为尚未偏离。

5. 纠正——取得控制效果

对偏离计划的情况要采取措施加以纠正。如果是轻度偏离，通常可采用较简单措施进行纠偏。比如，对进度稍许拖延的情况，可适当增加人力、机械、设备等的投入量就可以解决。如果目标有较大偏离，则需要改变局部计划才能使计划目标得以实现。如果已经确认原定计划目标不可能实现，那就要重新确定目标，然后根据新目标制定新计划，使工程在新的计划状态下运行。当然，最好的纠偏措施是把管理的各项职能结合起来，采取系统的办法实施纠偏。这就不仅要在计划上做文章，还要在组织、人员配备、领导等方面进行综合性的纠偏。控制过程各项基本环节工作之间的关系如图 4-7 所示。

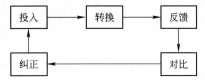

图 4-7 控制过程的基本
环节工作关系图

总之，每一次控制循环结束都有可能使工程呈现一种新的状态，或者是重新修订计划，或者是重新调整目标，使其在这种新状态下继续开展。同时，还应使内部管理呈现一种新状态，力争使工程运行出现一种新气象。

思考题

1. 施工准备阶段的监理工作有哪些？
2. 施工阶段的质量控制监理工作有哪些？
3. 举例说明反馈控制和主动控制的含义。

第五章 监理规划与监理实施细则

第一节 监 理 规 划

一、监理规划的作用

（一）指导项目监理机构全面开展监理工作

在确定监理任务之后，总监理工程师应当对整个工程建设项目的特点与要求进行较为细致的分析，然后对项目的监理工作进行筹划。筹划的内容包括监理组织的确定、工作内容的分工、进度的控制方法与措施、质量控制的方法与措施、造价控制的方法与措施、履行建设工程安全生产管理法定职责的重点与措施、监理信息种类与管理框架、现场矛盾的协调机制等。

总监理工程师的筹划还需要各部门负责人的参与。

所以监理规划的主要作用就是全面指导今后的监理工作。

（二）监理规划是工程建设监理主管机构对监理单位实施监督管理的重要依据

工程建设监理主管机构对社会上所有监理单位都要实施监督、管理和指导。通过监理单位的实际监理工作来认定它的水平和规范化程度。而监理单位的实际水平和规范化程度可从监理规划和它的实施中充分地体现出来。

（三）监理规划是业主确认监理单位是否全面、认真履行监理合同的主要依据

监理单位如何履行工程建设监理合同？在开工前业主可通过监理规划来确认监理单位是否履行监理合同。

二、监理规划的编写

（一）监理大纲、监理规划、监理细则之间的关系和区别

监理大纲（监理方案）——是监理单位在业主委托监理的过程中为承揽监理业务而编写的监理方案性文件。它的主要作用有：

（1）使业主认可大纲中的监理方案，从而承揽到监理业务；

（2）为今后开展监理工作制定方案。

监理大纲通常包括的内容有：主要监理人员；监理方案（包括监理组织方案、各目标控制方案、合同管理方案、组织协调方案等）；明确说明提交监理阶段性成果的文件等。

项目监理大纲是项目监理规划编写的直接依据。

监理规划——是由项目总监理工程师主持，根据监理合同，在监理大纲的基础上，结合项目的具体情况，在广泛收集工程信息的情况下制定的指导整个项目监理组织开展监理工作的技术组织文件。

从内容范围上讲，监理大纲与监理规划都是围绕着整个项目监理组织所开展的监理工作来编写的，但监理规划的内容要比监理大纲翔实、全面。监理规划的编写主持人是项目总监理工程师，而制定监理大纲的人员确切地说应当是监理单位指定人员或单位的技术管理部门，虽然未来的项目总监理工程师有可能参加，甚至主持这项工作。

监理细则——是在项目监理规划基础上由项目监理组织的各有关专业部门，根据监理规划的要求，在部门负责人主持下，针对所分担的具体监理任务和工作，结合项目具体情况和掌握的工程信息制定的具体指导监理各专业部门开展监理实务作业的文件。

监理细则在编写时间上总是滞后于项目监理规划；编写主持人一般是项目监理组织的某个部门的负责人，其内容具有局部性，是围绕着自己部门的主要工作来编写的。它的作用是指导具体监理实际业务的开展。

监理大纲、监理规划、监理细则是相互关联的，它们都是构成监理规划系列性文件的组成部分，它们之间存在着明显的依据性关系。在编写监理规划时一定要严格根据监理大纲的有关内容来编写；在制定监理细则时，一定要按监理规划的要求编写。

通常，监理单位开展监理活动应当编制以上系列性监理规划文件，但这也不是一成不变的，就像工程设计一样。对于简单的监理活动只编写监理规划就可以了，而有些项目既要制定较详细的监理规划，也要编写监理细则。

（二）监理规划编写的依据

1. 工程项目外部环境调查研究资料

包括：自然、社会和经济条件。如工程地质、工程水文、历年气象、区域地形、自然灾害情况、社会治安、政治局势、建筑市场状况、材料和设备厂家、勘察和设计单位、施工安装力量、工程咨询和监理单位、交通设施、通信设施、公用设施、能源和后勤供应、金融市场情况等。

2. 工程建设方面的法律法规

包括：中央、地方和部门政策、法律、法规；工程所在地的政策、法律、法规及规定；工程建设的各种规范、标准等。

3. 政府批准的工程建设文件

包括：可行性研究报告、立项批文；规划部门确定的规划条件、土地使用条件、环境保护要求、市政管理规定等。

4. 工程建设监理合同

其中特别是关于监理单位和监理工程师的权利和义务、监理工作范围和内容、有关监理规划方面的要求等方面的内容。

5. 其他工程建设合同

特别是关于项目业主的权利和义务、承建商的权利和义务、监理单位和监理工程师的权利和义务等内容。

6. 项目业主的合理要求

根据监理单位竭诚为客户服务的宗旨，在不超出合同职责范围的前提下，监理单位应最大限度地满足业主的正当合理要求。

7. 工程实施过程输出的有关工程信息

包括：方案设计、初步设计、施工图设计、工程实施状况、工程招标投标情况、重大工程变更、外部环境变化等。

8. 监理大纲

监理大纲的主要内容有：工程的重点与难点分析，监理组织方案即拟投入主要监理人员，投资、进度、质量控制方案，信息管理方案、合同管理方案、定期提交给业主的监理工作阶段性成果。

（三）监理规范对编写监理规划的基本要求

（1）编制时间：签订监理合同、收到设计文件之后，在第一次工地会议之前。

（2）编制人：总监主持，各专业监理工程师参加。

（3）编制依据：项目文件、法律法规、标准、合同、监理大纲。

（4）编制要求：

1）要针对项目的特点——研究项目的目标、技术、管理、环境、参与工程建设各方的情况等；

2）确定监理工作的目标、程序、方法、措施。要与项目的特点结合起来。内容要尽可能具体。如：例会的时间间隔、取样的项目、旁站的项目、隐蔽工程验收的项目划分、质量如何评定、上报进度计划和报表时间、工程款支付程序等；

3）由公司的技术负责人进行审核；

4）要报建设单位；

5）在实施过程中如果主要的情况发生变化，应进行修改；

（5）主要内容：

1）工程项目概况，重点要分析工程的重点和难点；

2）监理工作的范围、内容、目标；

3）监理工作依据；

4）监理组织形式、人员配备及进场计划、监理人员岗位职责；

5）工程质量控制；

6）工程造价控制；

7）工程进度控制；

8）合同与信息管理；

9）组织协调；

10）安全生产管理职责；

11）监理工作制度；

12）监理工作设施。

监理规范的核心作用是全面指导监理工作，使监理工作能够有条不紊地进行。因此监理规划应当具备很强的针对性和可操作性。具体体现在：

（1）各项工作职责落实到具体小组及其负责人；

（2）需要施工单位事前编制的专项施工方案清单；

（3）经过与相关方协商好的各项工作程序；

（4）应当旁站的部位或工序清单；

（5）见证检验项目和平行检验项目；

（6）现场监理档案资料的分类存放目录。

第二节　监理实施细则

一、监理规范对编写监理细则的基本要求

（1）监理细则是一份全部监理与管理工作的流程，有内容有要求。要具有可操作性，分专业编制。

（2）编制时间：收到施工图与施工组织设计（方案）后编制，在相应的工程开工前完成。

（3）编制人：专业监理工程师。

（4）审核人：总监理工程师。

（5）编制依据：1）监理规划；2）工程建设标准、工程设计文件；3）施工组织设计、（专项）施工方案。

（6）编制要求：

1）要结合施工方案来编制；

2）要有可操作性。时间地点、工作内容与要求、检查方法与频度；

3）不仅要有目标值、还要有过程控制、主动控制及事后检查的措施；

4）当施工方案变化或设计变更要进行调整；

5）发给施工单位与建设单位；

6）分阶段编写。

（7）主要内容：

1）专业工程特点；

2）监理工作流程；

3）监理工作要点；

4）监理工作方法及措施。

二、监理细则的编制步骤和方法

（1）总监理工程师根据监理规划所确定的专业划分及人员分工，有计划地安排专业监理工程师编制各部位与各专业的监理实施细则。务必在该部位的该专业工程开工前一周以上完成编审工作。

（2）专业监理工程师仔细熟悉图纸、施工组织设计，掌握该部位该专业工程的具体情况，分析其特点，以有利于制定针对性的监理流程及监理工作措施。

（3）专业监理工程师根据该部位该专业工程的具体情况（包括设计要求和施工方案），熟悉施工规范的具体要求，并进一步分析该部位该专业工程的重点、难点，预测可能出现的问题。

（4）专业监理工程师应分析该部位该专业工程的工艺过程及质量要求，确定该部位该专业工程的监理工作流程及具体要求，书面形成监理实施细则。

（5）将该部位该专业工程的监理实施细则报总监审批，审批同意后下发本专业的监理人员及承包单位执行。

三、监理细则实例

混凝土工程质量监理细则

混凝土工程质量监理包括试验检测、浇筑前的检查、浇筑过程中的旁站、拆模前报验、拆模后混凝土外观质量检查。

（一）材料和混凝土质量抽检内容和检测频率

（1）施工人员应按下列频率进行原材料和混凝土强度检验。取样前应书面通知监理部试验员×××或×××进行见证取样。

1）材料检测试验，水泥同品种、同强度等级每400t为一批，从20袋中取12kg，做水泥安定性试验。专业监理工程师认为有必要时做水泥强度试验，砂、石每400m³为一批，从砂、石堆的上、中、下取砂子20kg，石子60kg。

2）混凝土试配取样，普通混凝土取水泥25kg，砂35kg，石子50kg，抗渗混凝土50kg，砂60kg，石子100kg。

3）混凝土强度试验，厚大结构每100m³取一组（3块）试块，整体式结构每50m³，取一组试块，混合结构每20m³取一组试块，防渗混凝土按500m³取两组（12块），每增加250～500m³取两组。还应当抽规定留取同条件养护试块。

（2）当试验有结果时，施工人员应会同监理部试验员检查试验报告。并将试验结果复印件报监理部备查。当试验结果不合格时，施工人员应会同监理部试验员按规范要求进行复试或按不合格论处，并立即书面通知监理部。

（3）监理部有权对原材料和混凝土强度进行随机抽查，施工人员应给予协助。

（二）混凝土浇筑前检查

（1）建设、施工、监理等单位考察商品混凝土厂，最后确认商品混凝土厂，或少量混凝土现场机械搅拌，按设计和规范要求提出混凝土试配要求，混凝土试配通知单提交监理部核定存档。

（2）自拌混凝土的水泥、砂、石、外加剂的出厂质保书和试验报告及现场抽检试验报告等提交监理部结构工程专业监理工程师对水泥、砂、石、外加剂进行验收，查水泥出厂日期和批号，超过三个月有效期再抽样检测。未经验收或验收不合格严禁在本工程使用，并应在专业监理工程师书面签署不得使用时8h内运出施工现场。

（3）施工单位专题报送混凝土浇筑顺序和施工方法报专业监理工程师认可，或按已审批的施工组织设计进行。

（4）木模板浇水湿润，但不得有积水；钢模板在热天应适当浇水。对模板内的杂物和钢筋上的油污清理干净。

（5）施工单位填写混凝土浇筑申请报告报监理，并检查钢筋混凝土、模板、材料、水、电、暖通等监理工程师是否已经检查验收签字，最后由总监或项目监理负责人书面签发给施工单位后，方可进行混凝土浇筑。

（三）混凝土浇筑过程中的质量监理

（1）监理员跟班在浇筑现场和拌合现场，旁站拌合、浇筑质量，并及时记录拌合、浇筑质量。发现问题应及时向专业监理工程师或总监汇报。

（2）监理员跟班现场搅拌时应经常检查材料配合比，每车过磅、搅拌时间、坍落度等情况，并记录汇总。

（3）商品混凝土每车混凝土出料前，高速 12r/min 左右转动 1min，再反转出料，应检测混凝土的坍落度。

（4）督促施工单位做混凝土强度和抗渗试块。对商品混凝土每车到现场后均做坍落度，不符合要求的一律退场。不得随意在混凝土车内加水。监理员每 30～40min 检查一次坍落度，并按施工单位要求检验强度频率的基础上抽查 15% 混凝土强度。督促承包商记录清楚退场混凝土的车号，以退场和进场时间来判断是否场外在混凝土车内加水。

（5）检查和督促操作人员按审批的混凝土浇筑顺序和方法进行对大体积、大面积混凝土分层（分层厚度一般 40～50cm）、分段浇筑的间隔时间控制。在初凝前，对大体积混凝土经常检查温度情况。

（6）浇筑竖向结构混凝土前，在底部先浇厚 50～100mm 与混凝土内砂浆成分相同的水泥砂浆。浇筑中不得发生离析现象。浇捣高度超过 3m，应用串筒、溜槽使混凝土下落或开门子洞。

（7）混凝土必须振捣密实，不得漏振。振动器避免碰撞钢筋和模板、柱、墙。插入式振动器振实，一般振点间隔 30～40cm，振 10～15s，分层振捣插入下层混凝土 50cm。楼板必须用平板振动器振实，厚板最后也必须用平板振动器振实，移动间距应保证振动器的平板能覆盖已振实部分的边缘。采用商品混凝土浇楼板在初凝前 1h 用平板振动器振实，用铁板收光，初凝前再用木抹子抹平。

（8）操作人员不得直接在模板支撑和钢筋上行走。模板内的临时横木撑随时取出，不得埋入混凝土内。

（9）混凝土浇筑过程中，专业监理工程师或监理员应经常观察模板、支架、钢筋（尤其是板的上层筋）、预埋件和预留孔洞的情况，发现有变形、移位时，及时采取措施进行处理。

（10）浇筑混凝土必须连续进行，如遇特殊情况不能保证，必须按规定设置施工缝。浇筑混凝土的间歇时间超过规范允许时间应留施工缝。

（11）在浇筑与柱和墙连动整体的梁和板时，应在柱和墙浇筑完毕后停歇 1～1.5h，再继续浇筑混凝土，楼板浇筑中监理员要经常检查板厚和上下保护层。

（四）施工缝的留置

按审批的施工方案进行，在施工缝处继续浇筑混凝土时，必须在已浇筑混凝土强度达到 1.2N/mm^2 以上。监理员应现场检查施工缝凿毛、清理、湿润、接浆情况，并记录。

（五）模板拆除检查

（1）拆模程序：一般应后支的先拆，先支的后拆；先拆除非承重部分，后拆除承重部分。重大复杂模板拆除，应先制定拆模方案。

（2）非承重的侧模，在混凝土强度能保证其表面棱角不因拆模而受损坏后，方可拆模。

（3）大模板在常温条件下，墙体混凝土强度必须超过 1MPa 时方准拆模，但不得在墙上口晃动、撬动或用大锤砸模板。

（4）底模：当梁、板结构跨度≤8m 且>2m 时，混凝土达到设计标准值的 75%，当梁板结构跨度>8m 以及所有悬臂构件，混凝土强度达到设计强度标准值的 100%，方可拆模。当剩下的施工缝处的梁板未浇时，梁下顶撑不能拆除。拆底模必须征得监理工程师的书面同意后，方可拆模。

（5）已拆除模板及其支架的结构，在混凝土强度符合设计混凝土强度等级后，方可承受全部使用荷载。施工中不得超载使用。严禁集中堆放过重的建筑材料。

（六）混凝土养护

（1）混凝土浇筑完毕后的 12h 内，对混凝土加以覆盖和浇水养护，浇水次数应能保持混凝土处于湿润状态。当日平均气温低于 5℃ 时，不得浇水，可以用养护剂进行养护。初凝后表面发现有裂缝及时处理后再养护。

（2）大体积混凝土应覆盖一层塑料薄膜，两层草垫，上面再盖一层塑料薄膜。内外混凝土温差不超过 25℃，否则另采取措施。

（3）养护时间：普通硅酸盐混凝土养护不少于 7d，掺缓凝外加剂或抗渗性要求的混凝土养护不少于 14d，矿渣水泥混凝土养护 21d。

（4）混凝土浇筑后，要避免受冻、受温度急剧变化的影响。防止在硬化中受到冲击、振动及过早加载。在混凝土强度未达到 $1.2N/mm^2$ 前不允许在其上进行作业。

（七）现浇混凝土结构允许偏差

（1）线位移：基础 15mm，独立基础 10mm，墙柱梁 8mm，剪力墙 5mm；

（2）垂直度：层高≤5m，8mm，层高＞5m，10m，全高 $H/1000$ 且≤30mm；

（3）标高层高±10mm，全高±30mm；

（4）截面尺寸：＋8mm、－5mm；

（5）表面平整度（2m 长度上）8mm；

（6）预埋设施中心线位置：预埋件，10mm，预埋螺栓预埋管，5mm；

（7）预留沿中心线位置，15mm；

（8）电梯井：井筒长、宽对定位中心线＋25mm，0；全高垂直 $H/1000$，且≤30mm。

（八）混凝土质量检查和缺陷的修整

（1）拆模后检查混凝土结构表面有无缺陷，检查其偏差是否超过规范要求。

（2）检查混凝土试块强度：如未达到设计要求强度或发现有影响结构性能的缺陷，与建设单位和设计单位联系，采取相应措施解决。

（3）拆模后发现混凝土结构存在蜂窝、麻面、露筋甚至孔洞等现象施工单位不得自行修整，而是做好详细记录，报监理检查后，根据缺陷的严重程度按规范要求进行缺陷修整。

（4）防水混凝土壁的对拉螺栓，将迎水面的木块凿去，并割去露出的螺栓后报监理验收并签字，再用高强度等级防水砂浆补密实，并进行养护，如有渗漏重新修补。

（九）混凝土质量评定

施工单位进行混凝土分项工程质量表评定交监理部进行混凝土质量评定。

思考题

1. 监理规划的作用是什么？

2. 编制监理规划的依据是什么？如何编制监理规划？

3. 监理规划的针对性如何体现？

4. 如何编制监理实施细则？

第六章 工程质量控制

第一节 工程质量的概念

一、质量

随着经济的发展和社会的进步，人们对质量的需求不断提高，质量的概念也随着不断深化、发展。具有代表性的质量概念主要有："符合性质量"、"适用性质量"和"广义质量"。

1. 符合性质量的概念

它以"符合"现行标准的程度作为衡量依据。"符合标准"就是合格的产品质量，"符合"的程度反映了产品质量的一致性。这是长期以来人们对质量的定义，认为产品只要符合标准，就满足了顾客需求。"规格"和"标准"有先进和落后之分，过去认为是先进的，现在可能是落后的。落后的标准即使百分之百的符合，也不能认为是质量好的产品。同时，"规格"和"标准"不可能将顾客的各种需求和期望都规定出来，特别是隐含的需求与期望。

在工程建设中符合相关标准是施工质量控制的主要依据。同时应当指出，各种质量标准均随着技术进步与时代发展而不断修订与更新。

2. 适用性质量的概念

它是以适合顾客需要的程度作为衡量的依据。从使用角度定义产品质量，认为产品的质量就是产品"适用性"，即"产品在使用时能成功地满足顾客需要的程度。"

"适用性"的质量概念，要求人们从"使用要求"和"满足程度"两个方面去理解质量的实质。

质量从"符合性"发展到"适用性"，使人们对质量意识逐渐把顾客的需求放在首位。顾客对他们所消费的产品和服务有不同的需求和期望。这意味着组织需要决定他们想要服务于哪类顾客，是否在合理的前提下每一件事都满足顾客的需要和期望。工程建设中，设计质量的好坏，不仅要符合相关设计标准，更要强调适用于业主的使用需要。

3. 广义质量的概念

国际标准化组织总结质量的不同概念加以归纳提炼，并逐渐形成人们公认的名词术语，即质量是一组固有特性满足要求的程度。这一定义的含义是十分广泛的，既反映了要符合标准的要求，也反映了要满足顾客的需要，综合了符合性和适用性的含义。

根据国际标准化组织的文件，质量的定义是：一组固有的特性满足要求的程度 GB/T 19001—2008。

质量主体是"实体"（产品、服务和过程等）。实体可以是活动或过程（如监理单位受业主委托实施工程建设监理或承建商履行施工合同的过程）；也可以是活动或过程结果的有形产品，如建成的厂房，或无形产品，如监理规划等；也可以是某个组织体系或人，以及以上各项的组合。由此可见，质量的主体不仅包括产品，而且包括活动、过程、组织体系或人，以及他们的结合。

要求是明示的通常隐含的或必须履行的需要或期望。明示的是指在合同、标准、规范、图纸等技术已经做出明确规定的要求。隐含需要则应加以识别和确定，它一是指顾客或社会对实体的期望；二是指那些人们所公认的、不言而喻的、不必作出规定的"需要"，如住宅应满足人们最起码的居住功能即属于"隐含需要"以及组织自身的利益，提供原材料和零部件等的供方的利益和社会的利益等各种需求，如考虑安全性、环境保护、节约能源等外部强制要求。

特征是需要的定性或定量表现，因而也是用户评价产品、过程和服务满足需要程度的参数与指针系列，如：可用性、安全性、可获得性、可靠性、可维修性、经济性、环境等。表现产品特征特性的参数与技术经济指针，称为产品质量特性。它可归纳为以下五个方面：

（1）性能——产品满足使用目的所具备的技术属性，如：混凝土的强度、房屋的建筑面积、管道的内径等。

（2）寿命——产品能够正常使用的期限。如：灯泡的使用小时数、钻头的进尺数等。

（3）可靠性——产品在规定时间内、规定条件下完成规定工作任务的能力，如：电视机的无故障工作时间、材料与构件的持久性和耐用性。

（4）安全性——产品在流通、操作、使用过程中保证人身与环境免遭危害的程度，如：电器的使用电压，机器的噪声。

（5）经济性——从设计到制造整个产品使用寿命周期的成本大小，包括设计成本、制造成本、使用成本等。

应当注意的是，上述质量定义中所说的满足明确或隐含需要不仅是针对客户的，还应考虑到社会的需要，符合国家有关的法律、法规的要求。如某些产品虽然能适应某些地区顾客的需要，但该地区从总体规划上来考虑不允许发展，因此，这样的产品也就不能"满足需要"，不具有所要求的质量。

二、工程项目质量

工程项目质量是国家现行的有关法律、法规、技术标准、设计文件及工程合同中对工程的安全、使用、经济、美观等特性的综合要求。工程项目一般都是按照合同条件承包建设的，因此，工程项目质量是在"合同环境"下形成的。合同条件中对工程项目的功能、使用价值及设计、施工质量等的明确规定都是业主的"需要"，因而都是质量的内容。

从功能和使用价值来看，工程项目质量又体现在适用性、可靠性、经济性、外观质量与环境协调等方面。由于工程项目是根据业主的要求而兴建的，不同的业主也就有不同的功能要求，所以，工程项目的功能与使用价值的质量是相对于业主的需要而言，并无一个固定和统一的标准。

任何工程项目都是由分项工程、分部工程和单位工程所组成，而工程项目的建设，则是通过一道道工序来完成，是在工序中创造的。所以，工程项目质量包含工序质量、分项工程质量、分部工程质量和单位工程质量。

工程项目质量不仅包括活动或过程的结果，还包括活动或过程本身，即还要包括生产产品的全过程。因此，工程项目质量应包括工程项目决策质量、工程项目设计质量、工程项目施工质量、工程项目回访保修质量等各个阶段的质量及其相应的工作质量。

三、影响工程质量的因素

在工程建设中，无论勘察、设计、施工和机电设备的安装，影响质量的因素主要有"人、材料、机械、方法和环境"等五大方面。因此，事前对这五方面的因素严格予以控制，是保证建设项目工程质量的关键。

（一）人的因素

人，是指直接参与工程建设的决策者、组织者、指挥者和操作者。人，作为控制的对象，是避免产生失误；作为控制的动力，是充分调动人的积极性，发挥"人的因素第一"的主导作用。

为了避免人的工作失误，调动人的主观能动性，增强人的责任感和质量观，达到以工作质量保工序质量、促工程质量的目的，除了加强政治思想教育、劳动纪律教育、职业道德教育、专业技术知识培训，健全岗位责任制，改善劳动条件，公平合理的激励外；还需根据工程项目的特点，从确保质量出发，本着适才适用、扬长避短的原则来掌握对人的使用。

（二）材料、构配件

材料（包括原材料、成品、半成品、构配件）是工程施工的物质条件，没有材料就无法施工。材料质量是工程质量的基础，材料质量不符合要求，工程质量也就不可能符合标准。所以，加强材料的质量控制，是提高工程质量的重要保证，是创造正常施工条件，是实现投资、进度控制的前提。

在工程监理中，监理工程师对材料质量的控制方法应着重于以下工作：

（1）掌握材料信息，优选供货厂家。掌握材料质量、价格、供货能力的信息，选择好供货厂家，就可获得质量好、价格低的材料资源，从而就可确保工程质量，降低工程造价。为此，对主要材料、设备及构配件在订货前，必须要求承包单位申报，经监理工程师论证同意后，方可订货。

（2）合理组织材料供应，确保施工正常进行。监理工程师协助承包单位合理地、科学地组织材料采购、加工、储备、运输、建立严密的计划、调度、管理体系，加快材料的周转，减少材料的占用量，按质、按量、如期地满足建设需要，乃是提高供应效益，确保正常施工的关键环节。

（3）合理地组织材料使用，减少材料的损失，正确按定额计量使用材料，加强运输、仓库、保管工作，加强材料限额管理和发放工作，健全现场材料管理制度，避免材料损失、变质，乃是确保材料质量、节约材料的重要措施。

（4）加强材料检查验收，严把材料质量关。材料质量控制的内容主要有：掌握材料的质量标准、材料取样、试验方法，进行材料的性能检验，材料的适用范围等。

（5）要重视材料的使用认证，以防错用或使用不合格的材料。

（三）施工方法

这里所指的方法控制，包含工程项目整个建设周期内所采取的技术方案、工艺流程、组织措施、检测手段、施工组织设计等方面的控制。

尤其是施工方案正确与否，是直接影响工程项目的进度控制、质量控制、投资控制三大目标能否顺利实现的关键。往往由于施工方案考虑不周而拖延进度，影响质量，增加投资。为此，监理工程师在参与制定和审核施工方案时，必须结合工程实际，从技术、组织、管理、工艺、操作、经济等方面进行全面分析、综合考虑，力求方案技术可行、经济合理、工艺先进、措施得力、操作方便，有利于提高质量、加快进度、降低成本。

（四）施工机械设备的选用

机械设备的控制，包括生产机械设备和施工机械设备两大类，现仅就施工机械设备选用中有关质量控制问题予以简述。

施工机械设备是实现施工机械化的重要物质基础，是现代化工程建设中必不可少的设施，对工程项目的施工进度和质量均有直接影响。为此，在项目施工阶段，监理工程师必须综合考虑施工现场条件、建筑结构形式、机械设备性能、施工工艺和方法、施工组织与管理、建筑技术经济等各种因素参与承包单位机械化施工方案的制定和评审，使之合理装备、配套使用、有机联系，以充分发挥建筑机械的效能，力求获得较好的综合经济效益。从保证项目施工质量角度出发，监理工程师应着重从机械设备的选型、机械设备的主要性能参数和机械设备的使用操作要求三方面予以控制。

（五）环境因素

影响工程项目质量的环境因素较多，有工程技术环境，如工程地质、水文、气象等；工程管理环境，如质量保证体系、质量管理制度等；劳动环境，如劳动组合、劳动工具、工作面等。环境因素对工程质量的影响，具有复杂而多变的特点，如气象条件就变化万千，温度、湿度、大风、暴雨、酷暑、严寒都直接影响工程质量，往往前一工序就是后一工序的环境，前一分项、分部工程也就是后一分项、分部工程的环境。因此，根据工程特点和具体条件，应对影响质量的环境因素，采取有效的措施严加控制。

对环境因素只能是适应，环境因素与施工方案和技术措施紧密相关。如在含细砂的工程地质条件下进行基础工程施工时，就不能采用明沟排水大开挖的施工方案。因该工程的地质条件为砂类土，地下水位又高，采用大开挖、明排水施工时，必然会产生流砂现象。这样，不仅会使施工条件恶化，拖延工期，增加对流砂处理的费用；更严重的是将会影响地基的质量。

第二节　我国工程建设标准体系

工程建设标准是从事工程建设一个非常重要的工作依据，作为监理人员必须对国家的标准体系有一个全面的了解和认识。

一、标准的分类

标准化工作是一项复杂的系统工程，标准为适应不同的要求从而构成一个庞大而复杂的系统，为便于研究和应用，人们从不同的角度和属性将标准进行分类，这里我们从我国标准化法实施中提出以下分类方法。

（一）根据适用范围分

根据《中华人民共和国标准化法》（以下简称《标准化法》）的规定，我国标准分为国家标准、行业标准、地方标准和企业标准等四类。

1. 国家标准

由国务院标准化行政主管部门制定的需要全国范围内统一的技术要求，称为国家标准。

2. 行业标准

没有国家标准而又需在全国某个行业范围内统一的技术标准，由国务院有关行政主管部门制定并报国务院标准化行政主管部门备案的标准，称为行业标准。

3. 地方标准

没有国家标准和行业标准而又需在省、自治区、直辖市范围内统一的工业产品的安全、卫生要求，由省、自治区、直辖市标准化行政主管部门制定并报国务院标准化行政主管部门和国务院有关行业行政主管部门备案的标准，称为地方标准。

4. 企业标准

企业生产的产品没有国家标准、行业标准和地方标准，由企业制定的作为组织生产依据的相应的企业标准，或在企业内制定适用的严于国家标准、行业标准或地方标准的企业（内控）标准，由企业自行组织制定的并按省、自治区、直辖市人民政府的规定备案（不含内控标准）的标准，称为企业标准。

这四类标准主要是适用范围不同，不是标准技术水平高低的分级。

（二）根据法律的约束性分

1. 强制性标准

强制标准范围主要是保障人体健康，人身、财产安全的标准和法律、行政法规规定强制执行的标准。对不符合强制标准的产品禁止生产、销售和进口。根据《标准化法》的规定，企业和有关部门对涉及其经营、生产、服务、管理有关的强制性标准都必须严格执行，任何单位和个人不得擅自更改或降低标准。对违反强制性标准而造成不良后果以至重大事故者由法律、行政法规规定的行政主管部门依法根据情节轻重给予行政处罚，直至由司法机关追究刑事责任。

强制性标准是国家技术法规的重要组成，它符合世界贸易组织贸易技术壁垒协定关于"技术法规"定义，即"强制执行的规定产品特性或相应加工方法的包括可适用的行政管理规定在内的文件。技术法规也可包括或专门规定用于产品、加工或生产方法的术语、符号、包装标志或标签要求"。为使我国强制性标准与 WTO/TBT 规定衔接，其范围要严格限制在国家安全、防止欺诈行为、保护人身健康与安全、保护动物植物的生命和健康以及保护环境五个方面。

2. 推荐性标准

推荐性标准是指导性标准，基本上与 WTO/TBT 对标准的定义接轨，即"由公认机构批准的，非强制性的，为了通用或反复使用的目的，为产品或相关生产方法提供规则、指南或特性的文件。标准也可以包括或专门规定用于产品、加工或生产方法的术语、符号、包装标准或标签要求"。推荐性标准是自愿性文件。

推荐性标准由于是协调一致文件，不受政府和社会团体的利益干预，能更科学地规定特性或指导生产，《标准化法》鼓励企业积极采用，为了防止企业利用标准欺诈消费者，要求采用低于推荐性标准的企业标准组织生产的企业向消费者明示其产品标准水平。

3. 标准化指导性技术文件

标准化指导性技术文件是为仍处于技术发展过程中(为变化快的技术领域)的标准化工作提供指南或信息,供科研、设计、生产、使用和管理等有关人员参考使用而制定的标准文件。

符合下列情况可判定指导性技术文件:

(1) 技术尚在发展中,需要有相应的标准文件引导其发展或具有标准价值,尚不能制定为标准的;

(2) 采用国际标准化组织、国际电工委员会及其他国际组织的技术报告。

国务院标准化行政主管部门统一负责指导性技术文件的管理工作,并负责编制计划、组织草拟、统一审批、编号、发布。

指导性技术文件编号由指导性技术文件代号、顺序号和年号构成。

(三) 根据标准的性质分

1. 技术标准

对标准化领域中需要协调统一的技术事项而制定的标准。主要是事物的技术性内容。

2. 管理标准

对标准化领域中需要协调统一的管理事项所制定的标准。主要是规定人们在生产活动和社会生活中的组织结构、职责权限、过程方法、程序文件以及资源分配等事宜,它是合理组织国民经济,正确处理各种生产关系,正确实现合理分配,提高生产效率和效益的依据。

3. 工作标准

对标准化领域中需要协调统一的工作事项所制定的标准。工作标准是针对具体岗位而规定人员和组织在生产经营管理活动中的职责、权限,对各种过程的规定性要求以及活动程序和考核评价要求。

国务院国发(86)71号《关于加强企业管理的若干规定》中要求企业要建立以技术标准为主,包括有管理标准和工作标准在内的完善科学的企业标准体系。

(四) 根据标准化的对象和作用分

1. 基础标准

在一定范围内作为其他标准的基础并普遍通用,具有广泛指导意义的标准。如:名词、术语、符号、代号、标志、方法等标准;计量单位制、公差与配合、形状与位置公差、表面粗糙度、螺纹及齿轮模数标准;优先数系、基本参数系列、系列型谱等标准;图形符号和工程制图;产品环境条件及可靠性要求等。

2. 产品标准

为保证产品的适用性,对产品必须达到的某些或全部特性要求所制定的标准,包括:品种、规格、技术要求、试验方法、检验规则、包装、标志、运输和贮存要求等。

3. 方法标准

以试验、检查、分析、抽样、统计、计算、测定、作业等各种方法为对象而制定的标准。

4. 安全标准

以保护人和物的安全为目的而制定的标准。

5. 卫生标准

为保护人的健康，对食品、医药及其他方面的卫生要求而制定的标准。

6. 环境保护标准

为保护环境和有利于生态平衡对大气、水体、土壤、噪声、振动、电磁波等环境质量、污染管理、监测方法及其他事项而制定的标准。

以上每一种分法之一的标准共同组合成一项标准，如国际单位制（SI）为强制性的基础技术国家标准。因此，四种分法共可组成：$2 \times 4 \times 3 \times 6 = 144$ 类标准。

二、标准的代号和编号

（一）国家标准的代号和编号

国家标准的代号由大写汉字拼音字母构成，强制性国家标准代号为"GB"，推荐性国家标准的代号为"GB/T"。

国家标准的编号由国家标准的代号、标准发布顺序号和标准发布年代号（四位数）组成，示例如下：

强制性国家标准 　　《混凝土结构工程施工规范》　 GB 50666—2011

推荐性国家标准 　　《建设工程监理规范》　 GB/T 50319—2013

国家实物标准（样品），由国家标准化行政主管部门统一编号，编号方法为国家实物标准代号（为汉字拼音大写字母"GSB"）加《标准文献分类法》的一级类目、二级类目的等级类目范围内的顺序、四位数年代号相结合的办法。

（二）行业标准的代号和编号

1. 代号和编号

行业标准代号由汉字拼音大写字母组成。行业标准的编号由行业标准代号、标准发布顺序及标准发布年代号（四位数）组成，示例如下：

（1）强制性行业标准编号 　　JC 890—2001

（2）推荐性行业标准编号 　　SL/T 191—1996

2. 行业标准代号

由国务院各有关行政主管部门提出其所管理的行业标准范围的申请报告，国务院标准化行政主管部门审查确定并正式公布该行业标准代号。

（三）地方标准的代号和编号

1. 地方标准的代号

由汉字"地方标准"大字拼音"DB"加上省、自治区、直辖市行政区划代码的前两位数子，再加上斜线 T 组成推荐性地方标准；不加斜线 T 为强制性地方标准，如：

强制性地方标准：DB××

推荐性地方标准：DB××/T

2. 地方标准的编号

地方标准的编号由地方标准代号、地方标准发布顺序号、标准发布年代号（四位数）三部分组成。

（四）企业标准的代号和编号

1. 企业标准的代号

企业标准的代号由汉字"企"大写拼音字母"Q"加斜线再加企业代号组成，企业代号可用大写拼音字母或阿拉数字或两者兼用所组成。企业代号按中央所属企业和地方企业分别由国务院有关行政主管部门或省、自治区、直辖市政府标准化行政主管部门会同同级有关行政主管部门加以规定。示例：Q/。

企业标准一经制定颁布，即对整个企业具有约束性，是企业法规性文件，没有强制性企业标准和推荐企业标准之分。

2. 企业标准的编号

企业标准的编号由企业标准代号，标准发布顺序号和标准发布年代号（四位数）组成。

三、工程建设标准强制性条文

2000 年以后颁布的工程建设标准规范均采用黑体字标出强制性条文，强制性条文对工程活动具有重要的作用，在标准化历史上具有深远的影响。

原建设部令 81 号《实施工程建设强制性标准监督规定》对参与建设活动各方责任主体违反强制性标准作出了具体的规定，这些规定与《建设工程质量管理条例》是一致的。

第三节　工程质量的控制

一、工程质量控制的概念

质量控制是质量管理的一部分，致力于满足质量要求（ISO 8402—1994）。

质量要求应转化为可用一些定性和定量的规范表示的质量特性，以便于质量控制的执行和检查。

质量控制贯穿于质量形成的全过程、各环节，要排除这些环节的技术、活动偏离有关规范的现象，使其恢复正常，达到控制的目的。

质量控制的内容是"采取的作业技术和活动"。这些活动包括：

（1）确定控制对象，例如一道工序、设计过程、制造过程等。

（2）规定控制标准，即详细说明控制对象应达到的质量要求。

（3）制定具体的控制方法，例如工艺规程。

（4）明确所采用的检验方法，包括检验手段。

（5）实际进行检验。

（6）说明实际与标准之间有差异的原因。

（7）为解决差异而采取的行动。

工程项目质量要求则主要表现为工程合同、设计文件、基数规范规定的质量标准。因此，工程项目质量控制就是为了保证达到工程合同规定的质量标准而采取的一系列措施、手段和方法。

工程项目质量控制按其实施者不同，包括承建商方面的质量控制、业主与监理方的质量控制、政府主管部门的质量控制三方面。承包商的质量控制是细致而深入，他不仅要建成一个合格的工程，还要考虑减少返工、节约成本、方便快捷。业主与监理更侧重于在合同工期内得到一个质量合格的工程建筑产品，在工作中要抓主要矛盾与关键问题，如施工质量管理体系的正常运行、施工方案的审查、关键点的检验与验收等，而对过程中的一些居次要地位的操作或工序细节的关注相对要少。而政府主管部门更关注的是建筑产品质量的第三方及其他社会影响。

工程监理的质量控制，是指监理单位受业主委托，为保证工程合同规定的质量标准对工程项目进行的质量控制。其目的在于保证工程项目能够按照工程合同规定的质量要求达到业主的建设意图，取得良好的投资效益。其控制依据除国家制定的法律、法规外，主要是合同、设计图纸。在设计阶段及其前期的质量控制以审核可行性研究报告及设计文件、图纸为主，审核项目设计是否符合业主要求。在施工阶段驻现场实地监理，检查是否严格按图施工，并达到合同中规定的质量标准。

二、施工阶段工程质量控制的系统过程

由于施工阶段是使业主及工程设计意图最终实现并形成工程实物的阶段，也是最终形成工程实物质量的系统过程，所以施工阶段的质量控制也是一个经由对投入的资源和条件的质量控制（事前控制）进而对生产过程及各环节质量进行控制（事中控制），直到对所完成的工程产出品的质量检验与控制（事后控制）为止的全过程的系统控制过程。

施工阶段的质量控制可以分为以下三个阶段的质量控制：

1. 事前控制

即施工前的准备阶段进行的质量控制。它是指在各工程对象正式施工活动开始前，对各项准备工作及影响质量的各因素和有关方面进行的质量控制，包括：

（1）监理组织机构的建立；

（2）施工质量体系人员的资格与素质；

（3）原材料与半成品的质量验收；

（4）质量标准的确定；

（5）施工方案、工艺、检验方法与检验设备审查；

（6）施工管理与环境的检查；

（7）新技术、新工艺、新材料、新设备的把关；

（8）测量定位的控制；

（9）图纸会审；

（10）层层技术交底的落实。

2. 事中控制

即施工过程中进行的所有与施工过程有关各方面的质量控制，也包括对施工过程中的中间产品（工序产品或分部、分项工程产品）的质量控制，包括：

（1）施工过程的质量控制；

（2）中间产品质量控制；

（3）分部分项工程的质量验收；

（4）设计变更与图纸修改的审查；

（5）施工方案与施工设备的调整。

3. 事后控制

它是指对于通过所有施工过程所完成的具有独立的功能和使用价值的最终产品（单位

工程或整个工程项目)及其有关方面(例如质量文档)的质量进行最后的控制。

(1) 竣工检验；

(2) 工程验收；

(3) 质量文件的审核。

三、质量控制的依据

1. 工程承包合同文件

工程施工承包合同文件和监理合同中分别规定了参与建设的各方在质量控制方面的权利和义务的条款。有关各方必须履行在合同中的承诺，尤其是监理单位，既要履行监理合同的条款，又要监督施工单位、设计单位履行有关的质量控制条款。因此，监理工程师要熟悉这些条款，据以进行质量监督和控制。当发生质量纠纷时，及时采取措施予以解决。

工程承包合同文件还包括招标文件、投标文件及补充文件。

2. 设计文件

"按图施工"是施工阶段质量控制的一项重要原则，因此，经过批准的设计图纸和技术说明书等设计文件，无疑是质量控制的重要依据。但是从严格质量管理和质量控制的角度出发，监理单位在施工之前还应组织设计单位及施工单位进行设计交底及图纸会审工作，以达到能使施工单位了解设计意图和质量要求，以及发现图纸差错和减少质量隐患的目的。

3. 有关质量检验与控制的专门技术标准

这类文件依据一般是针对不同行业、不同的质量控制对象而制定的技术法规性文件，包括各种有关的技术标准、技术规范、规程或质量方面的规定。

所谓技术标准有国际标准(如 ISO 系列)、国家标准、行业标准和企业标准之分。它是建立和维护正常的生产和工作秩序应遵守的准则，也是衡量工程、设备和材料质量的尺度。例如：质量检验及评定标准；材料、半成品或构配件的技术检验和验收标准等。所谓技术规程或规范，一般是执行技术标准，保证施工有秩序地进行而为有关人员制定的行动的准则，通常它们与质量的形成有密切关系，应严格遵守，例如：施工技术规程，操作规程，设备维护和检修规程，安全技术规程，以及施工及验收规范等。各种有关质量方面的规定，一般是有关主管部门根据需要而发布的带有目标性的文件，它对于保证标准和规程、规范的实施和改善实际存在的问题，具有指令性和及时性的特点。

4. 有关的法律与法规

它包括三个层次的法律法规：

第一层次是国家的法律；

第二层次是部门的规章；

第三层次是地方法律与规定。

5. 工程的项目文件

工程的项目文件包括：

(1) 项目建议书；

(2) 可行性报告；

(3) 工艺方案；

（4）项目计划书等。

四、质量控制的程序

工程项目的质量控制应按照一定的程序进行，制定监理工作程序时应根据专业工程的特点并结合建设工程合同及各种管理工作的要求进行。质量控制程序还应体现事前控制、主动控制的要求，并落实主动控制与被动控制相结合的原则。在质量控制过程中，当有些实际情况发生变更时，如承包单位的数量发生变化、合同发生变更、进度要求发生变化、材料供应情况发生变化、有关法律法规或规范发生变化，此时质量控制程序应适应这些变化，并对质量控制程序进行适当的调整。

下面列出了一些具体的控制程序，可供实际工作参考。

1. 施工组织设计（施工方案）审核工作程序

施工组织设计（施工方案）审核工作程序如图 6-1 所示。

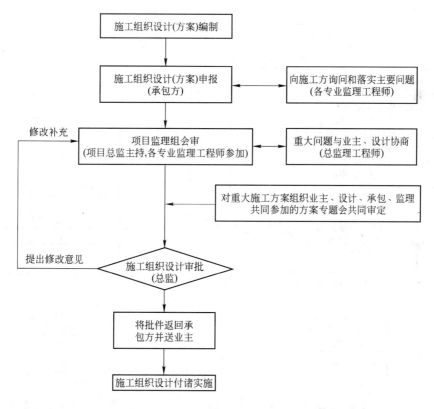

图 6-1 施工组织设计（施工方案）审核工作程序图

2. 开工审核工作程序

开工审核工作程序如图 6-2 所示。

3. 分包单位资格审核监理工作程序

分包单位资格审核监理工作程序可以采取如图 6-3 所示的程序。

4. 材料、设备供应单位资质审核工作程序

材料、设备供应单位资质审核工作程序如图 6-4 所示。

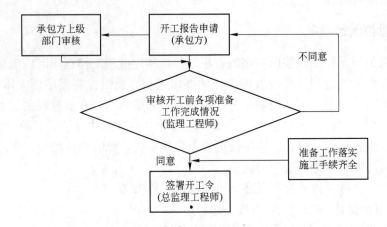

图 6-2 开工审核工作程序图

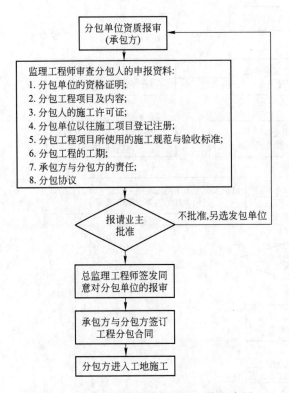

图 6-3 分包单位资格审核监理工作程序图

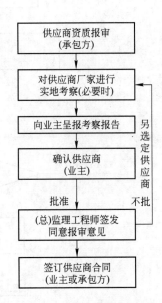

图 6-4 材料、设备供应单位资质审核工作程序图

5. 建筑材料审核工作程序

建筑材料审核工作程序如图 6-5 所示。

6. 技术审核工作程序

技术审核工作程序可以采用如图 6-6 所示的程序。

7. 施工图纸会审工作程序及实施要点

施工图纸会审工作程序及实施要点如图 6-7 所示。

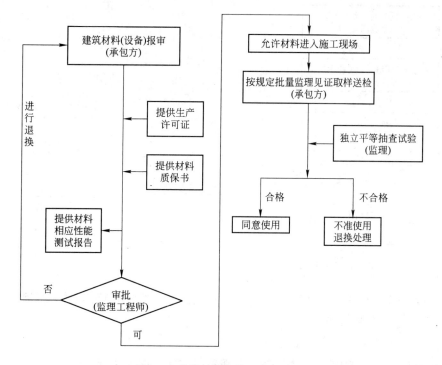

图 6-5 建筑材料审核工作程序图

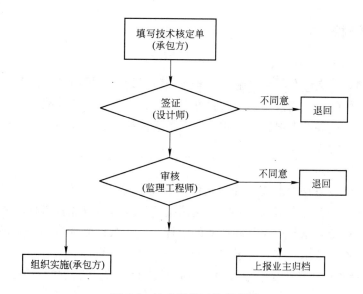

图 6-6 技术审核工作程序图

8. 监理旁站检查工作程序

监理旁站检查工作程序如图 6-8 所示。

此外，监理工作中应根据实际情况制定如设备验收程序、测量复核程序、试验见证程序、竣工验收程序等工作程序。

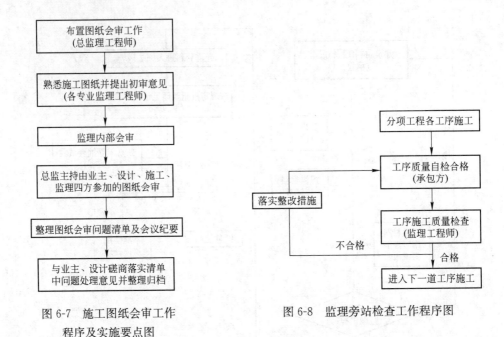

图 6-7 施工图纸会审工作　　　　图 6-8 监理旁站检查工作程序图
　　　程序及实施要点图

第四节 施工阶段质量控制的方法与手段

一、质量控制的方法

1. 审查承包单位的有关文件

需要审查的具体文件有图纸、施工方案、分包申请、变更申请与方案、质量问题与事故处理方案、各种配比、测量方案、试验方案、验收报告、材料采购报告等，通过审查这些文件的正确性、可靠性来保证工程质量，这是事前控制的重要内容。监理机构必须有能力审查或确认这些文件。

2. 现场落实有关文件

工程项目在建设过程中形成的许多文件需要得到落实。如来自设计单位的设计要求；多方共同形成的有关施工方案处理方案、会议决定；来自质量监督机构的质量监督文件或要求；来自建设单位与承包单位共同形成的工程变更、来自监理机构的监理通知；来自政府机构的有关文件和要求；来自建设单位的有关配合要求等。

3. 现场检查经过监理单位或建设单位审查确认的有关文件的执行情况

承包单位上报了许多文件，监理单位也经过了仔细的审查并同意。但是如果这些文件虽然经过审查，在实际工作中得不到落实，将严重影响监理工作的效果，也会使工程质量失去控制。

4. 现场检查与验收有关施工的质量

监理人员必须深入现场检查和验收材料质量、工序质量、测量放样等施工质量，旁站监理有关的重要施工过程。

检验的方法有：目测法、检测工具量测法。

（1）目测法。即凭借感官进行检查，也可以叫做感觉性检验。这类方法主要是根据质量要求，采用看、摸、敲、照等手法对检查对象进行检查。

"看"，就是根据质量标准要求进行外观检查。例如清水墙表面是否洁净，喷涂的密实度和颜色是否良好、均匀，工人的施工操作是否正常，混凝土振捣是否符合要求等。

"摸"，就是通过触摸手感进行检查、鉴别。例如油漆的光滑度，浆活是否牢固、不掉粉等。

"敲"，就是运用敲击方法进行音感检查。例如，对拼镶木地板、墙面瓷砖、大理石镶贴、地砖铺砌等的质量均可通过敲击检查，根据声音虚实、脆闷判断有无空鼓等质量问题。

所谓"照"就是通过人工光源或反射光照射，仔细检查难以看清的部位。

（2）量测法。就是利用量测工具或计量仪表，通过实际量测结果与规定的质量标准或规范的要求相对照，从而判断质量是否符合要求。量测的手法可归纳为：靠、吊、量、套。

"靠"，是用直尺、塞尺检查诸如地面、墙面的平整度等。

"吊"，是指用托线板线锤检查垂直度。

"量"，是指用量测工具或计量仪表等检测断面尺寸、轴线、标高、温度、湿度等数值并确定其偏差，例如大理石板微缝尺寸与数量，摊铺沥青拌合料的温度等。

"套"，是指以方尺套方辅以塞尺，检查诸如踏角线的垂直度、预制构件的方正、门窗口及构件的对角线等。

5. 进行工程质量的检验

监理人员应对工程的质量进行检验和评价。当然监理人员必须依据有关的检查和检验的结果对工程质量进行评价，因此监理人员应要求施工单位按照法律和规范的规定对工程质量进行必须的检验。同时监理机构还应视工程质量情况采取见证取样、见证试验、平行检验等方法对工程质量进行检验并取得检验结果。

见证取样和送检是指在工程监理人员或建设单位的见证下，由施工单位的现场试验人员对工程中涉及结构安全的试块、试件和材料在现场取样，并送至经过省级以上建设行政主管部门对其计量认证的质量检测单位进行检测的行为。

见证试验是指对只能在现场进行一些检验检测，由施工单位或检测机构进行检测，监理人员全过程进行见证并记录试验检测结果的行为。

平行检验是指项目监理机构利用一定的检查或检测手段，在承包单位自检的基础上，按照一定的比例独立进行检查或检测的活动。

二、工程质量检验的方法与程度

1. 检验方法

（1）外观检验。对样品进行品种、规格、标记、外形尺寸等方面的直观检查。这是检验的第一步，对照有关标准中的外观要求进行评价。钢筋、接头、砖、砂石、混凝土、砂浆等都要进行外观方面的检查。

（2）理化试验。工程中常用的理化试验包括各种物理力学性能方面的检验和化学成分及含量的测定。力学性能的检验如各种力学指标的测定如抗拉强度、抗压强度、抗弯强度、抗折强度、冲击韧性、硬度、承载力等。各种物理性能方面的测定如密度、含水量、凝结时间、安定性、抗渗、耐磨、耐热等。各种化学方面的试验如化学成分及其含量的测定，如钢筋中的磷、硫含量、混凝土粗骨料中的活性氧化硅成分测定等，以及耐酸、耐碱、抗腐蚀等。此外，必要时还可在现场通过诸如对桩或地基的现场静载试验或打试桩，确定其承载力。对混凝土现场取样，通过试验室的抗压强度试验，确定混凝土达到的强度等级；以及通过管道压水试验判断其耐压及渗漏情况等。

（3）无损测试或检验。借助专门的仪器、仪表等手段探测结构物或材料、设备内部组织结构或损伤状态。这类检测仪器如：超声波探伤仪、磁粉探伤仪、γ 射线探伤、渗透液探伤等。它们一般可以在不损伤被探测物的情况下了解被探测物的质量情况。

（4）破坏性检验。在一些特殊情况下，无法通过前面的其他方法检查其工程质量，或已使用其他方法无法判断其结论，可以采用破坏性检验，如混凝土取芯、桩基取芯、墙体取芯等检查其强度，还可检查其他一些指标如浆砌片石的厚度等。

（5）综合性检验。在一些非常特殊的工程中，往往还要通过专门设计的一些检测方法和综合性的检测工具对工程的某个局部或整体进行全面的测试，以检测工程的可靠性、安全性等。如大型桥梁的综合检验、采用轨道检测车对铁路进行综合检查，对剧院的声学特性进行检测。

2. 质量检验程度的种类

按质量检验的程度，即检验对象被检验的数量划分，可有以下几类：

（1）全数检验。它主要是用于关键工序部位或隐蔽工程，以及那些在技术规程、质量检验评定标准或设计文件中有明确规定应进行全数检验的对象。如：规格、性能指标对工程的安全性、可靠性起决定作用的施工对象；质量不稳定的工序；质量水平要求高，对后续工序有较大影响的施工对象，不采取全数检验不能保证工程质量时，均需采取全数检验。例如，对安装模板的稳定性、刚度、强度、结构物轮廓尺寸等；对于架立的钢筋规格、尺寸、数量、间距、保护层，以及绑扎或焊接质量等。

（2）抽样检验。对于主要的建筑材料、半成品或工程产品等，由于数量大，通常大多采取抽样检验。即从一批材料或产品中，随机抽取少量样品进行检验，并根据对其数据经统计分析的结果，判断该批产品的质量状况。与全数检验相比较，抽样检验具有如下优点：检验数量少，比较经济；适合于需要进行破坏性试验(如混凝土抗压强度的检验)的检验项目；检验所需时间较少。

（3）免检。就是在某种情况下，可以免去质量检验过程。对于已有足够证据证明质量有保证的一般材料或产品，或实践证明其产品质量长期稳定、质量保证资料齐全者；或是某些施工质量只有通过在施工过程中的严格质量监控，而质量检验人员很难对产品内在质量再作检验的，均可考虑采取免检。

3. 质量检验必须具备的条件

监理单位对施工单位进行有效的质量监督控制是以质量检验为基础的，为了保证质量检验的工作质量，必须具备一定的条件，如：

（1）监理单位要具有足够的检验技术力量。要配备所需的各类具有相应水平和资格的质量检验人员。必要时，还应建立可靠的对外委托检验关系。

（2）监理单位应建立一套完善的管理制度，包括建立质量检验人员的岗位责任制，检验设备质量保证制度，检验人员技术核定与培训制度，检验技术规程与标准实施制度，以及检验资料档案管理等方面。

（3）配备符合标准及满足检验工作需要的检验和测试手段。

（4）具备适宜检验的工作条件：

1）检验工作必需的工作环境条件，如场地、工作面、照明、安全条件等；

2）检验标准规定的技术环境条件，如空气温度、湿度、防尘、防震等；

3）质量检验所需的评价标准条件，即技术标准，如国际标准、国家标准、部颁及地方标准等。

若尚无适宜的标准可用，也可根据工程实际情况与有关单位研究制定相应的质量检验企业标准，报有关部门审查认可。

4. 质量检验计划

工程项目的质量检验工作具有流动性、分散性及复杂性的特点。为使监理人员能有效地实施质量检验工作和对施工单位进行有效的质量监控，监理单位应当制定质量检验计划，通过质量检验计划这种书面文件，可以清楚地向有关人员表明应当检验的对象是什么，应当如何检验，检验的评价标准如何，以及其他要求等。

质量检验计划的内容可以包括：

（1）分部分项工程名称及检验部位；

（2）检验项目，即应检验的性能特征，以及其重要性级别；

（3）检验程度和抽检方案；

（4）应采用的检验方法和手段；

（5）检验所依据的技术标准和评价标准；

（6）认定合格的评价条件；

（7）质量检验合格与否的处理；

（8）对检验记录及签发检验报告的要求；

（9）检验程序或检验项目实施的顺序。

监理工程师在进行质量检查时，如对质量文件发生疑问，则应要求施工单位予以澄清。若发现工程质量缺陷和质量事故，则应指令施工单位进行处理。

三、监理人员可以使用的手段

监理工程师进行施工质量监理，一般可采用以下几种手段，进行监督控制：

1. 旁站监督

这是驻地监理人员经常采用的一种主要的现场检查形式，即在施工过程中现场观察、监督与检查其施工过程，注意并及时发现质量事故的苗头和影响质量因素的不利发展变化、潜在的质量隐患以及出现的质量问题等，以便及时进行控制。对于隐蔽工程一类的施工，进行旁站监督更为重要。

当通过后续的验收或检查、检测无法完全了解施工质量的好坏时，监理人员也应该进行旁站，以验证施工质量符合施工验收规范的规定。

房屋建筑工程的关键部位、关键工序。在基础工程方面包括：土方回填，混凝土灌注桩浇筑，地下连续墙、土钉墙、后浇带及其他结构混凝土、防水混凝土浇筑，卷材防水层细部构造处理，钢结构安装；在主体结构工程方面包括：梁柱节点钢筋隐蔽过程，混凝土浇筑，预应力张拉，装配式结构安装，钢结构安装，网架结构安装，索膜安装。

旁站监理人员的主要职责是：

（1）检查施工企业现场质检人员到岗、特殊工种人员持证上岗以及施工机械、建筑材料准备情况；

（2）在现场跟班监督关键部位、关键工序执行施工方案以及工程建设强制性标准情况；

（3）核查进场建筑材料、建筑构配件、设备和商品混凝土的质量检验报告等，并可在现场监督施工企业进行检验或者委托具有资格的第三方进行复验；

（4）做好旁站监理记录和监理日记，保存旁站监理原始资料。

2. 巡视检查

它是监理人员最常用的手段之一，通过巡视，一方面掌握正在施工的工程质量情况，另一方面也要通过目视或常用工具检查施工质量。施工前监理人员应对施工放线及高程控制进行检查，严格控制，不合格者不得施工。有些在施工过程中也应随时注意控制，发现偏差，及时纠正，并指令施工单位处理。

3. 试验

试验数据是监理工程师判断和确认各种材料和工程部位内在品质的主要依据。每道工序中诸如材料性能、拌合料配合比、成品的强度等物理力学性能以及打桩的承载能力等，常需通过试验手段取得试验数据来判断质量情况。

监理机构可视工程质量情况采取见证取样、见证试验、平行检验等方法来获取试验结果与数据，对工程质量进行评价和验收。

原建设部于 2000 年以建建［2000］211 号发布了《房屋建筑工程和市政基础设施工程实行见证取样和送检的规定》规定了下列试块、试件和材料必须实施见证取样和送检：

（1）用于承重结构的混凝土试块；

（2）用于承重墙体的砌筑砂浆试块；

（3）用于承重结构的钢筋及连接接头试件；

（4）用于承重墙的砖和混凝土小型砌块；

（5）用于拌制混凝土和砌筑砂浆的水泥；

（6）用于承重结构的混凝土中使用的掺加剂；

（7）地下、屋面、厕浴间使用的防水材料；

（8）国家规定必须实行见证取样和送检的其他试块、试件和材料。

文件还规定，在施工过程中，见证人员应按照见证取样和送检计划，对施工现场的取样和送检进行见证，取样人员应在试样或其包装上作出标识、封志。标识和封志应标明工程名称、取样部位、取样日期、样品名称和样品数量，并由见证人员和取样人员签字。见证人员应制作见证记录，并将见证记录归入施工技术档案。见证人员和取样人员应对试样的代表性和真实性负责。

见证取样的试块、试件和材料送检时，应由送检单位填写委托单，委托单应有见证人员和送检人员签字。检测单位应检查委托单及试样上的标识和封志，确认无误后方可进行检测。

检测单位应严格按照有关管理规定和技术标准进行检测，出具公正、真实、准确的检测报告。见证取样和送检的检测报告必须加盖见证取样检测的专用章。

4. 指令文件

它是运用监理工程师指令控制权的具体形式。所谓指令文件是表达监理工程师对施工承包单位作出指示和要求的书面文件，用以向施工单位指出施工中存在的问题，提请施工单位注意，以及向施工单位提出要求或指示其做什么或不做什么等等。监理工程师的各项指令都应是书面的或有文件记载方为有效，并作为技术文件资料存档。如因时间紧迫，来不及做出正式的书面指令，也可以用口头指令的方式下达给施工单位，但随即应按合同规定，及时补充书面文件对口头指令予以确认。

5. 规定的质量监控工作程序

规定双方必须遵守的质量监控工作程序，按规定的程序进行工作，这也是进行质量监控的必要手段和依据。例如，未提交开工申请单并得到监理工程师的审查、批准不得开工；未经监理工程师签署质量验收单予以质量确认，不得进行下道工序等。

6. 利用支付控制手段

这是国际上较通用的一种重要的控制手段，也是业主或承包合同赋予监理工程师的支付控制权。从根本上讲，国际上对合同条件的管理主要是采用经济手段和法律手段。因此，质量监理是以计量支付控制权为保障手段的。所谓支付控制权就是：对施工承包单位支付任何工程款项，均需由监理工程师开具支付证明书，没有监理工程师签署的支付证书，业主不得向承包方进行支付工程款。工程款支付的条件之一就是工程质量要达到规定的要求和标准。如果施工单位的工程质量达不到要求的标准，而又不能按监理工程师的指示承担处理质量缺陷的责任，予以处理使之达到要求的标准，监理工程师有权采取拒绝开具支付证书的手段，停止对施工单位支付部分或全部工程款，由此造成的损失由施工单位负责。显然，这是十分有效的控制和约束手段。

四、设置质量控制点

质量控制点就是质量控制人员在分析项目的特点之后，把影响工序施工质量的主要因素、施工活动中的重要部位或薄弱环节和一旦发生质量问题危害大的环节等事先列出来，分析影响质量的原因，并提出相应的措施，以便进行预控的关键点。

（一）选择质量控制点的一般原则

可作为质量控制点的对象涉及面广，它可能是技术要求高、施工难度大的结构部位，也可能是影响质量的关键工序、操作或某一环节。总之，不论是结构部位、影响质量的关键工序、操作、施工顺序、技术参数、材料、机械、自然条件、施工环境等均可作为质量控制点来控制。概括说来，应当选择那些保证质量难度大的、对质量影响大的或者是发生质量问题时危害大的对象作为质量控制点。具体说，选择作为质量控制点的对象可以是：

（1）施工过程中的关键工序或环节以及隐蔽工程，例如预应力结构的张拉工序、钢筋混凝土结构中的钢筋架立；

（2）施工中的薄弱环节，或质量不稳定的工序、部位或对象，例如地下防水层施工；

（3）对后续工程施工或后续工序质量或安全有重大影响的工序、部位或对象，例如预

应力结构中的预应力钢筋质量(如硫、磷含量)、模板的支撑与固定等;

(4) 采用新技术、新工艺、新材料的部位或环节;

(5) 施工上无足够把握的、施工条件困难的或技术难度大的工序或环节,例如复杂曲线模板的放样等。

显然,是否设置为质量控制点,主要是视其对质量特征影响的大小、危害程度以及其质量保证的难度大小而定。表 6-1 所示为建筑工程质量控制点设置的一般位置示例。

质量控制点的设置位置表

表 6-1

分项工程	质量控制点
测量定位	标准轴线桩、水平桩、龙门板、定位轴线
地基、基础	基坑(槽)尺寸、标高、土质、地基耐压力、基础垫层标高,基础位置、尺寸、标高、预留洞孔、预埋件的位置、规格、数量,基础墙皮数杆及标高、杯底弹线
砌体	砌体轴线、皮数杆、砂浆配合比、预留洞孔、预埋件位置,数量、砌块排列
模板	位置、尺寸、标高、预埋件位置,预留洞孔尺寸、位置,模板强度及稳定性,模板内部清理及润湿情况
钢筋混凝土	水泥品种、强度等级,砂石质量,混凝土配合比,外加剂比例,混凝土振捣,钢筋品种、规格、尺寸、接头、预留洞(孔)及预理件规格数量和尺寸等,预制构件的吊装等
吊装	吊装设备的起重能力、吊具、索具、地锚
钢结构	翻样图、放大样、胎模与胎架、连接形式的要点(焊接及残余变形)
装修	材料品质、色彩、工艺

(二) 可作为质量控制点重点控制的对象

(1) 人的行为。对某些工序或操作,应以人为重点进行控制,例如高空、高温、水下危险作业等,对人的身体素质或心理素质应有相应的要求;技术难度大或精度要求高的作业,如复杂模板放样、精密、复杂的设备安装以及重型构件吊装等对人的技术水平均有相应的较高要求。

(2) 物的状态。对于某些工序或操作,应以物为监控重点。例如精密机加工使用的机械;精密配料中所需的计量仪器与装备;多工种立体交叉作业的空间与场地条件等。

(3) 材料的质量与性能通常是直接影响工程质量和安全的主要因素,对某些工程尤为重要,常作为控制的重点。例如,在预应力钢筋混凝土构件施工中使用的预应力钢筋性能与质量,要求质地均匀、硫磷含量低,以免发生冷脆或热脆;岩石基础的防渗灌浆,灌浆材料细度及可灌性等都是直接影响灌浆质量和效果的主要因素。

(4) 关键的操作如预应力钢筋的张拉操作过程及张拉力的控制,是可靠地建立预应力值和保证预应力构件质量的关键环节。

(5) 施工技术参数。例如对优质填方进行压实时,对填土含水量等参数的控制是保证填方质量的关键;对于岩基水泥灌浆,灌浆压力和吃浆率、冬期混凝土施工应控制混凝土受冻临界强度等技术参数是质量控制的重要指标。

(6) 施工顺序。对于某些工作必须严格工序或操作之间的顺序,例如,对于冷拉钢筋应当先对焊、后冷拉,否则会失去冷强;对于屋架固定一般应采取对角同时施焊,以免焊接应力使已校正的屋架发生变位等。

（7）技术间歇。有些工序之间需要有必要的技术间歇时间，例如砖墙砌筑后与抹灰工序之间，以及抹灰与粉刷或喷涂之间，均应保证有足够的间歇时间；混凝土浇筑后至拆模之间也应保持一定的间歇时间；混凝土大坝坝体分块浇筑时，相邻浇筑块之间也必须保持足够的间歇时间等。

（8）易发生或常见的施工质量通病，例如屋面防水层的铺设、洪水管道接头的渗漏、砌砖砂浆不饱满等。

（9）新工艺、新技术、新材料的应用由于缺乏经验，施工时可作为重点进行严格控制。

（10）产品质量不稳定、不合格率较高的工序应列为重点，掌握数据，仔细分析，查明原因，严格控制。

（11）易对工程质量产生重大影响的施工方法。例如，液压滑模施工中的支承杆失稳问题、升板法施工中提升差的控制等，都是一旦施工不当或控制不严，即可能引起重大质量事故的问题，也应作为质量控制的重点。

（12）特殊地基或特种结构如大孔性湿陷性黄土、膨胀土等特殊土地基的处理、大跨度和超高结构等难度大的施工环节和重要部位等都应予特别重视。

总之，质量控制点的选择要准确、有效，为此，一方面需要有经验的工程技术人员来进行选择，另一方面也要集思广益，集中群体智慧由有关人员充分研究讨论，在此基础上进行选择。根据对重要的质量特性进行重点控制的要求，选择质量控制的重点部位、重点工序和重点的质量因素作为质量控制点，进行重点控制和预控，这是进行质量控制的有效方法。

（三）质量控制中的见证点和停止点

所谓"见证点"（Witness Point）和"停止点"（Hold Point）是国际上（如 ISO-9000 族标准）对于重要程度不同及监督控制要求不同的质量控制对象的一种区分方式。实际上它们都是质量控制点，只是由于它们的重要性或其质量后果影响程度有所不同，所以在实施监督控制时的运作程序和监督要求也有区别，现分述如下：

1. 见证

（1）见证点的概念

见证点（或截留点）监督也称为 W 点监督。凡是列为见证点的质量控制对象，在规定的关键工序（控制点）施工前，施工单位应提前通知监理人员在约定的时间内到现场进行见证和对其施工实施监督。如果监理人员未能在约定的时间内到现场见证和监督，则施工单位有权进行该 W 点的相应的工序操作和施工。

（2）见证点的监理实施程序步骤

1）施工单位应在到达某个见证点（质量控制点）之前一定时间，例如 24 h 前，书面通知监理工程师，说明将到达该见证点准备施工的日期与时间，请监理人员届时到现场进行见证和监督。

2）监理工程师收到通知后，应按规定的时间到达现场见证。对该质量控制点的实施过程进行认真的监督、检查，并在见证表上详细记录该项工作所在的建筑物部位、工作内容、数量、质量及工时等，签字后作为凭证。

3）如果监理人员在规定的时间未能到场见证，施工单位可以认为已获监理工程师认可，有权进行该项施工。

工程实践中的见证取样和重要的试验等应作为见证点来处理。

2. 停止点

(1) 停止点的概念

"停止点"也称为"待检点"或 H 点，它是重要性高于见证点的质量控制点。它通常是针对"特殊过程"或"特殊工序"而言。所谓特殊过程通常是指该施工过程或工序施工质量不易或不能通过其后的检验和试验而充分得到验证。因此对于某些施工质量不能依靠其后的检验来把关或难以在以后检验其内在质量的工序或施工过程；或者是某些万一发生质量事故则难以挽救的施工对象，就应设置停止点。凡列为停止点的控制对象，要求必须在规定的控制点到来之前通知监理方派员对控制点实施监控，如果监理方未在约定的时间到现场监督、检查，施工单位应停止进入该 H 点相应的工序，并按合同规定等待监理方，未经认可不能越过该点继续活动。所有的隐蔽工程验收点都是停止点。再如，某些重要的预应力钢筋混凝土结构或构件的预应力张拉工序；某些重要的钢筋混凝土结构在钢筋架立后，混凝土浇筑之前；重要建筑物或结构物的定位放线后；重要的重型设备基础预埋螺栓的定位等均可设置停止点。隐蔽工程验收项目如表 6-2 所示。

隐蔽工程验收项目表 表 6-2

项目	检查内容
土方	基坑(槽)管沟开挖竣工图；排水盲沟设置情况；填方土料、冻土块含量及填土压实试验记录
地基与基础工程	基坑(槽)底土质情况；基底标高及宽度；对不良地基采取的处理情况；地基夯实施工记录；打桩施工记录及桩位竣工图
砖石工程	基础砌体；沉降缝、伸缩缝和防震缝；砌体中配筋
钢筋混凝土工程	钢筋的品种、规格、形状尺寸、数量及位置；钢筋接头情况；钢筋除锈情况；预埋件数量及其位置；材料代用情况
屋面工程	保温隔热层、找平层、防水层的施工记录
地下防水工程	卷材防水层及沥青胶结材料防水层的基层；防水层被土、水、砌体等掩盖的部位；管道设备穿过防水层的封固处
地面工程	地面下的基土；各种防护层以及经过防腐处理的结构或连接件
装饰工程	各类装饰工程的基层情况
管道工程	各种给排水水暖卫暗管道的位置、标高、坡度、试压通水试验、焊接、防腐、防锈保温及预埋件等情况
电气工程	各种暗配电气线路的位置、规格、标高、弯度、防腐、接头等情况；电缆耐压绝缘试验记录；避雷针的接地电阻试验
其他	完工后无法进行检查的工程；重要结构部位和有特殊要求的隐蔽工程

(2) 停止点的监理实施程序

停止点的监理实施程序与上述见证点实施程序不同之处主要是：如果监理人员未能在规定时间内到达待检点的现场，施工承包单位不得进行该工作。

在实际工程实施质量控制时，通常是由监理机构在施工前明确选定质量控制点，并在相应的监理规划中再进一步明确哪些是见证点，哪些是停止点，并且要通知施工单位，以便施工单位在施工至停止点或见证点时通知监理人员进行质量控制。

监理人员在选定见证点和停止点时要综合考虑工程的质量要求和工程所处的质量

环境。

监理人员应严格执行见证点和停止点的管理工作规定，维护质量控制的严肃性。同时在进行见证点和停止点的检查时要有书面记录和签署明确的意见。

第五节　建筑工程的质量验收

一、建筑工程质量验收规范概况

建筑工程施工质量验收规范(以下简称"验收规范"，见表 6-3)是由《建筑工程施工质量验收统一标准》(以下简称"统一标准")和 14 项建筑专业工程施工质量验收规范(以下简称"专业验收规范")组成。"统一标准"规定了建筑工程施工现场质量管理和质量控制的要求，提出了检验批质量检验的抽样方案要求，确定了建筑工程施工质量验收的划分、合格判定及验收程序的原则，规定了各专业验收规范编制的统一准则，"统一标准"还对单位工程质量验收的内容、方法和程序等作出了具体的规定。各"专业验收规范"分别对有关分项工程检验批的划分、主控项目和一般项目的质量指标的设置、合格判定等作出了具体的规定，并对建筑材料、构配件和建筑设备的进场复验，涉及结构安全和使用功能检测项目提出具体要求。

"验收规范"在总结了我国建筑工程施工质量验收的实践经验的基础上，根据"验评分离，强化验收，完善手段，过程控制"的指导思想，将原质量检验评定标准中的质量检验与质量评定内容分离，将原施工及验收规范中的施工工艺与质量验收内容分离，把质量检验与质量验收内容合并后，重新编制成判定施工质量合格并予以验收的国家标准，即在我国的行政区域内，建设参与各方在任何情况下，都必须无条件执行的强制性标准。至于质量评定和施工工艺则作为推荐性标准，今后将予以编制。"验收规范"还在强化施工全过程质量控制的基础上，扩大了进场建筑材料复验的范围，增加了对工程实体涉及结构安全和使用功能所进行的检测，调整了检验项目和质量技术指标的设置，完善了验收的手段，进一步增强了质量验收的科学性。

"验收规范"适用于新建、改建和扩建的房屋建筑物和附属物、构筑物设施(含建筑设备安装工程)的施工质量验收。标准、规范中以黑体字标志的条文为强制性条文，必须严格执行。凡涉及工业设备、工业管道、电气装置、工业自动化仪表、工业炉砌筑等工业安装工程的质量验收，不适用于本系列验收规范。各"专业验收规范"另有规定的应服从其规定。

各"专业验收规范"必须与"统一标准"配套使用。

建筑工程施工质量验收规范目录 表 6-3

序号	标准编号	标准名称	施行日期
1	GB 50300—2001	建筑工程施工质量验收统一标准	2002 - 01 - 01
2	GB 50202—2002	建筑地基基础工程施工质量验收规范	2002 - 05 - 01
3	GB 50203—2011	砌体结构工程施工质量验收规范	2012 - 05 - 01
4	GB 50204—2002	混凝土工程施工质量验收规范(2010 年局部修订)	2011 - 08 - 01
5	GB 50205—2002	钢结构工程施工质量验收规范	2002 - 03 - 01

序号	标准编号	标准名称	施行日期
6	GB 50206—2002	木结构工程施工质量验收规范	2002 - 07 - 01
7	GB 50207—2012	屋面工程质量验收规范	2012 - 10 - 01
8	GB 50208—2011	地下防水工程质量验收规范	2012 - 10 - 1
9	GB 50209—2010	建筑地面工程施工质量验收规范	2010 - 12 - 01
10	GB 50210—2001	建筑装饰装修工程质量验收规范	2002 - 03 - 01
11	GB 50242—2002	建筑给水排水及采暖工程施工质量验收规范	2002 - 04 - 01
12	GB 50243—2002	通风与空调工程施工质量验收规范	2002 - 04 - 01
13	GB 50303—2002	建筑电气工程施工质量验收规范	2002 - 06 - 01
14	GB 50310—2002	电梯工程施工质量验收规范	2002 - 06 - 01
15	GB 50399—2003	智能建筑工程施工质量验收规范	2003 - 10 - 01

二、建筑工程质量验收规范基本规定

为全面执行建筑工程施工质量验收规范，在工程的开工准备、施工过程和质量验收中，应遵守以下各项基本规定。

（一）施工现场质量管理

（1）施工现场应备有与所承担施工项目有关的施工技术标准。除各专业工程质量验收规范外，尚应有控制质量，指导施工的工艺标准（工法）、操作规程等企业标准。由于企业标准制定的质量指标必须高于国家技术标准的水平，故能确保最终质量满足国家标准的规定。

（2）健全的质量管理体系是执行国家技术法规和技术标准的有力保证，对建筑施工质量起着决定性的作用。施工现场应建立健全项目质量管理体系，其人员配备、机构设置、管理模式、运作机制等，是构建质量管理体系的要件，应有效地配置和建立。

（3）为了确保施工质量能满足设计要求，符合验收规范的要求，施工现场应建立从材料采购、验收、储存、施工过程质量自检、互检、专检，隐蔽工程验收，涉及安全和功能的抽查检验等各项质量检验制度，这是控制施工质量的重要手段。通过各种质量检验，对施工质量水平进行测评，寻找质量缺陷和薄弱环节，及时制定措施加以改进，使质量处于受控状态。

（二）建筑施工质量控制

（1）进入施工现场的建筑材料、构配件及建筑设备等，除应检查产品合格证书、出厂检验报告外，尚应对其规格、数量、型号、标准及外观质量进行检查。凡涉及安全、功能的产品，应按各专业工程质量验收规范规定的范围进行复验（试），复验合格并经监理工程师检查认可后方可使用。复验抽样样本的组批规则、取样数量和测试项目，除专业规范规定外，一般可按产品标准执行。

（2）工序质量是施工过程质量控制的最小单位，是施工质量控制的基础。对工序质量验收是以检验批为单元进行的，工序质量控制应着重抓好"三个点"的控制，首先是设立控制点，即将工艺流程中影响工序质量的所有节点作为质量控制点，按施工技术标准的要求，采取有效技术措施，使其在操作中能符合技术标准要求；其次是设立检查点，即在所

有控制点中找出比较重要又能进行检查的点，对其进行检查，以验证所采取的技术措施是否有效，有否失控，以便及时发现问题，及时调整技术措施；第三是设立停止点，即在施工操作完成一定数量或某一施工段时，在作业组或生产台班自行检查的基础上，由专职质量员作一次比较全面的检查，确认某一作业层面操作质量，是否达到有关质量控制指标的要求，对存在的薄弱环节和倾向性的问题及时加以纠正，为分项工程检验批的质量验收打下坚实基础。

（3）在加强工艺质量控制的基础上，尚应加强相关专业工种之间的交接检验，形成验收记录，并取得监理工程师的检查认可，这是保证施工过程连续有序、施工质量全过程控制的重要环节。这种检查不仅是对前道工序质量合格与否所作的一次确认，同时也为后道工序的顺利开展提供了保证条件，促进了后道工序对前道工序的产品保护。

（三）建筑工程施工质量验收

1. 质量验收的依据

（1）应符合"统一标准"和相关"专业验收规范"的规定。

（2）应符合工程勘察、设计文件(含设计图纸、图集和设计变更单等)的要求。

（3）应符合政府和建设行政主管部门有关质量的规定。

（4）应满足施工承发包合同中有关质量的约定。如提高某些质量验收指标；对混凝土结构实体采用钻芯取样检测混凝土强度等。

2. 质量验收涉及的资格与资质要求

（1）参加质量验收的各方人员应具备规定的资格。这里的资格既是对验收人员的知识和实际经验上的要求，同时也是对其技术职务、执业资格上的要求。如单位工程观感检查人员，应具有丰富的经验；分部工程应由总监理工程师组织验收，不能由专业监理工程师替代等。

（2）承担见证取样检测及有关结构安全检测的单位，应为经过省级以上建设行政主管部门对其资质认可和质量技术监督部门已通过对其计量认证的质量检测单位。

（3）质量验收均应在施工单位自行检查评定合格后，交由监理单位进行。这样既分清了两者不同的质量责任，又明确了生产方处于主导地位该负的首要质量责任。

（4）工程隐蔽前应由施工单位通知有关单位进行验收，并填写隐蔽工程验收记录。这是对难以再现部位和节点质量所设的一个停止点，应重点检查，共同确认，并可留下影像资料作证。

（5）涉及结构安全的试块、试件及有关材料，应在监理单位或建设单位人员的见证下，由施工单位试验人员在现场取样，送至有相应资质的检测单位进行测试。进行见证取样送检的比例不得低于检测数量的 30%，交通便捷地区比例可高些。

（6）对涉及结构安全和使用功能的重要分部工程，应按专业规范的规定进行抽样检测。以此来验证和保证房屋建筑工程的安全性和功能性，完善了质量验收的手段，提高了验收工作的准确性。

（7）检验批的质量应按主控项目和一般项目进行验收，从而进一步明确了检验批验收的基本范围和要求。

（8）工程的观感质量应由验收人员通过现场检查，并应共同确认。同时强调了观感质量检查应在施工现场进行，并且不能由一个人说了算，而应共同确认。

（四）抽样方案与风险

抽样检验是利用批或过程中随机抽取的样本，对批或过程的质量进行检验，作出是否接收的判定，是介于不检验和百分之百检验之间的一种检验方法，有必要采用抽样检验的办法。

抽样检验可按以下几个方面进行分类：

（1）按检验目的：分为预防、验收、监督抽样检验。

（2）按检验方式：分为计数、计量抽样检验。

（3）按抽取样本的次数：分为一次，二次，多次等抽样检验。

（4）按抽样方案是否调整：分为调整型和非调整型抽样检验。

检验批的质量检验，应根据检验项目的特点进行选择。由于计数抽样检验不需作复杂计算，使用方便，故被广泛采用。

计数抽样检验：按照规定的质量标准，把单位产品简单地划分为合格品或不合格品，或者只计算缺陷数，然后根据抽样样本的检查结果，按预先规定的判断准则（如合格率为80％以上），对检验批作出接收或不接收的判定。它不必像计量抽样检验那样进行复杂的计算，再根据统计计算结果（如：均值、标准差或其他统计量等）是否符合规定的接收准则，对检验批作出接收与否的判定（如统计法评定混凝土强度）。但它的缺点是采集的样本量往往比计量抽样检验要多得多。而计量抽样检验由于能较充分地利用样本所提供的信息，样本量比计数抽样检验少得多，但缺点是计算复杂。采用何种抽样检验方案，除应根据检验项目特点外，尚应考虑对生产方风险（指合格批被判为不合格的概率，即错判概率 α）和使用方风险（不合格批被判为合格的概率，即漏判概率 β）的控制。尽管这两类风险在抽样检验中避免不了，但宜控制在以下水平内：

（1）主控项目：对应于合格质量水平的 α（即错判概率）和 β（即漏判概率）均不宜超过 5％。

（2）一般项目：对应于合格质量水平的 α 不宜超过 5％，β 不宜超过 10％。

三、建筑工程质量验收的划分和程序

为了使建筑施工过程质量得到及时和有效控制，全面全过程实施对建筑工程施工质量的验收，建筑工程质量验收应划分为单位（子单位）工程、分部（子分部）工程、分项工程和检验批，并按相应规定的程序组织验收。

（一）建筑工程质量验收的划分

1. 单位（子单位）工程划分的原则

（1）具备独立施工条件并能形成独立使用功能的建筑物及构筑物为一个单位工程，通常由结构、建筑与建筑设备安装工程共同组成。如一幢公寓楼、一栋厂房、一座泵房等，均应单独为一个单位工程。

（2）建筑规模较大的单位工程，可将其能形成独立使用功能的部分划分为两个或两个以上子单位工程。这对于满足建设单位早日投入使用，提早发挥投资效益，适应市场需要是十分有益的。如一个单位工程由塔楼与裙房组成，可根据建设方的需要，将塔楼与裙房划分为两个子单位工程，分别进行质量验收，按序办理竣工备案手续。子单位工程的划分应在开工前预先确定，并在施工组织设计中具体划定，并应采取技术措施，既要确保后验收的子单位工程顺利进行施工，又能保证先验收的子单位工程的使用功能达到设计要求，并满足使用的安全。

（3）室外工程分室外环境工程和室外安装工程。室外环境工程包括附属建筑和室外环境工程，室外安装工程包括给水排水与采暖和电气工程。

2. 分部（子分部）工程划分的原则

（1）分部工程的划分应按专业性质、建筑部位确定。建筑结构工程划分为地基与基础、主体结构、建筑装饰装修（含门窗、地面工程）和建筑屋面等 4 个分部。地基与基础分部包括房屋相对标高±0.000 以下的地基、基础、地下防水及基坑支护工程，其中有地下室的工程其首层地面以下的结构工程属于地基与基础分部工程；地下室内的砌体工程等可纳入主体结构分部，地面、门窗、轻质隔墙、吊顶、抹灰工程等应纳入建筑装饰装修工程。

建筑设备安装工程划分为建筑给排水及采暖、建筑电气、智能建筑、通风与空调及电梯等 5 个分部。

（2）当分部工程较大或较复杂时，可按材料种类、施工特点、施工程序、专业系统及类别等划分为若干个子分部工程，如建筑屋面分部可划分为卷材防水、涂膜防水、刚性防水、瓦、隔热屋面等 5 个子分部。当分部工程中仅采用一种防水屋面形式时可不再划分子分部工程。

建筑工程分部（子分部）、分项工程的划分参见《建筑工程施工质量验收统一标准》GB 50300。

3. 分项工程、检验批的划分原则

（1）分项工程应按主要工种、材料、施工工艺、设备类别等进行划分，如模板、钢筋、混凝土分项工程是按工种进行划分的。

（2）分项工程划分成检验批进行验收有助于及时纠正施工中出现的质量问题，确保工程质量，也符合施工实际需要。多层及高层建筑工程中主体结构分部的分项工程可按楼层或施工段来划分检验批，单层建筑工程中的分项工程可按变形缝等划分检验批；地基与基础分部工程中的分项工程一般划分为一个检验批，有地下室的基础工程可按不同地下室划分检验批；屋面分部工程中的分项工程，不同楼层屋面可划分为不同的检验批；其他分部工程的分项工程，可按楼层或一定数量划分检验批；对于工程量较少的分项工程可统一划为一个检验批。安装工程一般按一个设计系统或设备组别划分为一个检验批。室外工程统一划分为一个检验批。散水、台阶、明沟等含在地面检验批中。

地基基础中的土石方、基坑支护子分部工程及混凝土工程中的模板工程，虽不构成建筑工程实体，但它是建筑工程施工不可缺少的重要环节和必要条件，其施工质量如何，不仅关系到能否施工和施工安全，也关系到建筑工程质量，因此将其列入施工验收内容。

（二）建筑工程质量验收程序和组织

为了落实建设参与各方各级的质量责任，规范施工质量验收程序，工程质量的验收均应在施工单位自行检查评定的基础上，按施工的顺序进行：检验批→分项工程→分部（子分部）工程→单位（子单位）工程。单位工程完工后，施工单位应自行组织有关人员进行检查评定，并向建设单位提交工程验收报告。建设单位应及时组织有关各方进行验收。单位工程质量验收合格后，建设单位应在规定时间内将工程竣工验收报告和有关文件，报建设行政管理部门备案。

建筑工程质量验收的组织及参加人员见表6-4。有分包单位施工时，分包单位应参加对所承包工程项目的质量验收，并将有关资料交总包单位。

建筑工程质量验收组织及参加人员表 表 6-4

序号	工程	组织者	参加人员
1	检验批	监理工程师	项目专业质量(技术)负责人
2	分项工程	监理工程师	项目专业质量(技术)负责人
3	分部(子分部)工程	总监理工程师	项目经理、项目技术负责人、项目质量负责人
	地基与基础、主体结构分部	总监理工程师	施工技术部门负责人 施工质量部门负责人 勘察项目负责人 设计项目负责人
4	单位(子单位)工程	建设单位(项目)负责人	施工单位(项目)负责人 设计单位(项目)负责人 监理单位(项目)负责人

四、建筑工程质量验收

（一）检验批质量验收

检验批是构成建筑工程质量验收的最小单位，是判定单位工程质量合格的基础。检验批质量合格应符合下列规定：

1. 主控项目和一般项目的质量经抽样检验合格

（1）主控项目是指对检验批质量有致命影响的检验项目。它反映了该检验批所属分项工程的重要技术性能要求。主控项目中所有子项必须全部符合各专业验收规范规定的质量指标，方能判定该主控项目质量合格。反之，只要其中某一子项甚至某一抽查样本检验后达不到要求，即可判定该检验批质量为不合格，则该检验批拒收。换言之，主控项目中某一子项甚至某一抽查样本的检查结果若为不合格时，即行使对检查批质量的否决权。

主控项目涉及的内容主要有：

1) 建筑材料、构配件及建筑设备的技术性能及进场复验要求。

2) 涉及结构安全、使用功能的检测、抽查项目，如试块的强度、构件的刚度、挠度、承载力、外窗的三性要求等。

3) 任一抽查样本的缺陷都可能会造成致命影响，须严格控制。如桩的位移、钢结构的轴线、电气设备的接地电阻等。

（2）一般项目是指除主控项目以外，对检验批质量有影响的检验项目，当其中缺陷（指超过规定质量指标的缺陷）的数量超过规定的比例，或样本的缺陷程度超过规定的限度后，对检验批质量会产生影响。它反映了该检验批所属分项工程的一般技术性能要求。

一般项目的合格判定条件：抽查样本的80%及以上（个别项目为90%以上，如混凝土规范中梁、板构件上部纵向受力钢筋保护层厚度等）符合各专业验收规范规定的质量指标，其余样本的缺陷通常不超过规定允许偏差值的1.5倍（个别规范规定为1.2倍，如钢结构验收规范等)。具体应根据各专业验收规范的规定执行。

2. 具有完整的施工操作依据和质量检查记录

检验批合格质量除主控项目和一般项目的质量经抽样检验符合要求外,其施工操作依据的技术标准应符合设计、验收规范的要求。采用企业标准的不能低于国家、行业标准。有关质量检查的内容、数据、评定,由施工单位项目专业质量检查员填写,检验批验收记录及结论由监理单位监理工程师填写完整。

上述两项均符合要求,该检验批质量方能判定合格。若其中一项不符合要求,该检验批质量不得判定为合格。

(二) 分项工程质量验收

分项工程质量合格应符合下列规定:

1) 分项工程所含的检验批均应符合合格质量的规定。

2) 分项工程所含的检验批的质量验收记录应完整。

分项工程是由所含性质、内容一样的检验批汇集而成,是在检验批的基础上进行验收的,实际上是一个汇总统计的过程,并无新的内容和要求,但验收时应注意:

(1) 应核对检验批的部位是否全部覆盖分项工程的全部范围,有无缺漏部位未被验收。

(2) 检验批验收记录的内容及签字人是否正确、齐全。

(三) 分部(子分部)工程质量验收

分部工程仅含一个子分部时,应在分项工程质量验收基础上,直接对分部工程进行验收;当分部工程含两个及两个以上子分部工程时,则应在分项工程质量验收的基础上,先对子分部工程分别进行验收,再将子分部工程汇总成分部工程。

分部(子分部)工程质量验收合格应符合下列规定:

1. 分部(子分部)工程所含分项工程质量均应验收合格

(1) 分部(子分部)工程所含各分项工程施工均已完成。

(2) 所含各分项工程划分正确。

(3) 所含各分项工程均按规定通过了合格质量验收。

(4) 所含各分项工程验收记录表内容完整,填写正确,收集齐全。

2. 质量控制资料应完整

质量控制资料完整是工程质量合格的重要条件。在分部工程质量验收时,应根据各专业工程质量验收规范中对分部或子分部工程质量控制资料所作的具体规定,进行系统检查,着重检查资料的齐全,项目完整,内容准确和签署规范。另外在资料检查时,尚应注意以下几点:

(1) 有些龄期要求较长的检测资料,在分项工程验收时,尚不能及时提供,应在分部(子分部)工程验收时进行补查,如基础混凝土(有时按 60d 龄期强度设计)或主体结构后浇带混凝土施工等。

(2) 对在施工中质量不符合要求的检验批、分项工程按有关规定进行处理后的资料归档审核。

(3) 对于建筑材料的复验范围,各专业验收规范都作了具体规定,检验时按产品标准规定的组批规则、抽样数量、检验项目进行,但有的规范另有不同要求,这一点在质量控制资料核查时需引起注意。

3. 分部工程有关安全及功能的检验和抽样检测结果应符合有关规定

地基与基础、主体结构和设备安装等分部工程有关安全及功能的检验和抽样检测结果应符合有关规定。

4. 观感质量验收应符合要求

观感质量验收系指在分部所含的分项工程完成后，在前三项检查的基础上，对已完工部分工程的质量，采用目测、触摸和简单量测等方法，所进行的一种宏观检查方式。由于其检查的内容和质量指标已包含在各个分项工程内，所以对分部工程进行观感质量检查和验收，并不增加新的项目，只不过是采用一种更直观、便捷、快速的方法，对工程质量从外观上作一次重复的、扩大的、全面的检查，这是由建筑施工特点所决定的，也是十分必要的。其一，尽管其所包含的分项工程原来都经过检查与验收，但随着时间的推移，气候的变化，荷载的递增等，可能会出现质量变异情况，如材料收缩、结构裂缝、建筑物的渗漏、变形等。其二，弥补受抽样方案局限造成的检查数量不足，后续施工部位(如施工洞、井架洞、脚手架洞等)原先检查不到的缺憾，扩大了检查面。其三，通过对专业分包工程质量验收和评价，分清了质量责任，可减少质量纠纷，既促进了专业分包队伍技术素质的提高，又增强了后续施工对产品的保护意识。

总之，这种检查可从更广的范围捕捉和消除质量缺陷，确保结构的安全和建筑的使用功能。

观感质量验收并不给出"合格"或"不合格"的结论，而是给出"好、一般或差"的总体评价。所谓"一般"，是指经观感质量检查能符合验收规范的要求；所谓"好"，是指在质量符合验收规范的基础上，能达到精致、流畅、匀净的要求，精度控制好；所谓"差"，是指勉强达到验收规范的要求，但质量不够稳定，离散性较大，给人以粗疏的印象。观感质量验收中若发现有影响安全、功能的缺陷，有超过偏差限值，或明显影响观感效果的缺陷，应处理后再进行验收。

分部(子分部)工程质量验收应在施工单位检查评定的基础上进行，勘察、设计单位应在有关的分部工程验收表上签署验收意见，监理单位总监理工程师应填写验收意见，并给出"合格"或"不合格"的结论。

(四) 单位(子单位)工程质量验收

单位工程未划分子单位工程时，应在分部工程质量验收的基础上，直接对单位工程进行验收；当单位工程划分为若干子单位工程时，则应在分部工程质量验收的基础上，先对子单位工程进行验收，再将子单位工程汇总成单位工程。

单位(子单位)工程质量验收合格应符合下列规定：

1. 单位(子单位)工程所含分部(子分部)工程的质量均应验收合格

(1) 设计文件和承包合同所规定的工程已全部完成。

(2) 各分部(子分部)工程划分正确。

(3) 各分部(子分部)工程均按规定通过了合格质量验收。

(4) 各分部(子分部)工程验收记录表内容完整，填写正确，收集齐全。

2. 质量控制资料应完整

质量控制资料完整是指所收集到的资料，能反映工程所采用的建筑材料、构配件和建筑设备的质量技术性能，施工质量控制和技术管理状况，涉及结构安全和使用功能的施工试验和抽样检测结果，及建设参与各方参加质量验收的原始依据、客观记录、真实数据和执行见证等资料，能确保工程结构安全和使用功能，满足设计要求，让人放心。

尽管质量控制资料在分部工程质量验收时已经检查过，但某些资料由于受试验龄期的影响，或受系统测试的需要等，难以在分部验收时到位。单位工程验收时，对所有分部工程资料的系统性和完整性，进行一次全面的核查，是十分必要的。

单位(子单位)工程质量控制资料的检查应在施工单位自查的基础上进行，施工单位应按统一标准要求列表填上资料的份数，监理单位应填上核查意见，总监理工程师应给出质量控制资料"完整"或"不完整"的结论。

3. 单位(子单位)工程所含分部工程有关安全和功能的检测资料应完整

前项检查是对所有涉及单位工程验收的全部质量控制资料进行的普查，本项检查则是在其基础上对其中涉及结构安全和建筑功能的检测资料所作的一次重点抽查，凸显了新的验收规范对涉及结构安全和使用功能方面的强化作用，这些检测资料直接反映了房屋建筑物、附属构筑物及其建筑设备的技术性能，其他规定的试验、检测资料共同构成建筑产品的一份"型式"检验报告。检查的内容按统一标准的要求进行。其中大部分项目在施工过程中或分部工程验收时已做了测试，但也有部分要待单位工程全部完工后才能做，如建筑物的节能、保温测试、室内环境检测、照明全负荷试验、空调系统的温度测试等；有的项目即使原来在分部工程验收时已做了测试，但随着荷载的增加引起的变化这些检测项目需循序渐进，连续进行，如建筑物沉降及垂直度测量，电梯运行记录等。单位(子单位)工程安全和功能检测资料核查表中份数应由施工单位填写，总监理工程师应逐一进行核查，尤其对检测的依据、结论、方法和签署情况应认真审核，并在表上填写核查意见，给出"完整"或"不完整"的结论。

4. 主要功能项目的抽查结果应符合相关专业质量验收规范的规定

上述第三项中的检测资料与第二项质量控制资料中的检测资料共同构成了一份完整的建筑产品"型式"检验报告，本项对主要建筑功能项目进行抽样检查，则是建筑产品在竣工交付使用以前所作的最后一次质量检验，即相当于产品的"出厂"检验。这项检查是在施工单位自查全部合格基础上，由参加验收的各方人员商定，由监理单位实施抽查。可选择其中在当地容易发生质量问题或施工单位质量控制比较薄弱的项目和部位进行抽查。其中涉及应由有资质检测单位检查的项目，监理单位应委托检测，其余项目可由自己进行实体检查，施工单位应予配合。至于抽样方案，可根据现场施工质量控制等级，施工质量总体水平和监理监控的效果进行选择。房屋建筑功能质量由于关系到用户切身利益，是用户最为关心的，检查时应从严把握。对于查出的影响使用功能的质量问题，必须全数整改达到各"专业验收规范"的要求。对于检查中发现的倾向性质量问题，则应调整抽样方案，或扩大抽样样本数量，甚至采用全数检查方案。

功能抽查的项目，不应超出统一标准规定的范围，合同另有约定的不受其限制。

主要功能抽查完成后，总监理工程师填写抽查意见，并给出"符合"或"不符合"验收规范的结论。

5. 观感质量验收应符合要求

单位(子单位)工程观感质量验收与主要功能项目的抽查一样，相当于产品的"出厂"

检验，故其重要性是显而易见的。其检查的要求、方法与分部工程相同，其检查内容按统一标准要求进行。凡在工程上出现的项目，均应进行检查，并逐项填写"好"、"一般"或"差"的质量评价。为了减少受检查人员个人主观的影响，观感检查应至少 3 人以上共同参加，共同确定。

观感质量检查应在施工单位自查的基础上进行，总监理工程师给出观感质量综合评价后，并给出"符合"与"不符合"要求的检查结论。

单位(子单位)工程质量验收完成后，按统一标准要求填写竣工验收记录，其中：验收记录由施工单位填写；验收结论由监理单位填写；综合验收结论由参加验收各方共同商定，建设单位填写，并应对工程质量是否符合设计和规范要求及总体质量水平作出评价。

五、对建筑工程质量不符合要求时的处理规定

(1) 经返工重做或更换器具、设备的检验批，应重新进行验收。重新验收质量时，要对该检验批重新抽样、检查和验收，并重新填写检验批质量验收记录表。

(2) 经有资质的检测单位检测鉴定能够达到设计要求的检验批，应予以验收。这种情况多数是指留置的试块失去代表性，或因故缺少试块的情况，以及试块试验报告缺少某项有关主要内容，也包括对试块或试验结果有怀疑时，经有资质的检测机构对工程进行检测测试，其测试结果证明，该检验批的工程质量能够达到设计图纸要求，这种情况应按正常情况给予验收。

(3) 经有资质的检测单位检测鉴定达不到设计要求，但经原设计单位核算认可能够满足结构安全和使用功能的检验批，可予以验收。

(4) 经返修或加固处理的分项、分部工程，虽改变外形尺寸但仍能满足安全使用要求，可按技术处理方案和协商文件进行验收。

(5) 通过返修或加固处理仍不能满足安全使用要求的分部(子分部)工程、单位(子单位)工程，严禁验收。

第六节　工程质量事故的处理

根据我国有关质量、质量管理和质量保证方面的国家标准的定义，凡工程产品质量没有满足某个规定的要求，就称之为质量不合格；而没有满足某个预期的使用要求或合理的期望(包括与安全性有关的要求)，则称之为质量缺陷。在建设工程中通常所称的工程质量缺陷，一般是指工程不符合国家或行业现行有关技术标准、设计文件及合同中对质量的要求。

由于工程质量不合格和质量缺陷，而造成或引发经济损失、工期延误或危及人的生命和社会正常秩序的事件，称为工程质量事故。

由于影响工程质量的因素众多而且复杂多变，常难免会出现某种质量事故或不同程度的质量缺陷。因此，处理好工程的质量事故，认真分析原因、总结经验教训、改进质量管理与质量保证体系，使工程质量事故减少到最低程度，是质量监理的一个重要内容与任务。监理工程师应当重视工程质量不良可能带来的严重后果，切实加强对质量风险的分析，及早制定对策和措施，重视对质量事故的防范和处理，避免已发事故的进一步恶化和扩大。

工程质量事故具有复杂性、严重性、可变性和多发性的特点。

一、工程质量事故处理的依据

工程质量事故发生后，事故处理主要应解决：搞清原因，落实措施，妥善处理，消除隐患，界定责任。其中核心及关键是搞清原因。

进行工程质量事故处理的主要依据有以下四个方面：

（1）质量事故的实况资料。

（2）具有法律效力的，得到有关当事各方认可的工程承包合同、设计委托合同、材料或设备购销合同以及监理合同或分包合同等合同文件。

（3）有关的技术文件和档案。

（4）有关的建设法规。

在这四方面依据中，前三种是与特定的工程项目密切相关的具有特定性质的依据。第四种法规性依据，是具有很高权威性、约束性、通用性和普遍性的依据，因而它在工程质量事故处理的事务中，也具有极其重要的、不容置疑的作用。

二、工程质量事故调查与处理程序

（一）质量事故的处理程序

发生质量事故后，总监理工程师要立即下达停工指令。事态继续发展时应要求施工单位采取防止事态发展的措施。当事故不再发展时应要求施工单位进行事故调查。事故严重时，往往由上级组织事故调查与处理，此时监理单位和施工单位要积极配合保全相关资料和相关现场。

一般的事故处理程序如图 6-9 所示。

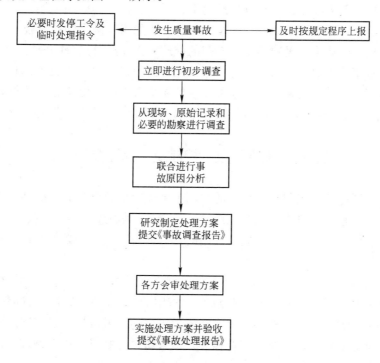

图 6-9 工程质量事故处理程序框图

（二）事故调查

调查的主要目的是要明确事故的范围、缺陷程度、性质、影响和原因，为事故的分析处理提供依据。调查应力求全面、准确、客观。

调查报告的内容主要包括：

（1）与事故有关的工程情况。

（2）质量事故的详细情况，诸如质量事故发生的时间、地点、部位、性质、现状及发展变化情况等。

（3）事故调查中有关的数据、资料。

（4）质量事故原因分析与判断。

（5）是否需要采取临时防护措施。

（6）事故处理及缺陷补救的建议方案与措施。

（7）事故涉及的有关人员的情况。

事故情况调查是事故原因分析的基础，有些质量事故原因复杂，常涉及勘察、设计、施工、材料、维护管理、工程环境条件等方面，因此，调查必须全面、详细、客观、准确。

在事故调查的基础上进行事故原因分析，正确判断事故原因。

三、质量事故的处理

事故处理方案的制定应以事故原因分析为基础。如果某些事故一时认识不清，而且事故一时不致产生严重的恶化，可以继续进行调查、观测，以便掌握更充分的资料数据，做进一步分析，找出原因，以利制定处理方案。切忌急于求成，不能对症下药，采取的处理措施不能达到预期效果，或造成反复处理的不良后果。

制定的事故处理方案，应体现：安全可靠，不留隐患，满足功能，技术可行，经济合理等原则。如果一致认为质量缺陷不需专门的处理，必须经过充分的分析、论证。

发生的质量事故不论是否由于施工承包单位方面的责任原因造成的，质量缺陷的处理通常都是由施工承包单位负责实施。如果发生的质量事故不是由于施工单位方面的责任原因造成的，则处理质量缺陷所需的费用或延误的工期，应给予施工单位补偿。

第七节 工序质量的控制及对监理员的要求

工程实体质量是在施工过程中形成的，而不是最后检验出来的。此外，施工过程中质量的形成受各种因素的影响最多，变化最复杂，质量控制的任务与难度也最大。因此，施工过程的质量控制是施工阶段工程质量控制的重点，监理工程师必须加强对施工过程中的质量控制。

由于施工过程是由一系列相互联系与制约的工序所构成，工序是人、材料、机械设备、施工方法和环境等因素对工程质量综合起作用的过程，所以对施工过程的质量监控，必须以工序质量控制为基础和核心，落实在各项工序的质量监控上。施工过程中质量控制的主要工作应当是：以工序质量控制为核心，设置质量控制点，进行预控，严格质量检查和加强成品保护。

一、工序质量控制的内容

工序质量监控主要包括两个方面的监控：对工序活动条件监控和对工序活动效果监控。

1. 工序活动条件监控

所谓工序活动条件监控主要是指对于影响工序生产质量的各因素进行控制，换言之，就是要使工序活动能在良好的条件下进行，以确保工序产品的质量。工序活动条件的监控包括以下两个方面：

（1）施工准备方面的控制。即在工序施工前，应对影响工序质量的因素或条件进行监控。要控制的内容一般包括：人的因素，如施工操作者和有关人员是否符合上岗要求；材料因素方面，如材料质量是否符合标准，能否使用；施工机械设备的条件诸如其规格、性能、数量能否满足要求，质量有无保障；拟采用的施工方法及工艺是否恰当，产品质量有无保证；施工的环境条件是否良好等。这些因素或条件应当符合规定的要求或保持良好状态。监理工程师应加强对施工准备中上述各方面的控制，例如对施工方法或施工方案的审查，对上岗人员资质的确认以及对施工环境条件的检查等等。

（2）施工过程中对工序活动条件的监控。对影响工序产品质量的各因素的监控不仅体现在开工前的施工准备中，而且还应当贯穿于整个施工过程中，包括各工序、各工种的质量保证与控制活动。在施工过程中，工序活动是在经过审查认可的施工准备的条件下展开的，所以监理工程师对于施工过程中工序活动条件的监控，要注意各因素或条件的变化，如果发现某种因素或条件向不利于工序质量方面变化，即应及时予以控制或纠正。

在各种因素中，投入施工的物料如材料、半成品等，以及施工操作或工艺是最活跃和易变化的因素，应予以特别的注意监督与控制，使它们的质量始终处于控制之中，符合标准及要求。因此，监理工程师应着重抓好以下监控工作：

1）对投入物料的监控。主要是指在工序施工过程中，随时对所投入的物料等的质量特性指标的检查、控制，例如对混凝土拌合料坍落度的控制、对沥青路面使用的沥青拌合料温度的测定与控制等。

2）对施工操作或工艺过程的控制。主要是指在工序施工过程中，监理人员应通过旁站监督等方式，监督、控制施工及检验人员按规定和要求的操作规程或工艺标准进行施工。

3）其他方面的监控。在工序活动中，除对投入物料、工艺或操作等方面要加强控制外，对其他方面诸如施工机械设备和施工环境条件以及人员状况等方面，也应随时注意其条件的变化，如果发现它们出现不利于保证施工质量的情况或现象，例如有不符合上岗条件的人员上岗操作等，即应及时加以控制和纠正。

2. 工序活动效果监控

工序活动效果监控主要反映在对工序产品质量性能的特征指标的控制上。主要是指对工序活动的产品采取一定的检测手段进行检验，根据检验结果分析、判断该工序活动的质量(效果)从而实现对工序质量的控制。其监控步骤如下：

（1）实测。即采用必要的检测手段，对抽取的样品进行检验，测定其质量特性指标(例如混凝土的抗拉强度)。

（2）分析。即是对检测所得数据进行整理、分析，找出规律。

（3）判断。根据对数据分析的结果，判断该工序产品是否达到了规定的质量标准；如果未达到，应找出原因。

（4）纠正或认可。如发现质量不符合规定标准，应采取措施纠正；如果质量符合要求则予以确认。

二、工序活动质量监控实施要点

监理工程师实施工序活动质量监控，应当分清主次抓住关键，依靠完善的质量体系和质量检查制度，完成工序活动的质量控制，其实施要点如下：

1. 确定工序质量控制计划

工序质量控制计划是以完善的质量体系和质量检查制度为基础的。一方面，工序质量控制计划要明确规定质量监控的工作程序或工作流程和质量检查制度等，作为监理和施工单位共同遵循的准则。

2. 进行工序分析，分清主次，重点控制

所谓工序分析，就是要在众多的影响工序质量的因素中，找出对特定工序重要的或关键的质量特征性能指标起支配性作用或具有重要影响的那些主要因素，以便能在工序施工中针对这些主要因素制定出控制措施及标准，进行主动的、预防性的重点控制，严格把关。

例如，在振捣混凝土这一工序中，振捣的插点和振捣时间是影响质量的主要因素，监理人员应加强现场监督并要求施工单位严格控制。

工序分析一般可按以下步骤进行：

（1）选定分析对象，分析可能的影响因素，找出支配性的要素。包括以下工作：

1）选定的分析对象可以是重要的、关键的工序，或者是根据过去的资料确认为经常发生质量问题的工序；

2）掌握特定工序的现状和问题，确定改善质量的目标；

3）分析影响工序质量的因素，明确支配性的要素。

（2）针对支配性要素，拟定对策计划；并加以核实。

（3）将核实的支配性要素编入工序质量表，纳入标准或规范。

（4）对支配性要素落实责任，按标准的规定实施重点管理。

3. 对工序活动实施跟踪的动态控制

影响工序活动质量的因素对工序质量所产生的影响，可能表现为一种偶然的、随机性的影响，也可能表现为一种系统性的影响。前者表现为工序产品的质量特征数据是以平均值为中心，上下波动不定，呈随机性变化，此时的工序质量基本上是稳定的，质量数据波动是正常的，它是由于工序活动过程中一些偶然的、不可避免的因素造成的，例如所用材料上的微小差异、施工设备运行的正常振动、检验误差等。这种正常的波动一般对产品质量影响不大，在管理上是容许的。而后者则表现在工序产品质量特征数据方面出现异常大的波动或散差，其数据波动呈一定的规律性或倾向性变化，例如数值不断增大或减小、数据均大于（或小于）标准值，或呈周期性变化等，这种质量数据的异常波动通常是由于系统性的因素造成的，例如使用了不合格的材料、施工机具设备严重磨损、违章操作、检验量具失准等。这种异常波动，在质量管理上是不允许的，应令施工单位采取措施设法加以消除。

因此，监理人员和施工管理者应当在整个工序活动中，连续地实施动态跟踪控制，通过对工序产品的抽样检验，判定其产品质量波动状态。若工序活动处于异常状态，则应查找出影响质量的原因，采取措施排除系统性因素的干扰，使工序活动恢复到正常状态，从而保证工序活动及其产品的质量。

4. 设置工序活动的质量控制点，进行预控

所谓质量控制点是指为了保证工序质量而确定的重点控制对象、关键部位或薄弱环节。设置质量控制点是保证达到工序质量要求的必要前提。监理工程师在拟定质量控制工作计划时，应予以详细考虑，并以制度来保证落实。对于质量控制点，一般要事先分析可能造成质量问题的原因，再针对原因制定对策和措施进行预控。

三、严格执行对成品保护的质量检查

1. 成品保护的要求

所谓成品保护一般是指在施工过程中，有些分项工程已经完成，而其他一些分项工程尚在施工；或者是在其分项工程施工过程中，某些部位已完成，而其他部位正在施工，在这种情况下，施工单位必须负责对已完成部分采取妥善措施予以保护，以免因成品缺乏保护或保护不善而造成损伤或污染，影响工程整体质量。因此，监理人员应对施工单位所承担的成品保护的质量与效果进行经常性的检查。对施工单位进行成品保护的基本要求是：在施工单位向业主或建设单位一方提出其工程竣工验收申请或向监理工程师提出分部、分项工程的中间验收时，其提请验收工程的所有组成部分均应符合与达到合同文件规定的或施工图纸等技术文件所要求的质量标准。

2. 成品保护的一般方法

根据需要保护的建筑产品的特点不同，可以分别对成品采取"防护"、"包裹"、"覆盖"、"封闭"等保护措施，以及合理安排施工顺序等来达到保护成品的目的。

（1）防护。就是针对被保护对象的特点采取各种防护的措施。例如，对清水楼梯踏步，可以采取护棱角铁上下连接固定；对于进出口台阶可垫砖或方木搭脚手板供人通过的方法来保护台阶；对于门口易碰部位，可以钉上防护条或槽型盖铁保护；门扇安装后可加楔固定等。

（2）包裹。就是将被保护物包裹起来，以防损伤或污染。例如，对镶面大理石柱可用立板包裹捆扎保护；铝合金门窗可用塑料布包扎保护等。

（3）覆盖。就是用表面覆盖的办法防止堵塞或损伤。例如，对地漏、落水口排水管等安装后可加以覆盖，以防止异物落入而被堵塞；预制水磨石或大理石楼梯可用木板覆盖加以保护；地面可用锯末、苫布等覆盖以防止喷浆等污染；其他需要防晒、防冻、保温养护等项目也应采取适当的防护措施。

（4）封闭。就是采取局部封闭的办法进行保护。例如，垃圾道完成后，可将其进口封闭起来，以防止建筑垃圾堵塞通道；房间水泥地面或地面砖完成后，可将该房间局部封闭，防止人们随意进入而损害地面；房内装修完成后，应加锁封闭，防止人们随意进入而受到损伤等。

（5）合理安排施工顺序。主要是通过合理安排不同工作间的施工顺序先后以防止后道工序损坏或污染前道工序。例如，采取房间内先喷浆或喷涂而后装灯具的施工顺序可防止喷浆污染、损害灯具；先做顶棚、装修而后做地坪，也可避免顶棚及装修施工污染、损害地坪。

（6）合理地确定工期。当工期非常紧张时或抢工期的情况下，许多细致的施工环节不能及时进行施工，或不能按正常工序要求进行施工。

（7）避免不恰当地干扰施工布置。

四、质量控制对监理员的要求

质量控制是一项专业性、技术性很强的工作，要求监理员具有较为扎实的理论基础和非常丰富的实践经验。与专业监理工程师相比，监理员的工作在技术方面的要求更高一些，而专业监理工程师和总监理工程师则要在管理能力上更强一些。他不处理方案审查、设计和工程变更、工期索赔、费用索赔、主持会议等事宜，主要是落实有关监理工作中的质量要求等。具体要求有：

1. 熟悉规范

监理员应非常熟悉各种技术规范尤其是施工规范及验收规范，它们是工程的法律。必须知道哪些材料、操作是规范允许的而哪些是规范禁止的，还要知道规范为什么允许或禁止。要想对工程的工序或分部工程、单位工程进行验收，作为监理员必须知道最起码的标准是什么。

2. 掌握工艺

工程项目的一砖一瓦都是一个一个施工工艺形成的，施工工艺是由若干个操作组成的。作为监理员应该掌握各种施工工艺中的各个操作的前后关系，各个操作的前提条件，各种施工工艺对材料的要求、对操作人员的要求、对设备与机具的要求、对气候环境的要求等，应掌握各种施工工艺的适应条件、所达到的质量标准、优点缺点等。

3. 吃透图纸

设计文件是施工的依据也是质量控制的依据。作为专门从事质量控制的专业人员，监理员应努力熟记设计文件与设计要求；要考虑施工工艺与设计要求是否配套，或是否能够达到设计要求；要考虑现在施工部位所采用施工工艺与将来施工部位的质量要求是否会有冲突；要从施工工艺的角度考虑设计要求能否实现或如何实现。

4. 加强检查

监理员的工作是大量从事现场质量检查和验收，因此监理员应经常深入到施工现场去检查施工工艺和施工措施的落实，检查施工质量，落实施工规范、设计要求和合同要求，要能够克服困难，勇于吃苦。

5. 严格验收

工序质量验收是监理员的日常工作，监理员要严格按照质量标准、设计要求和验收规范进行验收。不得有丝毫的放松或降低标准。要高标准严要求对质量进行评价。

思考题

1. 工程质量特性表现为哪些方面？

2. 工程质量的影响因素有哪些？

3. 施工阶段的质量控制监理工作有哪些？

4. 什么是质量控制点？如何设置质量控制点？请举例说明？

5. 请根据实例设计主体结构验收的程序。

6. 监理质量控制的手段有哪些？

7. 监理人员如何组织工程验收？

8. 建筑工程质量不符合要求时如何处理？

9. 如何进行质量事故调查？

第七章 设备安装的质量控制

工程项目中的设备主要包括建筑设备与生产设备。

建筑设备主要包括建筑给水排水工程、建筑采暖与通风工程、建筑电气、电梯与智能建筑的弱电控制系统。建筑设备包含了较多的专业,建筑设备各专业的质量控制的方法也有一定的差别。

生产设备的种类就更多,涉及国家的各行各业,如机械设备、电力设备、纺织设备、制造设备、冶金设备、采矿设备、石油化工设备、电子设备、体育设施、医疗设备、交通运输业中的设备等。

为了控制好设备安装的质量,监理人员首先要具备较强的专业技能,尤其是设备使用与运行的要求和安装工艺要求;其次监理人员要通过一定的手段或工具对设备安装进行事前检查与控制,做好安装过程中的检查与验收;第三监理人员要对设备的调试进行全过程的监理或旁站。设备安装监理程序如图 7-1 所示。

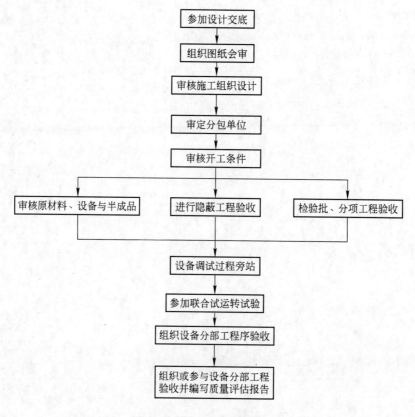

图 7-1 设备安装监理程序图

第一节 设备的购置与检查验收

一、设备的购置

设备的购置是直接影响设备质量的关键环节，设备能否满足生产工艺要求、配套投产、正常运转、充分发挥效能，确保加工产品的精度和质量；设备是否技术先进、经济适用、操作灵活、安全可靠、维修方便、经久耐用：这些，均与设备的购置密切相关。为此，在购置设备时，应特别重视以下几点：

（1）必须按设计的选型购置设备，必要时监理人员应参与设备造型工作。

（2）设备购置应向监理工程师申报，经监理工程师对设备订货清单（包括设备名称、型号、规格、数量等）按设计要求逐一审核认证后，方能加工订货。

（3）优选订货厂家。监理人员应要求制造厂家提供产品目录、技术标准、性能参数、版本图样、质保体系、销售价格、供销文件等有关信息资料，并通过社会调查，了解制造厂家企业的素质、资质等级、技术装备、管理水平、经营作风、社会信誉等各方面情况，然后进行综合分析比较，择优选择订货厂家。对于一些重要的设备，设备监理人员要会同有关人员进行市场考察与比较。尤其是对某些成套设备或大型设备，还必须通过设备招标的方式来优选制造厂家。

（4）签订订货合同。设备购置应以经济合同形式对设备的质量标准、供货方式、供货时间、交货地点、组织测试要求、检测方法、保修索赔期限以及双方的权利和义务等，均应予以明确规定。

（5）设备制造质量的控制。对于主要或关键设备在制造过程中，监理工程师还应深入制造厂家，检查控制设备的制造质量。其检查控制的内容，应着重以下三大类部件：

1）钢结构焊接部件。检查的内容为：材料质量、放样尺寸、切割下料、坡口焊接、部件组装、变形校正、外形尺寸、油漆、静动负荷试验和无损探伤等。

2）机械类部件。检查的内容为：原材料、铸件或锻件、调质处理、机械加工、组装、测量鉴定和负荷试验等。

3）电气自动化部件。检查的内容为：元件、组件、部件组装、仪表、信号、线路、空载和负荷试验等。

（6）购置的设备在运输中，必须采取有效的包装和固定措施，严防碰撞损伤。

（7）加强设备的贮存、保管，避免配件、备件的遗失，设备遭受污染、锈蚀和控制系统的失灵。

二、设备开箱检查

设备出厂时，一般都要进行良好的包装，运到安装现场后，再将包装箱打开予以检查。设备开箱时应注意以下事项：

（1）开箱前，应查明设备的名称、型号和规格，查对箱号、箱数和包装情况，避免开错。

（2）开箱时，应严防损伤设备和丢失附件、备件，并尽可能减少箱板的损失。

（3）宜将设备运至安装地点附近开箱，以减少开箱后的搬运工作，避免设备在二次搬运中产生附件、备件丢失现象。

（4）应将箱顶面的尘土、垃圾清扫干净后再开箱，以免设备遭受污染。开箱应从顶板开始。拆开顶板查明装箱情况后，再依次拆除其他箱板。

（5）开箱应用起钉器或撬杠，如有铁皮箍时应先行拆除，切忌用锤斧乱敲、乱砍。同时还应注意周围环境，以防箱板倒下碰伤邻近的设备或人员。

（6）设备的防护物及包装，应随安装顺序拆除，不得过早拆除，以保护设备免遭锈蚀损坏。

（7）开箱后，对设备的附件、备件，不可直接放在地面上，应放在专用箱中或专用架上。

设备的开箱检查，主要是检查外表，初步了解设备的完整程度，零部件、备品是否齐全。而对设备的性能、参数、运转、质量标准的全面检验，则应根据设备类型的不同进行专项的检验和测试。

三、设备检验要求

设备进场时，要按设备的名称、型号、规格、数量的清单逐一检查验收，其检验的要求如下：

（1）对整机装运的新购设备，应进行运输质量及供货情况的检查。对有包装的设备，应检查包装是否受损；对无包装的设备，则可直接进行外观检查及附件、备品的清点。对进口设备，则要进行开箱全面检查。若发现设备有较大损伤，应做好详细记录或照相，并尽快与运输部门或供货厂家交涉处理。

（2）对解体装运的自组装设备，在对总成、部件及随机附件、备品进行外观检查后，应尽快组织工地组装并进行必要的检测试验。因为该类设备在出厂时抽样检查的比例很小，一般不超过3％左右，其余的只做部件及组件的分项检验，而不做总装试验。

关于保修期及索赔期的规定为：一般国产设备从发货日起12～18个月；进口设备6～12个月。有合同规定者按合同执行。对进口设备，应力争在索赔期的上半年或迟至9个月内安装调试完毕，以争取3～6个月的时间进行生产考验，发现问题及时提出索赔。

（3）工地交货的机械设备，一般都由制造厂在工地进行组装、调试和生产性试验，自检合格后才提请订货单位复验，待试验合格后，才能签署验收。

（4）调拨的旧设备的测试验收，应基本达到"完好设备"的标准。全部验收工作，应在调出单位所在地进行，若测试不合格就不装车发运。

（5）对于永久性或长期性的设备改造项目，应按原批准方案的性能要求，经一定的生产实践考验并经鉴定合格后才予验收。

（6）对于自制设备，在经过6个月的生产考验后，按试验大纲的性能指标测试验收，决不允许擅自降低标准。

总之，机械设备的检验是一项专业性、技术性较强的工作，需要求有关技术、生产部门参加。重要的关键性大型设备，应由总监理工程师或设备工程师组织鉴定小组进行检验。

一切随机的原始资料、自制设备的设计计算资料、图纸、测试记录、验收鉴定结论等应全部清点，整理归档。

第二节 设备安装的事前控制工作

一、熟悉设计文件与技术文件

熟悉图纸，对设计说明和图纸中有疑问的地方或是不符合现行标准、规范，施工图相互间不一致，设计文件错漏，室内外设备布置和线路走向不符合现场实际等应书面提出。凡设计图与国家规范及评定标准不符时，应按规范标准执行。图纸会审和设计修改及时标注在相应的施工图上。

在熟悉设计图的基础上，组织召开施工图交底会，由设计人员进行介绍和说明，施工人员和监理工程师可对图纸上的问题提出意见，并必须经过设计人员认可后方可有效。

在熟悉设计文件的同时，还要进行各专业间初步协调：通过总包单位组织各专业对管道密集处，如管道井、楼宇公用部位等进行管道预排，并画出纵向、标高等坐标图，以便施工中严格控制。

认真研究水、电、风、机械工种交叉作业，交叉作业应遵循先上后下、先大后小、先内后外、先风后水再电的原则，做到交叉有序，忙而不乱。

二、审查质量保证体系与安装方案

监理人员要审查安装承包商资质，审查管理人员、技术人员资格，对特殊工种人员（如电气、焊接、煤气）要持有操作证上岗，由监理或业主认可后方能参加施工。对各种有特殊要求管道、线缆及设备的安装应要求施工人员经过专门的技术培训，还应审查施工单位的质保证体系，并使它在施工过程中对施工质量起监督保证作用。

要求施工单位专业工程师或技术人员向施工人员作技术交底，对影响工程质量的部位和工序进行详细说明，并制定防治质量通病的相应措施。

施工用设备、仪器、器材、机具辅助材料、机械应满足连续施工或阶段性施工要求。仪器、仪表标志应齐全，其检定证书应在有效期内使用。

凡采用新材料、新型产品，应检查技术鉴定文件，必要时应到生产厂家和已用单位进行实地考察。

组织审查安装单位的施工组织设计和安装技术方案，并在监理工程师认可后方能进行实施。对工程中比较重要的部分分项或技术难度大的部分分项，如吊装方案、调试方案等应要求施工方做出专门的施工技术方案，监理工程师应组织专项审核会，重点审核方案可行性和相应技术措施及质保系统落实情况，同时应根据方案提出监理的做法、措施和对施工方的要求。方案经由业主、监理工程师讨论认可后，予以实施。

三、检查验收安装材料或配件的质量

（一）管道与阀门

专业监理工程师对进场的材料和设备必须严格检查合格并履行手续后方可使用。

（1）对进场的铸铁管及附件的尺寸、规格必须符合设计要求，管壁厚薄应均匀，内外壁光滑，不得有伤残、砂眼裂纹，管材及附件应有出厂合格证。

（2）钢管及管件管壁内外镀锌均匀，无锈蚀，内壁无飞刺，管件不得有偏扣、乱扣、方扣、丝扣不全等现象。

（3）对进场的 PVC、PP-R、PEX 给水管，专业监理师应检查它的出厂合格证和消防局和卫生检验部门开出的厂家生产许可证。进场产品包装上应标有批号、数量、规格、生产日期和检验代号。管材和管件颜色要一致，无色泽不均及分解变色线。内外壁应光滑、平整、无气泡、裂口、裂纹、脱皮和严重冷斑、凹陷。管材轴向不得有异向弯曲。其直线度偏差应小于 1％；管材端口必须平整，胶粘剂必须有出厂名称、出厂日期、有效使用期限、出厂合格证和使用说明书。热熔管材时，应用厂家配套工具。

（4）当施工用阀门进场时，专业工程师要伙同施工单位技术人员共同检查，合格后方可使用。

1）阀门必须要有出厂合格证，规格、型号、材质符合设计要求。

2）阀门铸造规矩，表面光洁，无裂缝，开关灵活，关闭严密，填料密封完好无渗漏，手轮完好无损。

3）阀门进场后应按批量每批抽查 10％ 做压力试验且不少于 1 个。如有漏、裂不合格的应再抽查 20％，仍有不合格的，则逐个试验。对于安装在主干管上的起切断作用的阀门，则应逐个做压强和气密性试验。

（5）自动喷水灭火系统中的喷头、报警阀、压力开关、水流指示器等主要系统组件进场时，应严格检查。

1）检查产品供应单位必须有消防部门批准的生产许可证。

2）设备及组件进场时，除一般生产合格证外，还必须有国家消防产品质量监督检验中心检测合格的书面证明。

3）设备和组件的型号、规格、商标应符合设计要求，并有清晰铭牌或标志。水流指示器、报警阀还应有水流方向的永久性标志。安装前应逐个进行功能检查和外观检查。

4）闭式喷头应进行密封性试验，并以无渗漏、无损伤为合格，报警阀应逐个进行渗漏试验，试验压力应为工作压力的 2 倍，时间 5min，阀瓣应无渗。

（6）建筑排水用硬质聚乙烯（UPVC）管材和管件应有质量检验部门的产品合格证，并有明显标志标明生产厂的名称和产品规格。所用胶粘剂应是同一厂家配套产品，并必须有厂名、生产日期和有效期，及出厂合格证和说明书。管材内外表层应颜色一致、光滑、无气泡、裂纹，管壁厚度均匀，直管段挠度不大于 1％。管件造型应规矩、光滑、无毛刺，承口与插口应配套。

（7）卫生洁具的规格、型号必须符合设计要求，并有出厂合格证。卫生洁具外观应规矩，造型周正，表面光滑、美观、无裂纹、色调一致。卫生洁具零件质量规格符合要求，外表光滑，电镀均匀，螺纹清晰，螺母松紧适度，无砂眼、裂纹等缺陷。

（8）制作风管及部件所使用的各种板材、型钢应具有产品合格证或质量鉴定文件。所有镀锌薄钢板表面不得有裂纹、结疤及水印等缺陷，应有镀锌层结晶花纹不锈钢板、铝板板面不得有划痕、刮伤、锈斑及磨损凹穴等缺陷，所用硬聚氯乙烯塑料板应符合国家或行业标准，板材厚薄均匀，板面应平整、不含有气泡裂缝。各种板材的规格及物理机械性能符合技术规范的规定。

（二）电气安装工程设备和材料

（1）建筑电气施工中采用的设备、器材和材料必须符合国家现行技术标准的规定，并应有合格证和质量保证书(标明日期、批量并盖有质检公章)，设备应有铭牌(厂名、厂址、出厂日期)和安全认证。进口设备和关键材料需经国家商检局检验合格。

（2）了解设备和主要材料的交货时间及附加技术条件，考虑其是否满足进度和施工要求。对关键电气设备可考虑去厂家考察，以便在安装前先熟悉、掌握质量控制、检测手段和安装工艺等，起到预控作用。

（3）设备、器材的运输和保管应符合规范要求，也应符合制造厂对其产品的明文规定。

（4）督促承包商及时做好进场设备、材料的报审检查和验收工作，参加检查的人员应包括业主、监理、总包和相关分包单位的对口专业技术人员。检查和验收的内容应包括：

1）首先要检查包装及密封是否良好，有无缺损；

2）开箱应清点，并做好记录，规格、型号应符合设计要求，附件、备件应齐全；

3）按规范要求应进行外观检查，需做试验的，应由有资质的有关部门进行试验；

4）产品的技术文件应齐全。

（5）凡采用新材料、新设备的产品应有合格的试验报告及有关部门的技术鉴定文件。使用引进设备及拆、改建工程中的旧设备、旧器材监理应审查其是否经有关主管技术监督部门的批准，是否符合我国现行规范和标准中的有关条款规定。

（三）弱电材料与产品

弱电系统的材料与产品种类繁多，有些产品是某些厂家的专有产品，甚至没有相应的国家或行业标准。尽管如此，作为监理人员仍应对所用的材料、产品和设备进行认真的检查，重点查验"三证"，并进行现场目测和必要的测量测试。具体有：

（1）各种类型的原材料，如各种信号线、数据线、桥架、电管、线槽、电盒、面板开关、插头、插座等。

（2）各种类型的传感器，如温度传感器、湿度传感器、电力变送器、水位(油位)传感器、感烟探测器、感温探测器、红外报警探测器、振动报警探测器等。

（3）各种类型的执行器，如风阀驱动器、水阀(油阀)驱动器、电源切换箱、广播喇叭、摄像机、录音机、录像机、电动防火门、防火卷帘、电动门等。

（4）各种专用电子设备。

第三节　建筑设备安装过程中的监理

在土建施工时，安装施工人员应密切配合土建做好预留洞、预埋件、预埋管的工作，专业监理工程师应即时检查并签认隐蔽工程验收单。在安装开始前，对土建施工时做的预留洞、预埋管、预埋件等以及设备基础的尺寸、大小、位置、标高、坡度等必须符合设计图纸的要求，监理工程师应配合安装施工单位进行现场复测复量，不符合要求的应提出整改要求，直至合格。

一、给排水工程的现场安装质量要求

（1）管道安装时，注意安装坡度应符合设计和施工验收规范的要求。

消防系统要有泄水措施，管道横向安装宜设 0.2‰～0.5‰ 的坡度，且应坡向排水管。管道接口形式应符合设计要求和施工工艺要求。

1）对于给水铸铁管承插接口，安装前应把承口插口清扫干净，承口朝向顺序排列，对口间隙应均匀，管道顺直，灰口密实饱满，并有养护措施。

2）对于钢管螺纹连接接口，螺纹清洁、规整，无断丝或缺丝，连接牢固，丝扣外露 2～3 扣。

3）对于钢管法兰连接接口，法兰对接平行紧密，与管中心垂直，螺杆要露出螺母，衬垫材质符合设计和施工规范要求。

4）对于钢管焊接接口，管道口平直，焊缝平顺，不允许出现表面烧穿、裂纹和明显结瘤、夹渣和气孔现象。

5）室内地坪±0.000 以下管道铺设宜分两段进行。先进行地坪±0.000 以下至基础墙外壁段，待土建施工结束后再进行户外连接管的铺设。

（2）管道的支、吊、托架所采用的形式和规格应符合设计要求和施工规范的要求。

1）管道的支、吊、托架的安装，位置应正确，埋设要平整牢固，与管道接触应紧密，固定应牢固。

2）各种不同材质（如金属管、PVC 管、PP-R 管）、不同规格的管道水平支、吊、托架间距不同，应按规范要求的间距来敷设，对立管支架应注意必须做在同一高度上。

3）管道支吊架安装位置不应妨碍喷头喷水效果。成排喷淋管、喷头及支架应成一直线，安在吊平顶的喷头高度应一致。

4）喷水灭火系统中当管道直径等于或大于 50mm 时，每段配水管上设置防晃支架不应少于 1 个，管道改方向时，应设防晃支架。

（3）阀门型号、规格符合设计要求，位置、进出口方向正确。

（4）对于埋设于地下的管道必须有防腐层，可按设计要求做。

（5）对于水平管道，纵横向应顺直，偏差值应在规范允许范围内；对于立管而言，应垂直于楼板，偏差值也应在规范允许范围内。立管与墙面间应留有一定间距，不得出现立管贴靠在墙面或嵌入到墙面里面去。对于支管，首先核定支管高度、不同卫生用具的冷热水预留口高度和位置是否正确，再找平找正固定支管卡件，加好临时丝堵。热水支管应在冷水支管上方，支管预留口位置应为左热右冷，水平敷设时上热下冷。消防管道的安装位置因符合设计要求或规范规定。

（6）室内给水塑料管道工程中，阀门至水箱、水池的进水管、出水管、排污管应采用金属钢管。

（7）管道试压冲洗：

1）给水管道在隐蔽之前要进行水压试验。管道系统安装完毕后，要进行系统压力试验，试验压力一般为工作压力 1.5 倍，不应小于 0.6MPa。水压试验时放净空气，充满水后加压，当压力升到试水压力后，再把压力降至工作压力，进行渗漏检查，10min 压力降不大于 0.05MPa，无渗漏，可办理验收手续。

2）对喷淋系统进行水压试验时，当工作压力≤10MPa 时，试验压力为工作压力 1.5 倍，并不应低于 1.4MPa；当工作压力＞1.0MPa 时，试验压力应为该工作压力加 0.04MPa。试验测试点应在系统管网的最低点，注水需缓慢同时排气，达试验压力后稳压

30min，且无渗漏和无变形，压力降不应大于 0.05MPa。做完强度试验后，要进行水压严密性试验，它必须在管道冲洗后进行。试验压力为工作压力，稳压 24h 应无泄漏。

3）管道冲洗。管道在试压完成后即可进行冲洗，应保证充足水量冲洗，直至排出水质与进水相当，整个过程合格并做好验收记录。

4）管道消毒。应用每升水中含 20～30mg 的游离氯的水灌满管道消毒，滞留时间不得小于 24h，再用饮用水冲洗。

（8）管道防腐和保温：

1）管道防腐。给水管道防腐均按设计要求和国家验收规范进行施工，所有型钢支架及施工中管道镀锌层破损处和外露丝扣要补刷防锈漆。管道及支吊件在涂刷底漆前，必须清除表面灰尘、污垢、锈斑、焊渣、毛刺、油、水等物。涂料种类、颜色及涂敷层数和标记应符合设计文件规定，涂层应均匀，颜色一致，附着牢固，无剥落、皱纹、气泡、针孔等缺陷，管道安装后不易涂漆的部位应预先涂漆。

2）管道保温。明装和暗装给水管道保温目的是：防冻、防热损失和防管道结露，其材质及厚度均应严格按设计要求。管道与支架安装完，压力试验和防腐涂料完成后才能进行保温。

（9）埋地排水管道在隐蔽前必须做灌水试验，其灌水高度必须不低于底层地面高度。试验时，灌水 15min 后再灌满延续 5min，液面不下降为合格。雨水管道安装后应做灌水试验，灌水高度必须到每根立管最上部的雨水漏斗。专业监理工程师应参加试验，并对管道进行隐蔽前检查，合格后监督施工人员填埋好后，做好隐蔽工程验收记录，经监理工程师签认。

（10）排水管道安装前，必须清除管道（UPVC 管）及管件上的污染及杂物。为保证管壁的光洁度，明装管道安装必须在粉刷后进行，安装间断时，管口必须做临时封堵，管道堵塞时不得使用带有锐边尖口的机具清通。

（11）生活污水管道的检查口、清扫口设置应符合设计要求。安装时应考虑清通维修。

（12）管道接口形式应符合设计要求和施工工艺要求。

（13）卫生器具的安装应与土建施工配合。在卫生器具安装前，应要求土建做好墙面和地面的防渗漏措施。在卫生器具安装后，应要求土建做好产品保护。浴盆安装必须在抹灰底层以后，贴瓷砖之前就位。台式面盆必须与土建大理石台面的安装配合。其他卫生器具安装大多在粉刷完成后进行。安装时应把排水口临时堵塞好，防止水泥浆和其他垃圾进去而堵塞管道。管道及管道附件与卫生器具的陶瓷件连接应垫胶皮、油灰等填料和垫料。

（14）固定洗脸盆、洗手盆、洗涤盆、浴盆的排水口接头应通过螺母来实现，不得强行旋转落水口，落水口应与盆底相平或略低。

给水聚丙烯 PP-R 管道施工安装、给水硬聚氯乙烯（PVC-U）管道施工安装、建筑给水铝塑复合管管道安装、室内给水附属设备安装、室内给水管道附件、给水配件安装及卫生器具的安装等均应符合有关规范或设计文件的规定。

二、通风空调安装的现场质量监控

通风空调安装过程中，监理人员要严格检查是否按设计、规范、规程、标准和施工方案进行施工，做好施工工序的搭接工作，工序交接要组织检查，上道工序不合格下道工序不得施工。

（一）风管制作与安装的质量监控要点

（1）在风管制作下料过程中，对矩形板料应严格角方，并检验每片板料的长度、宽度及对角线，使其误差在允许范围内。薄钢板风管及管件咬接前必须清除表面的尘土、污垢，然后在钢板上先涂刷一层防锈漆。

（2）风管咬口缝要连续、紧密、均匀，无孔洞、半咬口和胀裂，金属矩形风管咬口应设在四角部位，纵向咬缝必须错开。

（3）支、吊架间距如设计无要求时，应符合规范规定。在风口、阀门、检查门及自控机构等部位不得设置支、吊架。保温风管的支、吊架宜设在保温层外部，并不得损坏保温层。

（4）空气净化系统应在土建粗装修完毕，室内基本无灰尘飞扬或有防尘措施下进行安装。

1）系统安装应严格按照施工程序进行，不得颠倒。

2）风管、静压箱及其他部件，在安装前内壁必须擦拭干净，做到无油污和浮尘。当施工完毕或停顿时，应封好端口。

3）风管、静压箱、风口及设备（空气吹淋室、余压阀等）安装在或穿过围护结构时，其接缝处应采取密封措施，做到清洁、严密。

4）法兰垫片和清扫口、检查门等的密封垫料应选用不漏气、不产尘、弹性好、不易老化和具有一定强度的材料，严禁采用厚纸板、石棉绳、铅油麻丝以及泡沫塑料、乳胶海绵等易产尘材料。

（5）风管和空气处理室内，不得敷设电线、电缆以及输送有毒、易燃、易爆气体或液体的管道。

（6）风管的强度及严密性要求应符合设计规定与风管系统的要求。不同系统的风管应符合相应的密封要求，各系统风管单位面积允许漏风量应符合设计或规范规定。

（二）空气处理设备安装的质量监控要点

（1）设备开箱检查。核对设备名称、规格、型号是否符合设计要求，产品合格证、产品说明书、设备技术文件是否齐全，设备有无损坏、锈蚀、受潮现象，手盘转动部件与机壳有无金属摩擦，主机附件、专用工具是否齐全等。

（2）设备基础需进行基础验收，检查其标高、位置、水平度及几何尺寸与设备是否相配。

（3）空调机组凝结水管应设水封装置，水封高度由风压大小来确定。

（4）现场组装的空调机组应做漏风量测试。

（5）风机盘管应进行单机三速试运转和凝结水管通水试验。

（6）消声器、消声弯头要单独设支架，重量不得由风管来承受。消声器内使用的吸声材料应符合防火、防潮和耐腐蚀性能的要求。

（7）除尘器安装应位置正确、牢固平稳，进出口方向符合设计要求。除尘器内外表面应光滑平整，弧度均匀，所用材料符合设计要求。

（8）框架式及袋式粗、中效空气过滤器的安装要便于拆卸和滤料更换，过滤器与框架、E架与空气处理室的围护结构之间应严密。

（三）空调制冷系统安装的质量监控要点

（1）制冷机组安装的混凝土基础应达到养护强度，表面平整，位置、尺寸、标高、预留孔洞及预埋件等均符合设计要求。

（2）活塞式制冷机的安装应符合下列规定：

1）整体安装的活塞式制冷机组，其机身纵、横向水平度要符合规范要求，测量部位应在主轴外露部分或其他基准面上。对于有公共底座的冷水机组，应按主机结构选择适当位置作基准面。

2）制冷设备的拆卸和清洗。用油封的活塞式制冷机，如在技术文件规定期限内，外观完整，机体无损伤和锈蚀等现象，可仅拆卸缸盖、活塞、气缸内壁、吸排气阀、曲轴箱等均应清洗干净，油系统应畅通，检查紧固件是否牢固，并更换曲轴箱的润滑油。如在技术文件规定期限外，或机体有损伤和锈蚀现象，则必须全面检查，并按设备技术文件的规定拆洗装配，调整各部位间隙，并做好记录。

充入保护气体的机组在设备技术文件规定期限内，外观完整和氮封压力无变化的情况下，不作内部清洗，仅作外表擦洗。如需清洗时，严禁混入水汽。

制冷系统中的浮球阀和过滤器均应检查和清洗。

3）制冷机的辅助设备。单体安装前必须吹污，并保持内壁清洁。承受压力的辅助设备，应在制造厂进行强度试验，并具有合格证。在技术文件规定的期限内，设备无损伤和锈蚀现象条件下，可不做强度试验。

4）直接膨胀表面式冷却器，表面应保持清洁、完整，安装时空气与制冷剂应呈逆向流动。冷却器四周的缝隙应堵严，冷凝水排除应畅通。

（3）冷却塔安装应平稳、牢固，出水管口及喷嘴的方向和位置应正确，布水均匀，有转动布水器的冷却塔，其转动部分必须灵活，喷水出口宜向下与水平呈30°夹角，且方向一致，不应垂直向下。凡用玻璃钢和塑料制品作填料的冷却塔，安装时要严格执行防火规定。

（4）管道安装后，必须试压。

（5）冷冻水管在系统最高处，且便于操作的部位设排气装置，底部设排污装置。

三、建筑电器安装的质量监控

建筑电器安装的质量监控主要包括接地装置的安装、电线电缆的敷设、开关柜及配电箱盘安装、电机的电气检查和接线等。

（一）接地装置安装

（1）防雷接地、保护接地的材质应为热镀锌件，扁钢的厚度、截面、接地线焊接等应按照有关规范进行施工与验收。

（2）接地母线穿墙应加保护管，采用金属保护管时，其保护管也应接地。

（3）高层建筑利用基础钢筋做接地体必须有可测量接地电阻的"测试点"。测试点数量、轴线应符合设计要求，一般不少于2点，离地宜为500mm，在工程中应一致。

（4）配电箱、柜、金属管、盒及金属支架均应与PE连接。

（5）防雷引下线、接地体需要装设断接卡子或测试点的部位、数量应符合设计要求，设计无要求时，按规范的规定进行检查。

（6）屋顶的避雷网应符合设计规定，由柱主筋（2根）引至出墙面的引线应用与避雷带相同的材料，并有明显的搭接部位，搭接部位不应设在墙体内。避雷带的高度宜为150mm。一般支架水平间距为1m。支架垂直间距为1.5m，间距应均匀。屋面所有金属物体外皮均应用避雷网焊牢。

（7）利用建筑物柱子主筋做引下线时应符合规范规定，高层建筑物防雷应按设计施工。

（8）交接验收应检查接地网外露部分连接可靠，接地线规格符合要求，防腐层完好，标志齐全明显。避雷带、针安装位置高度符合设计，供连接临时接地线用的连接板数量、位置符合设计要求。工频接地电阻符合设计规定。

（二）电线电缆的敷设

1. 钢管敷设

熟悉电气配管图，若在混凝土整体浇筑的顶板、地板或砖墙内暗配电管，应沿最近路线敷设电管，并应减少弯曲，暗配管应尽量减少交叉，管长较长且有弯头时应设拉线盒。

直埋地下的电气钢管和潮湿场所的电线保护管应采用厚壁钢管，干燥场所的电线保护管宜采用薄壁钢管。钢管切断口应平整，管口应光滑，管内无铁屑、毛刺，钢管无折扁、裂缝。

钢管的内、外壁均应作防腐处理，应特别注意检查内壁是否已作防腐处理。

配管和桥架等通过建筑物沉降和伸缩缝处的任何配管、线槽、桥架和避雷装置等电气设施，应有补偿装置（过路箱），两箱之间应用软管连接，以防基础下沉不均匀会损坏管子和线槽、桥架等。

2. PVC塑料管

PVC刚性塑料管的材质必须符合具有阻燃自熄的性能，外壁应有连续阻燃标记和制造厂标，配管工程中塑料管敷设应使用相应规格的阻燃自熄型塑料附件。

硬塑料管沿建筑物表面敷设时，应按设计装设温度补偿装置，塑料管直埋于地下或楼板内露出地面的一段应采取保护措施，在混凝土内的部分应有防机械损伤措施。

3. 吊顶内配管

吊顶内的配管一般应使用钢管，吊顶内严禁采用直敷布线。

吊顶内设置的线管应按明配管的要求施工，应有单独的吊挂或支撑装置。不得固定在顶棚的吊架或龙骨上，或者其他管道的支架或吊架上。管卡、支架等金属附件应镀锌或刷防锈漆、面漆。

吊顶内敷设的管应排列整齐，固定牢固。钢管与金属支架、龙骨等应有统一接地线，吊顶内不许有裸露导线。监理应在封吊顶前组织各方检查整改到位。

4. 管内穿线

管内穿线宜在建筑物抹灰、粉刷初装修完及地面工程结束后进行。穿线前，应将电线保护管内的积水及杂物清除干净。不同回路、不同电压等级和交流与直流的导线，以及相互干扰的导线，不得穿在同一根管内。同一交流回路的导线应穿入同一钢管内。导线在管内不应有接头和扭结，接头应设在接线盒（箱）内。

导线应按不同用途使用不同颜色加以区别，至少应在各接线端处用色标区分开。导线穿入钢管时，管口处应设护线套保护导线。导线应预留一定的长度。

5. 线槽、桥架敷设

敷设导线的线槽，按其材质分为金属和塑料等几种制品。线槽内敷设的导线应按回路绑扎成束，并应适当固定，导线不得在线槽内有接头。桥架或托盘内不得直接敷设导线。

金属线槽应作镀锌或者其他防腐处理。塑料线槽必须经阻燃处理，外壁应有间距不大于1m的连续阻燃标记和制造厂标。固定或连接线槽、桥架、托盘的螺钉或其他紧固件，紧固后，其端部应与线槽、桥架等内表面光滑相接。

金属线槽应可靠接地或接零，但不应作为设备的接地导线。

6. 电缆敷设

电缆及其附件到达现场以后，应检查技术文件、电缆型号、规格、长度，外观应不受损，封端应严密，存放地基应坚实，存放处不得积水。电缆桥架应分类保管，不得因受力变形。

电缆管管口应无毛刺和尖锐棱角，管口宜做成喇叭形。

电缆管明敷时，安装应牢固。电缆支架应焊接牢固，支架必须进行防腐处理，支架全长均应有良好接地。

电缆敷设时应排列整齐，不宜交叉加以固定，并及时装设标志牌。标志牌应在电缆终端头、电缆接头、拐弯处、夹层内、隧道及竖井的两端等地方设置。标志牌上应注明线路编号、电缆型号、规格及起讫点。

高低压电力电缆、强弱电控制电缆应按顺序分层配置，由上而下。

电缆终端上应有明显的相色标志，且应与系统相位一致。控制电缆终端可采用一般包扎，接头应有防潮措施。塑料电缆宜用自粘带、粘胶带、胶粘剂（热熔剂）等方式密封。塑料护套表面应打毛，粘结表面应用溶剂除去油污，粘结应良好。

交接验收应检查电缆规格、排列、标志牌、电缆固定、弯曲半径、电缆终端、接地、支架防腐、沟盖板、杂物、排水、直埋路径标志、防火措施等。

电力电缆试验应包括下列内容：直流耐压试验及泄漏电流测量。检查电缆线路两端相位一致，并与电网相位相符。测量各电缆线芯对地或对金属屏蔽层间和各线芯间绝缘电阻。

（三）开关柜及动力箱盘安装

1. 盘柜安装

设备进场后，检查包装及密封应良好，型号、规格符合设计要求，设备无损伤，附件备件全，技术文件全，设备有铭牌，并有合格证。

基础型钢安装后，其顶部宜高出地面10mmn，并应有明显可靠的接地。盘、柜、台、箱的接地应良好。装有电器可开启的门，应与裸铜软线为接地的金属构架可靠接地。盘柜的漆层应完整、无损伤，固定电器的支架应刷漆。

盘柜上电器外观应完好，且附件齐全，排列整齐，固定牢靠，型号规格符合设计要求。电器应能单独拆装而不应影响其他电器及导线束的固定，信号回路的信号灯、光字牌、电铃、电笛、事故电钟等应显示准确、工作可靠，带照明的封闭式盘、柜应保证照明良好。

2. 二次回路接线施工

盘柜内的导线不应有接头，导线芯应无损，电缆芯和所配导线的端部均应标明其回路编号，编号应正确，字迹清晰不易脱色。配线应整齐清晰美观，每个接线端子的每侧接线不得超过 2 根。插接式端子，不同截面的 2 根导线不得接在同一端子上。螺栓连接端子，当接 2 根导线时，中间应加平垫片，二次回路接地应设专用螺栓。

引入盘柜的电缆，应排列整齐，编号清晰，避免交叉，固定牢固。不应使所接的端子受到机械应力。

3. 盘柜、低压电器交接试验

低压电器的试验项目应包括下列内容：

（1）测量低压电器连同所连接电缆及二次回路的绝缘电阻。

（2）电压线圈动作值校验。

（3）低压电器动作情况检查，应在额定值 85％～110％ 范围内可靠工作。

（4）低压电器采用的脱扣器的整定，应按使用要求整定误差不超过产品技术条件。

（5）测量电阻器和变阻器的直流电阻，其差值符合产品技术条件。

（6）低压电器连同所连接电缆及二次回路的交流耐压试验。

（四）电机的电气检查和接线

（1）电机进场检查外观应完好，无损伤现象，应有合格证，设备有铭牌，附件、备件应齐全，技术文件应齐全，设备安装用的紧固件除地脚螺栓外，应采用镀锌制品。

（2）电机安装前建筑工程应具备以下条件：屋顶楼板工作结束，无渗漏现象。混凝土基础达到允许安装的强度，现场模板杂物清理完毕。预埋件预留孔符合设计，预埋件牢固。电机运行前，二次灌浆和抹面工作已完，二次灌浆达到强度要求。

（3）电机及其附件宜放在清洁干燥的仓库或厂房内。保管期间，应按产品要求定期盘动转子。

（4）电机安装时，电机检查应符合以下要求：转子盘动应灵活，无碰卡声。润滑脂情况正常，无变色变质现象。电机引出线鼻子焊接或压接应良好，编号齐全，裸露带电部分的电气间隙符合产品标准的规定。

（5）当电机有下列情况之一时，应作抽芯检查：出厂日期超过保证期；当制造厂无保证期时，出厂日期已超过一年；经外观检查或电气试验，质量可疑时；开启式电机经端部检查可疑时；试运转有异常情况时。

（6）有固定转同要求的电机，试车前必须检查电机与电源的相序应一致。

（7）电机交接试验：

交流电动机(1000V 以下，100kW 以下时)的试验项目应包括下列内容：

测绕阻绝缘电阻；

测绕阻直流电阻；

电动机空载转动检查和空载电流测量。

（五）电气调试要点

电气调试应包括操作控制及仪表的调整试验，机械和系统联合调试，空负荷试运。

试验前应检查施工单位按设备使用说明书所编的调试大纲和组织措施，并检查安装记录及交接试验记录，未作交接试验不应试车。

按电气原理图和安装接线图进行设备内部接线和外部接线检查，按电源的类型、等级、容量检查或调试其断流容量，过压、欠压、过流保护等整定值应符合规定值。

拆下引到电动机的电缆端子，按设备使用说明书有关电气系统调整方法和调试要求，用模拟操作检查其工艺动作，指示、讯号和连锁装置应正确、灵敏、可靠。

接上引到电动机的电缆，准备做机械和各系统联合调试、空负载试运行。

四、建筑弱电系统的质量控制

建筑弱电系统近年来发展很快，新的系统或新的功能不断出现，主要有消防报警系统、综合布线系统、楼宇自控系统、有线广播系统、保安监控系统、巡更门禁系统、电视系统。

（一）加强对施工过程各工序的检查验收

特别应注意以下质量控制点的查验工作：

（1）各种明敷、暗敷配管、线槽、桥架的施工。弱电有规范的，按弱电施工验收规范执行；弱电没有规范的，按强电规范执行。

（2）接地的连续性和可靠性。电源供电质量；防雷的可靠性、接地系统的接地电阻，应进行测试，达不到要求的要采取补救措施。

（3）各种传感器的安装情况，工作状况。

（4）DDC 的工作状况。在系统工作站编制一个控制程序并下载到 DDC，DDC 可按程序要求动作。

（5）BA 系统的工作状况。临时编制一个系统时间表，可以对部分机电设备在指定时间进行自动启停控制。

（6）火灾报警系统与消防联动工作状况。各种探测器的模拟火灾响应和故障报警应正常，消防联动(消防泵、喷淋泵、电动防火门、防火卷帘、消防电梯、事故广播、应急照明、非消防电源强切等)功能正常。

（7）安保系统工作状况。安全监控、防盗报警、门禁系统、停车场管理、巡更系统等工作应正常，应具有故障报警和防破坏功能，应具有自动报警处置功能(如优先报警、自动录音、录像、远程设防等)。

（8）通信网络系统的工作状况。包括电话交换机、数字通信设备、卫星通信设备、有线广播、有线电视、闭路电视等系统的工作状况。

（9）办公自动化系统的工作状况。包括硬件设备(如工作站、终端机、网络服务器、中继器、网桥、路由器、网关等)和应用软件(如物业管理、日常事务管理、全局事件管理、突发事件管理、公共服务管理以及专业技术管理等)的状况。

（10）综合布线系统的工作状况。综合布线系统各子系统所采用的线缆和连接硬件等，均应符合合同要求和相应技术规范。各项传输性能指标的检测必须符合相关技术标准、规范的要求。

（11）系统集成的工作状况。应在各子系统验收的基础上，检查系统集成的硬件、软件质量。系统集成应包括信息共享功能，中央集中管理功能，全局事件处理功能，辅助决策功能，物业管理信息处理功能，与外界系统集成功能等。

（12）重视强、弱电的配合。由于设计时强、弱电分别由不同单位在不同的图纸上表示，往往会将弱电需要的电源插座遗漏或偏离，监理人员应认真对图及时协调，验收时对强、弱电插座，其标高及相互位置要作为重点。对于 BA 系统、消防系统与强电柜、箱的配合协助，业主做好各设计、施工、生产厂家的协调工作，以保证强电接口能可靠完成弱电的有关指令，实现主机的自动控制。

（二）调试运行阶段监理工作的重点

检查弱电系统的功能是否满足设计要求和业主的使用要求，检查系统的可行性和可操作性，检查系统的兼容性、可扩展性和可维护性。系统的软件、硬件应相互匹配，操作界面应方便、直观、友好。在子系统调试通过的基础上，要特别注意整个系统集成的质量水平。系统集成应在设备集成的基础上达到功能集成（信息的采集与综合、信息的分析与处理、信息的交换与共享）、界面集成（主机的操作界面应包容各子系统的主要界面，达到实时监控）、服务集成（具有高于子系统的优先处理能力）。

监理在调试验收时，在注意定性指标验收的同时，也要注意定量指标的验收。各重要部分的主要技术参数，如电压、电流、频率、场强、接地电阻、绝缘电阻、衰减率、信噪比、设备动作正确率等，都要进行测量测试，并对数据进行详细记录。

第四节　一般设备的安装

设备安装要符合有关设备的技术要求和质量标准；在安装过程中，监理工程师同样要对每一个分项、分部工程和单位工程进行检查验收和质量评定。

设备安装工作主要包括：设备定位、设备基础检验、设备装配与就位、设备调平找正、设备的复查与二次灌浆、设备润滑与拆卸清洗等内容。

一、设备定位

设备定位的基本原则是：满足生产工艺的要求；符合设备平面布置图和安装施工图的规定；便于操作、维护、检修；有利于安全生产及各工序间的配合衔接。其定位的具体要求如下：

（1）符合车间生产对象的特点及生产流程的要求，如流水生产线，尤其应注意工序间的运输和衔接。

（2）应有足够的空间、过道、运输道，以方便操作，有利安全，便于设备拆卸、清洗、修理、维护，便于材料、工件、部件的运输。

（3）设备排列整齐、美观，其定位基准线应以车间柱子的纵横中心线或墙的边缘线为基准，设备平面位置对基准线的距离及相互间距的允许偏差应符合规定。

（4）设备在车间内纵横排列的规定为：同类设备纵横向排列或倾角排列时必须对齐，倾斜角度一致；不同类型设备纵横向或直线成倾角排列时，其正面操纵位置必须排列整齐。

（5）设备定位的量度起点，若施工图或设备平面布置图有明确规定，应按规定要求；若仅有轮廓形状者，应以设备实际形状的最外点（如车床正面的溜板箱手柄端、床头的皮节罩等）算起。

（6）工艺设备、辅助设备、运输设备、电气设备、管道系统（润滑、冷却液、压缩空气管道等）、通风设备等相互间应有机联系，辅助设备、运输设备等应服从主要生产设备。

（7）精加工与粗加工设备间的距离，以不影响加工精度为准；机床与墙、柱间的距离，两机床之间的距离应符合平面布置图的规定。

（8）胶带输送机、辊道、传送链等连续运输设备定位时，应保证相互之间及与辅助设备能正确地衔接。

（9）设备安装定位的标高及允许误差，应符合图纸和技术标准的要求。

此外，设备定位还应符合经济原则。如使工件与材料运距短，车间平面利用率高，设备效能发挥大，生产管理方便等。

二、设备基础

每台设备都要有坚固的基础，以承受设备本身的重量和设备运转时产生的振动力和惯性力。若无一定体积的基础来承受这些负荷和抵抗振动，必将影响设备本身的精度和寿命，从而影响产品的质量，严重者甚至使厂房遭到破坏。

根据使用的材料不同，基础分为素混凝土基础和钢筋混凝土基础。素混凝土基础主要用于安装静止设备和振动力不大的设备，如罐类设备、轻型机床、小功率电机及其他均衡运转的小型设备。钢筋混凝土基础用于安装大型及有振动力的设备，如压缩机、轧钢机、重型机床等。

根据承受负荷的性质不同，基础可分为受静负荷的设备基础和受动负荷的基础。

根据基础的结构和外形的不同，设备基础又可分为单块式基础和大块式基础。单块式基础是根据工艺上的需要而单独建造的，它与其他基础或厂房基础没有任何联系，其顶面的形状与设备底座基本相似，或者稍大一些，顶面标高视工艺需要而定。大块式基础是建成连续的大块，以供邻近的多台设备、辅助设备和工艺管道的安装。

设备在安装就位前，安装单位应对设备基础进行检验，以保证安装工作的顺利进行。一般是检查基础的外形几何尺寸、位置、混凝土质量等项。对大型设备的基础，应审核土建部门提供预压及沉降观测记录。如无沉降记录时，应进行基础预压，以免设备在安装后出现基础下沉和倾斜。

设备基础检查验收的要求：

（1）所在基础表面的模板、地脚螺栓固定架及露出基础外的钢筋等，必须拆除，地脚螺栓孔内模板、碎料及杂物、积水等，应全部清除干净。

（2）根据设计图纸要求，检查所有预埋件的数量和位置的正确性。

（3）设备基础断面尺寸、位置、标高、平整度和质量，必须符合图纸和规范要求，其偏差不超过规定的允许偏差范围。

（4）检查混凝土的质量，主要检查混凝土的抗压强度，它是反映混凝土能否达到设计强度的主要指标。

（5）设备基础经检验后，对不符合要求的质量问题，应立即进行处理，直至检验合格为止。

三、设备就位

在设备安装中，正确地找出并划定设备安装的基准线，然后根据基准线将设备安放到正确位置上，统称就位。这个"位置"是指平面的纵、横向位置和标高。设备就位前，应将其底座底面的油污、泥土等脏物，以及地脚螺栓预留孔中的杂物除去，需灌浆处的基础或地坪表面应凿成麻面，被油沾污的混凝土应予凿除，否则，灌浆质量就无法保证。

设备就位时，一方面要根据基础的安装基准线，另一方面还要根据设备本身画出的中心线（即定位基准线）。为了使设备上的定位基准线对准安装基准线，通常是将设备进行微移调整，使其安装过程中所出现的偏差控制在允许范围之内。

设备就位应平稳，防止摇晃位移；对重心较高的设备，应采取措施预防失稳倾覆。

机械设备安装到基础上，分为有垫铁安装法和无垫铁安装法。

四、设备调平找正

设备调平找正，主要是使设备通过校正调整达到国家规范所规定的质量标准，其作用是：

(1) 保证设备的稳定及其重心的平衡，从而避免设备变形，减少运转中的振动；

(2) 减少磨损，延长设备的使用寿命；

(3) 保证设备的正常润滑和正常运转；

(4) 保证产品的质量和加工精度；

(5) 使设备在运转过程中能降低动力消耗，从而降低产品成本和节约能源。

设备调平找正分三个步骤进行，即：

1. 设备的找正

设备找正找平时也需要有相应的基准面和测点。所选择的测点应有足够的代表性（能代表其所在的侧面或线），且数量也不宜太多，以保证调整的效率。选择的测点数应保证安装的最小误差。一般情况下．对于刚性较大的设备，测点数可较少；对于易变形的设备，测点应适当增多。

设备找正找平常用的工具：钢丝线、直尺、角尺、塞尺、平尺、平板等。常用的量具有；百分表、游标卡尺、内径千分尺、外径千分尺、水平仪、准直仪、读数显微镜、水准仪以及其他光学工具等。

2. 设备的初平

设备的初平是在设备就位找正之后，初步将设备的安装水平调整到接近要求的程度。设备的初平常与设备就位结合进行，因为这时设备还未经彻底清洗，地脚螺栓还没有进行二次灌浆，设备虽已找正，但还未紧固，所以，此时只能进行初平。

初平的基本方法有：在精加工平面上找平；在精加工的立面上找平；轴承座找平；利用样板找平；床面导轨找平；利用特制水平座找平；旋转找平法等。

3. 设备的精平

设备的精平是对设备进行最后的检查调整。设备的精平调整应该在清洗后的精加工面上进行。精平时，设备的地脚螺栓已灌浆，其混凝土强度不应低于设计强度的70%，地脚螺栓可紧固。

设备的精平方法有：安装水平的检测；垂直度的检测；直线度的检测；平面度的检测；平行度的检测；同轴度的检测；跳动检测；对称度的检测等。

五、设备的复查与二次灌浆

每台设备在安装定位找正找平以后，要进行严格的复查工作，使设备的标高、中心和水平及螺栓调整垫铁的精度完全符合技术要求，并将实测结果记录在质量表格中，如果检查结果完全符合安装技术标准，并经监理单位审查合格。即可进行二次灌浆工作。

设备安装精度的全面复查，主要是检查中心线（包括设备及基础）、标高、安装水平度有关的连接和间隙。

六、设备拆卸、清洗与润滑

（一）设备拆卸与清洗

设备的拆卸方法有：击卸、压卸和拉卸、热拆卸和冷拆卸等。

设备的清洗方法有：擦洗、浸洗、喷洗、电解清洗、超声波清洗等。

常用的清洗液有煤油、溶剂汽油、轻柴油、机械油、汽轮机油、变压器油、化学水清洗和碱性清洗液等。

（二）设备润滑

任何机械设备要正常运转，就必须有良好的润滑，这是因为在机械设备相对运动接触面间存在着摩擦的原因。摩擦是现象，磨损是摩擦的结果，而磨损是决定机械设备使用寿命长短的重要因素，因此，润滑是降低摩擦、减少磨损、延长使用寿命的重要措施。

1. 润滑方式

正确的选择润滑方式对保证润滑剂的输送、分配、调节和检查及提高机械设备的工作性能和使用寿命起着十分重要的作用。润滑的方式主要有：手工加油润滑、滴油润滑、飞溅润滑、油环、油链和油轮润滑、油绳、油垫润滑、机械强制送油润滑、油雾润滑、集中润滑、压力循环润滑、内在润滑等。

对于润滑方式的选择必须从设备的实际情况出发，从设备构造、润滑部位的分布、润滑剂的种类以及油量的要求等全面考虑。一般小型、简单及低速轻载设备或所需油量少，且无回收价值时，可采用手工加油、滴油、油垫等润滑方式；大型、复杂及高速重载设备要求连续供油时，可用溅油、油环，强制送油或循环润滑；速度更高的滚动轴承或齿轮则多采用压力循环润滑。

2. 常用的润滑剂的分类

（1）矿物油：馏分矿物油；馏分矿物油＋添加剂。

（2）合成油：硅酯、硅酸酯、磷酸酯、二酯类、氟氯碳的聚合物、氟化酯类、聚乙二醇、聚苯醚、聚乙烯酯。

（3）润滑脂：有机酯（矿物油的皂基酯、合成油的皂基酯）、无机酯。

（4）水基液体：水、乳化液（水包油、油包水），水和其他物质的混合物。

（5）固体润滑剂：软金属、金属的化合物，其他无机物质，有机物质等。

七、设备装配

设备装配就是将众多的机械零件进行组合、连接或固定，并保证相互连接的零件有正确的配合及保证正确的相对位置。

1. 装配的要点

（1）装配前必须了解所装机件的用途、原理、构造及有关技术要求，并要熟悉和掌握装配工作中的各项技术规范。

（2）设备装配时，应先检查零、部件与装配有关的外表形状和尺寸精度，确认符合要求后才能装配。

（3）对所有的偶合件和不能互换的零件，应按拆卸、修理或制造时所作的符号成对或成套装配，不准混装。弹簧在装配时，不准拉长或切短。

（4）工作中有振动的零件连接，装配时应有防止松动的保险装置，机体上所有紧固零件不准有松动现象。

（5）各种钢皮、铁皮、保险垫片、弹簧垫圈、止动铁丝等一般不准重复使用。纸垫、软木垫及各种毡垫的油封均应更新，各种塑料在安装时不应涂油漆和黄油，但可用机油。密封件在安装后不得有漏油现象。

（6）所有皮质油封在装配前，必须浸入已加热至 66℃ 的机油和煤油各半的混合液中浸泡 5～5min；橡胶油封应在摩擦部分涂以齿轮油。安装油封时，油封外圈可涂以白色油漆。

（7）设备及各种阀体等零件，其本身不得有裂缝，密封不得漏油、漏水、漏气等。螺钉头、螺母及机体的接触面，不许倾斜和留有间隙。

（8）装配完毕后，必须按技术条件检查各部分连接的正确性与可靠性，然后才可以进行试运转工作。

2. 装配分类

设备的装配，可分以下四类：

（1）螺纹连接、键、销的装配；

（2）过盈配合零件的装配；

（3）传动机构的装配；

（4）滑动轴承的装配。

第五节　设备的试压和试运转

设备安装经检验合格后，还必须进行试压和试运转，这是确保配套投产正常运转的重要环节。

一、试压

凡承压设备（如受压容器、真空设备等）在制造完毕后，必须按要求进行压力试验。试压的目的是检验设备的强度（强度试验），并检查接头、焊缝等是否有泄漏（密封性或严密性试验），以保证设备的安全生产和正常运行。试压的方法有水压试验，气压试验和气密性试验三种。

1. 水压试验

水压试验是在被试设备内充满水后，再用试压泵继续向内压水，使设备内形成一定的压力，借助水的压强对容器壁进行强度试验。

2. 气压试验

气压试验是用压缩空气打入承压设备内，进行设备的强度试验。气压试验比水压试验灵敏、迅速，但危险性较大。因此，气压试验必须具有可靠的安全措施，才能进行。

在生产实践中，有下列三种情况之一者，才能采用气压试验：其一，承压设备的设计和结构都不便于充满液体;其二,承压设备的支承结构不能承受充满液体后的负荷;其三,承压设备内部放水后不容易干燥,而生产使用中又不允许剩有水分。有时,也可在设备中先加入部分液体,在液体上再加气压。

3. 气密性试验

气密性试验就是密封性试验。上述的水压试验和气压试验既可作设备的强度试验,也可试验设备的密封性能。而且,应使气密性试验尽可能与强度试验一并进行。当试验介质不同时,只能分别进行(先强度后密封性)。工作介质为液体时,可用水压试验;工作介质为气体时,试验介质用空气或惰性气体。

二、试运转

试运转是设备安装工程的最后施工阶段,是新建厂矿企业的基本建设转入正式生产的关键环节,是对设备系统能否配套投产、正常运转的检验和考核。目的是使所有生产工艺设备,按照设计要求达到正常的安全运行。同时,还可以发现和消除设备的故障,改善不合理的工艺以及安装施工中的缺陷。

试车的步骤是:

(1) 先无负荷到负荷;

(2) 由部件到组件,由组件到单机,由单机到机组;

(3) 分系统进行,先主动系统后从动系统;

(4) 先低速逐级增至高速;

(5) 先手控、后遥控运转,最后进行自控运转。

转动设备要先用人力缓慢盘车,然后点动数次,才正式开车(仅限于电动机传动的设备)。其他原动机(如汽轮机、内燃机)传动的设备不做点动试运转传动。设备的电动机应先脱开试车,检查转向是否符合被动设备的要求。在试运转中,应经常观察和检查各润滑系统工作是否正常,对所有温度、压力、流量、运转时间、动力消耗等数据要认真做好记录。对仪表应当在接近工艺条件下进行调校。

一般中、小型单体设备,如机械加工设备可只进行单机试车后即可交付生产。对复杂的、大型的机组、生产作业线等,特别是化工、石油、冶金、化纤、电力等连续生产的企业,必须进行单机、联动、投料等试车阶段。

试运转一般可分为准备工作、单机试车、联动试车、投料试车和试生产四个阶段来进行。前一阶段是后一阶段试车的准备,后阶段的试车必须在前阶段完成后才能进行。

试运转时,各操作闸刀,未经允许,不得随意"拉"、"合"、"按"。

各装置试运转的顺序,根据安装施工的情况而定,但一般是公用工程的各个项目先试车,然后再对产品生产系统的各个装置进行试车。

思考题

1. 如何进行设备开箱检查?

2. 设备安装的事前控制工作有哪些?

3. 以一种建筑设备为例,谈谈如何进行设备安装验收?

4. 如何进行设备的试运转?

第八章　建筑施工安全生产中的监理责任

安全生产是人类工业生产的一个永恒课题，工程建设由于自身的特点更是值得关注其安全生产要求。《建设工程安全生产管理条例》的颁布和实施，标志着我国建设工程安全生产管理进入法制化、规范化发展的新时期。为此我们应对安全生产中监理作用、权力与责任等内在规律进行探索，为监理人员开展相关监理工作找出正确方向。

第一节　安全事故的致因分析

作为监理人员来说，为了能够有效地落实关于监理安全责任，有必要来认识产生工程安全事故的致因理论，认识和分析事故发生的本质原因及其规律性，为事故的预防及人的安全行为方式，从理论上提供科学的、完整的依据。

一、海因希里事故因果连锁理论

在20世纪初，资本主义工业化大生产飞速发展，机械化的生产方式迫使工人适应机器，包括操作要求和工作节奏，这一时期的工伤事故频发。在1936年美国学者海因希里曾经调查研究了75000件工伤事故，发现其中的98%是可以预防的。在这些可以预防的事故中，以人的不安全行为为主要原因的事故占89.8%，而以设备和物质不安全状态为主要原因的事故只占10.2%。

海因希里在《工业事故预防》一书中提出了著名的"事故因果连锁理论"，海因希里认为伤害事故的发生是一连串的事件，按照一定的因果关系依次发生的结果。

海因希里把工业伤害事故的发生、发展过程描述为具有一定因果关系的事件的连锁，即：

（1）人员伤亡的发生是事故的结果；

（2）事故的发生是由于人的不安全行为和物的不安全状态；

（3）人的不安全行为或物的不安全状态是由于人的缺点造成的；

（4）人的缺点是由于不良环境诱发的，或者是由先天的遗传因素造成的。

海因希里最初提出的事故因果连锁过程包括如下五个因素：

（1）遗传及社会环境。遗传因素及社会环境是造成人的性格上缺点的原因。遗传因素可能造成鲁莽、固执等不良性格。社会环境可能妨碍教育、助长性格上的缺点发展。

（2）人的缺点。人的缺点是使人产生不安全行为或造成机械、物质不安全状态的原因，它包括鲁莽、固执、过激、神经质、轻率等性格上的、先天的缺点，以及缺乏安全生产知识和技能等后天的缺点。

（3）人的不安全行为或物的不安全状态。所谓人的不安全行为或物的不安全状态是指那些曾经引起过事故，或可能引起事故的人的行为，或机械、物质的状态，它们是造成事故的直接原因。例如，在起重机的吊钩下停留，不发信号就起动机器，工作时间打闹，或拆除安全防护装置等都属于人的不安全行为；没有防护的传动齿轮，裸露的带电体，或照明不良等属于物的不安全状态。

（4）事故。事故是由于物体、物质、人或放射线的作用或反作用，使人员受到伤害或可能受到伤害的、出乎意料之外的、失去控制的事件。

坠落、物体打击等能使人员受到伤害的事件是典型的事故。

（5）伤害。指直接由于事故产生的人身伤害。

他用多米诺骨牌来形象地描述这种事故因果连锁关系，得到图 8-1 那样的多米诺骨牌系列。在多米诺骨牌系列中，第一块倒下（事故的根本原因发生），会引起后面的连锁反应而倒下，其余的几颗骨牌相继被碰倒，第五块倒下的就是伤害事故包括人的伤亡与物的损失。如果移去连锁中的一颗骨牌，则连锁被隔断，发生事故过程被中止。

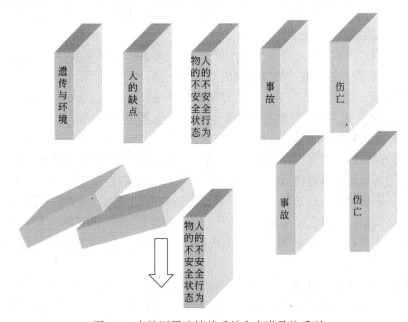

图 8-1 事故因果连锁关系的多米诺骨牌系列

该理论的最大价值在于使人认识到：如果抽出了第三个骨牌，也就是消除了人的不安全行为或物的不安全状态，即可防止事故的发生。企业安全工作的中心就是防止人的不安全行为，消除机械的或物质的不安全状态，中断事故连锁的进程而避免事故发生。

海因希里的工业安全理论阐述了工业事故发生的因果连锁论，人与物的关系问题，事故发生频率与伤害严重度之间的关系，不安全行为的原因，安全工作与企业其他管理机能之间的关系，进行安全工作的基本责任，以及安全与生产之间关系等工业安全中最重要、最基本的问题。该理论曾被称做"工业安全公理"。

二、博德事故因果连锁理论

博德在海因希里事故因果连锁理论的基础上，提出了与现代安全观点更加吻合的事故因果连锁理论。

博德的事故因果连锁过程同样为五个因素，但每个因素的含义与海因希里所提出的含义都有所不同。

（1）管理缺陷。对于大多数生产企业来说，由于各种原因，完全依靠工程技术措施预防事故既不经济也不现实，需要完善的安全管理工作，才能防止事故的发生。如果安全管理上出现缺陷，就会导致事故基本原因的出现。必须认识到，只要生产没有实现本质安全化，就有发生事故及伤害的可能。因此，安全管理是企业的重要一环。

（2）基本原因。为了从根本上预防事故，必须查明事故的基本原因，并针对查明的基本原因采取对策。基本原因包括个人原因及与工作有关的原因。关键是在于找出问题的基本的、背后的原因，而不仅仅是停留在表面的现象上。这方面的原因是由于上一个环节——管理缺陷造成的。个人原因包括缺乏安全知识或技能，行为动机不正确，生理或心理有问题等。工作条件原因包括安全操作规程不健全，设备、材料不合适，以及存在温度、湿度、粉尘、有毒有害气体、噪声、照明、工作场地状况（如打滑的地面、障碍物、不可靠支撑物)等有害作业环境因素。只有找出并控制这些原因，才能有效地防止后续原因的发生，从而防止事故的发生。

（3）直接原因。人的不安全行为或物的不安全状态是事故的直接原因。这种原因是最重要的，在安全管理中必须重点加以追究的原因。但是，直接原因只是一种表面现象，是深层次原因的表征。在实际工作中，不能停留在这种表面现象上，而要追究其背后隐藏的管理上的缺陷原因，并采取有效的控制措施，从根本上杜绝事故的发生。

（4）事故。从实用的目的出发，往往把事故定义为最终导致人员肉体损伤、死亡、财物损失的、不希望的事件。但是，越来越多的安全专业人员从能量的观点把事故看作是人的身体或构筑物、设备与超过其限值的能量的接触，或人体与妨碍正常施工生产活动的物质的接触。因此，防止事故就是防止接触。通过对装置、材料、工艺的改进来防止能量的释放，或者训练工人提高识别和回避危险的能力，个体防护（佩戴个人防护用具)来防止接触。

（5）损失。人员伤害及财物损坏统称为损失。人员的伤害包括工伤、职业病、精神创伤等。

在许多情况下，可以采取适当的措施，使事故造成的损失最大限度地减少。例如，对受伤者进行迅速正确的抢救，对设备进行抢修以及平时对有关人员进行应急训练等。

三、亚当斯事故因果连锁理论

亚当斯提出了一种与博德事故因果理论类似的因果连锁模型，该模型以表格形式给出，见表8-1。

亚当斯因果连锁理论 表8-1

管理体系	管理失误		现场失误	事故	伤害或损害
目标	领导者的行为在下述方面决策错误或未做决策： 政策 目标 权威 责任 职责	安全技术人员的行为在下述方面管理失误或疏忽： 行为 责任 规则 指导 主动性 积极性 业务活动	不安全行为	伤亡事故	对人
组织				无伤害事故	
机能	企业规范 权限授予		不安全状态	损害事故	对物

该理论中，事故和损失因素与博德理论相似。这里把事故的直接原因——人的不安全行为和物的不安全状态称作"现场失误"，主要目的是在于提醒人们注意人的不安全行为和物的不安全状态的性质。

该理论的核心在于对现场失误的背后原因进行了深入的研究。操作者的不安全行为及生产作业中的不安全状态等现场失误，是由于企业领导者及安全工作人员的管理失误造成的。管理人员在管理工作中的差错或疏忽，企业领导人决策错误或没有做出决策等失误，对企业经营管理及安全工作具有决定性的影响。管理失误反映企业管理系统中的问题。它涉及管理体制，即如何有组织地进行管理工作，确定怎样的管理目标，如何计划、实现确定的目标等方面的问题。管理体制反映作为决策中心的领导人的信念、目标及规范，它决定各级管理人员安排工作的轻重缓急、工作基准及指导方针等重大问题。

四、人机轨迹交叉理论

人的不安全行为和物的不安全状态是导致事故的直接原因。随着现代工业的发展，人不可避免地与机器设备进行协同工作，工程施工中的机械化程度也越来越高。研究人员根据事故统计资料发现，多数工业伤害事故的发生，既由于物的不安全状态，也由于人的不安全行为。

现在，越来越多的人认识到，一起事故之所以能够发生，除了人的不安全行为之外，一定存在着某种不安全条件，并且不安全条件对事故发生作用更大些。反映这种认识的一种理论是人机轨迹交叉理论，只有当两种因素同时出现，才能产生事故。实践证明，消除生产作业中物的不安全状态，可以大幅度地减少伤害事故的发生。例如，美国铁路车辆安装自动连接器之前，每年都有数百名铁路工人死于车辆连接作业事故中。铁路部门的负责人把事故的责任归因于工人的错误或不注意。后来，根据政府法令的要求，把所有铁路车辆都装上了自动连接器，结果车辆连接作业中的死亡事故大大地减少了。

该理论认为，在事故发展过程中，人的因素的运动轨迹与物的因素的运动轨迹的交点，就是事故发生的时间和空间。即，人的不安全行为和物的不安全状态发生于同一时间、同一空间，或者说人的不安全行为与物的不安全状态相遇，则将在此时间、空间发生事故。如图 8-2 所示。

按照事故致因理论，事故的发生、发展过程可以描述为：基本原因→间接原因→直接原因→事故→伤害。从事物发展运动的角度，这样的过程可以被形容为事故致因因素导致事故的运动轨迹。

如果分别从人的因素和物的因素两个方面考虑，则人的因素的运动轨迹是：

(1) 遗传、社会环境或管理缺陷。

(2) 由于遗传、社会环境或管理缺陷所造成的心理、生理上的弱点，安全意识低下，缺乏安全知识及技能等特点。

(3) 人的不安全行为。

而物的因素的运动轨迹是：

(1) 设计、制造缺陷，如利用有缺陷的或不合要求的材料，设计计算错误或结构不合理，错误的加工方法或操作失误等造成的缺陷。

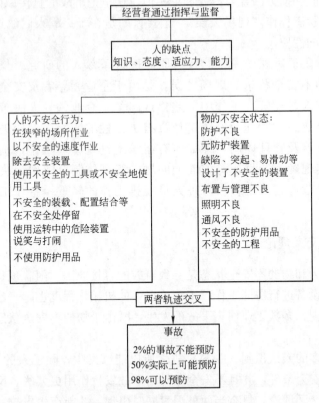

图 8-2 轨迹交叉理论示意图

（2）使用、维修保养过程中潜在的或显现的故障、毛病。机械设备等随着时间的延长，由于磨损、老化、腐蚀等原因容易发生故障；超负荷运转、维修保养不良等都会导致物的不安全状态。

（3）物的不安全状态。

人的因素的运动轨迹与物的因素的运动轨迹的交叉点，即人的不安全行为与物的不安全状态，同时、同地出现，则将发生事故。

值得注意的是，许多情况下人与物又互为因果。例如，有时物的不安全状态诱发了人的不安全行为，而人的不安全行为又促进了物的不安全状态的发展，或导致新的不安全状态出现。因而，实际的事故并非简单地按照上述的人、物两条轨迹进行，而是呈现非常复杂的因果关系。轨迹交叉论作为一种事故致因理论，强调人的因素、物的因素在事故致因中占有同样重要的地位。按照该理论，可以通过避免人与物两种因素运动轨迹交叉，即避免人的不安全行为和物的不安全状态的同时、同地出现，来预防事故的发生。

上述的四种理论均认为：从直接原因来预防安全事故是最有效和最直接的，也就是控制了生产人员的不安全行为和生产物资与装备的不安全状态就可以预防安全事故。但在消除直接原因之后，还应消除引进直接原因的间接原因，即还要注重消除包括生产管理人员的个人原因及与工作有关的原因在内的管理失误与缺陷，如管理决策层过于强调生产数量、片面追求利益等。

五、建设工程事故原因分析

1. 按起因物

锅炉、压力容器、电气设备、起重机械、泵、发动机、车辆、船舶、动力传送机构、放射性物质及设备、非动力手工工具、电动手工工具、其他机械、建筑物及构筑物、化学品、煤、石油制品、水、可燃性气体、金属矿物、非金属矿物、粉尘、梯、木材、工作面、环境、动物、其他等。

2. 按致害物

煤、石油产品、木材、放射性物质、电气设备、空气、矿石、黏土、砂、石、锅炉、压力容器、化学品、机械包括起重机械、噪声、蒸汽、手工具（非动力）、电动手工具、动物、企业车辆、船舶。

3. 按伤害方式

碰撞（包括入拦固定物体、运动物体撞人、互撞）、撞击（包括落下物、飞来物）、坠落（包括由高处坠落平地、由平地坠井、坑洞），跌倒、坍塌、淹溺、灼伤、火灾、辐射、爆炸、中毒（包括吸入有毒气体、皮肤吸收有毒物质）、触电、接触（包括高低温环境、高低温物体）、掩埋、倾覆。

4. 直接原因

（1）不安全状态，指能导致事故发生的物质条件。主要有以下几种情况：

1）防护、保险、信号等装置缺乏或有缺陷。例如：无防护（包括无防护罩无安全保险装置、无报警装置、无安全标志、无护栏或护栏损坏、电气未接地绝缘不良、风扇无消声系统、噪声大、危房内作业、未安装防止"跑车"的挡马器或挡车栏等）和防护不当（包括防护罩未在适当位置、防护装置调整不当、隧道掘进及隧道开凿支撑不当、防爆装置不当、采伐作业安全距离不够、放炮作业隐蔽所有缺陷、电气装置带电部分裸露等）。

2）设备、设施、工具、附件有缺陷。例如：设计不当，结构不符合安全要求（包括通道门遮挡视线、制动装置有缺欠、安全间距不够、拦车网有缺欠、工件有锋利毛刺、毛边、设施上有锋利倒棱等）、强度不够、设备在非正常状态下运行、维修、调整不良（包括设备失修、地面不平、保养不当、设备失灵等）。

3）个人防护用品（包括防护服、手套、护目镜及面罩、呼吸器官护具、听力护具、安全带、安全帽、安全鞋等）缺少或有缺陷。例如：无个人防护用品用具，以及所有防护用品、用具不符合安全要求。

4）生产（施工）场地环境不良。例如：照明光线不良（包括照明不足、作业场地烟尘弥漫、视物不清、光线过强）、通风不良（包括无通风、通风系统效率低、电流短路、停电与停风时爆破作业、瓦斯排放未达到安全浓度放炮作业、瓦斯超限等）、作业场所狭窄、作业场地杂乱、交通线路的配置不安全、操作工序设计或配置不安全、地面滑、储存方法不安全、环境温度及湿度不当。

（2）不安全行为，指能造成事故的人为错误。主要有以下各种情况：

1）操作错误、忽视安全、忽视警告。例如：未经许可开动、关停、移动机器，开动、关停机器时未给信号，开关未锁紧造成意外转动、通电或泄漏等，忘记关闭设备，忽视警告标志、警告信号，操作错误（指按钮、阀门、板门、把柄等的操作），供料或送料速度过快，机械超速运转，违章驾驶机动车，酒后作业，客货混载，冲压作业时手伸进冲压模，工作紧固不牢，用压缩空气吹铁屑等。

2）造成安全装置失效。例如：拆除了安全装置，安全装置堵塞、失去作用，调整的错误造成安全装置失效等。

3）使用不安全设备。例如：临时使用不牢固的设施，使用无安全装置的设备等。

4）手代替工具操作。例如：用手代替手动工具，用手清除切屑，不用夹具固定，用手拿工件进行机加工。

5）物体（指成品、半成品、材料、工具、切屑和生产用品等）存放不当。

6）冒险进入危险场所。例如：冒险进入易塌方的涵洞，进入将要坍塌的基坑底，装车时未离危险区，在未完工的地下室设置集体宿舍，易燃易爆场合进行明火作业。

7）攀、坐不安全位置（如平台护栏、汽车挡板、吊车吊钩）。

8）在起吊物下作业、停留。

9）机器运转时加油、修理、检查、调整、焊接、清扫等工作。

10）有分散注意力行为。

11）在必须使用个人防护用品、用具的作业或场合中，忽视其使用。例如：未戴护目镜或面罩，未戴防护手套，未穿安全鞋，未戴安全帽，未佩戴呼吸护具，未系安全带，未戴工作帽等。

12）不安全装束。例如：在有旋转零部件的设备旁作业穿过肥大服装，操纵带有旋转零部件的设备时戴手套。

13）对易燃、易爆等危险物品处理错误。

5. 间接原因

间接原因是指直接原因赖以产生和存在的原因。属于下列情况者为间接原因。

（1）施工单位安全投入不足，管理体制不健全，安全管理工作不到位。

（2）设计单位、勘察单位技术成果有缺陷，以及施工单位自己设计的施工方案、临时构件等在技术和设计上有缺陷。例如构件强度不足、勘察结果不准、机械设备和仪器仪表不能正常工作、施工材料使用存在质量问题、工艺过程和操作方法存在问题。

（3）教育培训不够。例如，未经培训，缺乏或不懂安全操作技术知识。

（4）劳动组织不合理，对现场工作缺乏检查或指导错误。

（5）没有安全操作规程或规程内容不具体、不可行。

（6）没有或不认真实施事故防范措施，对事故隐患整改不力。

（7）建设单位不合理的压缩合同工期，建设单位要求垫资、压价造成安全施工措施费用不到位。

（8）安全监管机制不完善，施工企业发生安全事故受罚不重，监管机构效能有局限等。

六、防止建设工程安全事故的最基本方法

通过安全事故的致因理论，可以得出一个结论：人的不安全行为与物的不安全状态是产生事故的直接原因，只要能够消除人的不安全行为与物的不安全状态，可以预防98%的事故。而事故的间接原因对于不同的国家、不同的行业及不同的企业则有不同的情况。

因此，从理论上来说，防止安全事故有四种最基本的有效方法：

（1）对工程技术方案进行审查和改进，强化安全防护技术。

（2）对作业工人进行安全教育，强化他们的安全意识。

（3）对不适宜从事某种作业的人员进行调整。

（4）必要的惩戒。

这四种最基本的安全对策后来被归纳为众所周知的3E原则，即：

（1）Engineering——对工程技术进行层层把关，确保技术的安全可靠性；运用工程技术手段消除不安全因素，实现生产工艺、机械设备等生产条件的安全。

（2）Education——教育：利用各种形式的教育和训练，使职工树立"安全第一"的思想，掌握安全生产所必须的知识和技能。

（3）Enforcement——强制：借助于规章制度、法规等必要的行政乃至法律的手段约束人们的行为。

一般地讲，在选择安全对策时应该首先考虑工程安全技术措施，如电器设备的接地装置、起重机挂钩的防脱落保险装置等，然后是教育训练。实际工作中，应该针对不安全行为和不安全状态的产生原因，灵活地采取对策。例如：针对职工的不正确态度问题，应该考虑工作安排上的心理学和医学方面的要求，对关键岗位上的人员要认真挑选，并且加强教育和训练；如能从工程技术上采取措施，则应优先考虑。对于职工技术不足的问题，应该加强教育和训练，提高其知识水平和操作技能。尽可能地根据人机学的原理进行工程技术方面的改进，降低操作的复杂程度。为了解决职工身体不适的问题，在分配工作任务时要考虑心理学和医学方面的要求，并尽可能从工程技术上改进，降低对人员素质的要求。对于不良的物理环境，则应采取恰当的工程技术措施来改进。

消除人的不安全行为可避免事故。但是应该注意到，人与机械设备不同，机器在人们规定的约束条件下运转，自由度较少；而人的行为受各自思想的支配，有较大的行为自由性。这种行为自由性一方面使人具有搞好安全生产的能动性；另一方面也可能使人的行为偏离预定的目标，发生不安全行为。由于人的行为受到许多因素的影响，控制人的行为是一件较为困难的工作。

消除物的不安全状态也可以避免事故。通过改进生产工艺，设置有效安全防护装置。根除生产过程中危险条件，使得即使人员产生了不安全行为也不致酿成事故。在安全工程中，把机械设备、物理环境等生产条件的安全称作本质安全。在所有的安全措施中，首先应该考虑的就是实现生产过程、生产条件的安全。但是，受实际的技术、经济条件等客观条件的限制，完全地杜绝生产过程中的危险因素几乎是不可能的，我们只能努力减少、控制不安全因素，使事故不容易发生。

即使在采用了工程技术措施，减少、控制了不安全因素的情况下，仍然要通过教育、训练和规章制度来规范人的行为，避免不安全行为的发生。

因此，我们可以认为，预防建设工程安全事故的最基本的方法有：

（1）建立健全安全生产管理制度。从制度上来减少人的不安全行为和物的不安全状态。通过制度来提高人们的安全防护意识，强化安全防护技术的应用，保证必要的安全设施与措施费用，杜绝只强调生产而忽视安全的行为，同时也通过制度对违反规定的行为进行必要的惩戒。

（2）强化安全教育。安全教育可以提高施工人员的安全操作技能与人们的安全意识，防止人的不安全行为有非常重要的作用。专业安全人员及施工队长、班组长是预防事故的关键，他们工作的好坏对能否做好预防事故工作有重要影响。

（3）统一管理生产与安全工作，不断审查和改进技术方案和安全防护技术。通过安全防护技术的应用既消除物的不安全状态，还可以消除人的不安全行为。施工生产企业应有足够的安全投入来实施安全防护措施，把安全技术费用纳入到成本管理之中。

（4）配备必要的安全防护装置与工具。

（5）必要的检查与监督。

第二节　监理人员在预防建设工程安全事故中的作用

经过分析事故的直接原因与间接原因，将人的不安全行为与物的不安全状态结合到具体的建设工程施工管理，经过归纳可以认为，只要抓好以下十个方面的工作，即可实现预防建设工程安全事故的目标。

（1）针对施工所处的安全环境，制定必要的确保安全的施工方案、安全措施以达到事前预控的目标；

（2）对进入施工现场的工程材料、工程设备、施工机具与设备、临时周转材料如钢管扣件等均应严格按质量标准验收；

（3）对从业的管理人员和操作人员进行针对性的资格能力鉴定、安全教育和培训、安全交底，及时提供必需的劳动防护用品；

（4）对安全防护物资进行验收、标识、检查和防护；

（5）对施工设施、设备及安全防护设施的搭设和拆除进行交底与过程防护、监控，在使用前进行验收、检测、标识，在使用中检查、维护和保养，并及时调整和完善；

（6）对重点防火部位、活动和物资进行标识、防护，配置消防器材和实行动火审批；

（7）保持场容场貌、作业环境和生活设施文明卫生、规范有序，保护道路管线和周边环境；

（8）对与重大危险源和重大不利环境因素有关的重点部位、过程和活动，组织专人监控；

（9）形成并保存施工过程控制活动的记录；

（10）建立施工安全的组织保证体系和制度保证体系，从组织上和制度上落实安全生产管理工作。

由此，我们结合一般的监理工作内容、监理工作的规律两个方面对上述预防建设工程安全事故的工作进行详细的分析，从中正确认识和把握监理人员在预防建设工程事故中的作用，从而明确并落实监理人员在建设工程安全生产管理方面的相应监理责任。

一、认真审查施工方案

施工前要从预控的角度出发认真审查能够确保安全的施工方案。施工单位作为生产单位，必须针对施工过程中需控制的活动、施工现场的安全环境，制定施工组织设计、专项施工方案、专项安全措施、安全程序、规章制度或作业指导书，并组织落实。

施工单位应在施工前分析施工工期、质量要求及施工安全环境，编制施工组织设计及主要施工方案，并将有关资源配置到位。

通常对专业性强、危险性大的部位、过程、活动，如脚手架、模板工程（包括支撑系统的设计计算）、基坑支护、施工用电、起重吊装作业、物料提升机及其他垂直运输设备的安装与拆除（包括基础和附着的设计）、孔洞临边防护、爆破施工、水下施工、拆除施工、人工挖孔桩施工等都需专门编制专项施工方案和专项安全措施。对于一些危险性较大的分部分项工程施工方案，施工单位还要组织专家进行审查。

在这一项工作中，根据监理工作的特点，从预控的角度出发，监理人员要对施工组织设计和施工方案进行审查来控制工程项目的质量、进度和造价。从编制方案的角度出发，一个不能保证安全的施工方案是不能用来作为依据指导和组织施工，不论它如何能够节省造价或加快进度均应如此。因此监理人员要尤其注意可能造成伤亡事故的各种施工方案，如高度较高、跨度较大、荷载较大的模板支撑系统、基坑支护方案、吊装方案等，并对这些方案严格审查和把关。

要对施工方案的实施实行监督。但是由于各个方案的实施有主要方面和也有次要方面，例如一个吊装方案，主要的方面包括吊点的位置、主要吊具的选用、吊装程序，次要的方面如吊具（如钢丝绳）是否有缺陷、各种规格各个螺钉的松紧程度。从监理工作的规律、监理人员的精力和能力来看，监理人员对施工方案的实施进行监督也只能是主要方面。究竟如何确定主要方面和次要方面？只能根据不同的实际情况来中界定，作为法规或规定则很难明确。因此《条例》只要求施工单位的专职安全员对施工方案的实施进行监督，而没有对监理人员提出监督方案实施的要求。

二、对工程材料、工程设备、施工机具、临时周转材料按质量标准验收

对进入施工现场的工程材料、工程设备、施工机具与设备、临时周转材料如钢管扣件等均应严格按质量标准验收。

施工单位在进行施工时要消耗大量的材料，这些材料有些是用于永久工程的，如钢筋、水泥、砂石等，这些材料不合格不但会引起质量问题，而且还会引起安全事故。对于这些材料监理单位从控制工程质量的角度出发，必须进行检查与验收，有些还要进行抽检。但是有些材料是用来作为工具，如模板消耗的木材、胶合板等监理人员一般是不进行检查验收的，而施工单位一般由材料员进行外观验收。但是木材的质量问题有可能引起安全事故，所以也应引起注意。

用于永久工程上的工程设备，一般都是新购，出厂要经过生产厂家的出厂检验。施工人员和监理人员要进行开箱检查，核对相关的设备清单及外观检查，但是其性能往往要到安装调试后才能检测。

施工中施工单位要大量使用机具与施工设备以提高劳动生产率，这些施工机具与设备小到电线插座、斧头，大到混凝土泵车与起重机械，数量与种类有数千种之多。按照工种分：有钢筋工工具、木工工具、瓦工工具、电工工具、混凝土施工机具；按照用途分，有打桩机械、挖土机械、夯实机械、运输机械、焊接机械、切割机械、临时用电设备等；按动力分有手动、电动、柴油动力、汽油动力。这些施工机械安全性能不好时极易产生安全事故。

三、对管理人员和操作人员进行教育和培训

对从业的管理人员和操作人员进行针对性的资格能力鉴定、安全教育和培训、安全交底，及时提供必需的劳动防护用品。

进入施工现场的管理人员和操作人员，不论是总包单位或分包单位的人员，上岗前必须按政府有关部门的规定，对其所需的执业资格、上岗资格和任职能力进行检查、核对证书。

项目施工负责人应在上岗前和施工中对进入施工现场的自有和分包方从业人员进行安全教育和培训，特别在上岗前应以最清楚简洁的方式，如作业指导书、安全与技术交底文本等，对作业人员进行安全与技术交底，双方签字认可。对操作人员应分不同工种、不同施工对象，或分阶段、分部位、分工种进行安全交底，如混凝土浇捣、支模、拆模、钢筋绑扎等，必须实施分层次交底。交底应采用书面形式，内容要有针对性，应告知安全操作规程和违章操作的危害。

项目经理部应按危险源控制策划的结果和有关劳动防护用品发放标准规定，向管理人员和操作人员提供合格的安全帽、安全带、护目镜等劳动防护用具和安全防护服装，严禁不符合劳动防护用品佩戴标准的人员进入作业场所。

在实际的监理工作中，有不少项目的监理人员能够在开工前主动要求施工单位申报并检查上岗人员尤其是特殊专业工种的上岗证。但是真正把特殊工种持证上岗落到实处且不留漏洞，在当前诚信现状不佳的建筑市场情况，这对于监理人员情况是极其困难的，因为他不是生产管理人员，在劳务分包情况下，甚至生产管理人员也无法真正掌控哪些人员今天是上班还是休息。

四、对安全防护物资进行验收、标识、检查和防护

安全防护物资是专门用于防护目的的生产物资，如安全网、安全帽、安全带、灭火器、防护栏、设备防护装置等，这些物资的质量与可靠性直接影响安全防护的效果。施工单位要对安全防护物资进行验收、标识、检查和防护，是防止安全设施所使用的材料、设备和防护用品非预期使用和消除不安全因素。

但是这项工作面广量大，有限的监理人员无法做到对安全防护物资进行验收、标识、检查和防护，我国的监理规范对此工作没有明确要求。

五、对施工设施、设备及安全防护设施进行验收、检测

对施工设施、设备及安全防护设施的搭设和拆除进行交底与过程防护、监控，在使用前施工单位要进行验收、检测、标识，在使用中检查、维护和保养，并及时调整和完善。

施工单位应做好以下工作：

（1）安全防护用品及施工机械设备、机具进场前，施工管理人员必须检验有关证件，如生产许可证、产品合格证等。

（2）中小型施工机具在使用前，必须对安全保险、传动保护装置及使用性能，由机械管理部门进行检查、验收，填写验收记录，合格后方可使用。塔吊、施工升降机、井架与龙门架等起重机械设备，组装前与拆除前应按专项技术方案组织交底、组装拆除过程应采

取防护措施，并进行过程监护。组装搭设完毕后，一般由企业和项目经理部按规定三级验收。其中塔吊、施工升降机等危险性较大的起重、升降设备，在企业内部安装调试或验收后，再向行业的机械检测机构申请检测，颁发合格证后方可投入使用。机械管理部门或岗位人员负责对机械操作人员进行安全操作技术交底，并且落实日常检查，督促机械操作人员做好机械的维修和保养工作。

（3）施工现场临时用电的变配电装置、架空线路或电缆干线的敷设、分配电箱等用电设备，在组装完毕通电投入使用前，由安全部门或岗位与专业技术人员共同按临时施工用电组织设计的规定检查验收，对不符合要求处须整改，待复查合格后，填写验收记录。使用中由专职电工负责日常的检查、维修与保养。

（4）施工脚手架按施工组织设计中专项方案规定的要求进行交底搭设，由企业与项目经理部分步、分阶段进行检查、验收，合格后做好记录，再投入使用，使用中落实专人负责检查维护。

（5）对洞口、临边、高处作业所采取的安全防护设施，施工单位要规定专人负责搭设与检查。在施工现场内应落实负责搭拆、维修、保养这些防护设施的班组。该班组应熟悉整个工程需搭拆的安全防护设施情况，以利于保持所搭设施的标准和连续性，搭拆都需要明确专门的部门或人员负责过程监控、检查与验收。

（6）工程施工多数情况为露天作业，而且现场情况多变，又是多工种立体交叉作业。设备、设施在验收合格投入使用后，在施工过程中往往会出现缺陷和问题，人员在作业中往往会发生违章现象，为了及时排除动态过程中物和人的不安全因素，防患于未然，必须对设施、设备在日常运行和使用过程中易发生事故的主要环节、部位进行全过程的动态自查、互查和专门检查维护，以保持设备、设施持续完好有效。

（7）在施工现场入口处、起重设备、临时用电设施、脚手架、出入口通道口、楼梯口、电梯井口、孔洞口、基坑边等危险部位设置明显的安全警示标志。

上述七个方面的工作的工作量巨大，且处于动态变化之中。监理单位只能抓住关键设施进行方案审查和现场的巡视检查。不可能像施工单位一样对这些工作进行全面的监管。

六、对重点防火部位、活动和物资进行标识、防护

对重点防火部位、活动和物资进行标识、防护，配置消防器材和实行动火审批。

施工单位要按防火要求对木工间、油漆仓库、氧气与乙炔瓶仓库、电工间等重点防火部位，高层外脚手架上焊接等作业活动，氧气和乙炔瓶、化学溶剂等易燃易爆危险物资的贮存、运输，进行标识、防护，配置相应的灭火器等消防器材和设施。在火灾易发部位作业或者贮存、使用易燃易爆物品时，施工单位应当采取相应的防火、防爆措施，落实专人负责管理。对施工中动用明火根据防火等级，施工单位要建立并实施动火与明火作业分级审批制度，落实监护人员和灭火器等器材。

这些监管工作也是监理人员能力和精力所无法达到的。

七、保持场容场貌

作业区与生活区分离，生活设施文明卫生、规范有序，保护道路管线和周边环境，减少并有效处理废水、废气、粉尘、噪声、振动和固体废弃物，组织好施工期间的道路

交通。

（1）按施工组织设计的施工平面布置方案将生活区与工作区分开设置，并保持安全距离。工作区应做好施工前期围挡、场地、道路、排水设施准备，按规划堆放物料，设置安全标志，开展安全宣传。监督施工作业人员，做好班后清理工作以及对作业区域安全防护设施的检查维护。

（2）施工现场必须按国际劳工组织和政府建设行政主管部门的标准设置宿舍、食堂、厕所、浴室，具备卫生、安全、健康、文明的有关条件，临时搭设的建筑物应当经过计算或具有产品合格证。施工过程中确保饮用水供应，尤其是夏天高温季节，必须提供防暑降温饮料。

（3）施工单位应按建设单位提供的地下管线资料，就工程施工区域及其影响区域内的地下管线、障碍物的详细情况，与建设单位有关部门人员交接清楚，必要时应作实地勘察。对施工中可能导致损害的毗邻建筑物、构筑物和特殊设施等采取专项保护措施。涉及市政、公用的大型设施、地铁隧道、大口径的排水系统、自来水管道时，必须作出详细周密的施工技术方案。

（4）对施工过程中因废水、废气、粉尘、噪声、振动和固体废弃物的排放可能造成的职业危害和不利环境影响，应落实施工现场安全生产保证体系文件中关于劳动保护、文明用工和环境保护的各项措施。

根据《条例》和有关工程建设监理的部门规章的规定，文明施工的工作完全由施工单位承担。但是涉及市政、公用的大型设施、地铁隧道、给排水干管时，监理人员应要求施工单位编制详细周密的施工技术方案，对方案中的安全防护专项技术措施，应经过各有关方面的专家论证确认后，方能具体实施。

八、对与重大危险源和重大不利环境因素有关的重点部位、过程和活动，组织专人监控

就施工现场危险源、不利环境因素及安全生产有关信息，与从业人员及相关方进行交流与沟通，对涉及重大危险源和重大环境因素的问题及时作出处理，并形成记录和回复。

（1）应根据已识别的重大危险源和不利环境因素，确定与之相关的需要进行重点监控的重点部位、过程和活动，如深基坑施工、起重机械安装和拆除、悬空作业、整体式提升脚手架升降、大型构件吊装等。

（2）根据监控对象确定熟悉相应操作过程和操作规程的监控人员，明确其制止违章行为、暂停施工作业的职责权限，并就监控内容、监控方式、监控记录、监控结果反馈等要求进行上岗交底和培训。

（3）根据规定实施重点监控，特别是对悬空作业、整体式提升脚手架升降必须进行连续的旁站监控，并作好记录。

（4）对重大危险源和重大环境因素的问题与从业人员及相关方进行交流与沟通，及时作出处理，并形成记录和回复。交流与沟通的对象可包括施工人员、所属企业有关部门与领导、设计人员、监理人员、业主单位管理人员、供应商、分包商、社区、政府安全生产和文明施工管理部门等。沟通的内容可包括施工现场安全生产保证体系运行的要求和动态信息，有关事故、隐患的信息等。信息的具体内容涉及危险源、不利环境因素及安全生产。

（5）对有关重大危险源和重大不利环境因素的外部或内部信息，如政府建设行政主管部门和上级单位的整改指令、社区居民的严重投诉、媒体的批评曝光、重大事故的查处等，都应按规定的程序和职责进行处理，并建立和保存必要的处理记录和回复记录。

关于重大危险源和重大不利的环境，所有涉及人员都应该加以监控，监理人员也不例外，监理人员一旦发现安全事故隐患及时处理，处理意见包括整改、停工、向行政部门报告等。

九、形成并保存施工过程控制活动的记录

施工单位应根据控制策划结果和体系文件的规定，在需要形成并保存记录的控制点和控制活动中，按事先确定的记录格式，及时形成有效的记录。

这项工作的目的是为了能够系统地规范前面所讲的工作要求，进一步总结经验与教训，监理人员可以要求施工单位按照一定的要求进行记录与保存。

值得强调的是，监理人员在处理有关安全问题时应保存有关的全部资料，如审查施工组织设计的情况、审查施工方案的情况、巡视重大危险性的施工现场记录、发现安全隐患的处理情况、有关安全生产方案的监理工程师通知等。

十、建立施工安全的组织保证体系和制度保证体系

从组织上与制度上落实安全生产管理工作。施工安全的组织保证体系包括机构设置、人员配备和工作机制。一般包括安全生产工作的领导机构、专职管理机构（安全职能部门）、企业和项目的主要负责人、专职安全管理人员和各级生产管理人员。

根据《条例》的规定：施工单位主要负责人依法对本单位的安全生产工作全面负责，企业的主要负责人成为安全生产的第一领导者，项目的负责人是项目安全生产的第一责任人。同时由于技术工作是安全工作的重要基础，安全施工方案和安全技术措施都是职能部门编制，因此，施工单位的安全生产组织机构包括负责生产、负责技术与专职安全的三条管理线路。组织体系所包括的领导层、管理层、执行层与支持层应合理配置、相互适应，不能简单地排个名单就行。

从总体上来说，在建设工程施工过程中，监理人员要从根本上树立预防事故的信念，尽可能地审查好施工方案，开展相关的预防监管工作；尽可能发现事故隐患，并及时处理；严格执行国家强制性标准。监理人员有责任采取必要的管理措施来预防安全事故的发生，不应该担心发生事故后可能会受到追究错误责任而不敢大胆进行安全管理工作。一旦发生事故，监理人员受到追究责任的依据只能是法律与法规，也就是说道义和责任的内容是不完全相同的。

监理人员对安全的管理只能限于对施工单位的管理人员，而不是对现场的作业工人。也就是说，监理人员的安全管理工作只能消除部分间接原因，直接原因还是要依靠施工管理人员采取预防措施来消除。

第三节 依法履行监理安全责任的工作原则和程序

一、落实监理安全责任的行为主体

为了执行《条例》，落实监理安全责任，项目监理机构中谁来承担相应的工作呢？我们认为监理工作是一个整体，不可将安全工作与其他监理工作隔离开来，比如在审查施工方案或专项施工技术措施中的技术可行性可靠性等方面的同时，对其安全验算进行审查，在进行质量检查、旁站或巡视时，均可进行安全方面的查看，以发现安全隐患，并进行处理。

安全工作贯穿于施工过程中的每一个方面和环节，当然监理工作的每一个方面均可能涉及安全问题。落实监理安全责任的行为主体只能是所有在岗的现场监理人员。他们的工作责任包括：审查施工方面与专项施工技术措施中的安全内容；在施工现场开展日常监理工作的同时注重发现安全隐患；严格执行国家的强制性标准，避免安全事故的发生。因此每一个监理人员都应该学习安全管理和安全技术方面的知识，积累安全管理方面的经验。

对于规模较大的工程项目，也可视情况设立一名专职的安全岗位，以统一组织安全方面的有关工作，更好地落实有关监理安全责任。

二、落实监理安全责任的工作原则

1. 安全第一、预防为主

安全工作是项目效益的根本，虽然业主可能并不对施工过程感兴趣，但是一旦发生安全事故，造成人民生命和财产损失，不论责任在哪一方，轻则造成不良影响，重则延误工期甚至使项目失去使用价值。"安全第一"的含义是指安全生产是施工企业与管理部门的头等大事，当安全与生产发生矛盾时首先必须解决安全问题，然后才能在安全的环境下组织生产。"预防为主"的含义是指安全教育、检查整改工作要做到群众化、经常化、制度化、科学化，采取有效预防措施避免伤亡事故和职业危害。

在监理工作中，监理人员应提醒施工企业把"安全"始终放在"第一"的位置，同时在审查施工方案或有关专项技术措施时要突出"安全第一"的方针，不得以发生事故的概率小而去冒险。在巡视、检查、旁站时也应注意发现隐患，并要求施工单位及时采取有效措施消除隐患，来达到预防的目的

2. 以人为本

人是社会进步的核心，人的生命是无上宝贵的。我国所有的劳动安全法规均是以保护劳动者免受伤害为第一要务，其次才是保护财产的安全。国际劳工组织所制定的劳工公约也是如此。因此，监理人员在开展监理工作的过程中，要以人为本，注重保护劳动者的人身安全与身心健康。

坚持"以人为本"的原则有三层含义：一是要尽最大努力保护所有施工操作人员

的生命安全与身体不受伤害；二是要在安全生产中特别发挥人的力量来提高安全度；三是要消除人的不安全行为。

3. 在"质量、进度、成本"中落实安全

工程质量是监理工作永恒的主题，应该注意没有安全的项目根本没有质量可言。监理人员在进行方案审查、质量检查、工序验收等工作中，要首先注意安全状态然后才是质量水平。

进度是监理工作的控制目标之一，进度的快慢与项目效益直接相关。但是只有解决了安全问题之后，质量才有保障，不返工才有进度。同时应该注意安全费用应该纳入项目的成本之中。没有安全，更没有经济效益。

三、项目监理机构依法履行监理安全责任的总体工作程序

项目监理机构在开展监理工作时，一般应该按下列程序开展相应的工作：

1. 分析与评价项目所处的安全管理环境

进入施工现场之后，总监理工程师与全体监理人员应首先了解项目所处的自然环境、技术环境与管理环境。

自然环境包括气候情况、地质情况等。如东南沿海的某项目经理部对当地的台风所造成的损害未能充分地全面了解，当台风来临时没有真正有效的预防措施，结果造成人员伤害与施工设备损坏。

技术环境指项目的技术要求和施工难度是否易引发安全隐患，施工企业的技术能力是否能够足以解决本工程的所有技术上的问题等。

管理环境是指施工企业的管理人员是否具备较强的安全管理意识，施工人员是否具有较强的安全生产意识，专职安全管理人员的数量与能力能否满足安全管理的需要等。

在了解上述情况之后，总监理工程师应该评价项目监理机构在本工程所处的安全环境，确定本工程项目的安全工作管理方略。

2. 对有关的监理工作提出安全管理方面的要求

与安全有关的监理工作主要是执行有关强制性标准方面的方案审查工作和现场监理工作。总监理工程师要对上述两个方面的工作针对项目的具体情况提出具体的安全工作要求。比如审查基坑施工方案时一定要检查基坑的稳定性，它对周围建筑物的影响；检查验收模板工程时一定要检查模板的强度、刚度和稳定性能；在旁站时除了检查施工质量外还要注意检查人的不安全行为与物的不安全状态等。

3. 明确安全岗位的工作职责

在一般项目的监理机构中应该明确一名监理人员负责安全方面的日常工作。在技术较为复杂或规模较大的工程有必要设立一名专职的安全岗位监理人员，以统一管理有关安全方面的监理工作。一般情况下安全岗位的监理人员职责有：

（1）定期对项目安全生产进行总体分析与评价，向总监提出有关安全的监理工作建议；

（2）提出重大危险源监控建议，报总监理工程师确定，以便监理机构进行重点监控；

（3）提出项目监理机构对项目安全生产工作的具体要求；

（4）对监理人员进行安全生产教育；

（5）定期进行安全生产方面的监理工作检查；

（6）收集汇总安全生产有关的信息。

4. 开展安全生产有关的监理工作

《条例》规定了监理人员应该进行三个方面的工作：一是审查有关方案与专项安全技术措施，二是发现安全事故隐患要处理或向有关部门报告，三是执行国家、行业或地方的强制性标准。其中的第三条不仅仅是安全生产的需要，监理人员的所有行为都应遵守强制性标准。

为了工程项目有一个良好的安全生产环境，值得监理人员开展的与安全有关的监理工作有很多，应该明确的是安全工作需要诸多措施，鼓励监理人员"多管闲事"来尽可能增强安全意识或消除尽可能多的隐患，但是绝不可因为监理人员"多管闲事"还不够多，而此时又发生了安全事故，以此来反推并追究监理人员的责任。

除了《条例》规定的监理人员应该进行三项工作之外，其他工作还可包括：检查施工企业的安全管理体系，检查施工企业的安全教育，检查落实安全技术交底工作，检查各项作业的安全技术措施是否到位等。这些工作虽不能保证不出安全问题，但是可以对安全管理工作起到一定的促进工作。当然这些工作不是《条例》所要求的。

5. 识别各个阶段的重大危险源，并进行重点监控

项目监理机构应根据项目的安全评估情况和以往的经验教训，不断识别各个不同阶段的重大危险源，这对于预防重大恶性事故非常有效。对于重大危险源的监控则是全体监理人员的职责，必须全体监理人员共同努力重点监控，一旦发现异常情况立即处理。

6. 定期总结安全状况、改进工作方法

为了使工程建设能够顺利进行，避免安全事故的发生，对工程项目的安全状况进行周期性的总结与评价是非常必要的。总监理工程师应定期组织有关人员进行现场检查与会议讨论，评价施工现场的安全管理形势。安全管理形势可包括：安全作业环境方面、作业人员的持证上岗与安全技能方面、安全教育与安全交底方面、安全检查方面、现场安全防护方面、安全隐患的消除方面等，并对施工单位的安全生产管理工作提出进一步的要求。

四、监理工作过程中要保存完整的安全资料

不论是质量还是安全工作，监理人员在工作过程中均要严格地保存全部相关资料。一方面是档案管理工作的需要，另一方面也是为了在安全生产事故发生后，便于做好维权和举证工作，防止监理无过错或只有轻微过错而被扩大追究安全责任。避免

在监理工作中已经采取措施，但没有留下记录或记录不全面不完整，而导致错误地被追究责任。

涉及安全工作的监理资料有：

（1）监理规划与监理细则中相应部分应具有安全方面的工作内容；

（2）审查施工组织设计及施工方案要严格按程序进行，并要记录过程；对一些涉及重大危险性作业时应书面要求施工单位编制专项施工方案；对无方案施工要给予坚决的制止，并有书面记录；

（3）监理人员在现场巡视或检查后要详细记录有关检查安全方面的监理行为，以证明监理人员确实在注重发现安全隐患，尤其是较大危险性的作业现场，监理人员在加强巡视与现场检查后应详细记录；

（4）工地例会中有关安全工作的内容要全部完整地记录；

（5）对所发现安全隐患的处理文件，包括监理通知、指令、暂停施工令和上报业主及建设安全行政主管部门的有关报告；

（6）监理月报中也应包括反映项目安全工作的内容。

一旦发生安全事故，监理人员要积极配合调查工作，拿出有关监理安全责任的资料。监理举证的内容一般应包括如下方面：

（1）反映监理依据合法性的证据。证明监理机构是按国家法律法规、合同、设计文件、工程建设强制性标准进行监理的。

（2）反映监理工作的程序、方法合法性、规范性的证据。证明监理的具体工作、具体做法是符合有关规定的。

（3）反映监理进行工程协调和处理问题其后果合理性的证据。如监理过程中，没有发布错误指令；发现质量、安全问题，进行了合理的处置；监理的工作成效等。

（4）针对所追究的事故责任，要提出有可信证据的事故原因分析报告。

第四节　安全技术措施或专项施工方案的审查

一、监理人员必须要对施工方案进行"程序性审查"和"强制性标准符合性审查"

对施工方案进行"程序性审查"主要是审查方案的编制过程与审批是否符合有关规定的程序。

"程序性审查"的程序是：

第一，先强调施工单位要编制施工方案或专项施工方案、用电方案等，批准后才能实施；施工单位编制的方案要有编制人、审核人、批准人；当施工单位未编制时，监理人员应要求施工单位编制并按规定先进行内部审查，否则不同意施工。

专项施工方案应当由施工单位技术部门组织本单位施工技术、安全、质量等部门的专业技术人员进行审核。

第二，施工组织设计和专项施工方案经技术、安全、质量等部门的专业技术人员审核合格，由施工单位技术负责人签字。实行施工总承包的，专项方案应当由总承包单位技术负责人及相关专业承包单位技术负责人签字。

第三，专项方案编制应当包括以下内容：

（1）工程概况：危险性较大的分部分项工程概况、施工平面布置、施工要求和技术保证条件。

（2）编制依据：相关法律、法规、规范性文件、标准、规范及图纸（国标图集）、施工组织设计等。

（3）施工计划：包括施工进度计划、材料与设备计划。

（4）施工工艺技术：技术参数、工艺流程、施工方法、检查验收等。

（5）施工安全保证措施：组织保障、技术措施、应急预案、监测监控等。

（6）劳动力计划：专职安全生产管理人员、特种作业人员等。

（7）计算书及相关图纸。

第四，危险性较大的施工方案要由施工单位组织专家进行论证、审查。

第五，监理机构组织专业监理工程师进行审查，符合要求后签认，交由施工单位进行施工，并要求施工单位的专职安全员进行监督执行。

对施工方案只进行程序性审查是不够的。《条例》第十四条明确要求监理人员审查施工方案或施工组织设计中的安全技术措施是否符合工程建设强制性标准，也就是要进行"强制性标准符合性审查"。因此监理人员要对照相关的工程建设强制性标准对施工方案中涉及安全的核心内容进行审查。可以认为一个施工方案或施工组织设计中的安全技术措施符合了工程建设强制性标准，其安全性可以得到保证，否则只能是强制性标准出了问题。

应该指出，工程建设强制性标准包括工程建设最关键的安全要求和最基本的质量要求。它涉及国家标准、行业标准及地方标准。内容包括房屋建设、城市建设、铁路公路等若干个行业。监理人员要不断学习和领会有关的工程建设强制性标准的具体要求，并严格执行。

如《建筑边坡工程技术规范》GB 50330—2002 第 3.3.6 条是一条强制性条文，它规定：

边坡支护结构设计时应进行下列计算和验算：

（1）支护结构的强度计算：立柱、面板、挡墙及其基础的抗压、抗弯、抗剪及局部抗压承载力以及锚杆杆体的抗拉承载力等均应满足现行相应的标准要求；

（2）锚杆杆体的抗拔承载力和立柱与挡墙基础的地基承载力计算；

（3）支护结构整体或局部稳定性验算。

当施工单位所编制的施工方案涉及边坡内容时，监理单位应审查其施工方案是否符合这一条的规定。

二、审查方案的范围

《条例》规定，施工单位应当在施工组织设计中编制安全技术措施和施工现场临时用电方案，并附具安全验算结果，经施工单位技术负责人、总监理工程师签字后实施，由专职安全生产管理人员进行现场监督。住房和城乡建设部根据《条例》发布了《危险性较大工程安全专项施工方案编制及专家审查办法》（建质〔2009〕87 号），规定下列范围与规模工程应编制安全专项施工方案：

（一）基坑支护、降水工程

开挖深度超过 3m(含 3m)或虽未超过 3m 但地质条件和周边环境复杂的基坑(槽)支护、降水工程。

（二）土方开挖工程

开挖深度超过 3m(含 3m)的基坑(槽)的土方开挖工程。

（三）模板工程及支撑体系

（1）各类工具式模板工程：包括大模板、滑模、爬模、飞模等工程。

（2）混凝土模板支撑工程：搭设高度 5m 及以上；搭设跨度 10m 及以上；施工总荷载 10kN/m² 及以上；集中线荷载 15kN/m 及以上；高度大于支撑水平投影宽度且相对独立无联系构件的混凝土模板支撑工程。

（3）承重支撑体系：用于钢结构安装等满堂支撑体系。

（四）起重吊装及安装拆卸工程

（1）采用非常规起重设备、方法，且单件起吊重量在 10kN 及以上的起重吊装工程。

（2）采用起重机械进行安装的工程。

（3）起重机械设备自身的安装、拆卸。

（五）脚手架工程

（1）搭设高度 24m 及以上的落地式钢管脚手架工程。

（2）附着式整体和分片提升脚手架工程。

（3）悬挑式脚手架工程。

（4）吊篮脚手架工程。

（5）自制卸料平台、移动操作平台工程。

（6）新型及异型脚手架工程。

（六）拆除、爆破工程

（1）建筑物、构筑物拆除工程。

（2）采用爆破拆除的工程。

（七）其他

（1）建筑幕墙安装工程。

（2）钢结构、网架和索膜结构安装工程。

（3）人工挖扩孔桩工程。

（4）地下暗挖、顶管及水下作业工程。

（5）预应力工程。

（6）采用新技术、新工艺、新材料、新设备及尚无相关技术标准的危险性较大的分部分项工程。

上述工程范围是针对技术水平与安全管理水平一般的施工企业而言的。

然而，对于一些技术力量不足或安全管理水平不高的施工企业或项目经理部、或经验不足，或项目的安全环境较差时，除了上述范围以外，可以适当扩大审查的范围。也就是经过监理机构的安全分析，认为有可能引起安全事故的分部分项工程，监理机构也应要求施工企业的项目经理部编制安全专项施工方案报其公司技术负责人审查后再报项目监理机构审查签字，而不可以刻板地拘泥于该文件所规定的范围。

三、审查的程序

（1）施工企业项目经理部专业工程技术人员编制的安全专项施工方案。

（2）由施工企业技术部门的专业技术人员进行初审。

（3）审核合格，由施工企业技术负责人再进行审查，通过安全审查合格，签字盖章后报监理单位的项目监理机构进行审查。

（4）当施工企业的经验不足时，或所列工程中涉及深基坑、地下暗挖工程、高大模板工程的专项施工方案，或技术难度很大的工程，施工企业应该组织专家进行论证与审查。组织专家进行审查时应邀请项目监理机构列席审查会议。当专家认为其方案能够保证其安全并予以通过时，由专家签字及施工企业技术负责人签字后报监理机构进行审查。

（5）监理机构接到经过施工企业技术负责人签字认可的安全专项施工方案后，应组织相关专业监理工程师进行审查，必要时应向施工企业技术负责人求证相关技术数据。当项目监理机构总监理工程师认为可以保证安全时签字同意施工，交施工企业专职安全人员监督现场施工。

（6）当总监理工程师组织专业监理工程师审查无法确认其方案是否符合工程建设强制性标准时，可向监理单位的技术负责人或安全负责人报告，由监理企业组织企业内的有关专家进行审查。仍然不能确认其方案是否符合工程建设强制性标准时，应由总监理工程师向业主报告，由施工单位或业主组织有关专家进行审查。当参加审查的专家认可方案能够符合工程建设强制性标准，能够保证安全施工时，由总监理工程师根据专家签字认可的审查意见签字同意施工，交施工企业专职安全人员监督现场施工。如专家中有不同意见时应由施工企业修改施工方案直至通过。

四、审查方案的形式

监理机构审查技术方案的形式有三种：一是单独审查，包括专业监理工程师、主管安全的监理工程师及总监理工程师在内的所有审查人员对方案的安全性均无异议时采用；二是分散审阅集中讨论，监理机构内部对方案的安全性有不同意见时采用；三是组织监理机构外的专家进行审查，主要针对一些易发生事故的工程，如高大模板工程时采用等。

五、专家审查会议

住房和城乡建设部建质〔2009〕87号文规定了超过一定规模的危险性较大的分部

分项工程，施工企业应当组织专家组进行论证，具体范围有：

（一）深基坑工程

（1）开挖深度超过5m（含5m）的基坑（槽）的土方开挖、支护、降水工程。

（2）开挖深度虽未超过5m，但地质条件、周围环境和地下管线复杂，或影响毗邻建筑（构筑）物安全的基坑（槽）的土方开挖、支护、降水工程。

（二）模板工程及支撑体系

（1）工具式模板工程：包括滑模、爬模、飞模工程。

（2）混凝土模板支撑工程：搭设高度8m及以上；搭设跨度18m及以上；施工总荷载15kN/m² 及以上；集中线荷载20kN/m及以上。

（3）承重支撑体系：用于钢结构安装等满堂支撑体系，承受单点集中荷载700kg以上。

（三）起重吊装及安装拆卸工程

（1）采用非常规起重设备、方法，且单件起吊重量在100kN及以上的起重吊装工程。

（2）起重量300kN及以上的起重设备安装工程；高度200m及以上内爬起重设备的拆除工程。

（四）脚手架工程

（1）搭设高度50m及以上落地式钢管脚手架工程。

（2）提升高度150m及以上附着式整体和分片提升脚手架工程。

（3）架体高度20m及以上悬挑式脚手架工程。

（五）拆除、爆破工程

（1）采用爆破拆除的工程。

（2）码头、桥梁、高架、烟囱、水塔或拆除中容易引起有毒有害气（液）体或粉尘扩散、易燃易爆事故发生的特殊建、构筑物的拆除工程。

（3）可能影响行人、交通、电力设施、通信设施或其他建、构筑物安全的拆除工程。

（4）文物保护建筑、优秀历史建筑或历史文化风貌区控制范围的拆除工程。

（六）其他

（1）施工高度50m及以上的建筑幕墙安装工程。

（2）跨度大于36m及以上的钢结构安装工程；跨度大于60m及以上的网架和索膜结构安装工程。

（3）开挖深度超过16m的人工挖孔桩工程。

（4）地下暗挖工程、顶管工程、水下作业工程。

（5）采用新技术、新工艺、新材料、新设备及尚无相关技术标准的危险性较大的分部分项工程。

专家论证的主要内容：

（1）专项方案内容是否完整、可行；

（2）专项方案计算书和验算依据是否符合有关标准规范；

（3）安全施工的基本条件是否满足现场实际情况。

专项方案经论证后，专家组应当提交论证报告，对论证的内容提出明确的意见，并在论证报告上签字。该报告作为专项方案修改完善的指导意见。

住房和城乡建设部还要求组织专家论证审查时应注意以下几个方面：

（1）建筑施工企业应当组织不少于5人的专家组，对已编制的安全专项施工方案进行论证审查。

（2）建设单位项目负责人或技术负责人；监理单位项目总监理工程师及相关人员；施工单位分管安全的负责人、技术负责人、项目负责人、项目技术负责人、专项方案编制人员、项目专职安全生产管理人员；勘察、设计单位项目技术负责人及相关人员应出席专项施工方案审查会议。本项目参建各方的人员不得以专家身份参加专家论证会。

（3）施工单位应当根据论证报告修改完善专项方案，并经施工单位技术负责人、项目总监理工程师、建设单位项目负责人签字后，方可组织实施。

（4）施工单位应当指定专人对专项方案实施情况进行现场监督和按规定进行监测。发现不按照专项方案施工的，应当要求其立即整改；发现有危及人身安全紧急情况的，应当立即组织作业人员撤离危险区域。

值得提出的是，除了上述住房和城乡建设部规定的六类工程外，如果施工企业技术力量不足或经验不足，其技术负责人难以确定其方案的安全性时，或者企业内部针对方案的安全性有较大分歧时，施工单位也应组织专家审查其方案的安全性，监理人员出席会议。

六、审查方案的内容

施工企业编制与审查安全专项施工方案的核心内容是确保安全及便于组织施工，尤其是要把安全放在第一位，同时施工企业还是方案的实施者，因此，它要对方案的可靠性、安全性、经济性和工期等负全部责任。

而《条例》规定，工程监理单位审查施工组织设计中的安全技术措施或者专项施工方案的标准是该方案是否符合工程建设强制性标准。它是一种通过强制性标准的符合性审查来审查方案的可靠性与安全性，就如政府审图机构审查施工图一样。

因此，相对于施工企业来说，《条例》对监理单位审查安全专项方案时的要求要低一些，但是保证满足强制性标准并不能绝对保证方案的安全性。我们建议监理机构要对方案的安全性进行关注，当发现尽管符合工程建设强制性标准但方案的安全性仍难以保证时，应要求施工企业修改。当项目监理机构内部有不同意见时应交由监理企业技术负责人组织企业内部专家进行审查。因为安全需要多层次和全方位的管理，这并不表示：由于监理机构没有发现其中的问题事后又证明方案虽满足强制性标准但仍然存在安全缺陷时，监理机构要承担责任。

第五节　安全事故隐患的发现及处理

事故的发生总有一定的隐患存在，由于工程项目流动性大、施工环境较差、手工作业多等因素，容易出现施工安全事故隐患。

《条例》规定："工程监理单位在实施监理过程中，发现存在安全事故隐患的，应当要求施工单位整改；情况严重的，应当要求施工单位暂时停止施工，并及时报告建设单位。施工单位拒不整改或者不停止施工的，工程监理单位应当及时向有关主管部门报告。"

大家在贯彻《条例》时产生这样的疑问，一是什么是安全事故隐患？二是是否所有的隐患监理人员都应该发现？三监理人员没有发现隐患监理人员是否要承担责任？

一般意义上讲，可能引起施工安全事故的因素都可称之为事故隐患。人、机、环境三者安全品质匹配上的缺陷，称为事故直接隐患——包括人的不安全行为和物的不安全状态；安全管理机制与生产经营机制匹配上的缺陷，称为事故间接隐患。《条例》中隐患是指直接隐患，因此监理人员要注重发现事故的直接隐患。

我们认为，根据监理工作的规律，监理人员在正常的工作场所及正常的工作内容中应该注意检查是否存在安全事故隐患，而监理人员几乎不去的地方所存在的安全隐患或者不该管的工作，应该由施工企业专职安全管理人员去解决。因此要区分哪些是监理人员正常的工作场所和监理人员正常的工作内容，并视监理人员在这些场所工作的特点对监理人员检查发现安全事故隐患提出具体的要求。

事故直接隐患的辨识方法有以下三种：

（1）从已发生过事故的生产部位及工艺环节分析，人、机、环境安全品质匹配上的缺陷。

（2）从险兆事件发生的部位及工艺环节中分析，人、机、环境安全品质匹配上的缺陷。

（3）模拟生产系统安全品质恶化的过程，分析人、机、环境安全品质匹配上的缺陷。

具体辨识人的不安全行为和物的不安全状态时，需要按不同生产性质中人、机、环境系统运行的特点，事先明确每项具体隐患的定义，便于我们发现它并进行处理。

一、监理人员要在正常的工作场所和正常的工作内容注重发现事故隐患

（一）监理人员要在正常的工作场所注重发现事故隐患

监理人员的大部分监理工作是在施工现场进行的。监理人员在施工现场的工作包括巡视、旁站、检查与验收、试验检测等。

施工现场范围较大，有些地方是监理人员常去的，如：永久工程的施工现场，而有些地方监理人员是不常去的，如：加工厂等后台加工场地，甚至有些地方监理人员是不去的，如：施工企业的仓库、临时用具或设施的加工制作场地、临时建筑物的施工场地、施工生活区。

（1）在永久工程的比较重要的施工现场和吊装作业现场，监理人员要努力检查是否存在安全隐患。

监理人员进行旁站、质量验收、现场试验时都在这样一个场所，这是监理人员熟悉的现场。该场所包括：需要监理人员进行工序验收、分项工程和分部工程验收的土建工程、安装工程的现场，一些重要的施工过程及试验现场。在这些部位，只有施工单位进行施工，即使没有验收工作、旁站或试验工作，监理人员也应每天巡视到位，检查是否存在安全隐患。

吊装作业现场易引发安全事故，监理人员要特别关注，并检查是否存在安全隐患。当然这里有一个前提，施工单位应事先通知监理人员。

（2）在没有验收要求的永久工程的施工现场，如：外脚手架的搭设、粉刷作业现场，监理人员要经常巡视到位，我们建议每 3～4d 应巡视一遍，检查是否存在安全隐患。

（3）在施工作业现场内永久工程之外的加工场地，如：模板制作现场、钢筋加工现场等，监理人员应在 7d 左右巡视一遍，并检查是否存在安全隐患，并记录所巡视检查的安全情况。但是如果在永久工程之外的加工场地加工制作预制混凝土桩等，由于这些预制工作涉及分项工程或隐蔽工程的验收，应每天巡视到位，并检查是否存在安全隐患，将所巡视检查的安全情况记录在案。

（4）在作业区以内的一些重要的易引发安全隐患的临时设施施工现场，如临时用电设施、仓库等，我们建议由负责安全工作的监理人员一个月之内应巡视到位一遍，检查是否存在安全隐患并记录在案。

（5）监理人员应要求施工现场的生活区与作业区分离，生活区的安全工作应完全由施工企业负责，监理机构可以不去巡视检查。当然监理机构也可以进行每月一次安全隐患检查，并记录有关安全状况，当发现隐患时应按规定要求施工单位整改。

（二）监理人员要在正常的工作内容中注重发现事故隐患

监理单位在实施监理过程中并非事无巨细均要管理，有些工作内容监理人员是必须要管的，而有些工作内容主要是由施工单位自行管理的。在实施监理的过程中监理人员要重点在以下几个方面注意检查和发现安全事故隐患：

（1）施工单位违反强制性规范、标准施工；

（2）施工单位未按设计图纸进行施工；

（3）对照有关文件要求及工程特点施工单位无方案施工或未按施工组织设计、专项施工方案的要点进行施工；

（4）施工单位未按施工规程施工或违章作业；

（5）根据经验施工现场出现安全事故先兆，如基坑漏水量加大、边坡塌方，脚手架晃动，配电箱漏电，龙门架、支撑架、脚手架等变形过大，吊装过程中出现异常响声等；

（6）根据监理经验，施工现场出现不该发生的施工操作或状况或现象隐患，如发现脚手架拉结点被工人擅自拆除了一部分，支撑架支撑在软弱地基上，塔吊未经安检投入使用，基坑边堆载超过规定的高度等。

监理人员在正常的工作内容和在正常的工作场所能够注重发现事故隐患，还要将这些过程记录下来，以证明监理机构确实在按照《条例》的要求履行相关职责。为了形成一个制度，各项目监理机构可以将此工作进行单独记录，而不与监理日记混在一起进行记录。

二、事故隐患治理原则与处理方法

（一）事故隐患治理原则

1. 冗余安全度原则

安全工作的特点要求安全防范工作需要多层防护、多道保险，以防万一。例如：道路上有一个坑，既要设防护栏及警示牌，又要设照明及夜间警示红灯。

2. 单项隐患综合治理原则

人的隐患，既要治人也要治机具及生产环境。一件单项隐患问题的整改需综合（多角度）治理。例如某工地发生触电事故，一方面要进行人的安全用电操作教育，同时现场也要设置漏电开关，对配电箱、用电电路进行防护改造，也要严禁非专业电工乱接乱拉电线。

3. 事故直接隐患与间接隐患并治原则

对人、机、环境系统进行安全治理，同时还需治理安全管理措施。

4. 预防与减灾并重治理原则

治理事故隐患时，需尽可能减少引发事故的可能性，如果不能安全控制事故的发生，也要设法将事故等级减低。但是不论预防措施如何完善，都不能保证事故绝对不会发生，还必须对事故减灾做充分准备，研究应急技术操作规范。

5. 重点治理原则

按对隐患的分析评价结果实行危险点分级治理，也可以用安全检查表打分对隐患危险程度分级。

6. 动态治理原则

动态治理就是对生产过程进行动态随机安全化治理，生产过程中发现问题及时治理，既可以及时消除隐患，又可以避免小的隐患发展成大的隐患。

（二）监理人员对发现事故隐患的处理方法

根据《条例》规定，监理人员在监理工作中发现安全隐患，有三种处理方法：

1. 发现一般的隐患应要求施工单位整改

监理人员发现安全隐患后，应以书面形式向施工单位提出对安全隐患的治理要求，应标本兼治，治标要急，治本要彻底。监理人员应按照上述事故隐患的治理原则对所发现的安全事故隐患进行综合治理。治理的方法视隐患的特征而定，一般应包括消除危险源、隔离不利的环境因素、加强防护措施、进行安全教育与安全交底和记录有关过程以引起今后的警戒和重视。

2. 安全隐患紧急或情况严重，应书面要求施工单位暂时停工

安全隐患情况紧急或情况严重，其特征是随时有可能发生安全事故，此时有必要停工以隔离作业人员，并消除安全隐患。根据《条例》要求，监理人员应向总监理工程师汇报，由总监理工程师发出书面的停工指令。如果安全隐患的影响范围是局部的，总监理工程师的停工指令应要求局部停工；如果安全隐患的影响范围是全局性的，停工指令应要求全面停工。总监理工程师发出停工指令后应及时向建设单位报告有关情况。

3. 如果施工单位拒绝整改或停工，监理机构应该向行政部门报告

施工企业常年从事施工作业，当安全意识较差时可能对安全隐患视而不见，甚至对监理人员提出的整改要求不以为然，这在目前的监理工作中较为常见。

监理人员发出安全隐患治理要求以后，如果施工单位整改不力或拒绝整改，则表明施工单位的安全意识较差或安全管理机制出现了问题，此时的安全事故隐患仍然存在，随时有发生事故的危险，监理机构应该采取进一步措施。

当情况不紧急时可再次通过某种形式要求施工单位整改以消除安全隐患，可以签发停工指令要求施工单位暂时停工以消除安全隐患，也可以直接通过建设单位或监理企业向安全行政管理部门书面报告。

当情况紧急，施工单位又拒绝整改或停工，随时可能发生安全事故时，监理机构应直接向建设行政管理部门或安全行政管理部门电话报告，请求行政管理部门出面干预，以达到消除事故的目的，事后再通过书面形式报告。

思考题

1. 按照事故致因理论，导致事故的直接原因是什么？请举例说明。
2. 预防建设工程安全事故的最基本的方法有哪些？
3. 导致事故的间接原因有哪些？
4. 按照《建设工程安全管理条例》，监理人员的安全责任有哪些？
5. 如何审查专项施工方案？
6. 发现安全隐患应如何处理？如何发现安全事故隐患？

第九章 工 程 进 度 控 制

第一节 横 道 图 的 绘 制

一、横道图的概念和基本特征

横道图又称甘特图，是美国人甘特(Gantt)在 20 世纪 20 年代提出的一种以时间为横坐标，并用带时间比例的水平横道线表示对应项目或工序持续时间的施工进度计划图表。横道图由于编制容易、简单形象、直观易懂，便于检查和计算资源，因而被广泛用于表示建设工程的进度计划。

横道图一般由两部分组成：左边部分是以分项工程或施工工序为主要内容的表格，包括了各分项工程或施工工序名称、工程数量、定额劳动量等计算数据；右边部分是指示图表，它是由左面表格中的有关数据经计算得到的，在指示图表中用横道线条形象地表现出各分项工程或施工工序的施工进度。

这种表达方式简单明了，直观易懂。但在实际运用过程中，也有其不足之处，主要体现为：工序(工作)之间的逻辑关系不易表达清楚；没有通过严谨的时间参数计算，不能确定关键线路与时差；计划调整只能用手工方式进行，其工作量较大；难以适应大的进度计划系统。

[例 9-1] 某工程项目划分为支模板、绑扎钢筋和浇筑混凝土三个施工过程，先计算工程数量，再分配施工人员与施工机械，根据劳动定额或施工经验数据计算持续时间，最后绘制成用横道图表示的施工进度计划，如图 9-1 所示。

施工过程	工程量	施工班组	持续时间	施工进度(d)											
				1	2	3	4	5	6	7	8	9	10	11	12
支模板	1600m²	2 个木工班	9d												
绑扎钢筋	40t	钢筋班	6d												
浇混凝土	1500m³	两台混凝土泵	3d												

图 9-1 横道图

二、横道图的编制步骤

(1) 确定施工过程或主要的分项工种；

(2) 计算工程量；

(3) 确定劳动量与施工机械台班数量；

(4) 确定各施工过程或主要分项工种的作业天数及开始与结束时间；

序号	分部分项工程名称			工程量 单位	工程量 数量	劳动定额	劳动量（工日）	每天工作班数	每班工作人数	工作天数
1	基础工程	挖掘机挖基础		m³	2269.18	0.0023工日/m³	5.2台班	1	5	6
2	基础工程	泵送浇筑混凝土垫层		m³	64.1	0.099工日/m³	6.4	1	12	1
3	基础工程	钢筋砼基础	绑扎钢筋	T	7.2	4.8工日/T	34.6	1	12	3
4	基础工程	钢筋砼基础	支模板	m³	119.6	0.138工日/m²	17.4	1	10	2
5	基础工程	钢筋砼基础	泵送浇筑钢筋砼	m³	80.5	0.125工日/m³	10	1	15	1
6	基础工程	土方回填夯实		m³	356	0.29工日/100m³	103	1	20	5
7	主体工程	搭设外脚手架		m²	1431	0.02工日/m²	28.6	1	5	8
9	主体工程	梁、板、柱支模		m²	4673.8	0.143工日/m³	681	1	56	12
10	主体工程	梁、板、柱钢筋		T	84.32	4.8工日/T	405	1	26	16
11	主体工程	混凝土浇筑		m³	681.24	0.217工日/m³	148	1	37	4
17	主体工程	砌墙		m²	394.64	0.782工日/m³	308	1	40	8
19	屋面工程	屋面保温层		m²	845.5	0.069工日/m²	58	1	30	2
20	屋面工程	屋面防水层		m²	845.5	0.066工日/m²	55	1	30	2
21	屋面工程	屋面保护层		m²	845.5	0.05工日/m²	42	1	21	2
22	装饰工程	外墙面砖		m²	960.2	3.86工日/10m²	370	1	46	8
23	装饰工程	顶棚抹灰		m²	2137	1.0工日/10m²	213.7	2	29	8
24	装饰工程	内墙抹灰		m²	7578	1.02工日/10m²	743	1	90	8
25	装饰工程	散水及勒脚		m²	109	0.217工日/m²	23.7	1	5	8
28	水电									

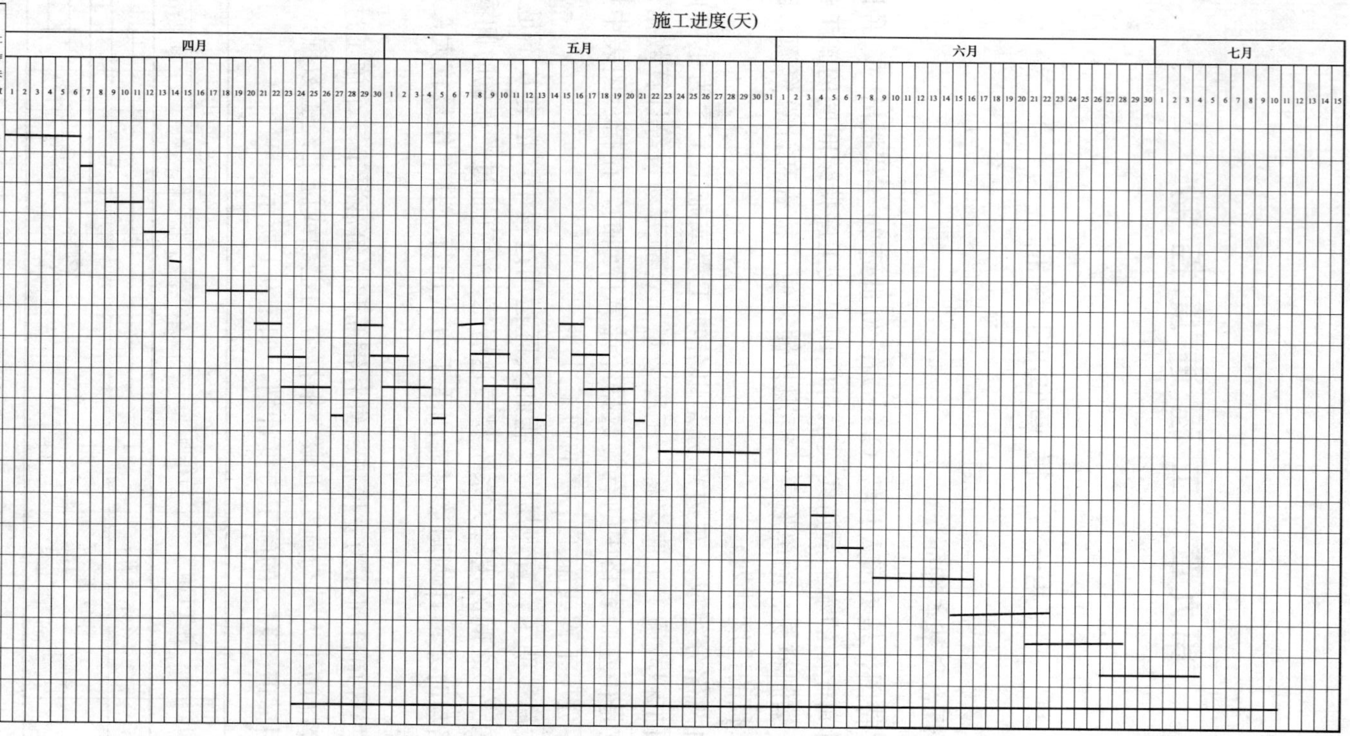

图 9-2 某宿舍楼施工进度计划

（5）编制进度计划；

（6）编制资源计划。

三、某宿舍楼施工进度计划

如图 9-2 所示，用横道图表示的某宿舍楼施工进度计划。

第二节 网络图的绘制

一、网络图的概念和基本特征

网络图是由箭线和节点组成，用来表示工作流程的有向、有序的网状图形。一个网络图表示一项计划任务。网络图中的工作是计划任务按实际需要粗细程度划分而成的子项目或子任务。工作可以是单项工程、单位工程，也可以是分部工程、分项工程；一个施工过程，一道工序也可以作为一项工作。在一般情况下，完成一项工作既需要消耗时间，也需要消耗劳动力、施工机具、原材料等资源。但也有一些工作只消耗时间而不消耗资源，如混凝土浇筑后的养护过程和墙面抹灰后的干燥过程等。

这种表达方式具有以下优点：能正确地反映工序（工作）之间的逻辑关系；进行各种时间参数计算，确定关键工作、关键线路与时差；可以用计算机对复杂的计划进行计算、调整与优化。

将例 9-1 的任务分成三个施工段，绘制成用双代号网络图表示的施工进度计划，如图 9-3 所示。

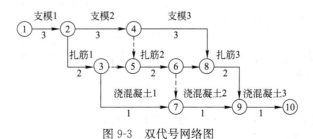

图 9-3 双代号网络图

二、网络图的编制方法

1. 网络图表示

网络图有双代号网络图和单代号网络图两种。双代号网络图又称箭线式网络图，它是以箭线表示工作，节点表示工作的开始或结束以及工作之间的连接状态，如图 9-4 所示。单代号网络图又称节点式网络图，它是以节点表示工作，箭线表示工作之间的逻辑关系。网络图中工作的表示方法如图 9-5 所示。

双代号表示法

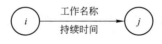

图 9-4 双代号表示法

单代号表示法

图 9-5 单代号表示法

网络图中的节点都必须有编号，其编号严禁重复，并应使每一条箭线上箭尾节点编号小于箭头节点编号。

在双代号网络图中，一项工作必须有唯一的一条箭线和相应的一对不重复出现的箭尾、箭头节点编号。因此，一项工作的名称可以用其箭尾和箭头节点编号来表示。而在单代号网络图中，一项工作必须有唯一的一个节点及相应的一个代号，该工作的名称可以用其节点编号来表示。

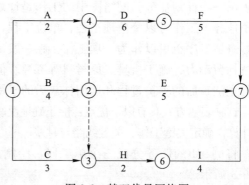

图 9-6 某双代号网络图

在双代号网络图中（图 9-6），有时存在虚箭线，虚箭线不代表实际工作，我们称之为虚工作。虚工作只表示相邻两项工作之间的逻辑关系，它既不消耗时间，也不消耗资源。

在单代号网络图中，虚工作只能出现在网络图的起始节点或终点节点处。

2. 逻辑关系

工作之间的先后顺序关系称为逻辑关系，逻辑关系包括工艺关系和组织关系。

（1）工艺关系

生产性工作之间由工艺过程决定的，非生产性工作之间由工作程序决定的先后顺序关系称为工艺关系。

（2）组织关系

工作之间由于组织安排需要或资源（劳动力、原材料、施工机具等）调配需要而规定的先后顺序关系称为组织关系。

3. 紧前工作、紧后工作和平行工作

（1）紧前工作

在网络图中，相对于某工作而言，紧排在该工作之前的工作称为该工作的紧前工作。在双代号网络图中，工作和其紧前工作之间可能有虚工作存在，如图 9-6 中 B 是 E 的紧前工作。

（2）紧后工作

在网络图中，相对于某工作而言，紧排在该工作之后的工作称为该工作的紧后工作，如图 9-6 中 D 是 A 的紧后工作。

（3）平行工作

相对于某工作而言，可以与该工作同时进行的工作即为该工作的平行工作，如图 9-6 中 A 和 B、C 是平行工作。

4. 线路、线路段和关键线路

（1）线路

网络图中从起点节点开始，顺箭头方向经过一系列箭线与节点，最后到达终点节点所经过的通路称为线路，如图 9-6 中线路有 1—4—5—7；1—2—4—5—7；1—2—7；1—2—3—6—7；1—3—6—7。

（2）线路段

网络图中线路的一部分称为线路段，如图 9-6 中线路段有 4—5—7。

（3）关键线路

网络图中线路长度（该线路上所有工作的持续时间总和）最长的线路称为关键线路，关键线路的长度就是网络计划的总工期。如图 9-6 中，1—2—4—5—7 为关键线路，关键线路上的工作称为关键工作。在网络计划的实施过程中，关键工作的进度提前或拖延，均会对总工期产生影响。因此，关键工作是工程进度控制工作中的重点控制对象。

5. 先行工作和后续工作

（1）先行工作

相对于某工作而言，自网络图起点节点至该工作之前各条线路段上的所有工作，称为该工作的先行工作。紧前工作是先行工作，但先行工作不一定是紧前工作，如图 9-6 中 A 和 D 是 F 的先行工作。

（2）后续工作

相对于某工作而言，自该工作之后至终点节点为止各条线路段上的所有工作，称为该工作的后续工作，如图 9-6 中，H 和 I 是 B 的后续工作。

6. 双代号网络图的绘制原则

在绘制双代号网络图时，一般应遵循以下基本原则：

（1）网络图必须按照已定的逻辑关系绘制。

（2）网络图中严禁出现从一个节点出发，顺箭线方向又回到原出发点的循环回路。

（3）网络图中的箭线（包括虚箭线，以下同）应保持自左向右的方向，不应出现箭头指向左方的水平箭线和箭头偏向左方的斜向箭线。若遵循这一原则绘制网络图，就不会有循环回路出现。

（4）网络图中严禁出现双向箭头和无箭头的连线。

（5）严禁在网络图中出现没有箭尾节点的箭线和没有箭头节点的箭线。

（6）严禁在箭线上引入或引出箭线。但当网络图的起点节点有多条外向箭线，或终点节点有多条内向箭线时，为使图形简洁，可用母线法绘图。

（7）绘制网络图时，宜避免箭线交叉。当交叉不可避免时，可用过桥法或指向法表示。

（8）网络图应只有一个起点节点和一个终点节点（多目标网络计划除外）。除网络计划终点和起点节点外，不允许出现没有内向箭线的节点和没有外向箭线的节点。

三、双代号时标网络计划

1. 双代号时标网络计划的基本特征

双代号时标网络计划是以时间坐标为尺度绘制的网络计划，如图 9-7 所示。时标的形式有三种：计算坐标体系（从 0 开始）、工作日坐标体系（从第 1 个工作日开始）、日历坐标体系（日历）。

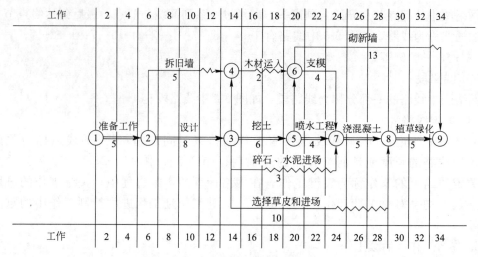

图 9-7　某双代号时标网络图

分为早时标网络和迟时标网络两种。

早时标网络是从最早开始时间开始，把全部的紧前工作画完后，按最后的时间坐标画下一个工作，不足用波浪线补齐，虚工作的水平段也用波浪线补齐，波浪线的长度就是本工作与下一工作的时间间隔，其最小值为自由时差。

迟时标网络是从最迟完成时间开始，把全部的紧后工作画完后，按最前的时间坐标画下一个工作，不足用波浪线补齐，虚工作的水平段也用波浪线补齐，波浪线的长度就是可确定本工作的迟自由时差。

2. 双代号时标网络计划的绘制方法

（1）间接绘制法

1）绘出时标网络图；

2）确定关键线路；

3）画时标网络计划。

（2）直接绘制法

1）将起点节点定位在时标表的起始刻度线上。

2）按工作持续时间在时标表上绘制以网络计划起点节点为开始节点工作的箭线。

3）其他工作的开始节点必须在该工作的全部紧前工作都绘出后，定位在这些紧前工作最晚完成的时间刻度上。某些工作的箭线长度不足以达到该节点时，用波形线补足，箭头画在波形线与节点连接处。

4）用上述方法自左至右依次确定其他节点位置，直至网络计划终点节点定位绘完。网络计划的终点节点是在无紧后工作的工作全部绘出后，定位在最晚完成的时间刻度上。

时标网络计划的关键线路可自终点节点逆箭线方向朝起点节点逐次进行判定，自始至终都不出现波形线的线路即为关键线路。

四、网络计划的编制步骤

在项目施工中用来指导施工，控制进度的施工进度网络计划，就是经过适当优化的施工网络。其编制程序如下：

（1）调查研究

了解和分析工程任务的构成和施工的客观条件，掌握编制进度计划所需的各种资料（这些资料的内容已在前面作了叙述），特别要对施工图进行透彻研究，并尽可能对施工中可能发生的问题作出预测，考虑解决问题的对策等。

（2）确定方案

主要是指确定项目施工总体部署，划分施工阶段，制定施工方法，明确工艺流程，决定施工顺序等。这些一般都是施工组织设计中施工方案说明中的内容，且施工方案说明一般应在施工进度计划之前完成，故可直接从有关文件中获得。

（3）划分工序

根据工程内容和施工方案，将工程任务划分为若干道工序。一个项目划分为多少道工序，由项目的规模和复杂程度，以及计划管理的需要来决定，只要能满足工作需要就可以了，不必过细。大体上要求每一道工序都有明确的任务内容，有一定的实物工程量和形象进度目标，能够满足指导施工作业的需要，完成与否有明确的判别标志。

（4）估算时间

即估算完成每道工序所需要的工作时间，也就是每项工作延续时间，这是对计划进行定量分析的基础。

（5）编工序表

将项目的所有工序，依次列成表格，编排序号，以便于查对是否遗漏或重复，并分析相互之间的逻辑制约关系。

（6）画网络图

根据工序表画出网络图。工序表中所列出的工序逻辑关系，既包括工艺逻辑，也包含由施工组织方法决定的组织逻辑。

（7）画时标网络图

给上面的网络图加上时间横坐标，这时的网络图就叫做时标网络图。在时标网络图中，表示工序的箭线长度受时间坐标的限制，一道工序的箭线长度在时间坐标轴上的水平投影长度就是该工序延续时间的长短。工序的时差用波形线表示。虚工序延续时间为零，因而虚箭线在时间坐标轴上的投影长度也为零。虚工序的时差也用波形线表示。这种时标网络可以按工序的最早开工时间来画，也可以按工序的最迟开工时间来画，在实际应用中多是前者。

（8）画资源曲线

根据时标网络图可画出施工主要资源的计划用量曲线。

（9）可行性判断

主要是判别资源的计划用量是否超过实际可能的投入量。如果超过了，这个计划是不可行的，要进行调整，无非是要将施工高峰错开，削减资源用量高峰；或者改变施工方法，减少资源用量。这时就要增加或改变某些组织逻辑关系，重新绘制时间坐标网络图。如果资源计划用量不超过实际拥有量，那么这个计划是可行的。

（10）优化程度判别

可行的计划不一定是最优的计划。计划的优化是提高经济效益的关键步骤。所以，要判别计划是否最优？如果不是，就要进一步优化，如果计划的优化程度已经可以令人满意（往往不一定是最优），就得到了可以用来指导施工、控制进度的施工网络图。

第三节 流水施工组织

流水施工方法由于充分地利用了工作时间和作业空间，而且不需要增加任何施工设备和费用，只是应用科学的方法组织施工，所以是当前施工的一种有效的、科学的施工组织方法。这种作业方法好处就是可以减少非生产性的劳动消耗，提高劳动生产率，缩短工期，节约施工费用。

一、流水施工的方式及特点

常用的施工组织方式有依次施工、平行施工、流水施工三种。流水施工是在专业分工协作的基础上，由依次施工和平行施工发展起来的。在实际工程施工中，针对相同的对象，采用不同的施工组织方式时，其效果也各不相同。

为了说明这三种施工组织方式的概念和特点，现比较建造 n 幢相同的房屋。每幢房屋的基础工程都包括挖土方、做垫层、砌砖基和回填土四个施工过程，分别由四个专业工作队进行作业。施工中采用依次施工、平行施工、流水施工三种不同的施工组织方法。

1. 依次施工

依次施工，又称顺序施工，是一种最基本、最原始的施工组织方式，在没有专业分工的情况下采用的一种组织方式。是指当第一幢房屋完工后才开始第二幢房屋的施工，即按照次序一幢接一幢地进行施工，如图 9-8(a) 所示。若用 P 表示一幢房屋施工所用的时间，那么 n 幢房屋都竣工所需的总工期 T 为

$$T = nP$$

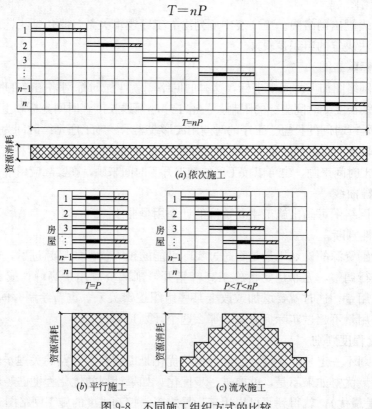

(a) 依次施工

(b) 平行施工   (c) 流水施工

图 9-8 不同施工组织方式的比较

依次施工同时投入的劳动力和物资资源比较少，有利于资源供应的组织工作，现场的组织管理工作比较简单，适用于规模较小，工作面有限的工程。但从图中可以看出，各专业工作队在工程中的作业不连续，有时间间歇，没有充分利用时间和空间，因而工期拉得很长，同一物资资源的消耗也出现间断。

2. 平行施工

平行施工，是指所有的 n 幢房屋同时开工，同时完工，如图 9-8(b)所示。其总工期为

$$T = P$$

这种方式一般也出现在不分工的情况下。虽然平行施工最大的优点是有效缩短了总工期，但各专业工作队的数目却剧增至 n 个，相应的材料、机械设备的使用也大大增加，造成技术和资源的高度集中，施工现场组织管理复杂，增大了施工成本。此外，采用这种施工方法必须是在施工场地不受限制的前提下进行，然而在大多数的项目中，施工的空间是有限的，无法满足超过限度的施工人员和设备进场施工。因此，这种施工组织方式在实际运用中有很大的局限性，在拟建任务紧迫，工作面允许且可以保证资源供应的条件下才能采用。

3. 流水施工

流水施工是将 n 幢房屋依次保持一定的时间搭接，陆续开工，陆续完工。各个专业工作队按照一定的时间间隔依次投入施工，使相同的施工过程依次开工，不同的施工过程平行施工，直到完成全部的施工任务，使专业工作队的作业和物资资源的消耗具有连续性和均衡性，如图 9-8(c)所示。

从图中可以看出，各个施工队伍的工作是连续的，如砌砖基础的工作队在第一幢完成任务后，立即转移到第二幢干同样的工作，然后再到第三幢工作，别的工作队也是一样。这种施工组织方式能消除依次施工和平行施工的缺点且保留了它们的优点。能充分利用时间又能充分利用空间，大大缩短了工期。若总工期为 T，则 $P < T < nP$。

概括而言，流水施工就是把拟建工程按施工特点和结构部位划分为若干施工段，使各专业工作队沿着一定的顺序，依次连续地在各段上完成各自的作业，并使之均衡地进行施工的一种施工组织方式。

二、流水施工的基本参数

在组织项目流水施工时，用来表达流水施工在施工工艺、空间布置和时间排列展开状态的参数，统称为流水参数。包括工艺参数、空间参数和时间参数三类。

1. 工艺参数

工艺参数是用以表达流水施工在施工工艺方面的进展状态的参数，一般包括施工过程和流水强度。

（1）施工过程数 n

在组织流水施工时，用来表达流水施工在工艺上开展层次的有关过程，统称为施工过程。一幢建筑物的建造过程，是由许多施工过程(如挖土方、做基础、浇筑混凝土等)所组成的。一般情况下，一幢建筑物的施工过程数 n 的多少，与建筑物的复杂程度、施工方法等有关。

（2）流水强度 V

在组织流水施工时，某施工过程在单位时间内所完成的工程数量，称为该施工过程的

流水强度。如浇捣混凝土施工过程每一工作班能浇捣多少混凝土就是它的流水强度。根据施工过程的主导因素不同，可以将施工过程分为机械施工过程和手工操作施工过程两种。

1）机械施工过程的流水强度

$$V = \sum_{i=1}^{x} N_i P_i \tag{9-1}$$

式中　N_i——投入施工过程的某种施工机械台数；

　　　P_i——投入施工过程的某种施工机械产量定额；

　　　x——投入施工过程的施工机械种类数。

2）人工操作施工过程的流水强度

$$V = NP \tag{9-2}$$

式中　N——投入施工过程的专业工作队工人数；

　　　P——投入施工过程的每一工人的产量定额。

2. 空间参数

空间参数是用以表达流水施工在空间上开展状态的参数，一般包括工作面、施工段和施工层。

（1）工作面 A

在组织流水施工时，某专业工种进行施工作业所必须具备的活动空间，称为该工种的工作面。它可根据专业工种的计划产量定额和安全施工技术规程要求确定，反映了工人操作、机械运转在空间布置上的具体要求。在组织流水施工时，有的施工过程从一开始就在长度和广度上形成工作面，如土方开挖，这种工作面称为完整工作面；多数施工过程的工作面是随着施工过程的进展逐步（逐层、逐段）形成的，这样的工作面称为部分工作面，如道路、管道等工程。不论在哪种工作面上，通常前一施工过程的结束，就为后面的施工过程提供了工作面。

工作面的计量单位与施工过程的类别有关，一些主要工种的工作面参考取值见表 9-1。

主要工种工作面参考取值　　　　　　　　　　　　表 9-1

工作项目	工作面大小	工作项目	工作面大小
砌砖基础	7.6m/人	预制钢筋混凝土梁、柱	3m²/人
砌砖墙	8.5m/人	预制钢筋混凝土板	1.9m²/人
现浇混凝土板	5.3m²/人	外墙抹灰	16m²/人
现浇混凝土梁	3.2m²/人	内墙抹灰	18.5m²/人
现浇混凝土柱	2.45m²/人	卷材屋面	18.6m²/人
混凝土地面及面层	40m²/人	门窗安装	11m²/人

（2）施工段数 m

为了有效地组织流水施工，通常将施工项目在平面上划分为若干个劳动量大致相等的施工段，这些施工段又称为流水段。每一个施工段在某一段时间内，只能供一个施工过程的专业工作队使用。

划分施工段的目的，就在于保证不同的工作队能在不同的工作面上同时进行作业，从而使各施工队伍按照一定的时间间隔从一个施工段转移到另一个施工段进行连续施工。这样，消除了由于各工作队不能依次连续进入同一工作面上作业而产生互等、停歇现象，为流水施工创造条件。

3. 时间参数

时间参数是用以表达流水施工在时间上开展状态的参数。一般包括流水节拍、流水步距、间歇时间和搭接时间。

(1) 流水节拍 t

在组织流水施工时，某专业工作队完成某个施工段上的施工过程所必需的持续时间，称为流水节拍。流水节拍是流水施工的基本参数之一，决定着施工的速度和节奏。流水节拍小，则流水速度快、节奏快，单位时间内资源供应量大。同时，流水节拍也是区别流水施工组织方式的主要特征。

流水节拍的大小直接关系到投入劳动力、材料和机具的多少，决定着流水施工方式、施工速度和工期。因此，必须进行合理的选择和计算。流水节拍数值的确定主要有以下三种方法：

1) 定额计算法。它是根据现有能够投入的资源(人力、机械数量、材料量等)和各施工段的工程量以及劳动定额来确定的。计算式为：

$$t_i = \frac{Q_i}{S_i R_i} = \frac{Q_i H_i}{R_i N_i} = \frac{P_i}{R_i N_i} \tag{9-3}$$

式中 Q_i——施工过程 i 在某施工段上的工程量；

      S_i——施工过程 i 的人工或机械的产量定额；

      R_i——施工过程 i 的专业施工队人数或机械台数；

      N_i——施工过程 i 的专业施工队每天工作班次；

      H_i——施工过程 i 的人工或机械的时间定额；

      P_i——施工过程 i 在某施工段上的劳动量(工日或台班)。

2) 经验估算法。根据以往的施工经验来进行估算，为了提高估算精度，通常是先估算出该流水节拍的最长、最短、正常情况(最可能)三种时间，然后求其加权平均值，作为某施工过程在某施工段上的流水节拍。一般多采用式(9-4)进行估算，即：

$$t = \frac{a + 4c + b}{6} \tag{9-4}$$

式中 a——最长估算时间；

      b——最短估算时间；

      c——正常估算时间。

3) 工期计算法。对某些在规定日期内必须完成的工程项目，往往采用倒排进度法，具体步骤如下：

根据工期倒排进度，确定某施工过程的工作延续时间。

确定某施工过程在某施工段上的流水节拍，若同一施工过程在各施工段上的流水节拍不等，则用估算法；若流水节拍相等，则按式(9-5)进行计算：

$$t = \frac{T}{m} \tag{9-5}$$

式中 T——某施工过程的工作延续时间；

      m——某施工过程划分的施工段数。

（2）流水步距 B

在组织流水施工时，相邻两专业工作队先后开始施工的合理时间间隔（不包含间歇时间），称为它们之间的流水步距，通常用 $B_{i,i+1}$ 来表示。流水步距是流水施工的重要参数之一。流水步距的大小，反映着流水作业的紧凑程度，对工期的影响很大。在施工段不变的情况下，流水步距越大，工期越长；流水步距越小，则工期越短。流水步距的数目，取决于参加流水施工的施工过程数。一般来说，若有 n 个施工过程，则有 $n-1$ 个流水步距。

（3）间歇时间

间歇时间是指在组织流水施工时，由于施工过程之间工艺上或组织上的需要，相邻两个施工过程在时间上不能衔接施工而必须留出的时间间隔。根据原因的不同，又可分为技术间歇时间（t_j）和组织间歇时间（t_z）。

（4）搭接时间 t_d

在组织流水施工时，相邻两个专业工作队在同一施工段上的关系，通常是前后衔接的关系，即前者工作全部结束，后者才能进入这一施工段开始工作。有时，为了缩短工期，在工作面允许的前提下，可以使二者搭接作业，即前一个专业工作队完成部分施工任务后，能够为后一个专业工作队提供工作面，使后者提前进入这一施工段，二者在同一施工段不同空间上同时搭接施工。这个搭接的持续时间称为搭接时间，以 t_d 表示。

三、固定节拍流水

根据流水施工的节奏特征，可将流水施工分为有节奏流水和无节奏流水两大类，其中有节奏流水又可分为固定节拍流水、成倍节拍流水和异节拍流水，如表 9-2 所示。

流水施工的分类　　　　　　　　　　　　　　　　　　　　　　表 9-2

流水作业施工的种类	分类
有节奏流水	固定节拍流水（全等节拍流水）
	成倍节拍流水
	异节拍流水
无节奏流水	分别流水

在组织流水施工时，如果同一施工过程采用在各个施工段上的流水节拍都相等，而且不同的施工过程在各个施工段上的流水节拍也相等的流水施工方式，即所有施工过程在任何施工段上的流水节拍均相等，这种流水施工方式称为固定节拍流水，也称全等节拍流水，如图 9-9 所示。

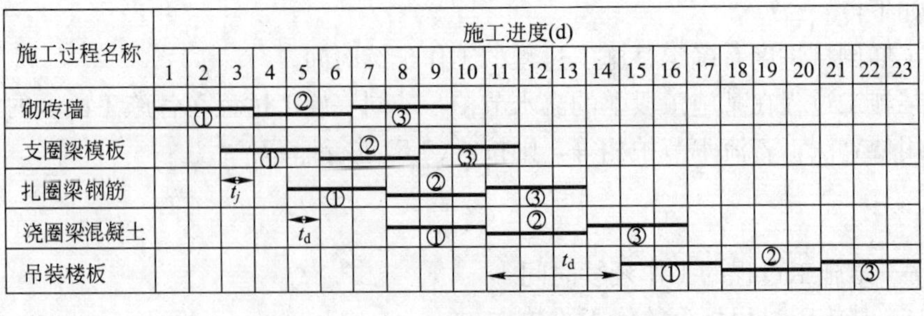

图 9-9　固定节拍流水施工进度计划表

（一）固定节拍流水施工的前提条件

（1）各施工段的工程量应基本相等；

（2）要先确定出主要施工过程及其施工人数；

（3）其他施工过程的流水节拍应与主导施工过程的流水节拍相等。可通过调节各专业施工队的人数来实现。如流水节拍长的工序，可增加施工人数；流水节拍短的工序，可减少施工人数。

（二）固定节拍流水的特点

（1）流水节拍彼此相等，并且为一固定值，表示为 $t_i = t$；

（2）各施工过程之间的流水步距彼此相等，而且等于流水节拍，表示为 $K_{j,j+1} = K$；

（3）专业工作队数 N 等于施工过程数 n；

（4）每个专业工作队都能够连续施工，施工段没有闲置；

（5）各施工过程的施工速度相等。

（三）固定节拍流水的工期计算

1. 无间歇固定节拍流水

如图 9-10 所示，根据固定节拍流水施工的特点，其流水施工工期可按下式计算：

$$T = (n-1)B + mt = (m+n-1)t \tag{9-6}$$

式中 　T——流水施工工期；

　　　　m——施工段数；

　　　　n——施工过程数；

　　　　t——流水节拍。

2. 有间歇固定节拍流水

如图 9-11 所示，实际施工中，在某些施工过程之间，往往存在着必要的技术间歇和组织间歇以及搭接施工，这时流水施工的工期按下式计算：

$$T = (m+n-1)t + \sum t_j + \sum t_z - \sum t_d \tag{9-7}$$

式中 　$\sum t_j$——技术间歇时间总和；

　　　　$\sum t_z$——组织间歇时间总和；

　　　　$\sum t_d$——搭接时间总和。

其他符号同前。

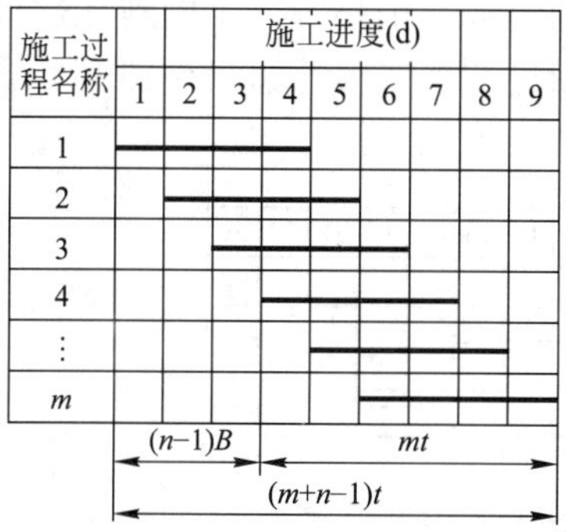

图 9-10　无间歇固定节拍流水施工进度计划表 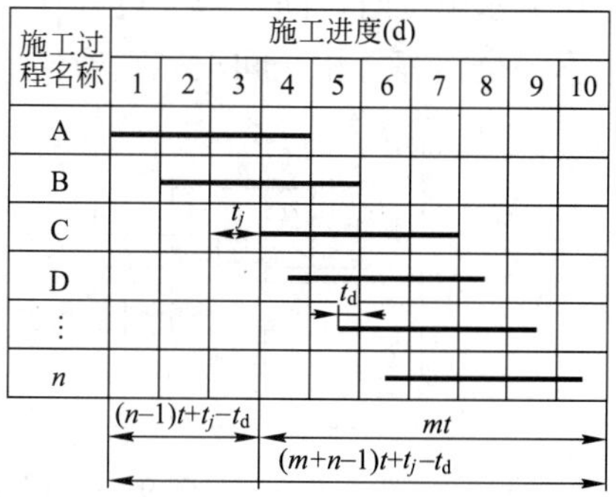　　图 9-11　有间歇固定节拍流水施工进度计划表

从流水施工的工期计算来看，施工层数越多，施工工期越长，技术间歇时间和组织间

歇时间的存在，也会使工期延长，在工作面能够保证的前提下，相邻两个专业工作队搭接作业的时间可以缩短。

[例 9-2] 某分部工程由 A、B、C、D 四个施工过程组成，平面上划分为四个施工段，各施工过程在各施工段上的流水节拍均为 3d，施工过程 B、C 之间有技术间歇时间 2d，施工过程 C、D 之间搭接 1d。试确定流水步距。计算流水工期，绘制流水施工进度计划表。

解：由题知流水节拍均相等，可组织固定节拍流水。

（1）确定流水步距：

$$B = t_i = 3d$$

（2）计算流水工期：

由题知 $m = 4$ 段，$n = 4$ 个，$\sum t_j = 2d$，$\sum t_z = 0$，$\sum t_d = 1d$。

由式(9-7)得：$T = (m+n-1)t + \sum t_j + \sum t_z - \sum t_d = [(4+4-1) \times 3 + 2 - 1]d = 22d$

（3）绘制流水施工进度计划表，如图 9-12 所示。

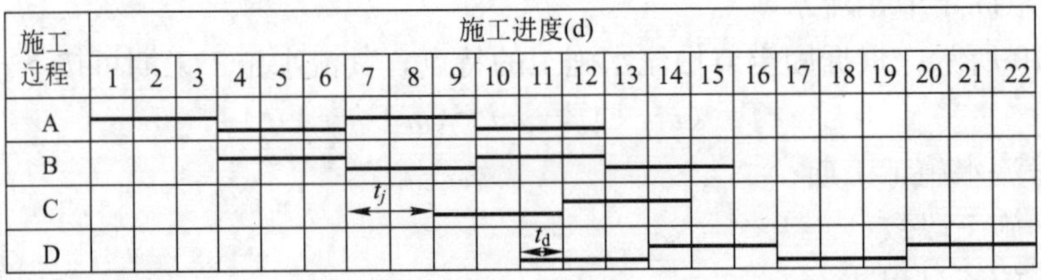

图 9-12　流水施工进度计划表

（四）固定节拍流水施工组织方式的适用范围

固定节拍流水比较适用于分部工程流水，特别是施工过程较少的分部工程，也见于施工对象结构简单、规模较小、施工过程数不多的房屋工程或线性工程，如道路、管道等。而在大多数建筑工程中施工均较为复杂，施工过程也较多，要使所有的施工过程的流水节拍都相等是十分困难的，因而在实际施工中不易组织固定节拍流水。因此，固定节拍流水的组织方式应用范围不是很广泛。

四、异节拍流水

组织流水施工时，同一施工过程在各个施工段上的流水节拍相等，不同施工过程的流水节拍不完全相等且相互间没有整数倍的关系，可组织异节拍流水，如图 9-13 所示。

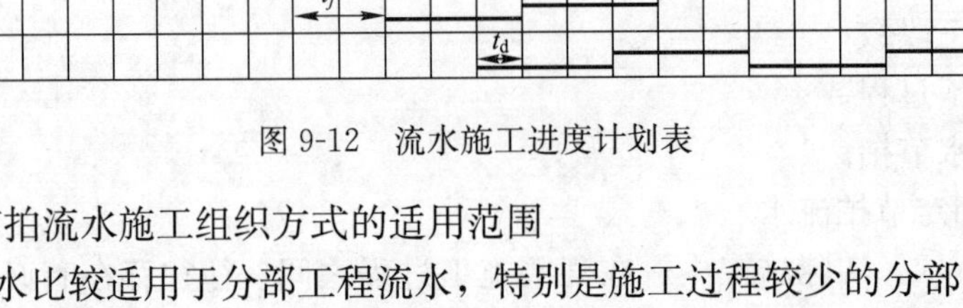

图 9-13　异节拍流水施工进度计划表

（一）异节拍流水的特点

（1）同一施工过程在各个施工段上的流水节拍相等。

（2）不同施工过程之间的流水节拍不完全相等，并且相互间没有整数倍的关系（这是与成倍节拍流水相区别的地方）。

（3）每个施工过程均由一个专业工作队独立完成作业，即专业工作队数 N 等于施工过程数 n。

（4）各专业工作队能够连续作业，施工段可能有闲置。

（二）异节拍流水组织方式的适用范围

异节拍流水适用于分部和单位工程流水施工，它对不同施工过程的流水节拍限制较少，因此在进度安排上比固定节拍和成倍节拍流水灵活，实际应用范围更广泛。

五、成倍节拍流水

在组织流水施工时，通常在同一施工段的固定工作面上，由于不同的施工过程，其施工性质、复杂程度、工程量等各不相同，从而使得其流水节拍很难完全相等，不能形成固定节拍流水施工。但是，如果施工段划分恰当，可以使同一施工过程在各个施工段上的流水节拍相等，且不同施工过程的流水节拍为某一数的不同倍数，此时每个施工过程均按其节拍的倍数关系成立相应的专业工作队，组织这些施工队进行流水施工的方式，即为等步距成倍节拍流水施工，如图9-14所示。

施工过程	施工队	施工进度(d)																							
		1	2	3	4	5	6	7	8	9	10	11	12	13	14	15	16	17	18	19	20	21	22	23	24
甲	A			①		②		③		④		⑤		⑥		⑦									
乙	B_I	←k→			①							④							⑦						
	B_II				←k→			②						⑤											
	B_III						←k→			③							⑥								
丙	C_I								←k→			①			③			⑤						⑦	
	C_II										←k→			②				④				⑥			

图 9-14　成倍节拍流水施工进度计划表

由此可以看出，成倍节拍流水是属于异节拍流水的一种特殊情况：各施工过程的流水节拍相等且均为某一个数的倍数，即各施工过程的流水节拍之间存在一个最大公约数。在这种情况下，可仿照固定节拍流水施工方式组织施工，产生与固定节拍流水施工同样的效果。

（一）成倍节拍流水的施工过程

如果某一施工过程只有一个施工队，则该施工队在各施工段上按照一般的方法依次流水施工；如果施工过程含有多个施工队，则首先将第一组施工队与其紧前施工过程的施工队之间间隔一个流水步距，并进入第一施工段施工，然后，第二组施工队则与第一组施工队间隔一个流水步距，并进入第二施工段施工，依此类推；完成一个施工段的任务后，施工队依次进入没有施工队的施工段继续施工，每组施工队完成的施工段编号是交叉的。

（二）成倍节拍流水的特点

（1）同一施工过程在各个施工段上的流水节拍均相等。

（2）不同施工过程在同一施工段上的流水节拍彼此不完全相等，各值之间存在最大公约数。

（3）每个施工过程的专业工作队不止一个，使其总数 N 大于施工过程数 n。

（4）各专业工作队的流水步距彼此相等，且等于流水节拍的最大公约数（k）。

（5）各专业工作队能够连续作业，施工段没有闲置。

六、组织流水施工的程序

组织流水施工的主要核心工作是要结合各个工程的不同特点，根据实际工程的施工条件和施工内容，按照流水参数的确定原则和方法，合理确定流水施工的各项参数，通常按照下列程序进行。

（一）划分施工过程

建筑工程施工可分解为各种各样不同工艺性质的施工过程。只有那些对工程施工进度有直接影响的施工过程才能进入流水，才有利于缩短工期，有利于连续均衡地进行施工。为此，必须分析施工过程的工艺特征。

根据工艺性质的不同，施工过程可分为三类：

1. 制备类施工过程

制备类施工过程是指为制造建筑制品或为提高建筑制品的加工能力而形成的施工过程，如钢筋的成型、构配件的预制以及砂浆和混凝土的制备过程。它一般不占用施工空间，也不影响工期，不列入施工进度计划。但是，当加工制备必须在施工现场进行时，并与其他施工过程发生联系，占有工作面，对工期造成一定影响时，要列入流水施工进度计划。如单层装配式工业厂房施工中的大型构件预制施工过程、网架结构的分件组装施工过程等。

2. 运输类施工过程

运输类施工过程是指把建筑材料、制品和设备等运输到工地仓库或施工操作地点而形成的施工过程。它不占用施工空间，也不影响工期，一般不作为单独的施工过程列入施工进度计划。但是，当现场没有设置中转仓库或暂存位置有限时，运输就要影响相应的主要施工过程，进而影响施工工期，必须列入施工进度计划。如随运随吊、多层装配式构件的分层进场等。

3. 砌筑安装类施工过程

砌筑安装类施工过程是指在施工对象的空间上进行建筑产品最终加工而形成的施工过程，这类施工过程构成施工对象的形体，直接影响施工工期，必须列入施工进度计划。如砌筑工程、浇筑混凝土工程、安装工程和装饰工程等施工过程。

施工过程数目 n 的确定，主要的依据是工程的性质和复杂程度、所采用的施工方案、对建设工期的要求等因素。为了合理地组织流水施工，施工过程数目。要确定得适当，施工过程划分得过粗过细，都达不到好的流水效果。

（二）划分施工段

为了合理组织流水施工，需要根据施工对象平面形状和结构情况，按划分施工段的原则确定划分施工段的数量，按结构的空间情况及施工过程的工艺要求确定需要划分的施工层数量，以便在平面上和层间组织连续均衡的流水施工。

（三）计算各施工过程在各施工段的流水节拍

流水节拍的大小可以反映出流水施工速度的快慢、节奏的强弱和资源消耗的多少，决定着流水施工组织方式和工期，必须进行合理地选择和计算。施工段和施工层划分之后，按计算流水节拍的要求，计算各施工过程在各施工段上的流水节拍。某些施工过程在不同施工层的工程量不等则可按其工程量分层计算。

（四）确定流水施工组织方式和成立专业施工队数目

根据各施工过程流水节拍的特征、施工工期要求和资源供应条件，确定流水施工的组织方式。然后按确定的流水施工组织方式，决定每一施工过程的专业工作队数量。成倍节拍流水施工组织方式，施工过程的专业施工队数目是按其流水节拍之间比例关系确定，其余三种流水施工组织方式均是每个施工过程成立一个专业施工队。

（五）确定施工顺序计算流水步距

根据施工方案和施工工艺要求确定各施工过程的施工顺序并按照不同的流水施工组织形式，采用相应的方法计算其流水步距。

（六）计算流水施工的工期

按流水施工组织形式和有关参数计算其流水施工工期。

（七）绘制施工进度表

按各施工过程的顺序、流水节拍、专业施工队数量和步距绘制施工进度表。实际施工时，应注意在某些主导施工过程中，一些穿插的和配合的施工过程也要适时地、合理地编入施工进度表中。例如，砖混结构主体砌筑流水施工中的安装门窗框、过梁和搭脚手架等施工过程，按砌筑施工过程的进度计划线，适时地将其进度计划线绘制出来。

第四节　工程进度控制方法

一、工程进度控制概述

（一）进度控制的概念

进度控制是监理人员的主要任务之一。不管进度计划的周密程度如何，其毕竟是人们的主观设想，在其实施的过程中，必然会因为新情况的产生、各种干扰因素和风险因素的作用而发生变化，使人们难以执行原定的进度计划。

施工项目进度控制是为实现预定的进度目标而进行的计划、组织、指挥、协调和控制等活动。即在限定的工期内，确定进度目标，编制出最佳的施工进度计划，在执行进度计划的施工过程中，经常检查实际施工进度，并不断地用实际进度与计划进度相比较，确定实际进度是否与计划进度相符，若出现偏差，便分析产生的原因和对工期的影响程度，找出必要的调整措施，修改原计划后再付诸实施，如此不断地循环，直至工程竣工验收。建设工程进度控制的最终目的是确保建设项目按预定的时间动用或提前交付使用，建设工程进度控制的总目标是建设工期。

（二）影响进度的因素

影响建设工程进度的不利因素有很多，应分析了解这些影响因素，并尽可能加以控制，通过有效的进度控制来弥补和减少这些因素产生的影响。影响施工进度的主要因素有以下几方面：

1. 参与单位和部门的影响

影响项目施工进度的单位和部门众多，包括建设单位、设计单位、总承包单位，以及施工单位上级主管部门、政府有关部门、银行信贷单位、资源物资供应部门等。只有做好有关单位的组织协调工作，才能有效地控制项目施工进度。

2. 业主因素

如业主使用要求改变而进行设计变更；应提供的施工场地条件不能及时提供或所提供的场地不能满足工程正常需要；不能及时向施工承包单位或材料供应商付款等。

3. 勘察设计因素

如勘察资料不准确，特别是地质资料错误或遗漏；设计内容不完善，规范应用不恰当，设计有缺陷或错误；设计对施工的可能性未考虑或考虑不周；施工图纸供应不及时、不配套，出现重大差错等。

4. 施工技术因素

如低估项目施工技术上的难度；采取的技术措施不当；没有考虑某些设计或施工问题的解决方法；对项目设计意图和技术要求没有全部领会；在应用新技术、新材料或新结构方面缺乏经验，盲目施工导致出现工程质量缺陷等技术施工。

5. 施工组织管理因素

如施工平面布置不合理；劳动力和机械设备的选配不当；流水施工组织不合理等。

6. 管理因素

如向有关部门提出各种申请审批手续的延误；合同签订时遗漏条款、表达失当；计划安排不周密，组织协调不力，导致停工待料、相关作业脱节；领导不力，指挥失当，使参加工程建设的各个单位、各个专业、各个施工过程之间交接、配合上发生矛盾等。

7. 自然环境因素

如复杂的工程地质条件；不明的水文气象条件；地下埋藏文物的保护、处理；洪水、地震、台风等不可抗力等。

8. 社会环境因素

如外单位临近工程施工干扰；节假日交通、市容整顿的限制；临时停水、停电、断路；以及在国外常见的法律及制度文化，经济制裁，战争、骚乱、罢工、企业倒闭等。

9. 材料、设备因素

如材料、构配件、机具、设备供应环节的差错，品种、规格、质量、数量、时间不能满足工程的需要；特殊材料及新材料的不合理使用；施工设备不配套，选型失当，安装失误，有故障等。

10. 资金因素

如有关方拖欠资金，资金不到位，资金短缺；汇率浮动和通货膨胀等。

二、实际进度与计划进度的比较方法

（一）横道图比较法

是指将项目实施过程中检查实际进度收集到的数据，经加工整理后直接用横道线平行绘于原计划的横道线处，进行实际进度与计划进度的比较方法。例如某工程项目基础工程的计划进度和截止到第9周末的实际进度如图9-15所示，其中双线条表示该工程计划进度，粗实线表示实际进度。从图中实际进度与计划进度的比较可以看出，到第9周末进行实际进度检查时，挖土方和做垫层两项工作已经完成；支模板按计划也应该完成，但实际只完成75%，任务量拖欠25%；绑扎钢筋按计划应该完成60%，而实际只完成20%，任务量拖欠40%。

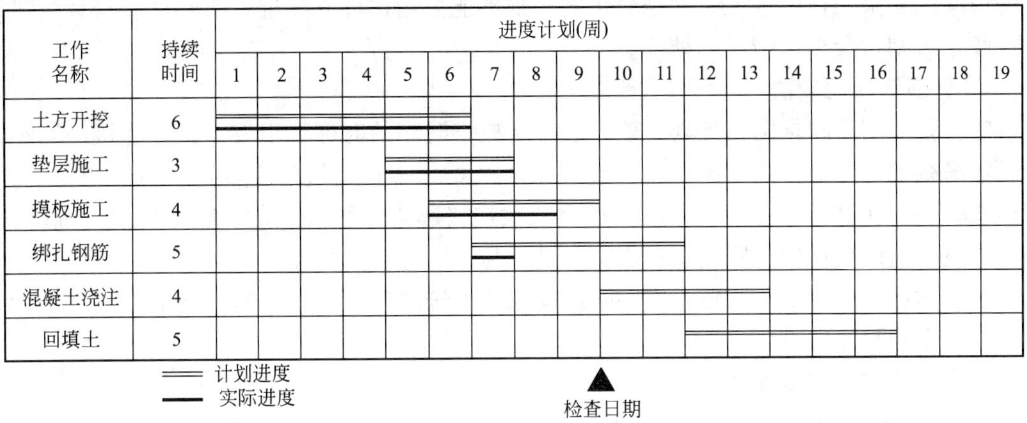

工作名称	持续时间	进度计划(周)																		
		1	2	3	4	5	6	7	8	9	10	11	12	13	14	15	16	17	18	19
土方开挖	6																			
垫层施工	3																			
摸板施工	4																			
绑扎钢筋	5																			
混凝土浇注	4																			
回填土	5																			

═══ 计划进度
━━━ 实际进度
▲ 检查日期

图 9-15　某基础工程实际进度与计划进度比较图

根据各项工作的进度偏差，进度控制者可以采取相应的纠偏措施对进度计划进行调整，以确保该工程按期完成。

图9-15所表达的比较方法仅适用于工程项目中的各项工作都是均匀进展的情况，即每项工作在单位时间内完成的任务量都相等的情况。事实上，工程项目中各项工作的进展不一定是匀速的。根据工程项目中各项工作的进展是否匀速，可分别采用以下两种方法进行实际进度与计划进度的比较。主要介绍匀速进展横道图比较法。

匀速进展是指在工程项目中，每项工作在单位时间内完成的任务量都是相等的，即工作的进展进度是均匀的。此时，每项工作累计完成的任务量与时间呈线性关系。完成的任务量可以用实物工程量、劳动消耗量或费用支出表示。为便于比较，通常用上述物理量的百分比表示。

采用匀速进展横道图比较法时，其步骤如下：

（1）编制横道图进度计划；

（2）在进度计划上标出检查日期；

（3）将检查收集到的实际进度数据经加工整理后按比例用涂黑的粗线标于计划进度的下方，如图9-16所示；

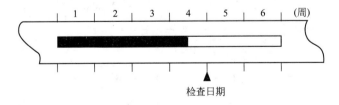

检查日期

图 9-16　匀速进展横道图比较图

（4）对比分析实际进度与计划进度：

1）如果涂黑的粗线右端落在检查日期左侧，表明实际进度拖后；

2）如果涂黑的粗线右端落在检查日期右侧，表明实际进度超前；

3）如果涂黑的粗线右端与检查日期重合，表明实际进度与计划进度一致。

必须指出，该方法仅适用于工作从开始到结束的整个过程中，其进展速度均为固定不变的情况。如果工作的进展速度是变化的，则不能采用这种方法进行实际进度与计划进度的比较；否则，会得出错误的结论。

（二）前锋线比较法

它主要适用于时标网络计划。该方法是从检查时刻的时标点出发，首先连接与其相邻的工作箭线的实际进度点，由此再去连接该箭线相邻工作箭线的实际进度点，依此类推，将检查时刻正在进行的工作实际进度点都依次连接起来，组成一条一般为折线的前锋线。按前锋线与箭线交点的位置判定工作实际进度与计划进度的偏差。简而言之，前锋线法就是通过实际进度前锋线，比较工作实际进度与计划进度偏差，进而判定该偏差对总工期及后续工作影响程度的方法。

前锋线比较法的步骤如下：

1. 绘制早时标网络计划图

实际进度前锋线是在早时标网络计划图上标志。为了反映清楚，需要图面上方和下方各设一时间坐标。如图 9-17 所示。

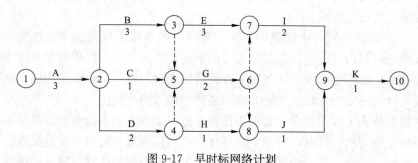

图 9-17 早时标网络计划

2. 绘制前锋线

一般从上方时间坐标的检查日绘起，依次连接相邻工作箭线的实际进度点，最后与下方时间坐标的检查日连接。如图 9-18 所示。

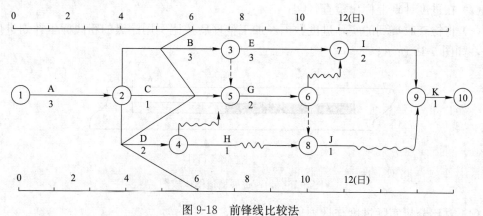

图 9-18 前锋线比较法

3. 比较实际进度与计划进度

前锋线明显地反映出检查日有关工作实际进度与计划进度的关系，有以下三种情况：

（1）工作实际进度点位置与检查日时间坐标相同，则该工作实际进度与计划进度一致；

（2）工作实际进度点位置在检查日时间坐标右侧，则该工作实际进度超前，超前天数为二者之差；

（3）工作实际进度点位置在检查日时间坐标左侧，则该工作实际进展拖后，拖后天数为二者之差。

（三）列表比较法

当工程进度计划用非时标网络图表示时，可以采用列表比较法进行实际进度与计划进度的比较。

这种方法是记录检查日期应该进行的工作名称及其已经作业的时间，然后列表计算有关时间参数，并根据工作总时差进行实际进度与计划进度比较的方法。

采用列表比较法进行实际进度与计划进度的比较，其步骤如下：

（1）对于实际进度检查日期应该进行的工作，根据已经作业的时间，确定其尚需作业时间；

（2）根据原进度计划计算检查日期应该进行的工作从检查日期到原计划最迟完成时尚余时间；

（3）计算工作尚有总时差，其值等于工作从检查日期到原计划最迟完成时间尚余时间与该工作尚需作业时间之差。

三、进度计划的调整方法

在对实施的进度计划分析的基础上，确定调整原计划的方法，一般有以下两种：

1. 改变某些工作间的逻辑关系

若实施中的进度产生的偏差影响了总工期，并且有关工作之间的逻辑关系允许改变，可以改变关键线路和超过计划工期的非关键线路上的有关工作之间的逻辑关系，达到缩短工期的目的。这种方法用起来效果是很显著的。例如可以把依次进行的有关工作改变为平行的或互相搭接的以及分成几个施工段进行流水施工的工作，都可以达到缩短工期的目的。

2. 缩短某些工作的持续时间

这种方法是不改变工作之间的逻辑关系，只是缩短某些工作的持续时间，而使施工进度加快，以保证实现计划工期的方法。这些被压缩持续时间的工作是位于因实际施工进度的拖延而引起总工期增长的关键线路和某些非关键线路上的工作。同时，这些工作又是可压缩持续时间的工作。这种方法通常可在网络图上直接进行。其调整方法视限制条件及对后续工作的影响程度的不同而有所区别，一般可分为以下两种情况：

（1）网络计划中某项工作进度拖延的时间在该项工作的总时差范围内和自由时差以外，若用 Δ 表示此项工作拖延的时间，则有：

$$FF < \Delta \leqslant TF$$

此时并不会对总工期产生影响，而只对后续工作产生影响。因此，在进行调整前，需确定后续工作允许拖延的时间限制，并以此作为进度调整的限制条件。后续工作在时间上产生的任何变化都可能使合同不能正常履行而使受损失的一方提出索赔。因此，寻找合理的调整方案，把对后续工作的影响减少到最低程度，是监理的一项重要工作。

（2）网络计划中某项工作进度拖延的时间在该项工作的总时差以外，若用 Δ 表示此项工作拖延的时间，则有：

$$\Delta > TF$$

此时，不管该工作是否为关键工作，这种拖延都对后续工作和总工期产生影响，其进度计划的调整方法又可分为以下三种情况：

1）项目总工期不允许拖延。只能通过缩短关键线路上后续工作的持续时间来保证总工期目标的实现。其实质是工期优化。

2）项目总工期允许拖延。此时只需以实际数据取代原始数据，并重新计算网络计划有关参数即可。

3）当总工期虽然允许拖延，但拖延的时间受到一定的限制。如果实际拖延的时间超过了此限制，也需要对网络计划进行调整，以便满足要求。

具体的调整方法是，以总工期的限制时间作为规定工期，并对还未实施的网络计划进行工期优化，即通过压缩网络计划中某些工作持续时间，来使总工期满足规定工期的要求。

四、施工阶段进度控制的工作内容

（一）施工阶段进度控制目标的确定

为了提高进度计划的预见性和进度控制的主动性，在确定施工进度控制目标时，必须全面细致地分析与工程项目进度有关的各种有利因素和不利因素。只有这样，才能订出一个科学、合理的进度控制目标。确定施工进度控制目标的主要依据有：工程建设总进度目标对施工工期的要求；工期定额、类似工程项目的实际进度；工程难易程度和工程条件的落实情况等。

在确定施工进度分解目标时，还要考虑以下各个方面：

（1）对于大型工程建设项目，应根据尽早提供可动用单元的原则，集中力量分期分批建设，以便尽早投入使用，尽快发挥投资效益。

（2）合理安排土建与设备的综合施工。要按照它们各自的特点，合理安排土建施工与设备基础、设备安装的先后顺序及搭接，交叉或平行作业，明确设备工程对土建工程的要求和土建工程为设备工程提供施工条件的内容及时间。

（3）结合本工程的特点，参考同类工程建设的经验来确定施工进度目标。避免只按主观愿望盲目确定进度目标，从而在实施过程中造成进度失控。

（4）保证物资供应能力和施工力量配备。物资（材料、构配件、设备）供应能力与施工进度需要的平衡工作，确保工程进度目标的要求而不使其落空。

（5）考虑外部协作条件的配合情况。包括施工过程中及项目竣工动用所需的水、电、气、通讯、道路及其他社会服务项目的满足程序和满足时间。它们必须与有关项目的进度目标相协调。

（6）考虑工程项目所在地区地形、地质、水文、气象等方面的限制条件。

（二）施工阶段进度控制的工作内容

监理工程师对工程项目的施工进度控制从审核承包单位提交的施工进度计划开始，直至工程项目保修期满为止，其工作内容主要有：

1. 编制施工阶段进度控制工作细则

施工进度控制工作细则的主要内容包括：

(1) 施工进度控制目标分解图；

(2) 施工进度控制的主要工作内容和深度；

(3) 进度控制人员的具体分工；

(4) 与进度控制有关各项工作的时间安排及工作流程；

(5) 进度控制的方法(包括进度检查日期、数据收集方式、进度报表格式、统计分析方法等)；

(6) 进度控制的具体措施(包括组织措施、技术措施、经济措施及合同措施等)；

(7) 施工进度控制目标实现的风险分析；

(8) 尚待解决的有关问题。

2. 编制或审核施工进度计划

对于大型工程项目，由于单项工程较多、施工工期长，且采取分期分批发包又没有一个负责全部工程的总承包单位时，监理工程师就要负责编制施工总进度计划；或者当工程项目由若干个承包单位平行承包时，监理工程师也有必要编制施工总进度计划。施工总进度计划应确定分期分批的项目组成；各批工程项目的开工、竣工顺序及时间安排；全场性准备工程，特别是首批准备工程的内容与进度安排等。

当工程项目有总承包单位时，监理工程师只需对总承包单位提交的施工总进度计划进行审核即可。而对于单位工程施工进度计划，监理工程师只负责审核而不管编制。

施工进度计划审核的内容主要有：

(1) 进度安排是否与施工合同相符，是否符合施工合同中开工、竣工日期的规定。

(2) 施工进度计划中的项目是否有遗漏，内容是否全面，分期施工的是否满足分期交工要求和配套交工要求。

(3) 施工顺序的安排是否符合施工工艺、施工程序的要求。

(4) 资源供应计划是否均衡并满足进度要求。劳动力、材料、构配件、设备及施工机具、水电等生产要素的供应计划是否能保证施工进度的实现，供应是否均衡、需求高峰期是否有足够能力实现计划供应。

(5) 总分包间的计划是否协调、统一。总包、分包单位分别编制的各项施工进度计划之间是否相协调，专业分工与计划衔接是否明确合理。

(6) 对实施进度计划的风险是否分析清楚并有相应的对策。

(7) 各项保证进度计划实现的措施是否周到、可行、有效。

3. 按年、季、月编制工程综合计划

在按计划期编制的进度计划中，监理工程师应着重解决各承包单位施工进度计划之间，施工进度计划与资源保障计划之间及外部协作条件的延伸性计划之间的综合平衡与相互衔接问题。并根据上期计划的完成情况对本期计划作必要的调整，从而作为承包单位近期执行的指令性计划。

4. 下达工程开工令

开工前总监理工程师组织召开有业主和承包单位参加的第一次工地会议。会议要审查施工单位的准备工作，如施工组织设计的编制情况、施工测量定位的审核情况，施工机械与物资的准备情况，有无专业分包、施工质量管理体系等。业主应按照合同规定，做好征地拆迁工作，及时提供施工用地。同时还应当完成法律及财务方面的手续，以便能及时向承包单位支付工程预付款。各种准备工作完成后，总监理工程师应经业主批准下达开工令。

5. 协助承包单位实施进度计划

监理工程师要随时了解施工进度计划执行过程中所存在的问题，并帮助承包单位予以解决，特别是承包单位无力解决的内外关系协调问题。

6. 监督施工进度计划的实施

这是工程项目施工阶段进度控制的经常性工作。监理工程师不仅要及时检查承包单位报送的施工进度报表和分析资料，同时还要进行必要的现场实地检查，核实所报送的已完项目时间及工程量，杜绝虚报现象。

监理工程师还应将检查情况与计划进度相比较，以判定实际进度是否出现偏差。如果出现进度偏差，监理工程师应进一步分析此偏差对进度控制目标的影响程度及其产生的原因，以便研究对策、提出纠偏措施。必要时还应对后期工程进度计划作适当的调整。

7. 审批工程延期

（1）工期延误

当出现工期延误时，监理工程师有权要求承包单位采取有效措施加快施工进度。如果经过一段时间后，实际进度没有明显改进，仍然拖后于计划进度，而且将影响工程按期竣工时，监理工程师应要求承包单位修改进度计划，并提交监理工程师重新确认。

（2）工程延期

如果由于承包单位以外的原因造成工期拖延，承包单位有权提出延长工期的申请。监理工程师应根据合同规定，审批工程延期时间。经监理工程师核实批准的工程延期时间，应纳入合同工期，作为合同工期的一部分。即新的合同工期应等于原定的合同工期加监理工程师批准的工程延期时间。

8. 向业主提供进度报告

监理工程师应随时整理进度资料，并做好工程记录，定期向业主提交工程进度报告。

思考题

1. 如何绘制横道图？并用实例说明。

2. 绘制网络图的步骤是什么？

3. 如何组织流水施工？

4. 什么是异节拍流水施工？

5. 监理工程师进行进度控制的工作内容是什么？

6. 如何审核进度计划？

第十章　工程造价控制

第一节　工程造价概念

一、工程造价的含义

1. 从投资者或业主的角度

建设工程造价是指有计划地建设某项工程，预期开支或实际开支的全部固定资产投资和流动资产投资（铺底流动资金）的费用总和。

2. 从市场供给主体的角度

建设工程造价是指为建设某项工程，预计或实际在土地市场、设备市场、技术劳务市场、承包市场等交易活动中，形成的工程承发包（交易）价格。

二、工程造价的计价种类

工程造价包括建设项目投资估算、设计概算、施工图预算、中标价或合同价格、工程结算价格、竣工决算价格等。

1. 投资估算

投资估算是指在项目建议书和可行性研究阶段，对拟建工程所需投资预先测算和确定的过程，估算出的价格称为估算造价。投资估算是决策、筹资和控制造价的主要依据。

2. 设计概算

设计概算是指在初步设计阶段，根据初步设计图纸，通过编制工程概算文件对拟建工程所需投资预先测算和确定的过程，计算出来的价格称为概算造价。概算造价较估算造价准确，受到估算造价的控制。

3. 施工图预算

施工图预算也称为设计预算，它是指在施工图设计阶段，根据施工图纸等，通过编制预算文件对拟建工程所需投资预先测算和确定的过程，计算出来的价格称为预算造价。预算造价较概算造价更为详尽和准确，它是编制招投标价格和进行工程结算等的重要依据，同样要受概算造价的控制。

4. 合同价格

合同价格是指在工程招投标阶段，根据工程预算价格，由招标方与竞争取胜的投标方签订工程承包合同时共同协商确定工程承发包价格的过程。根据招标投标法的要求，中标价往往就是合同价格。合同价格是工程结算的依据。

5. 工程结算价格

以合同价格为基础，根据设计变更与工程索赔等情况，通过编制工程结算书对已完施工价格进行确定的价格称为工程结算价。结算价是该结算工程部分的实际价格，是支付工程款项的凭据。

6. 竣工决算

竣工决算是指整个建设工程全部完工并经过验收以后，通过编制竣工决算书计算整个项目从立项到竣工验收、交付使用全过程中实际支付的全部建设费用、核定新增资产和考核投资效果的过程，计算出的价格称为竣工决算价。竣工决算价是整个建设工程的最终实际价格。

从以上内容可以看出，建设工程的计价过程是一个由粗到细、由浅入深，最终确定整个工程实际造价的过程，各计价过程之间是相互联系、相互补充、相互制约的关系，前者制约后者，后者补充前者。

三、工程造价的计价特点

建设工程造价具有单件性计价、多次性计价和按构成的分部组合计价等特点。

1. 单件性计价

建设工程是按照特定使用者的专门用途、在指定地点逐个建造的。每项建筑工程为适应不同使用要求，其面积和体积、造型和结构、装修与设备的标准及数量都会有所不同，而且特定地点的气候、地质、水文、地形等自然条件及当地政治、经济、风俗习惯等因素必然使建筑产品实物形态千差万别。再加上不同地区构成投资费用的各种生产要素（如人工、材料、机械）的价格差异，最终导致建设工程造价的千差万别。所以，建设工程和建筑产品不可能像工业产品那样统一地成批定价，而只能根据它们各自所需的物化劳动和劳动消耗量逐项计价，即单件计价。

2. 多次性计价

建设工程造价是一个随着工程不断展开而逐渐深化、逐渐细化和逐渐接近实际造价的动态过程，不是固定的、唯一的和静止的。工程建设的目的是为了节约投资、获取最大的经济效益，这就要求在整个工程建设的各个阶段依据一定的计价顺序、计价资料和计价方法分别计算各个阶段的工程造价，并对其进行监督和控制，以防工程费用超支。

3. 分部组合计价

建设工程造价包括从立项到竣工所支出的全部费用，组成内容十分复杂，只有把建设工程分解成能够计算造价的基本组成要素，再逐步汇总，才能准确计算整个工程造价。

第二节 工 程 造 价 构 成

一、我国现行工程造价（建设项目投资）的构成

我国现行工程造价（建设项目投资）的构成如图 10-1 所示。

建筑安装工程费用包括建筑工程费和安装工程费两部分。

建筑工程费用指建设项目设计范围内的建设场地平整、土石方工程费；各类房屋建筑及附属于室内的供水、供热、卫生、电气、燃气、通风空调、弱电、电梯等设备及管线工程费；各类设备基础、地沟、水池、冷却塔、烟囱烟道、水塔、栈桥、管架、挡土墙、围墙、厂区道路、绿化等工程费；铁路专用线、厂外道路、码头等工程费。安装工程费用指

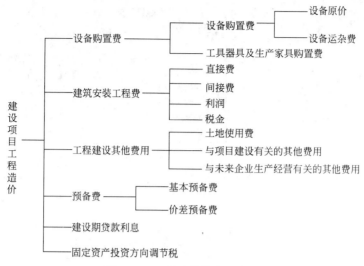

图 10-1 工程造价构成示意图

主要生产、辅助生产、公用等单项工程中需要安装的工艺、电气、自动控制、运输、供热、制冷等设备及装置安装工程费；各种工艺、管道安装及衬里、防腐、保温等工程费；供电、通信、自控等管线电缆的安装工程费。

根据住房和城乡建设部与财政部联合发布的《建筑安装工程费用项目组成》（建标2003-206)文件的规定，我国现行建筑安装工程费用构成(按造价形成划分)见图 10-2。

二、直接费

直接费由直接工程费和措施费组成。

1. 直接工程费

在施工过程中耗用的构成工程实体的各项费用，包括人工费、材料费、施工机械使用费。

（1）人工费：人工费是指直接从事建筑安装工程施工的生产工人开支的各项费用，内容包括基本工资、工资性补贴、生产工人辅助工资、职工福利费及劳动保护费

人工费的开支范围包括直接从事施工的生产工人，施工现场水平运输、垂直运输的工人，附属生产的工人和辅助生产的工人，但不包括材料采购和保管以及材料到达工地之前的运输装卸的工人、驾驶施工机械和运输工具的工人和现场管理费开支的人员。

1）基本工资：是指发放给生产工人的基本工资。

2）工资性补贴：是指按规定标准发放的物价补贴，煤、燃气补贴，交通补贴，住房补贴，流动施工津贴等。

3）生产工人辅助工资：是指生产工人年有效施工天数以外非作业天数的工资，包括职工学习、培训期间的工资，调动工作、探亲、休假期间的工资，因气候影响的停工工资，女工哺乳时间的工资，病假在 6 个月以内的工资及产、婚、丧假期的工资。

4）职工福利费：是指按规定标准计提的职工福利费。

5）生产工人劳动保护费：是指按规定标准发放的劳动保护用品的购置费及修理费，徒工服装补贴，防暑降温费，在有碍身体健康环境中施工的保健费用等。

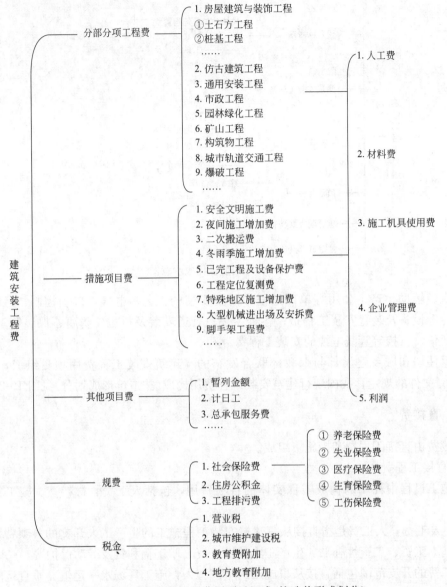

图 10-2 建筑安装工程费用项目组成(按造价形成划分)

(2)材料费:是指施工过程中耗费的构成工程实体的原材料、辅助材料、构配件、零件、半成品的费用。内容包括:

1)材料原价(或供应价格)。

2)材料运杂费,是指材料自来源地运至工地仓库或指定堆放地点所发生的全部费用。

3)运输损耗费:是指材料在运输装卸过程中不可避免的损耗。

4)采购及保管费:是指为组织采购、供应和保管材料过程中所需要的各项费用,包括采购费、仓储费、工地保管费、仓储损耗。

5)检验试验费:是指对建筑材料、构件和建筑安装物进行一般鉴定、检查所发生的费用,包括自设试验室进行试验所耗用的材料和化学药品等费用,不包括新结构、新材料的试验费和建设单位对具有出厂合格证明的材料进行检验,对构件做破坏性试验及其他特殊要求检验试验的费用。

（3）施工机械使用费：是指施工机械作业所发生的机械使用费以及机械安拆费和场外运费，施工机械台班单价应由下列 7 项费用组成：

1）折旧费：指施工机械在规定的使用年限内，陆续收回原值及购置资金的时间价值。

2）大修理费：指施工机械按规定的大修理间隔台班进行必要的大修理，以恢复其正常功能所需的费用。

3）经常修理费：指施工机械除大修理以外的各级保养和临时故障排除所需的费用，包括为保障机械正常运转所需替换设备与随机配备工具附具的摊销和维护费用，机械运转中日常保养所需润滑与擦拭的材料费用及机械停滞期间的维护和保养费用等。

4）安拆费及场外运费：安拆费指施工机械在现场进行安装与拆卸所需的人工、材料、机械和试运转费用以及机械辅助设施的折旧、搭设、拆除等费用；场外运费指施工机械整体或分体自停放地点运至施工现场或由一施工地点运至另一施工地点的运输、装卸、辅助材料及架线等费用。

5）人工费：指机上司机(司炉)和其他操作人员的工作日人工费及上述人员在施工机械规定的年工作台班以外的人工费。

6）燃料动力费：指施工机械在运转作业中所消耗的固体燃料(煤、木柴)、液体燃料(汽油、柴油)及水、电等。

7）养路费及车船使用税：指施工机械按照国家规定和有关部门规定应缴纳的养路费、车船使用税、保险费及年检费等。

2. 措施费

是指为完成工程项目施工，发生于该工程施工前和施工过程中非工程实体项目的费用。

内容包括：

（1）环境保护费：是指施工现场为达到环保部门要求所需要的各项费用。

（2）文明施工费：是指施工现场文明施工所需要的各项费用。

（3）安全施工费：是指施工现场安全施工所需要的各项费用。

（4）临时设施费：是指施工企业为进行建筑工程施工所必须搭设的生活和生产用的临时建筑物、构筑物和其他临时设施费用等。

临时设施包括：临时宿舍、文化福利及公用事业房屋与构筑物，仓库、办公室、加工厂以及规定范围内道路、水、电、管线等临时设施和小型临时设施。

临时设施费用包括：临时设施的搭设、维修、拆除费或摊销费。

（5）夜间施工费：是指因夜间施工所发生的夜班补助费、夜间施工降效、夜间施工照明设备摊销及照明用电等费用。

（6）二次搬运费：是指因施工场地狭小等特殊情况而发生的二次搬运费用。

（7）大型机械设备进出场及安拆费：是指机械整体或分体自停放场地运至施工现场或由一个施工地点运至另一个施工地点，所发生的机械进出场运输及转移费用及机械在施工现场进行安装、拆卸所需的人工费、材料费、机械费、试运转费和安装所需的辅助设施的费用。

（8）混凝土、钢筋混凝土模板及支架费：是指混凝土施工过程中需要的各种钢模板、木模板、支架等的支、拆、运输费用及模板、支架的摊销(或租赁)费用。

（9）脚手架费，是指施工需要的各种脚手架搭、拆、运输费用及脚手架的摊销(或租赁)费用。

(10)已完工程及设备保护费：是指竣工验收前，对已完工程及设备进行保护所需费用。

(11)施工排水、降水费：是指为确保工程在正常条件下施工，采取各种抽水、降水措施所发生的各种费用。

三、间接费

间接费由规费、企业管理费组成。

1. 规费

是指政府和有关权力部门规定必须缴纳的费用(简称规费)。各地区和各个时期的规定不尽相同，具体应查阅相关现行的文件规定。一般包括以下内容：

(1)工程排污费：是指施工现场按规定缴纳的工程排污费。

(2)工程定额测定费：是指按规定支付工程造价(定额)管理部门的定额测定费。目前有些省市已经取消此项收费。

(3)社会保障费。

1)养老保险费：是指企业按规定标准为职工缴纳的基本养老保险费。

2)失业保险费：是指企业按照国家规定标准为职工缴纳的失业保险费。

3)医疗保险费：是指企业按照规定标准为职工缴纳的基本医疗保险费。

(4)住房公积金：是指企业按规定标准为职工缴纳的住房公积金。

(5)危险作业意外伤害保险：是指按照建筑法规定，企业为从事危险作业的建筑安装施工人员支付的意外伤害保险费。目前有些省市已经取消此项收费。

2. 企业管理费

是指建筑安装企业组织施工生产和经营管理所需费用。内容包括：

(1)管理人员工资：是指管理人员的基本工资、工资性补贴、职工福利费、劳动保护费等。

(2)办公费：是指企业管理办公用的文具、纸张、账表、印刷、邮电、书报、会议、水电、烧水和集体取暖(包括现场临时宿舍取暖)用煤等费用。

(3)差旅交通费：是指职工因公出差、调动工作的差旅费、住勤补助费，市内交通费和误餐补助费，职工探亲路费，劳动力招募费，职工离退休、退职一次性路费，工伤人员就医路费，工地转移费以及管理部门使用的交通工具的油料、燃料、养路费及牌照费。

(4)固定资产使用费：是指管理和试验部门及附属生产单位使用的属于固定资产的房屋、设备仪器等的折旧、大修、维修或租赁费。

(5)工具用具使用费：是指管理使用的不属于固定资产的生产工具、器具、家具、交通工具和检验、试验、测绘、消防用具等的购置、维修和摊销费。

(6)劳动保险费：是指由企业支付离退休职工的易地安家补助费、职工退职金、6个月以上的病假人员工资、职工死亡丧葬补助费、抚恤费、按规定支付给离休干部的各项经费。

(7)工会经费：是指企业按职工工资总额计提的工会经费。

(8)职工教育经费：是指企业为职工学习先进技术和提高文化水平，按职工工资总额计提的费用。

(9)财产保险费：是指施工管理用财产、车辆保险。

(10)财务费：是指企业为筹集资金而发生的各种费用。

（11）税金：是指企业经营管理中按规定缴纳的税种，而不是纳入建安工程造价的三种税费。

（12）其他：包括技术转让费、技术开发费、业务招待费、绿化费、广告费、公证费、法律顾问费、审计费、咨询费等。

四、利润与税金

1. 利润

利润是指施工企业完成所承包的工程获得的盈利。

利润依据不同投资来源或不同工程类别，实行差别利润率。

2. 税金

按国家规定计入建筑安装工程造价内的营业税、城市建设维护税和教育费附加。

（1）营业税，《税法》规定以营业收入额为计税依据计算纳税，税率为3%。计算公式如下：

$$营业税＝计税营业额×3\%$$

计税营业额是指从事建筑、安装、修缮、装饰及其他工程作业取得的全部收入，还包括建筑、修缮、装饰工程所用原材料及其他物资和动力的价款。当安装的设备价值作为安装工程产值时，亦包括所安装设备的价款。但建筑安装工程总承包方将工程分包给他人的，其营业额中不包括付给分包方的价款。

（2）城市维护建设税。用于城市的公用事业和公共设施的维护建设，是以营业税额为基础的计税。因纳税人地点不同其税率分别为：纳税人所在地为市区，税率为7%；纳税人所在地为县城、建制镇，税率为5%；纳税人所在地不在市区、县城、建制镇，则税率为1%。计算公式如下：

$$城市维护建设税＝营业税额×规定税率$$

（3）教育费附加。建筑安装企业的教育费附加要与其营业税同时缴纳，以营业税额为基础计取，税率为3%。

将上述三种税率汇总并进行综合税率计算后得：

纳税人所在地在市区者综合税率为：3.413%

纳税人所在地在县镇者综合税率为：3.348%

纳税人所在地在农村者综合税率为：3.22%

五、设备及工、器具费用

设备及工、器具购置费用是由设备购置费和工具、器具及生产家具购置费组成的。在生产性工程建设中，设备及工、器具购置费用占工程造价比重的增大，意味着生产技术的进步和资本有机构成的提高。

1. 设备购置费的构成

设备购置费是指为建设项目购置或自制的达到固定资产标准的各种国产或进口设备、工具、器具的购置费用，它由设备原价和设备运杂费组成。

$$设备购置费＝设备原价＋设备运杂费$$

设备原价是指国产设备或进口设备的原价。国产设备原价一般指的是设备制造厂的交货价，及出厂价或订货合同价，它一般根据生产厂家或供应商的询价、报价、合同价确定，或采用一定的方法计算确定。国产设备原价分为国产标准设备原价和国产非标准设备原价。

设备运杂费是指除设备原价之外的关于设备采购、运输、途中包装及仓库保管等方面支出费用的总和。

2. 工具、器具及生产家具购置费

工具、器具及生产家具购置费是指新建或扩建项目初步设计规定的，保证初期正常生产必须购置的没有达到固定资产标准的设备、仪器、工卡模具、器具、生产家具和备品备件等的购置费用。一般以设备购置费为计算基数，按照相应费率计算。

工具、器具及生产家具购置费＝设备购置费×定额费率

六、工程建设其他费用

工程建设其他费用是指从工程筹建起到工程竣工验收交付使用止的整个建设期间，除建筑安装工程费用和设备及工、器具购置费用以外的，为保证工程建设顺利完成和交付使用后能够正常发挥效用而发生的各项费用。工程建设其他费用，按其内容大体可分为三类：土地使用费、与工程建设有关的其他费用、与未来企业生产经营有关的其他费用。

1. 土地使用费

建设单位为获得建设用地要取得土地使用权，为此而支付的费用就是土地使用费。土地使用费有两种形式，一是通过划拨方式取得土地使用权而支付的土地征用及拆迁补偿费；二是通过土地使用权出让方取得土地使用权而支付的土地使用权出让金。

2. 与工程建设有关的其他费用

与工程建设有关的其他费用，各部门与各地区的规定也不尽相同，一般主要包括建设单位管理费、勘察设计费、研究试验费、建设单位临时设施费、工程监理费、工程保险费、供电贴费、施工机构迁移费、引进技术和进口设备其他费用、工程承包费等。

（1）建设单位管理费

建设单位管理费是指建设单位为了进行建设项目的筹建、建设、试运转、竣工验收和项目后评估等全过程管理所需的各项管理费用。

（2）勘察设计费

勘察设计费是指委托有关咨询单位进行可行性研究、项目评估决策及设计文件等工作按规定支付的前期工作费用，或委托勘察、设计单位进行勘察、设计工作按规定支付的勘察设计费用，或在规定的范围内由建设单位自行完成有关的可行性研究或勘察设计工作所需的有关费用。

勘察设计费一般按照国家计委颁发的有关勘察设计的收费标准和有关规定进行计算，随着勘察设计招投标活动的逐步推行，这项费用也应结合建筑市场的具体情况进行确定。

（3）研究试验费

研究试验费是指为建设项目提供和验证设计参数、数据、资料等进行必要试验所需的费用以及设计规定在施工中必须进行试验和验证所需的费用，主要包括自行或委托其他部门研究试验所需的人工费、材料费、试验设备及仪器使用费等。该项费用一般根据设计单位针对本建设项目需要所提出的研究试验内容和要求进行计算。

（4）建设单位临时设施费

建设单位临时设施费是指建设单位在项目建设期间所需的有关临时设施的搭设、维

修、摊销或租赁费用。建设单位临时设施主要包括临时宿舍、文化福利和公用事业房屋、构筑物、仓库、办公室、加工厂、道路、水电等。该项费用，新建工程项目一般按照建筑安装工程费用的 1% 计算；改扩建工程项目一般可按小于建筑安装工程费用的 0.6% 计算。

（5）工程监理费

工程监理费是指建设单位委托监理单位对工程实施监理工作所需的各项费用。广泛推行建设工程监理制是我国工程建设领域管理体制的重大改革，其计费方法见第二章第三节内容。

（6）工程保险费

工程保险费是指建设项目在建设期间根据工程需要实施工程保险所需的费用，一般包括以各种建筑工程及其在施工过程中的物料、机器设备为保险标的的建筑工程一切险，以安装工程中的各种物料、机器设备为保险标的的安装工程一切险，以及机器损坏保险等所支出的保险费用。

该项费用一般根据不同的工程类别，按照其建筑安装工程费用乘以相应的建筑安装工程保险费率进行计算。

（7）供电贴费

供电贴费是建设单位申请用电或增加用电容量时，按照国家规定应向供电部门交纳，由供电部门统一规划并负责建设的 110kV 以下各级电压外部供电工程的建设、扩充、改建等费用的总称。

（8）施工机构迁移费

施工机构迁移费是指施工机构根据建设任务的需要，经建设项目主管部门批准成建制的由原驻地迁移到另一地区的一次性搬迁费用，一般适用于大中型的水利、电力、铁路和公路等需要大量人力、物力进行施工，施工时间较长、专业性较强的工程项目。在建筑工程领域没有此项。该项费用包括职工及随同家属的差旅费，调迁期间的工资和施工机械、设备、工具、用具、周转性材料等的搬运费，但不包括以下费用：

1）应由施工单位自行负担的，在规定范围内调动施工力量以及内部平衡施工力量所发生的迁移费用。

2）由于违反基建程序，盲目调迁施工队伍所发生的迁移费用。

3）因中标而引起的施工机构迁移所发生的迁移费用。

该项费用一般按照建筑安装费用的 0.5%～1% 进行计算。

（9）引进技术和进口设备其他费用

引进技术和进口设备其他费用是指本建设项目因引进技术和进口设备而发生的相关费用，主要包括以下费用：

1）出国人员费用。指为引进技术和进口设备派出人员在国外培训和进行设计联系，以及材料、设备检验等的差旅费、服装费、生活费等，一般按照设计规定的出国培训和工作的人数、时间、派往的国家，按财政部和外交部规定的临时出国人员费用开支标准进行计算。

2）国外工程技术人员来华费用。它是指为引进国外技术和安装进口设备等聘用国外工程技术人员进行技术指导工作所发生的技术服务费、工资、生活补贴、差旅费、住宿费、招待费等，一般按照签订合同所规定的人数、期限和有关标准进行计算。

3）技术引进费。指引进国外先进技术而支付的专利费、专有技术费、国外设计及技术资料费等，一般按照合同规定的价格进行计算。

4）担保费，指国内金融机构为买方出具保函的担保费，一般按照有关金融机构规定的担保费率进行计算。

5）分期或延期付款利息。指利用出口信贷引进技术或进口设备采取分期或延期付款的办法所支付的利息。

6）进口设备检验鉴定费。指进口设备按规定必须交纳的商品检验部门的进口设备检验鉴定费，一般按照进口设备货价的百分比计算。

（10）工程承包费

工程承包费是指具有工程总承包条件的公司对建设项目从开始到竣工投产全过程进行总承包所需要的管理费用，一般包括组织勘察设计、设备材料采购、非标设备设计制造与销售、施工招标、发包、工程预决算、项目管理、施工质量监督、隐蔽工程检查、工程验收和竣工投产等工作所发生的各项管理费用。该项费用一般按照国家主管部门或各地政府部门规定的工程承包费的取费标准，按照投资估算的百分比进行计算。不实行工程承包的项目不能计算本项费用。

3. 与未来企业生产经营有关的其他费用

该项费用主要包括联合试运转费、生产准备费、办公和生活家具购置费等。

（1）联合试运转费

联合试运转费是指新建或扩建工程项目竣工验收前，按照设计规定应进行有关无负荷和负荷联合试运转所发生的费用支出大于费用收入的差额部分费用。费用支出一般包括试运转所需的原料、燃料及动力费用，机械使用费用，低值易耗品及其他物品的购置费用，施工单位参加联合试运转人员的工资等，但不包括应由设备安装工程费开支的单台设备调试费和试车费用。费用收入一般包括联合试运转所生产合格产品的销售收入和其他收入等。该项费用一般可按照不同性质的项目需要试运转车间工艺设备购置费的百分比进行计算。

（2）生产准备费

生产准备费是指新建或扩建工程项目在竣工验收前为保证竣工交付使用而进行必要的生产准备所发生的有关费用。

（3）办公和生活家具购置费

办公和生活家具购置费是指为保证新建或扩建工程项目初期正常生产、使用和管理所必须购置的办公和生活家具、用具的费用。其范围包括办公室、会议室、资料室、食堂、宿舍、招待所和幼儿园等家具和用具购置费。该项费用一般按照设计定员人数乘以相应的综合指标进行估算。注意：改、扩建工程项目所需的办公和生活家具购置费应低于新建项目。

七、预备费、建设期贷款利息

1. 预备费

预备费包括基本预备费和价差预备费两部分费用。

（1）基本预备费。基本预备费是指在初步设计概算内难以预料的工程费用，主要包括：

1）在批准的初步设计范围内，技术设计、施工图设计及施工过程中所增加的工程费用；设计变更、局部地基处理等增加的费用。

2）一般自然灾害造成的损失和预防自然灾害所采取的措施费用，实行工程保险的工程项目费用应适当降低。

3）竣工验收时为鉴定工程质量，对隐蔽工程进行必要的挖掘和修复费用。

基本预备费一般用建筑安装工程费用、设备及工器具购置费和工程建设其他费用三者之和乘以基本预备费率进行计算。基本预备费率一般按照国家有关部门的规定执行。

（2）涨价预备费。涨价预备费也称为价差预备费，它是指建设项目在建设期内由于价格等变化引起工程造价变化的预留费用。其费用内容包括人工、设备、材料和施工机械的价差费，建筑安装工程费及工程建设其他费用调整，利率、汇率调整等所增加的费用。

2. 建设期贷款利息

建设期贷款利息指建设项目以负债形式筹集资金在建设期应支付的利息，包括向国内银行和其他非银行金融机构贷款、出口信贷、外国政府贷款、国际商业银行贷款以及在境内外发行的债券等在建设期内应偿还的借款利息。按照我国计算工程总造价的规定，在建设期支付的贷款利息也构成工程总造价的一部分。

建设期贷款利息一般按下式计算：

建设期每年应计利息＝（年初借款累计＋当年借款额）×年利率

八、固定资产投资方向调节税

为了贯彻国家产业政策，控制投资规模，引导投资方向，调整投资结构，加强重点建设，促进国民经济持续稳定协调发展，对在我国境内进行固定资产投资的单位和个人（不含中外合资经营企业、中外合作经营企业和外商独资企业）征收固定资产投资方向调节税。

九、经营项目铺底流动资金

经营项目铺底流动资金指经营性建设项目为保证生产和经营正常进行，按规定应列入建设项目总资金的铺底流动资金。它的估算对于项目规模不大且同类资料齐全的可采用分项估算法，其中包括劳动工资、原材料、燃料动力等部分；对于大项目及设计深度浅的可采用指标估算法。如一般加工工业项目多采用产值（或销售收入）进行估算；一些采掘工业项目常采用经营成本（或总成本）资金率进行估算，有些项目如火电厂按固定资产价值资金率进行估算。

第三节　工程造价的定额简介

一、定额的概念

定额是人们根据各种不同的需要，对某一事物规定的数量标准，是一种规定的额度。

建设工程定额是指在正常的施工条件和合理劳动组织、合理使用材料及机械的条件下，完成单位合格产品所必须消耗资源的数量标准，其中的资源主要包括在建设生产过程中所投入的人工、机械、材料和资金等生产要素。建设工程定额反映了工程建设投入与产出的关系，它一般除了规定的数量标准以外，还规定了具体的工作内容、质量标准和安全要求等。

"正常施工条件"是指绝大多数施工企业和施工队、班组，在合理组织施工的条件下所处的施工条件。施工条件一般包括：工人的技术等级是否与工作等级相符、工具与设备的种类和质量、工程机械化程度、材料实际需要量、劳动的组织形式、工资报酬形式、工作地点的组织和其准备工作是否及时、安全技术措施的执行情况、气候条件、劳动竞赛开展情况等。正常施工条件界定定额研究对象的前提条件，因为针对不同的自然、社会、经济和技术条件，完成单位建设工程产品的消耗内容和数量是不同的。

正常的施工条件应该符合有关的技术规范；符合正确的施工组织和劳动组织条件；符合已经推广的先进的施工方法，施工技术和操作。它是施工企业和施工队(班组)应该具备也能够具备的施工条件。

"合理劳动组织、合理使用材料和机械"是指应该按照定额规定的劳动组织条件来组织生产(包括人员、设备的配置和质量标准)，施工过程中应当遵守国家现行的施工规范、规程和标准等。

"单位合格产品"中的"单位"是指定额子目中所规定的定额计量单位，因定额性质的不同而不同。如预算定额一般以分项工程来划分定额子目，每一子目的计量单位因其性质不同而不同，砖墙、混凝土以"m³"为单位，钢筋以"t"为单位，门窗多以"m²"为单位。"合格"是指施工生产所完成的成品或半成品必须符合国家或行业现行的施工验收规范和质量评定标准的要求。"产品"指的是"工程建设产品"，称为工程建设定额的标定对象。不同的工程建设定额有不同的标定对象，所以，它是一个笼统的概念，即工程建设产品是一种假设产品，其含义随不同的定额而改变，它可以指整个工程项目的建设过程，也可以指工程施工中的某个阶段，甚至可以指某个施工作业过程或某个施工工艺环节。

由以上分析可以看出，建设工程定额不仅规定了建设工程投入产出的数量标准，同时还规定了具体的工作内容、质量标准和安全要求。

在理解上述工程建设定额概念时，还必须注意以下两个问题：

(1) 工程建设定额属于生产消费定额的性质。定额一般可以划分为生产性定额和非生产性定额两大类。其中，生产性定额主要是指在一定生产力水平条件下，完成单位合格产品所必需消耗的人工、材料、机械及资金的数量标准，它反映了在一定的社会生产力水平条件下的产品生产和生产消费之间的数量关系。工程建设是物质资料的生产过程，而物质资料的生产过程也是生产的消费过程。一个工程项目的建成，要消耗大量的人力、物力和资金。而工程建设定额所反映的，正是在一定的生产力发展水平条件下，完成工程建设中的某项产品与各种生产消费之间的特定的数量关系。

(2) 工程建设定额的定额水平，反映了当时的生产力发展水平。人们一般把定额所反映的资源消耗量的大小称为定额水平。定额水平受一定时期的生产力发展水平的制约。一般来说，生产力发展水平高，则生产效率高，生产过程中的消耗就少，定额所规定的资源消耗量应相应地降低，称为定额水平高；反之，生产力发展水平低，则生产效率低，生产过程中的消耗就多，定额所规定的资源消耗量应相应地提高，称为定额水平低。

二、定额在现代管理中的地位

(1) 定额是节约社会劳动、提高劳动生产率的重要手段。

(2) 定额是组织和协调社会化大生产的工具。

(3) 定额是宏观调控的依据。

(4) 定额在实现分配、兼顾效率与社会公平方面有巨大的作用。

三、工程建设定额的分类

1. 按定额反映的物质消耗性质分类

工程建设定额可分为劳动消耗定额、材料消耗定额及机械台班消耗定额三种形式。在工程建设领域，任何建设过程都要消耗大量人工、材料和机械。所以把劳动定额、材料消耗定额及机械台班消耗定额称为三大基本定额，它们是组成任何使用定额消耗内容的基础。三大基本定额都是计量性定额。

2. 按定额编制程序和用途分类

工程建设定额可分为施工定额、预算定额、概算定额、概算指标、投资估算指标。

工程建设定额的分类如图 10-3 所示。

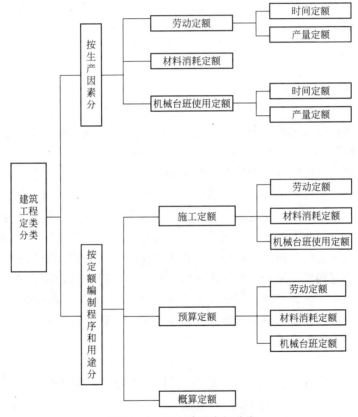

图 10-3 工程建设定额分类

施工定额是企业内部使用的定额，由劳动定额、材料消耗定额、机械台班消耗定额组成。它既是企业投标报价的依据，也是企业控制施工成本的基础。

预算定额是指在正常的施工条件下，为完成单位合格工程建设产品（结构件、分项工程）的施工任务所需人工、机械、材料消耗的数量标准。预算定额按照专业性质划分为建筑工程定额和安装工程定额两大类。

建筑工程概算定额，是指在正常的施工生产条件下，完成一定计量单位的工程建设产品（扩大结构构件或分部扩大分项工程）所需要的人工、材料、机械消耗数量和费用的标准。

概算指标以统计指标的形式反映工程建设过程中生产单位合格工程建设产品所需资源

消耗量的水平。它比概算定额更为综合和概括，通常是以整个建筑物和构筑物为对象，以建筑面积、体积或成套装置的台或组为计量单位，包括人工、材料和机械台班的消耗量标准和造价指标。

投资估算指标是编制建设项目建议书、可行性研究报告等前期工作阶段投资估算的依据，也可以作为编制固定资产长远规划投资额的参考。投资估算指标为完成项目建设的投资估算提供依据和手段，它在固定资产的形成过程中起着投资预测、投资控制、投资效益分析的作用，是合理确定项目投资的基础。

3. 按照管理权限和适用范围分类

工程建设定额可分为全国统一定额、地区统一定额、行业定额、企业定额、补充定额。

4. 按照投资的费用性质分类

工程建设定额可分建筑工程定额、设备安装工程定额、建筑安装工程费用定额、工程建设其他费用定额。

四、预算定额

（一）预算定额的概念和作用

1. 概念

预算定额是指在正常的施工条件下，为完成单位合格工程建设产品（结构件、分项工程）的施工任务所需人工、机械、材料消耗的数量标准。

预算定额按照专业性质划分为建筑工程定额和安装工程定额两大类。建筑工程预算定额按照适用对象划分为建筑工程预算定额（土建工程）、市政工程预算定额、房屋修缮工程预算定额、园林与绿化工程预算定额、公路工程预算定额与铁路工程预算定额等；安装工程定额按照适用对象划分为机械设备安装工程预算定额、电气设备安装工程预算定额、送电线路安装工程预算定额、通信设备安装工程预算定额，工艺管道安装工程预算定额、长距离输送管道安装工程预算定额、给排水采暖煤气安装工程预算定额、通风空调安装工程预算定额、自动化控制装置及仪表安装工程预算定额、工艺金属结构安装工程预算定额、窑炉砌筑工程预算定额、刷油绝热防腐蚀工程预算定额、热力设备安装工程预算定额、化学工业设备安装工程预算定额等。

2. 预算定额的作用

（1）预算定额是编制施工图预算、确定建筑安装工程造价的基础。

（2）预算定额是编制施工组织设计的依据。

（3）预算定额是工程结算的依据。

（4）预算定额是施工单位进行经济活动分析的依据。

（5）预算定额是编制概算定额的基础。

（6）预算定额是合理编制招标标底、投标报价的基础。

（二）预算定额人工消耗量的确定方法

预算定额中的人工消耗量是指在正常条件下，为完成单位合格产品的施工任务所必需的生产工人的人工消耗。一般以施工定额为基础确定。这是在施工定额的基础上，将预算定额标定对象所包含的若干个工作过程所对应的施工定额按施工作业的逻辑关系进行综合，从而得到预算定额的人工消耗量标准。

预算定额中的人工消耗量应该包括为完成分项工程所综合的各个工作过程的施工任务而在施工现场开展的各种性质的工作所对应的人工消耗，包括基本用工、辅助用工、超运距用工以及人工幅度差。

（三）机械台班消耗量的确定方法

预算定额中的机械台班消耗量是指在正常施工生产条件下，为完成单位合格产品的施工任务所必需消耗的某类某种型号施工机械的台班数量。它应该包括为完成该分部分项工程，或结构件所综合的各个工作过程的施工任务，而在施工现场开展的各种性质的机械操作所对应的机械台班消耗。一般来说，它由分部分项工程或结构件所综合的有关工作过程所对应的施工定额所确定的机械台班消耗量，以及施工定额与预算定额的机械台班幅度差组成。

1. 工序机械台班消耗量的确定

工序机械台班是指发生在分部分项工程或结构件施工过程中各工序作业过程上的机械消耗，由于各工序作业过程的生产效率受该分部分项工程或结构件的施工组织方案（例如施工技术方案、资源配置方案及分部分项工程的施工流程等）的影响较大，施工机械固有的生产能力不易充分发挥，考虑到施工机械在调度上的不灵活性，预算定额中综合工序机械台班消耗量的大小应根据具体的施工组织方案进行综合计算。

2. 机械台班幅度差的确定

机械台班幅度差是指预算定额规定的台班消耗量与相应的综合工序机械台班消耗量之间的数量差额。

大型机械幅度差系数一般为：土方机械 25％，打桩机械 33％，吊装机械 30％。其他分部工程中如钢筋加工、木材、水磨石等各项专用机械的幅度差为 10％。

预算定额的机械台班消耗量按下式计算：

预算定额机械耗用台班＝综合工序机械台班×（1＋机械幅度差系数）

（四）材料消耗量的确定

预算定额中的材料消耗量是指在正常施工生产条件下，为完成单位合格产品的施工任务所必需消耗的材料、成品、半成品、构配件及周转性材料的数量标准。从消耗内容看，包括为完成该分项工程或结构构件的施工任务必需的各种实体性材料（如标准砖、混凝土、钢筋等）的消耗和各种措施性材料（如模板、脚手架等）的消耗；从引起消耗的因素看，包括直接构成工程实体的材料净耗量、发生在施工现场该施工过程中材料的合理损耗量及周转性材料的摊销量。

预算定额中材料消耗量的确定方法与施工定额中材料消耗量的确定方法一样。但有一点必须注意，即预算定额中材料的损耗率与施工定额中材料的损耗率不同，预算定额中材料损耗率的损耗范围比施工定额中材料损耗率的损耗范围更广，它必须考虑整个施工现场范围内材料堆放、运输、制备、制作及施工操作过程中的损耗。

（五）预算定额单价的确定

预算定额单价即定额基价，其表现形式有分部分项工程直接费单价和综合费用单价两种形式。

（1）分部分项工程直接费单价。

分部分项工程直接费单价＝分部分项工程人工费＋材料费＋机械费

其中，人工费＝分部分项工程人工工日数×人工工日预算单价

$$材料费＝分部分项工程材料耗用量×材料预算单价$$

$$机械费＝分部分项工程机械台班耗用量×机械台班预算单价$$

（2）分部分项工程综合费用单价。

分部分项工程综合费用单价即在定额基价中除了直接费以外，还综合了其他费用，如综合了其他直接费、现场经费和间接费。

分部分项工程综合费用单价＝分部分项工程直接费＋其他直接费＋现场经费＋间接费

随着工程计价模式的改革，一些地方对工程价格的组成内容重新进行了划分和组合，综合费用的内容也各不相同，如《福建省建筑和装饰综合基价》（2002）中的定额基价属于综合费用单价，包括了人工费、机械费、材料费和综合费用、人工费附加等费用内容。

（六）工程单价与单位估价表

1. 工程单价的概念与性质

工程单价含义：所谓工程单价，一般是指单位假定建筑安装产品的不完全价格。通常是指建筑安装工程的预算单价和概算单价。

工程单价的用途有：

（1）确定和控制工程造价。

（2）利用编制统一性地区工程单价，简化编制预算和概算的工作量和缩短工作周期。同时也为投标报价提供依据。

（3）利用工程单价可以对结构方案进行经济比较，优选设计方案。

2. 分部分项工程单价的编制方法

（1）工程单价的编制依据

1）预算定额和概算定额。

2）人工单价、材料预算价格和机械台班单价。

3）现场经费、其他直接费和间接费的取费标准。

（2）工程单价的编制方法

1）预算单价法。预算单价法编制预算就是按照各地区单位估价表中各分项工程的预算单价，乘以相应的各分项工程的工程量，相加得到单位工程的定额直接费，再以其为基础计算其他直接费、现场经费、间接费、利润和税金，四项费用相加即可得到单位工程预算价格。

2）实物单价法。实物单价法编制预算就是先用计算出的各分项工程的实物工程量分别套用预算定额的人、机、材消耗量，相加汇总得出单位工程所需的各种人工、机械、材料的消耗量，然后分别乘以当地此时的人机材的实际单价，求得人工费、机械费和材料费，再汇总求和并以其为基础计算出其他直接费、现场经费、间接费、利润和税金。这四项费用相加即求和得到单位工程预算价格。

3）综合单价法（部分费用单价法）。综合单价法综合了建筑工程预算费用中的一部分费用，如福建省综合定额中的综合基价综合了直接费和管理费。这种方法在目前被我国大部分地区采用。

4）全费用单价法。应该说，全费用单价也是综合单价的一种，它包含了建筑工程造价中的全部费用，它是国际上比较常用的一种清单报价编制方法。对于全费用单价，应当按照工程所在地和企业的具体情况，按照企业自身的实际消耗和工程使用人机材的实际价格等，详细计算整个工程中每一项可能发生的费用，然后进行单价分析（或单价分解），即对工程量清单上所列的各分项工程单价的分析、计算和确定。这一单价不仅包含分项工程的直接费，还应包含各项摊销费用，其中存在一定的分摊技巧，还必须在投标策略的指导下进行。

第四节 工程造价的工程量清单计价方法

一、工程量清单的概念

工程量清单是指建设工程的分部分项工程项目、措施项目、其他项目、规费项目和税金项目的名称和相应数量等的明细清单。它又分为招标工程量清单和已标价工程量清单。招标工程量清单是指招标人依据国家标准、招标文件、设计文件以及施工现场实际情况编制的，随招标文件发布供投标报价的工程量清单。已标价工程量清单是指构成合同文件组成部分的投标文件中已标明价格，经算术性错误修正（如有）且承包人已确认的工程量清单，包括对其的说明和表格。

工程量清单由分部分项工程量清单、措施项目清单、其他项目清单、规费项目清单、税金项目清单组成。招标工程量清单、招标控制价、投标报价、工程价款结算等工程造价文件的编制与核对均应采用工程量清单计价方式。

二、工程量清单的编制

房屋建筑与装饰工程的工程量清单的编制应依照《建设工程工程量清单计价规范》GB 50500—2013 和《房屋建筑与装饰工程工程量计算规范》GB 50854—2013 的规定执行。

房屋建筑与装饰工程涉及电气、给水排水、消防等安装工程的项目，按照国家标准《通用安装工程工程量计算规范》GB 50856—2013 的相应项目执行；涉及小区道路、室外给排水等工程的项目，按国家标准《市政工程工程量计算规范》GB 50857—2013 的相应项目执行。采用爆破法施工的石方工程按照国家标准《爆破工程工程量计算规范》GB 50862—2013 的相应项目执行。

1. 工程量清单的项目编码设置

工程量清单的项目设置规则是为了统一工程量清单项目名称、项目编码、计量单位和工程量计算而制定的，是编制工程量清单的依据。

项目编码应按《房屋建筑与装饰工程工程量计算规范》GB 50854—2013 规定执行，一至九位应按规范的附录规定设置，十至十二位应根据拟建工程的工程量清单项目名称设置，同一招标工程的项目编码不得有重码。

各位数字的含义是：一、二位为专业工程代码（01—房屋建筑与装饰工程；02—仿古建筑工程；03—通用安装工程；04—市政工程；05—园林绿化工程；06—矿山工程；07—构筑物工程；08—城市轨道交通工程；09—爆破工程。以后进入国标的专业工程代码以此类推）；三、四位为附录分类顺序码；五、六位为分部工程顺序码；七、八、九位为分项工程项目名称顺序码；如石方工程中的挖沟槽石方前九位为：010102002，前两位 01 是指房屋建筑与装饰工程；三四位为 01 是指附录 A（附录 B 则为 02，以此类推）；五六位为 02 是指附录 A 中的第二项石方工程（第三项则为 03，以此类推）。十至十二位为清单项目名称顺序码。当同一标段（或合同段）的一份工程量清单中含有多个单位工程且工程量清单是以单位工程为编制对象时，在编制工程量清单时应特别注意对项目编码十至十二位的设置不得有重码的规定。例如一个标段（或合同段）的工程量清单中含有三个单位工程，每一单位工程中都有项目特征相同的实心砖墙砌体，在工程量清单中又需反映三个不同单位工程的实心砖墙砌体工程量时，则第一个单位工程的实心砖墙的项目编码应为 010401003001，第二个单位工程的实心砖墙的项目编码应为 010401003002，第三个单位工程的实心砖墙的项目编码应为 010401003003，并分别列出各单位工程实心砖墙的工程量。

编制工程量清单出现附录中未包括的项目，编制人应作补充，并报省级或行业工程造价管理机构备案，省级或行业工程造价管理机构应汇总报住房和城乡建设部标准定额研究所。补充项目的编码由《房屋建筑与装饰工程工程量计算规范》GB 50854—2013 的代码 01 与 B 和三位阿拉伯数字组成，并应从 01B001 起顺序编制，同一招标工程的项目不得重码。工程量清单中需附有补充项目的名称、项目特征、计量单位、工程量计算规则、工程内容。

2. 项目名称

分部分项工程量清单的项目名称应按《建设工程工程量清单计价规范》GB 50500—2013 附录的项目名称结合拟建工程的实际确定。项目名称如有缺项，编制人可按相应的原则进行补充，并报当地工程造价管理部门备案。

3. 项目特征

工程量清单的项目特征是确定一个清单项目综合单价不可缺少的重要依据。项目特征是对项目的准确描述，是影响价格的因素，是设置具体清单项目的依据。项目特征按不同的工程部位、施工工艺或材料品种、规格等分别列项。在编制工程量清单时，必须对项目特征进行准确和全面的描述。但有些项目特征用文字往往又难以准确和全面的描述清楚。因此，为达到规范、简捷、准确、全面描述项目特征的要求，在描述工程量清单项目特征时应按以下原则进行。

（1）项目特征描述的内容应按《计价规范》附录中的规定，结合拟建工程的实际，能满足确定综合单价的需要。

（2）若采用标准图集或施工图纸能够全部或部分满足项目特征描述的要求，项目特征描述可直接采用详见××图集或××图号的方式。对不能满足项目特征描述要求的部分，仍应用文字描述。

4. 计量单位

计量单位应采用基本单位，除各专业另有特殊规定外，均按以下单位计量：

① 以重量计算的项目——吨或千克（t 或 kg）；

② 以体积计算的项目——立方米（m^3）；

③ 以面积计算的项目——平方米（m^2）；

④ 以长度计算的项目——米（m）；

⑤ 以自然计量单位计算的项目——个、套、块、樘、组、台……；

⑥ 没有具体数量的项目——系统、项……。

每一项目汇总工程量的有效位数应遵守下列规定：

① 以"t"为单位，应保留三位小数，第四位小数四舍五入；

② ①以"m^3"、"m^2"、"m"、"kg"为单位，应保留两位小数，第三位小数四舍五入；

③ 以"个"、"项"等为单位，应取整数。

5. 工程内容

工程内容是指完成该清单项目可能发生的具体工序或操作内容，可供确定清单项目价格参考，也是对项目特征的补充或说明，明确清单项目的工作内容有助于避免重复计价或遗漏。如编码为010404008的填充墙其项目特征包括：砖品种、规格、强度等级；墙体类型及砂浆强度等级、配合比等，它的工作内容则包括：砂浆制作、运输、砌砖、装填充料、刮缝、材料运输等。

6. 工程数量的计算

分部分项工程量清单中所列工程量应按《房屋建筑与装饰工程工程量计算规范》GB 50854—2013附录中规定的工程量计算规则计算。工程量计算规则是指对清单项目工程量的计算规定。如编码为010101004的挖基坑土方，其工程量计算规则为：①房屋建筑按设计图示尺寸以基础垫层底面积乘以挖土深度计算。②构筑物按最大水平投影面积乘以挖土深度(原地面平均标高至坑底高度)以体积计算。

除另有说明外，所有清单项目的工程量应以实体工程量为准，并以完成后的净值计算；投标人投标报价时，应在单价中考虑施工中的各种损耗和需要增加的工程量。

三、工程量清单计价的基本原理

工程量清单计价的基本过程可以描述为：在统一的工程量计算规则的基础上，制定工程量清单项目设置规则，根据具体工程的施工图纸计算出各个清单项目的工程量，再根据各种渠道所获得的工程造价信息和经验数据计算得到工程造价。

工程量清单计价的编制过程可以分为两个阶段：先结合工程实际和规范确定工程量清单格式，再根据企业自身所掌握的各种信息、资料和市场行情，结合企业定额编制得出的。

分部分项工程费＝∑分部分项工程量×分部分项工程单价

其中分部分项工程单价由人工费、材料费、机械费、管理费、利润等组成，并考虑风险费用。

措施项目费＝∑措施项目工程量×措施项目综合单价

其中措施项目包括通用项目、建筑工程措施项目、安装工程措施项目和市政工程措施项目，措施项目综合单价的构成与分部分项工程单价构成类似。

其他项目费＝暂列金额＋暂估价＋计日工＋总承包服务费。

单位工程报价＝分部分项工程费＋措施项目费＋其他项目费＋规费＋税金

单项工程报价＝∑单位工程报价

建设项目总报价＝∑单项工程报价

四、工程量清单计价方法

（一）招标工程量清单

招标工程量清单是工程量清单计价的基础，应作为编制招标控制价、投标报价、计算工程量、工程索赔等的依据之一

工程量清单应由分部分项工程量清单、措施项目清单、其他项目清单、规费项目清单、税金项目清单组成。

1. 分部分项工程量清单

分部分项工程量清单应根据相关工程现行国家计量规范规定的项目编码、项目名称、

项目特征、计量单位和工程量计算规则进行编制。并应载明项目编码、项目名称、项目特征、计量单位和工程量。

2. 措施项目清单

措施项目清单应根据《房屋建筑与装饰工程工程量计算规范》GB 50854—2013 的规定编制。涉及其他专业时应根据相应专业的工程计量规范执行。

措施项目清单应根据拟建工程的实际情况列项。

3. 其他项目清单

其他项目清单应按照后面所列内容列项：暂列金额；暂估价（包括材料暂估单价、工程设备暂估单价、专业工程暂估价）；计日工和总承包服务费。

暂列金额应根据工程特点，按有关计价规定估算。

暂估价中的材料、工程设备暂估价应根据工程造价信息或参照市场价格估算；专业工程暂估价应分不同专业，按有关计价规定估算。

计日工应列出项目和数量。

4. 规费项目清单

规费项目清单应按照后列内容列项：工程排污费；社会保障费（包括养老保险费、失业保险费、医疗保险费）；住房公积金和工伤保险。

5. 税金项目清单

税金项目清单应包括：营业税；城市维护建设税和教育费附加。

（二）招标控制价

国有资金投资的工程建设项目应实行工程量清单招标，招标人应编制招标控制价。

投标人的投标报价高于招标控制价的，其投标应予以拒绝。

招标控制价应在招标时公布，不应上调或下浮，招标人应将招标控制价及有关资料报送工程所在地工程造价管理机构备查。

1. 招标控制价编制依据

招标控制价应根据下列依据编制与复核：

① 《建设工程工程量清单计价规范》GB 50500—2013；

② 国家或省级、行业建设主管部门颁发的计价定额和计价办法；

③ 建设工程设计文件及相关资料；

④ 拟定的招标文件及招标工程量清单；

⑤ 与建设项目相关的标准、规范、技术资料；

⑥ 施工现场情况、工程特点及常规施工方案；

⑦ 工程造价管理机构发布的工程造价信息；工程造价信息没有发布的，参照市场价；

⑧ 其他的相关资料。

2. 分部分项工程费

分部分项工程费应根据拟定的招标文件中的分部分项工程量清单项目的特征描述及有关要求计价，并应符合下列规定：

① 综合单价中应包括拟定的招标文件中要求投标人承担的风险费用。拟定的招标文件没有明确的，应提请招标人明确。

② 拟定的招标文件提供了暂估单价的材料和工程设备，按暂估的单价计入综合单价。

3. 措施项目费

措施项目费应根据拟定的招标文件中的措施项目清单列项。

措施项目清单应采用综合单价计价。

措施项目清单中的安全文明施工费应按照国家或省级、行业建设主管部门的规定计价，不得作为竞争性费用。

4. 其他项目费

其他项目费应按下列规定计价：

① 暂列金额应按招标工程量清单中列出的金额填写；

② 暂估价中的材料、工程设备单价应按招标工程量清单中列出的单价计入综合单价；

③ 暂估价中的专业工程金额应按招标工程量清单中列出的金额填写；

④ 计日工应按招标工程量清单中列出的项目根据工程特点和有关计价依据确定综合单价计算；

⑤ 总承包服务费应根据招标工程量清单列出的内容和要求估算。

（三）投标报价

投标人应按招标工程量清单填报价格。项目编码、项目名称、项目特征、计量单位、工程量必须与招标工程量清单一致。投标人可根据工程实际情况结合施工组织设计，对招标人所列的措施项目进行增补。投标报价不得低于工程成本。

招标工程量清单与计价表中列明的所有需要填写的单价和合价的项目，投标人均应填写且只允许有一个报价。未填写单价和合价的项目，视为此项费用已包含在已标价工程量清单中其他项目的单价和合价之中。竣工结算时，此项目不得重新组价予以调整。

投标总价应当与分部分项工程费、措施项目费、其他项目费和规费、税金的合计金额一致。

1. 投标报价的编制依据

投标报价应根据下列依据编制和复核：

①《建设工程工程量清单计价规范》GB 50500—2013；

② 国家或省级、行业建设主管部门颁发的计价办法；

③ 企业定额，国家或省级、行业建设主管部门颁发的计价定额；

④ 招标文件、工程量清单及其补充通知、答疑纪要；

⑤ 建设工程设计文件及相关资料；

⑥ 施工现场情况、工程特点及拟定的投标施工组织设计或施工方案；

⑦ 与建设项目相关的标准、规范等技术资料；

⑧ 市场价格信息或工程造价管理机构发布的工程造价信息；

⑨ 其他的相关资料。

2. 分部分项工程费

分部分项工程费应依据招标文件及其招标工程量清单中分部分项工程量清单项目的特征描述确定综合单价计算，并应符合下列规定：

① 综合单价中应考虑招标文件中要求投标人承担的风险费用。

② 招标工程量清单中提供了暂估单价的材料和工程设备，按暂估的单价计入综合单价。

3. 措施项目费

措施项目费应根据招标文件中的措施项目清单及投标时拟定的施工组织设计或施工方

案按要求自主确定。措施项目清单应采用综合单价计价。

4. 其他项目费

其他项目费应按下列规定报价：

① 暂列金额应按招标工程量清单中列出的金额填写；

② 材料、工程设备暂估价应按招标工程量清单中列出的单价计入综合单价；

③ 专业工程暂估价应按招标工程量清单中列出的金额填写；

④ 计日工应按招标工程量清单中列出的项目和数量，自主确定综合单价并计算计日工总额；

⑤ 总承包服务费应根据招标工程量清单中列出的内容和提出的要求自主确定。

第五节 施工阶段工程造价控制

一、资金使用计划的编制

编制按时间进度的资金使用计划，通常可利用控制项目进度的网络图进一步扩充而得。即在建立网络图时，一方面确定完成某项施工活动所花的时间，另一方面也要确定完成这一工作的合适的支出预算。在实践中，将工程项目分解为既能方便地表示时间，又能方便地表示支出预算的活动是不容易的，通常如果项目分解程度对时间控制合适的话，则对支出预算分配过细，以致不可能对每项活动确定其支出预算，反之亦然。因此在编制网络计划时应妥善处理好这一点，既要考虑时间控制对项目划分的要求，又要考虑确定支出预算对项目划分的要求。

通过对项目进行活动分解，进而编制网络计划。利用确定的网络计划便可计算各项活动的最早开工以及最迟开工时间，获得项目进度计划的甘特图。在甘特图的基础上便可编制按时间进度划分的投资支出预算。

时间—投资累计曲线的绘制步骤如下：

（1）确定工程进度计划，编制进度计划的甘特图。

（2）根据每单位时间内完成的实物工程量或投入的人力、物力和财力，计算单位时间（月或旬）的投资，在时标网络图上按时间编制投资支出计划。

（3）计算规定时间 t 计划累计完成的投资额，其计算方法为：各单位时间计划完成的投资额累加求和，可按下式计算：

$$Q_t = \sum q_n \quad (n=1, t)$$

式中 Q_t——某时间 t 计划累计完成投资额；

　　q_n——单位时间的计划完成投资额；

　　t——某个规定的计划时间。

（4）按各规定时间的 Q 值，绘制 S 形曲线。

二、工程的计量

（一）工程计量的原则

按照住房和城乡建设部与国家工商行政管理总局颁布的《建设工程施工合同（示范文

本）》GF—2013—0201，工程量计量按照合同约定的工程量计算规则、图纸及变更指示等进行计量。工程量计算规则应以相关的国家标准、行业标准等为依据，由合同当事人在专用合同条款中约定。

除专用合同条款另有约定外，工程量的计量按月进行。

（二）单价合同的计量程序

《建设工程施工合同（示范文本）》GF—2013—0201 的通用条件规定，单价合同的计量按照下列程序进行：

（1）承包人应于每月 25 日向监理人报送上月 20 日至当月 19 日已完成的工程量报告，并附具进度付款申请单、已完成工程量报表和有关资料。

（2）监理人应在收到承包人提交的工程量报告后 7 天内完成对承包人提交的工程量报表的审核并报送发包人，以确定当月实际完成的工程量。监理人对工程量有异议的，有权要求承包人进行共同复核或抽样复测。承包人应协助监理人进行复核或抽样复测，并按监理人要求提供补充计量资料。承包人未按监理人要求参加复核或抽样复测的，监理人复核或修正的工程量视为承包人实际完成的工程量。

（3）监理人未在收到承包人提交的工程量报表后的 7 天内完成审核的，承包人报送的工程量报告中的工程量视为承包人实际完成的工程量，据此计算工程价款。

（三）总价合同的计量程序

《建设工程施工合同（示范文本）》GF—2013—0201 的通用条件规定，总价合同的计量按照下列程序进行：

（1）承包人应于每月 25 日向监理人报送上月 20 日至当月 19 日已完成的工程量报告，并附具进度付款申请单、已完成工程量报表和有关资料。

（2）监理人应在收到承包人提交的工程量报告后 7 天内完成对承包人提交的工程量报表的审核并报送发包人，以确定当月实际完成的工程量。监理人对工程量有异议的，有权要求承包人进行共同复核或抽样复测。承包人应协助监理人进行复核或抽样复测并按监理人要求提供补充计量资料。承包人未按监理人要求参加复核或抽样复测的，监理人审核或修正的工程量视为承包人实际完成的工程量。

（3）监理人未在收到承包人提交的工程量报表后的 7 天内完成复核的，承包人提交的工程量报告中的工程量视为承包人实际完成的工程量。

（4）总价合同采用支付分解表计量支付的，应按照支付分解表进行支付。

（四）工程计量的方法

监理工程师一般只对如下三方面的工程项目进行计量：工程量清单中的全部项目；合同文件中规定的项目；工程变更项目。

1. 均摊法

所谓均摊法，就是对清单中某些项目的合同价款，按合同工期平均计量。如：为监理工程师提供宿舍和一日三餐，保养测量设备，保养气象记录设备，维护工地清洁和整洁等。这些项目都有一个共同的特点，即每月均有发生。所以可以采用均摊法进行计量支付。例如：保养气象记录设备，每月发生的费用是相同的，如本项合同款额为 2000 元，合同工期为 20 个月，则每月计量、支付的工作量为：2000 元/20 月＝100 元/月。

2. 凭据法

所谓凭据法，就是按照承包商提供的凭据进行计量支付。如提供建筑工程险保险费、提供第三方责任险保险费、提供履约保证金等项目，一般按凭据法进行计量支付。

3. 估价法

所谓估价法，就是按合同文件的规定，根据监理工程师估算的已完成的工程价值支付。如为监理工程师提供办公设施和生活设施，为监理工程师提供用车，为监理工程师提供测量设备、天气记录设备、通信设备等项目。这类清单项目往往要购买几种仪器设备，当承包商对于某一项清单项目中规定购买的仪器设备不能一次购进时，则需采用估价法进行计量支付。其计量过程如下：①按照市场的物价情况，对清单中规定购置的仪器设备分别进行估价。②按下式计量支付金额：

$$F = A \times B/D$$

式中　F——计算支付的金额；

　　　A——清单所列该项的合同金额；

　　　B——该项实际完成的金额（按估算价格计算）；

　　　D——该项全部仪器设备的总估算价格。

从上式可知：①该项实际完成金额 B 必须按估算各种设备的价格计算，它与承包商购进的价格无关。②估算的总价与合同工程量清单的款额无关。当然，估价的款额与最终支付的款额无关，最终支付的款额总是合同清单中的款额。

4. 断面法

断面法主要用于取土坑或填筑路堤土方的计量。对于填筑土方工程，一般规定计量的体积为原地面线与设计断面所构成的体积。采用这种方法计量，在开工前承包商需测绘出原地形的断面，并需经监理工程师检查，作为计量的依据。

5. 图纸法

在工程量清单中，许多项目都采取按照设计图纸所示的尺寸进行计量。如混凝土构筑物的体积，钻孔桩的桩长等。按图纸进行计量的方法，称为图纸法。

6. 分解计量法

所谓分解计量法，就是将一个项目，根据工序或部位分解为若干子项。对完成的各子项进行计量支付。这种计量方法主要是为了解决一些包干项目或较大的工程项目的支付时间过长，影响承包商的资金流动。

三、支付的审查

（一）支付周期

1. 按月支付

即实行月末按实际工程量及完成的产值进行计算，扣除应扣款项，每月支付一次，竣工后清算的办法。

2. 竣工后一次结算支付

建设项目或单项工程全部建筑安装工程建设期在 12 个月以内，或者工程承包合同价值在 100 万元以下的，可以实行工程价款预支，竣工后一次结算。

3. 分段结算支付

也可约定按照工程形象进度，划分不同阶段进行结算。如：

（1）工程开工后，按工程合同造价拨付 15%；

（2）工程基础完成后，拨付 15%；

（3）工程主体完成后，拨付 35%；

（4）工程竣工验收后，拨付 25%；

（5）保修期结束后，拨付 10%；

（二）进度付款申请单的编制

进度付款申请单一般应包括下列内容：

（1）截至本次付款周期已完成工作对应的金额；

（2）应增加和扣减的工程变更金额；

（3）约定应支付的预付款和扣减的返还预付款；

（4）应扣减的质量保证金；

（5）应增加和扣减的索赔金额；

（6）对已签发的进度款支付证书中出现错误的修正，应在本次进度付款中支付或扣除的金额；

（7）根据合同约定应增加和扣减的其他金额。

（三）进度款审核和支付

（1）监理人应在收到承包人进度付款申请单以及相关资料后 7 天内完成审查并报送发包人，发包人应在收到后 7 天内完成审批并签发进度款支付证书。发包人逾期未完成审批且未提出异议的，视为已签发进度款支付证书。

发包人和监理人对承包人的进度付款申请单有异议的，有权要求承包人修正和提供补充资料，承包人应提交修正后的进度付款申请单。监理人应在收到承包人修正后的进度付款申请单及相关资料后 7 天内完成审查并报送发包人，发包人应在收到监理人报送的进度付款申请单及相关资料后 7 天内，向承包人签发无异议部分的临时进度款支付证书。存在争议的部分，按照合同争议解决的约定方法处理。

（2）发包人应在进度款支付证书或临时进度款支付证书签发后 14 天内完成支付，发包人逾期支付进度款的，应按照中国人民银行发布的同期同类贷款基准利率支付违约金。

（3）发包人签发进度款支付证书或临时进度款支付证书，不表明发包人已同意、批准或接受了承包人完成的相应部分的工作。

（四）工程变更的审查

由于施工过程周期长、涉及的经济关系和法律关系复杂、受自然条件和客观因素影响多，导致项目的实际情况与招、投标时的情况相比会发生一些变化。为有效地控制工程造价，应制定设计变更、现场签证管理制度，明确变更签证的权限范围，实行"分级控制、限额签证"，监理人要协助业主单位及时解决好设计不完善的问题等，以防因此引起工期延误和承包商索赔。在施工过程中如果发生设计变更，将对施工进度等产生很大的影响，监理人应从项目的功能要求、质量、工期、造价等方面审查工程变更方案，尤其对影响工程造价的重大设计变更，更要用先算账后变更的方法解决，及时收集、整理有关的施工和监理资料，为处理费用索赔提供证据。因此，应尽量减少设计变更，如果必须对设计进行变更，设计变更应尽量提前，变更发生得越早损失越小，反之就越大。

（五）材料价格的了解

加强管理材料、设备的采购供应，控制住材料价格。材料费用是构成工程造价的主要因素。据测算，一般建筑工程造价中材料费用占 60%～70% 左右。由此可见，选用材料是否经济合理，对降低造价起着十分关键的作用。为此，我们在保证材料合格的前提下，应努力争取最低价，及时掌握建材市场价格变化规律，制定材料价格的管理措施，建立一个能及时反馈、灵活可靠、四通八达的信息网络。对资金占用额大、采购较困难的大宗材料给予重点管理，使材料总费用降到最低水平。提前做好材料供应计划，掌握市场行情，争取在材料价格波动的低谷时购进材料。

四、工程竣工结算审查阶段的工程造价控制

工程竣工结算阶段，对招标工程来说，主要是审核其工程量是否正确，单价的套用是否合理，费用的计取是否准确。

1. 竣工图的审查控制

审核工程量之前应先审查竣工图，按规定，竣工图是反映工程真实面目的图纸，所有的修改和增加都应反映在竣工图上。监理单位应根据施工图结合隐蔽签证、设计修改通知单和设计变更协商单、现场签证等进行审查竣工图，认真核实每一项工程变更是否真正实施，审查是否按图纸及合同规定全部完成工作，是否有丢、漏项工程。要严格控制竣工图的质量，竣工图要监理审图、签字、盖章，以防施工单位在竣工图上弄虚作假。

2. 工程量的审核控制

工程量是工程造价计算的基础，工程量的准确程序是影响竣工结算的重要因素之一。竣工结算时，监理人员不仅要熟练掌握工程量的计算规则，还应对整个工程的设计和施工有系统的认识。竣工图上的工程量包括三部分，一是未修改的部分，这部分则直接计算工程量即可；二是修改部分，如果是施工前修改的则直接计算修改后的工程量，如果是施工后修改的则应先计算原图纸及其拆除工程量，然后再计算修改后的工程量；三是增加部分，则直接计算其增加工程量。

3. 计取各项费用的审核控制

审核竣工结算是否符合合同条款、招投标文件，结算是否按定额和工程量计算规则以及造价主管部门定期发布的当地材料调价系数进行编制。

思考题

1. 工程量清单和工程量清单计价的概念是什么？
2. 工程量清单项目是如何设置的？
3. 简述业主和承包商工程量清单计价条件下工程数量的区别？
4. 简述建设项目的投资构成。
5. 什么是预算定额？
6. 预算定额人工消耗量包括哪些内容？
7. 简述材料预算价格的概念及主要内容？

第十一章　招投标与合同管理

第一节　工程招标与投标

一、招标投标的法律制度

（一）招标范围

下列工程建设项目包括勘察、设计、施工、监理及与工程建设有关的重要设备、材料采购等必须进行招标：

（1）大型基础设施，公用事业等公共利益和安全的项目；

（2）全部或者部分使用国有资金投资或国家融资的项目；

（3）使用国际组织或外国政府贷款援助资金项目。

（二）招标方式

邀请招标——以投标邀请书的方式邀请特定的单位投标（3家以上）；

公开招标——以招标公告的方式邀请不特定的单位投标（不得以不合理的条件排斥任何人）。

（三）招标投标的要求

招标的条件是项目经过审批和足够的资金。招标的施行有两种方式：一是招标人自行招标，条件是具有编制招标文件和评标能力，并且要向主管部门备案。二是委托招标代理机构进行，招标代理机构要有招标代理资质。

招标文件应根据项目特点和需要，招标的技术要求，资格审查要求、报价要求、评标标准、合同的主要条件等所有实质性的要求。发出招标文件至投标截止日期之间最短不得少于20d。

在截止日期前，投标文件送达后要签收，不得开启。在截止时间和预定地点公开开标。少于3个有效投标人要重新招标。在截止日期前投标文件可以修改、补充、撤回。

评标小组5人以上的单数，专家的人数要占2/3以上，提交评标报告和合格的中标候选人，小组名单在确定中标结果之前要保密。

中标通知一旦发出，招标人改变中标结果或中标人放弃中标项目，要承担法律责任。

二、招标的程序

招标是招标人选择中标人并与其签订合同的过程，而投标则是投标人力争获得实施合同的竞争过程，招标人和投标人均需遵循招标投标法律和法规的规定进行招标投标活动。按照招标人和投标人参与程度，可将招标过程概括划分成招标准备阶段、招标投标阶段和决标成交阶段。

（一）招标准备阶段主要工作

招标准备阶段的工作由招标人单独完成，投标人不参与。主要工作包括以下几个方面。

1. 工程报建

建设项目的立项文件获得批准后，招标人需向建设行政主管部门履行建设项目报建手续。只有报建申请批准后，才可以开始项目的建设。报建时应交验的文件资料包括：立项批准文件或年度投资计划；固定资产投资许可证；建设工程规划许可证和资金证明文件。

2. 选择招标方式

（1）根据工程特点和招标人的管理能力确定发包范围。

（2）依据工程建设总进度计划确定项目建设过程中的招标次数和每次招标的工作内容，如监理招标、设计招标、施工招标、设备供应招标等。

（3）根据每次招标前准备工作的完成情况，选择合同的计价方式。如施工招标时，已完成施工图设计的中小型工程，可采用总价合同；若为初步设计完成后的大型复杂工程，则应采用估计工程量单价合同。

（4）依据工程项目的特点、招标前准备工作的完成情况、合同类型等因素的影响程度，最终确定招标方式。

3. 申请招标

招标人向建设行政主管部门办理申请招标手续。申请招标文件应说明：招标工作范围；招标方式；计划工期；对投标人的资质要求；招标项目的前期准备工作的完成情况；自行招标还是委托代理招标等内容。

4. 编制招标有关文件

招标准备阶段应编制好招标过程中可能涉及的有关文件，保证招标活动的正常进行。包括：招标广告、资格预审文件、招标文件、合同协议书，以及资格预审和评标的方法。

（二）招标阶段的主要工作内容

公开招标时，从发布招标公告开始，若为邀请招标，则从发出投标邀请函开始，到投标截止日期为止的期间称为招标投标阶段。在此阶段，招标人应做好招标的组织工作，投标人则按招标有关文件的规定程序和具体要求进行投标报价竞争。招标人应当合理确定投标人编制投标文件所需的时间，自招标文件开始发出之日起到投标截止日止，最短不得少于20d。

1. 发布招标公告

招标公告的作用是让潜在投标人获得招标信息，以便进行项目筛选，确定是否参与竞争。招标公告或投标邀请函的具体格式可由招标人自定，内容一般包括：招标单位名称；建设项目资金来源；工程项目概况和本次招标工作范围的简要介绍；购买资格预审文件的地点、时间和价格等有关事项。

2. 资格预审

对潜在投标人进行资格审查，主要考察该企业总体能力是否具备完成招标工作所要求的条件。公开招标时设置资格预审程序，一是保证参与投标的法人或其他组织在资质和能力等方面能够满足完成招标工作的要求；二是通过评审优选出综合实力较强的一批申请投标人，再请他们参加投标竞争，以减小评标的工作量。

资格预审须知中明确列出投标人必需满足的最基本条件，可分为一般资格条件和强制性条件两类。

3. 招标文件

招标人根据招标项目特点和需要编制招标文件，它是投标人编制投标文件和报价的依据，因此应当包括招标项目的技术要求、对投标人资格审查的标准(邀请招标的招标文件内需写明)、投标报价要求和评标标准等所有实质性要求和条件，以及拟签订合同的主要条款。国家对招标项目的技术、标准有规定的，应在招标文件中提出相应要求。招标项目如果需要划分标段、有工期要求时，也需在招标文件中载明。招标文件通常分为投标须知、合同条件、技术规范、图纸和技术资料、工程量清单几大部分内容。

4. 现场考察

招标人在投标须知规定的时间组织投标人自费进行现场考察。设置此程序的目的，一方面让投标人了解工程项目的现场情况、自然条件、施工条件以及周围环境条件，以便于编制投标书；另一方面也是要求投标人通过自己的实地考察确定投标的原则和策略，避免合同履行过程中他以不了解现场情况为理由推卸应承担的合同责任。

5. 标前会议

投标人研究招标文件和现场考察后会以书面形式提出某些质疑问题，招标人可以及时给予书面解答，也可以留待标前会议上解答。如果对某一投标人提出的问题给予书面解答时，所回答的问题必须发送给每一位投标人以保证招标的公开和公平，但不必说明问题的来源。回答函件作为招标文件的组成部分，如果书面解答的问题与招标文件中的规定不一致，以函件的解答为准。

(三)决标成交阶段的主要工作内容

从开标日到签订合同这一期间称为决标成交阶段，是对投标书进行评审比较，最终确定中标人的过程。

1. 开标

公开招标和邀请招标均应举行开标会议，体现招标的公平、公正和公开原则。

2. 评标

评标是对各投标书优劣的比较，以便最终确定中标人，由评标委员会负责评标工作。

3. 定标

确定中标人前，招标人不得与投标人就投标价格、投标方案等实质性内容进行谈判。招标人应该根据评标委员会提出的评标报告和推荐的中标候选人确定中标人，也可以授权评标委员会直接确定中标人。

第二节 合同的订立

一、合同的概念

合同作为一种协议，其本质是一种合意，必须是两个以上意思表示一致的民事法律行为。因此，合同的缔结必须由双方当事人协商一致才能成立。合同当事人作出的意思表示必须合法，这样才能具有法律约束力。建设工程合同也是如此。双方订立的合同即使是协商一致的，也不能违反法律、行政法规，否则合同就是无效的。

合同中所确立的权利义务，必须是当事人依法可以享有的权利和能够承担的义务，这是合同具有法律效力的前提。在建设工程合同中，发包人必须有已经合法立项的项目，承包人必须具有承担承包任务的相应的能力。如果在订立合同的过程中有违法行为，当事人不仅达不到预期的目的，还应根据违法情况承担相应的法律责任。

二、《合同法》的概念和基本原则

《合同法》是调整平等主体的自然人、法人、其他组织之间在设立、变更、终止合同时所发生的社会关系的法律规范总称。

1. 平等自愿原则

当事人无论是有什么身份，其在合同关系中相互之间的法律地位是平等的，都是独立的，享有平等主体资格的合同当事人。合同当事人通过协商，自愿确立和调整相互间的权利关系。签订合同是一种民事法律行为，除法律强制性的规定外，均应由当事人自愿约定。

2. 公平、诚实信用原则

在订立合同过程中，应遵循平等互利、协商一致的原则，满足地位平等、权利平等、意志平等的要求。当事人有订立或不订立合同的自由。任何一方不得把自己的意志强加给对方，更不得胁迫对方签订合同，任何单位和个人不得非法干预合同的订立。

3. 遵守法律、维护社会公共利益原则

合同的签订不仅是"私事"，有时也会涉及公共利益。当事人不应把自愿原则绝对化，自愿是以遵守法律、不损害社会共同利益为前提。只有遵守合同法、依法办事，才能更好地体现和保护当事人在合同订立履行过程中的自愿原则。

4. 依法成立的合同对当事人具有约束力的原则

当事人应当按照合同的约定履行各自的义务，非依法律规定或者取得相对人的同意，不得擅自变更或者解除合同；如果不履行合同义务或者履行合同义务不符合规定，必须承担违约责任或者受到法律制裁。

三、《合同法》构成

《合同法》由总则、分则和附则三部分组成。总则包括以下 8 章：一般规定、合同的订立、合同的效力、合同的履行、合同的变更和转让、合同的权利义务终止、违约责任、其他规定。分则按照合同标的的特点分为 15 类。

四、合同的分类

《合同法》分则部分将合同分为 15 类：买卖合同；供用电、水、气、热力合同；赠予合同；借款合同；租赁合同；融资租赁合同；承揽合同；建设工程合同；运输合同；技术合同；保管合同；仓储合同；委托合同；经纪合同；居间合同。

五、合同当事人的主体资格

合同是平等主体的自然人、法人、其他经济组织（称为"当事人"）之间设立、变更、终止民事权利义务关系的协议。

合同的主体范围较宽，可以是法人，也可以是自然人或其他组织，可以是中国的，也可以是外国的。合同的标的，也就是合同中权利义务关系所指向的对象，包括货物、行为、财产（货币资金或有价证券）和智力成果，合同在内容上应是关于财产关系即民事债权和债务关系的协议，而不是人身关系的协议，这是《合同法》的要求。对涉及婚姻、收养、监护等有关身份关系的协议，适用其他法律的规定。

所谓法人，是指具有民事权利能力和民事行为能力并依法享有民事权利和承担民事义务的组织。企业、机关、事业单位、社会团体等组织，只要符合法定条件的都可成为法人。法人的本质是法律对一个社会组织的人格化，它是相对于自然人而言的。法人成立的必备条件有四个：

（1）依法成立。法人必须是按照法定程序成立的社会组织，并得到国家机关的登记、注册和认可。企业法人的注册机关是国家工商行政机关；事业法人的注册机关是上级政府主管机关；社团法人的注册机关是民政管理机关。

（2）有独立支配的财产和经费。法人必须要具有独立支配权的或独立所有权的财产和活动经费。这是保证法人能独立进行经济活动、承担经济责任和享有经济权利的物质基础。法人没有独立支配的财产，或者让法人从事超出自己财产范围之外的生产经营活动，不利于市场经济秩序的稳定。

企业法人还必须是实行自负盈亏、独立经营和独立核算的社会组织。如工厂的车间、企业或事业单位的职能部门则不能成为法人。

（3）有自己的名称、组织机构和场所。法人要有自己的正式名称以标明自己的身份。法人是法律上的人格化的社会组织，是一个有机结合的整体，所以法人必须设有一定的组织机构。在对外、对内活动中，法人的常设领导机构或法定代表人依据法律和法人组织的章程行使管理权和履行职责。固定的场所是法人享有权利和承担义务的先决条件之一。在办理法人登记时，必须要申明自己的法人名称、组织机构、联系地址、开户银行等，否则注册机关将不予注册。

（4）能够独立承担民事责任。即法人对自己的法律行为所产生的法律后果承担全部法律责任，法人的分支机构或所属的经济实体不能履行义务时，该法人组织承担连带责任。比如签订经济合同，在经营管理中出现了亏损，以及在经济活动中欠了债务等，都要由法人负责。

六、合同的主要内容

合同的内容，是指由合同当事人约定的合同条款。当事人订立合同，其目的就是要设立、变更、终止民事权利义务关系，必然涉及彼此之间具体的权利和义务，因此，当事人只有对合同内容具体条款协商一致，合同方可成立。

《合同法》第12条规定：合同的内容由当事人约定，一般包括以下条款：

（1）当事人的名称或者姓名和住所；

（2）标的；

（3）数量；

（4）质量；

（5）价款或者报酬；

（6）履行期限、地点和方式；

（7）违约责任；

（8）解决争议的方法。

当事人可以参照各类合同的示范文本订立合同。

关于合同一般条款的法理解释如下：

（1）当事人的名称或者姓名

当事人的名称或者姓名，是指法人和其他组织的名称，住所是指它们的主要办事机构所在地。

（2）标的

标的，是指合同当事人双方权利和义务共同指向的事物，即合同法律关系的客体。标的可以是货物、劳务、工程项目或者货币等。依据合同种类的不同，合同的标的也各有不同。例如，买卖合同的标的是货物；建筑工程合同的标的是工程建设项目；货物运输合同的标的是运输劳务；借款合同的标的是货币；委托合同的标的是委托人委托受托人处理委托事务等。

标的是合同的核心，它是合同当事人权利和义务的焦点。尽管当事人双方签订合同的主观意向各有不同，但最后必须集中在一个标的上。因此，当事人双方签订合同时，首先要明确合同的标的，没有标的或者标的不明确，必然会导致合同无法履行，甚至产生纠纷。

（3）数量

数量，是计算标的的尺度。它把标的定量化，以便确立合同当事人之间的权利和义务的量化指标，从而计算价款或报酬。国家颁布了《在我国统一实行法定计量单位和命令》。根据该命令的规定，签订合同时，必须使用国家法定计量单位，作到计量标准比、规范化。如果计量单位不统一，一方面会降低工作效率，另一方面也会因发生误解而引起纠纷。

（4）质量

质量，是标的物内在特殊物质属性和一定的社会属性，是标的物性质差异的具体特征。它是标的物价值和使用价值的集中表现，并决定着标的物的经济效益和社会效益，还直接关系到生产的安全和人身的健康等。因此，当事人签订合同时，必须对标的物的质量作出明确的规定。标的物的质量，可按国际标准、国家标准、行业标准、地方标准、企业标准签订；如果标的物是没有上述标准的新产品时，可按企业新产品鉴定的标准（如产品说明书、合格证载明的），写明相应的质量标准。

（5）价款或者报酬

价款，通常是指当事人一方为取得对方出让的标的物，而支付给对方一定数额的货币；报酬，通常是指当事人一方为对方提供劳务、服务等，从而向对方收取一定数额的货币报酬。

（6）履行期限、地点和方式

履行期限，是指当事人交付标的和支付价款或报酬的日期，也就是依据合同的约定，权利人要求义务人履行义务的请求权发生的时间。合同的履行期限，是一项重要条款，当事人必须写明具体的履行起止日期，避免因履行期限不明确而产生纠纷。倘若合同当事人在合同中没有约定履行期限，只能按照有关规定处理。

履行地点，是指当事人交付标的和支付价款或报酬的地点。它包括标的的交付、提取地点；服务、劳务或工程项目建设的地点；价款或报酬结算的地点等。合同履行地也是一项重要条款，它不仅关系到当事人实现权利和承担义务的发生地，还关系到人民法院受理合同纠纷案件的管辖地问题。因此，合同当事人双方签订合同时，必须将履行地点写明，并且要写得具体、准确，以免发生差错而引起纠纷。

履行方式，是指合同当事人双方约定以哪种方式转移标的物和结算价款。履行方式应视所签订合同的类别而定。例如，买卖货物、提供服务、完成工作合同，其履行方式均有所不同。此外在某些合同中还应当写明包装、结算等方式，以利合同的完善履行。

（7）违约责任

违约责任，是指合同当事人约定一方或双方不履行或不完全履行合同义务时，必须承担的法律责任。违约责任包括支付违约金、偿付赔偿金以及发生意外事故的处理等其他责任。法律有规定责任范围的按规定处理；法律没有规定责任范围的，由当事人双方协商办理。

违约责任条款是一项十分重要而又往往被人们忽视的条款，它对合同当事人往常履行具有法律保障作用，是一项制裁性条款，因而对当事人履行合同具有约束力。当事人签订合同时，必须写明违约责任。否则，有关主管机关不予登记、公证机构不予公证。

（8）解决争议的方法

解决争议的方法，是指合同当事人选择解决合同纠纷的方式、地点等。根据我国法律的有关规定，当事人解决合同争议时，实行"或裁或审制"，即当事人可以在合同中约定选择仲裁机构或人民法院解决争议；当事人可以就仲裁机构或诉讼的管辖机关的地点进行议定选择。当事人如果在合同中既没有约定仲裁条款，事后又没有达成新的仲裁协议，那么，当事人只能通过诉讼的途径解决合同纠纷，因为起诉权是当事人的法定权利。

七、合同的订立

当事人订立合同，采用要约、承诺方式。合同的成立需要经过要约和承诺两个阶段，这是民法学界的共识，也是国际合同公约和世界各国合同立法的通行做法。建设工程合同的订立同样需要通过要约、承诺。

1. 要约

要约是希望和他人订立合同的意思表示。提出要约的一方为要约人，接受要约的一方为受要约人。要约应当具有以下条件：①内容具体确定；②表明经受要约人承诺，要约人接受该意思表示约束。具体地讲，要约必须是特定人的意思表示，必须是以缔结合同为目的。要约必须是对相对人发出的行为，必须由相对人承诺，虽然相对人的人数可能为不特定的多数人。另外，要约必须具备合同的一般条款。

2. 承诺

承诺是受要约人作出的同意要约的意思表示。

承诺具有以下条件：

承诺必须由受要约人作出。非受要约人向要约人作出的接受要约的意思表示是一种要约而非承诺。

承诺只能向要约人作出。非要约对象向要约人作出的完全接受要约意思的表示也不是承诺，因为要约人根本没有与其订立合同的愿意。

承诺的内容应当与要约的内容一致。但是，近年来，国际上出现了允许受要约人对要约内容进行非实质性变更的趋势。受要约人对要约的内容作出实质性变更的，视为新要约。有关合同标的、数量、质量、价款和报酬、履行期限和履行地点和方式、违约责任和解决争议方法等的变更，是对要约内容的实质性变更。承诺对要约的内容作出非实质性变更的，除要约人及时反对或者要约表明不得对要约内容作任何变更以外，该承诺有效，合同以承诺的内容为准。

承诺必须在承诺期限内发出。超过期限，除要约人及时通知受要约人该承诺有效外，为新要约。

在建设工程合同的订立过程中，招标人发出中标通知书的行为是承诺。因此，作为中标通知书必须由招标人向投标人发出，并且其内容应当与招标文件、投标文件的内容一致。

八、合同订立中的代理

在合同的订立与履行过程中，法人的权利能力是由法人的职能范围或服务经营范围来决定的，而法人的职权是通过法人代表的行为来实现的。法人代表是指具有法人资格的单位的法定代表人，只有法定代表人才能代表公司进行生产经营活动，参与招标投标，签订经济合同等。总工程师、总经济师、总会计师不是法人代表，未经法人代表授权，是不能代表法人进行经营活动的，在工业生产和经营过程中，经济关系涉及各个方面，工作繁多，不可能事事都由法人代表亲自处理，法人代表可委托其他人（或组织）代行处理，即代理。

代理，是指代理人以被代理人的名义，并在授权范围内向第三人作出意思表示或接受第三人的意思表示，其法律后果直接归属于被代理人的法律行为。

代理具有以下四个基本特征：

（1）代理活动本身是一种法律行为；

（2）代理人是以被代理人的名义实施民事法律行为；

（3）代理人进行民事活动时，在授权范围内独立地表现自己意志；

（4）代理人的代理行为所产生的法律后果直接由被代理人负责。

第三节 合同的效力

一、合同生效

（一）合同生效的概念及法律规定

合同生效，是指合同当事人依据法律规定经协商一致，取得合意，双方订立的合同即发生法律效力。

《合同法》第 44 条规定："依法成立的合同，自成立时生效。法律、行政法规规定应当办理批准、登记等手续生效的，依照其规定。"

合同成立是合同生效的前提条件；合同生效是合同成立的必然结果。因此，合同成立和合同生效是两个相对独立的概念。两者之区别主要表现在以下四个方面：第一，合同成立是解决合同是否存在的问题，而合同生效是解决合同效力的问题；第二，合同成立的效力与合同生效的效力不同，合同成立以后，当事人不得对自己的要约与承诺任意撤回，而合同生效以后当事人必须按照合同的约定履行，否则，应承担违约责任；第三，合同不成立的后果仅仅表现为当事人之间产生的民事赔偿责任，一般为缔约过失责任。而合同无效的后果除了承担民事责任之外，还可能应承担行政或刑事责任；第四，合同不成立，仅涉及合同当事人之间的合同问题，当未形成合同时，不会引起国家行政干预。而对于合同无效问题，如果属于合同内容违法时，即使当事人不作出合同无效的主张，国家行政也会作出干预。

（二）附条件、附期限以及限制民事行为能力人订立合同的效力

1. 附条件合同的效力

附条件合同，是指合同当事人约定把一定的条件的成就与否作为合同效力是否发生或者消灭的依据的合同。所谓条件，是指合同当事人选定某种成就与否并不确定的将来事实作为制约合同效力发生或消灭手段的合同附加条件。合同附加条件，是当事人在合同中特别设定、借以制约合同生效效力的意思表示，是合同的特别生效条件，是合同的组成部分。附条件合同包括：

（1）附生效条件的合同；

（2）附解除条件的合同。

2. 附期限合同的效力

附期限合同，是指合同当事人约定一定的期限作为合同的效力发生或者终止的条件的合同。所谓期限，是指合同当事人选定将来确定发生的事实以作为制约合同效力发生或终止的合同附加条件。附期限合同可分为：

（1）附生效期限的合同；

（2）附终止期限的合同。

3. 效力待定合同

效力待定合同，是指合同虽已成立，但因其不完全具备有关合同生效条件的规定，其效力能否发生尚待确定，依法须经有权人表示承认方能生效的合同。

效力待定合同与无效合同及可撤销合同的区别。效力待定合同并非行为人故意违反法律的禁止性规定或社会公共利益而无效，也不是因为意思表示不真实而导致合同被撤销。效力待定合同主要是因为有关当事人缺乏缔约能力、处分能力和代订合同的资格所造成的。效力待定合同则可以因有权人的承认而生效，从而有利于促成更多的交易和维护相对人的利益。

二、合同无效和当事人请求变更或撤销合同

（一）合同无效

合同无效，是指虽经合同当事人协商订立，但因其不具备或违反了法定条件，国家法

律规定不承认其效力的合同。

1.《合同法》关于无效合同的法律规定

《合同法》第 52 条规定："有下列情形之一的，合同无效：

(1) 一方以欺诈、胁迫的手段订立合同，损害国家利益；

(2) 恶意串通，损害国家、集体或者第三人利益；

(3) 以合法形式掩盖非法目的；

(4) 损害社会公共利益；

(5) 违反法律、行政法规的强制性规定。"

2. 合同中免责条款无效的法律规定

合同中免责条款，是指当事人在合同中约定免除或者限制其未来责任的合同条款；免责条款无效，是指没有法律约束力的免责条款。

《合同法》第 53 条规定："合同中的下列免责条款无效：

(1) 造成对方人身伤害的；

(2) 因故意或者重大过失造成对方财产损失的。"

法律之所以规定上述两种情况的免责条款无效，原因有二：一是这两种行为具有一定的社会危害性和法律的谴责性；二是这两种行为都可能构成侵权行为责任，如果当事人约定这种侵权行为可以免责，等于以合同的方式剥夺了当事人的合同以外的合法权利。

(二) 当事人请求人民法院或仲裁机构变更或撤销的合同

当事人依法请求变更或撤销的合同，是指合同当事人订立的合同欠缺生效条件时，一方当事人可以依照自己的意思，请求人民法院或仲裁机构作出裁定，从而使合同的内容变更或者使合同的效力归于消灭的合同。

《合同法》第 54 条规定："下列合同，当事人一方有权请求人民法院或者仲裁机构变更或者撤销：

(1) 因重大误解订立的；

(2) 在订立合同时显失公平的。

一方以欺诈、胁迫的手段或者乘人之危，使对方在违背真实意思的情况下订立的合同，受损害方有权请求人民法院或者仲裁机构变更或者撤销。"

当事人请求变更的，人民法院或者仲裁机构不得撤销。

可撤销合同是有以下特征：第一，是否使可撤销合同的效力消灭，取决于撤销权人的意思，撤销权人以外的人无权撤销合同；第二，可撤销合同在未被撤销以前属于有效合同。即使合同具有可撤销的因素，但撤销权人未有撤销行为，合同仍然有效，当事人不得以合同具有可撤销因素为由而拒不履行合同义务；第三，撤销权一旦行使，可撤销的合同原则上溯及其成立之时的效力消灭。

第四节 合同的履行与变更

一、合同履行的概念

合同履行，是指合同当事人双方依据合同条款的规定，实现各自享有的权利，并承担各自负有的义务。合同的履行，就其实质来说，是合同当事人在合同生效后，全面地、适当地完成合同义务的行为。

二、合同履行中条款空缺的法律适用

（一）合同条款空缺的概念

合同条款空缺，是指合同生效后，当事人对合同条款约定的缺陷，依法采取完善或妥善处理的法律行为。

当事人订立合同时，对合同条款的约定应当明确、具体，以便于合同履行。然而，由于有些当事人因合同法律知识的欠缺，对事物认识上的错误以及疏忽大意等原因，而出现欠缺某些条款或者条款约定不明确，致使合同难以履行，为了维护合同当事人的正当权益，法律规定允许当事人之间可以约定，采取措施，补救合同条款空缺的问题。

（二）协议补充、按照有关规定或者交易习惯

《合同法》第61条规定："合同生效后，当事人就质量、价款或者报酬、履行地点等内容没有约定或者约定不明确的，可以协议补充；不能达成补充协议的，按照合同有关条款或者交易习惯确定。

（三）合同内容不明确，又不能达成补充协议时的法律适用

《合同法》第62条规定："当事人就有关合同内容约定不明确，依照本法第61条的规定仍不能确定的，适用下列规定：

（1）质量要求不明确的，按照国家标准、行业标准履行；没有国家标准、行业标准的，按照通常标准或者符合合同目的的特定标准履行。

（2）价款或者报酬不明确的，按照订立合同时履行地市场价格履行；依法应当执行政府定价或者政府指导价的，按照规定履行。

（3）履行地点不明确，给付货币的，在接受货币一方所在地履行；交付不动产的，在不动产所在地履行；其他标的，在履行义务一方所在地履行。

（4）履行期限不明的，债务人可以随时履行，债权人也可以随时要求履行，但应当给对方必要的准备时间。

（5）履行方式不明确的，按照有利于实现合同目的的方式履行。

（6）履行费用的负担不明确的，由履行义务一方负担。"

三、合同变更

（一）合同变更的概念

合同变更，是指合同依法成立后，在尚未履行或尚未完全履行时，当事人依法经过协商，对合同的内容进行修订或调整所达成的协议。

合同变更时，当事人应当通过协商，对原合同的部分内容条款作出修改、补充或增加新的条款。例如，对原合同中规定的标的数量、质量、履行期限、地点和方式、违约责任、解决争议的方法等作出变更。当事人对合同内容变更取得一致意见时方为有效。

（二）合同变更的法律规定

《合同法》第77条规定："当事人协商一致，可以变更合同。法律、行政法规规定变更合同应当办理批准、登记手续的，依照其规定。"

《合同法》第三章第 54 条还规定，当事人因重大误解、显失公平、欺诈、胁迫或乘人之危而订立的合同，受损害一方有权请求人民法院或者仲裁机构变更或撤销的专门规定。

（三）合同变更必须遵守法定的形式

《合同法》规定，法律、行政法规规定变更合同应当办理批准、登记等手续的，依照其规定。因此，当事人变更有关合同时，必须按照规定办理批准、登记手续，否则合同之变更不发生效力。

经双方协商议定，通常变更的合同应与原合同的形式一致。如原合同为书面形式，变更后合同的形式也应为书面形式；如原合同为口头形式，变更合同的形式可以采用口头形式，或者采用书面形式。在实践中，口头形式的合同欲变更时，采用书面形式更为妥当，因为书面形式变更的合同，可避免因合同变更而发生争议。

四、合同示范文本与格式条款合同

（一）合同示范文本

《合同法》第 12 条第 2 款规定："当事人可以参照各类合同的示范文本订立合同。"

合同示范文本是指由一定机关事先拟定的对当事人订立相关合同起到示范作用的合同文本。此类合同文本中的合同条款有些内容是拟定好的，有些内容是没有拟定，需要当事人双方协商一致填写的。合同的示范文本只对当事人订立合同时参考使用，因此，合同示范文本与格式条款合同不同。

（二）格式条款合同

格式条款合同，是指合同当事人一方（如某些垄断性企业）为了重复使用而事先拟定出一定格式的文本。文本中的合同条款在未与另一方协商一致的前提下已经确定且不可更改。

《合同法》为了维护公平原则，确保格式条款合同文本中相对人的合法权益，在第 39 条、40 条和 41 条对格式条款合同作了专门的限制性规定。

第五节　施工合同的管理

一、施工合同管理的特点

施工合同管理的特点是由工程项目的特点、环境和合同的性质、作用和地位所决定的。

（一）施工合同管理周期长

由于工程承包活动是一个渐进的过程，而且现代工程体积大、结构复杂、技术和质量标准高、施工工期长，这使得施工合同生命周期长。它不仅包括施工期，而且包括招标投标和合同谈判甚至到工程保修期，合同管理必须在从领取标书直到合同完成并失效的时间段内连续地、不间断地进行。

（二）施工合同管理与效益密切相关

在工程实际中，由于工程价值量大，合同价格高，使合同管理的经济效益显著。合同管理水平对工程经济效益影响很大。合同管理得好，可使合同当事人避免或减少损失，获得利润。

（三）施工合同管理的动态性

由于工程施工过程中内外的干扰事件多，合同变更频繁，且具有不可预见性。常常一个稍大的工程，合同实施中的变更能有几百项。合同实施必须按动态变化不断地调整，因此，在合同实施过程中，合同控制和合同变更管理显得极为重要，这要求合同管理必须是动态的。

（四）施工合同管理是综合性的、全面的、高层次的管理工作

施工合同管理是施工阶段监理工作的核心，在现代建设工程项目管理中已成为与项目的进度控制、质量控制、投资控制和信息管理并列的一大管理职能，并有总控制和总协调作用，是一项综合性的、全面的、高层次的管理活动。

（五）合同管理的风险性

由于工程实施时间长，涉及面广，受外界环境如政治、经济、社会、法律和自然条件的变化等的影响大。这些因素业主与承包商都难以预测与控制，但都会妨碍合同的正常履行，造成经济损失。

合同本身常常隐藏着许多难以预测的风险。由于建筑市场竞争激烈，不仅导致报价降低，而且合同中常会存在一些苛刻的合同条款，如单方面约束性条款和责权利不平衡条款，甚至有的业主用心不良，有些承包商不守信用，在合同中使用不正常手段。监理人员对此必须有高度的重视，采取对策，避免工程失败。

二、招投标中的合同规划

在工程项目的开始阶段，必须对工程相关的合同进行总体策划，首先确定带根本性和方向性的对整个工程和合同的实施有重大影响的问题。合同总体策划的目标是通过合同保证项目目标和项目实施战略的实现。

合同总体策划的目标是通过合同保证项目总目标的实现。它必须反映工程项目甚至是业主企业的建设与发展战略，反映工程项目的建设指导方针和根本利益。它主要确定以下问题：

（1）如何将项目分解成几个独立的合同？每个合同有多大的工程范围？

（2）采用什么样的委托方式和承包方式？

（3）采用什么样的合同种类、形式及条件？

（4）合同中一些重要条款的确定。

（5）合同签订和实施过程中一些重大问题的决策。

（6）工程项目相关各个合同在内容上、时间上、组织上、技术上的协调等。

（一）合同总体规划应考虑的问题

1. 业主方面

业主的资信、资金供应能力、管理水平和具有的管理力量，业主的目标以及目标的确定性，期望对工程管理的介入深度，业主对监理工程师和承包商的信任程度，业主的管理风格，业主对工程的质量和工期要求等。

2. 承包商方面

承包商的能力、资信、企业规模、管理风格和水平、在本项目中的目标与动机、目前经营状况、过去同类工程经验、企业经营战略、长期动机、承受和抗御风险的能力等。

3. 工程方面

工程的类型、规模、特点，技术复杂程度、工程技术设计准确程度、工程质量要求和工程范围的确定性、计划程度，招标时间和工期的限制，项目的盈利性，工程风险程度，工程资源（如资金，材料，设备等）供应及限制条件等。

4. 环境方面

工程所处的法律环境，建筑市场竞争激烈程度，物价的稳定性，地质、气候、自然、现场条件的确定性，资源供应的保证程度，获得额外资源的可能性。

（二）与业主签约的承包商的数量

业主在招标前首先必须决定，将一个完整的工程项目分为几个合同包。他可以采用分散平行（分阶段或分专业工程）承包的形式，也可以采用全包的形式。

（三）合同种类的选择

在实际工程中，合同计价方式丰富多彩，有近 20 种，以后还会有新的计价方式出现。不同种类的合同，有不同的应用条件，有不同的权力和责任的分配，有不同的付款方式，对合同双方有不同的风险，应按具体情况选择合同类型。有时在一个工程承包合同中，不同的工程分项采用不同的计价方式。现代工程中最典型的合同类型有以下四种。

1. 单价合同

这是最常见的合同种类，适用范围广，如 FIDIC 土木工程施工合同。我国的建设工程施工合同也主要是这一类合同。在这种合同中，承包商仅按合同规定承担报价的风险，即对报价（主要为单价）的正确性和适宜性承担责任；而工程量变化的风险由业主承担。由于风险分配比较合理，能够适应大多数工程，能调动承包商和业主双方的管理积极性。单价合同又分为固定单价和可调单价等形式。

2. 固定总价合同

这种合同以一次包死的总价委托，价格不因环境的变化和工程量增减而变化，所以在这类合同中承包商承担了全部的工作量和价格风险。除了设计有重大变更，一般不允许调整合同价格。

但由于承包商承担了全部风险，报价中不可预见风险费用较高。承包商报价的确定必须考虑施工期间物价变化以及工程量变化带来的影响。在这种合同的实施中，由于业主没有风险，所以他干预工程的权力较小，只管总的目标和要求。

固定总价合同的应用前提有：

（1）工程范围必须清楚明确，报价的工程量应准确，而不是估计数字。

（2）工程设计较细，图纸完整、详细、清楚。

（3）工程量小、工期短，估计在工程过程中环境因素（特别是物价）变化小，工程条件稳定并合理。

（4）工程结构、技术简单，风险小，报价估算方便。

（5）合同条件完备，双方的权利和义务十分清楚。

在固定总价合同中，业主可能给出工程量表，但业主对工程量表中的数量不承担责任，承包商必须复核。承包商报出每一个分项工程的固定总价，它们之和即为整个工程的价格。

也可能没有给出工程量清单，而由承包商制定。工程量表仅仅作为付款文件，而不属于合同规定的工程资料，不作为承包商完成工程或设计的全部内容。

3. 成本加酬金合同

这是与固定总价合同截然相反的合同类型。工程最终合同价格按承包商的实际成本加一定比率的酬金(间接费)计算。在合同签订时不能确定一个具体的合同价格,只能确定酬金的比率。由于合同价格按承包商的实际成本结算,所以在这类合同中,承包商不承担任何风险,而业主承担了全部工作量和价格风险,所以承包商在工程中没有成本控制的积极性,常常不仅不愿意压缩成本,相反期望提高成本以提高他自己的工程经济效益。这样会损害工程的整体效益。

4. 目标合同

在一些发达国家,目标合同广泛使用于工业项目、研究和开发项目、军事工程项目中。它是固定总价合同和成本加酬金合同的结合和改进形式。在这些项目中承包商在项目可行性研究阶段,甚至在目标设计阶段就介入工程,并以全包的形式承包工程。

目标合同也有许多种形式。通常合同规定承包商对工程建成后的生产能力(或使用功能)、工程总成本(或总价格)、工期目标承担责任。如果工程投产后一定时间内达不到预定的生产能力,则按一定的比例扣减合同价格;如果工期拖延,则承包商承担工期拖延违约金。如果实际总成本低于预定总成本,则节约的部分按预定的比例给承包商奖励;反之,超支的部分由承包商按比例承担。

(四)重要合同条款的确定

业主应理性地对待合同,应通过合同制约承包商,但不是打倒或捆住承包商。合同要求应合理,但不苛刻。由于业主起草招标文件,他居于合同的主导地位,所以他要确定一些重要的合同条款。例如:

(1)适用于合同关系的法律,以及合同争执仲裁的地点、程序等。

(2)付款方式。如采用进度付款、分期付款、预付款或由承包商垫资承包。这由业主的资金来源保证情况等因素决定。让承包商在工程上过多地垫资,会对承包商的风险、财务状况、报价和履约积极性有直接影响。当然如果业主超过实际进度预付工程款,在承包商没有出具保函的情况下,又会给业主带来风险。

(3)合同价格的调整条件、范围、调整方法,特别是由于物价上涨、汇率变化、法律变化、海关税变化等对合同价格调整的规定。

(4)合同双方风险的分担。即将工程风险在业主和承包商之间合理分配。基本原则是,通过风险分配激励承包商努力控制三大目标、控制风险,达到最好的工程经济效益。

(5)对承包商的激励措施。在国外一些高科技的开发型工程项目中奖励合同用得比较多。这些项目规模大、周期长、风险高,采用奖励合同能调动双方的积极性,更有利于项目的目标控制和风险管理,合同双方都欢迎,收到很好的效果。各种合同中都可以订立奖励条款,恰当地采用奖励措施可以鼓励承包商缩短工期、提高质量、降低成本,激发承包商的工程管理积极性。

三、施工合同风险分析

在任何经济活动中,要取得盈利,必然要承担相应的风险。风险是指在从事某项特定活动中因不确定性而产生的经济损失、自然破坏或损伤的可能性。它如果发生,就会导致经济损失。一般风险应与盈利机会同时存在,并成正比,即经济活动的风险越大,盈利机会(或盈利率)越大。风险具有客观性、不确定性和可预测性。风险管理已成为衡量监理单位工程管理水平的主要标志之一。

1. 工程的技术、经济、法律等方面的风险

(1)现代工程规模大，功能要求高，需要新技术，特殊的工艺，特殊的施工设备；有时业主将工期限制得太紧，承包商无法按时完成。

(2)现场条件复杂，干扰因素多；施工技术难度大，特殊的自然环境，如场地狭小，地质条件复杂；水电供应、建材供应不能保证等。

(3)承包商的技术力量、施工力量、装备水平、工程管理水平不足，在投标报价和工程实施过程中会有这样或那样的失误。例如技术设计、施工方案、施工计划和组织措施存在缺陷和漏洞，计划不周，报价失误。

(4)承包商资金供应不足，周转困难。

(5)在国际工程中还常常出现对当地法律、语言不熟悉，对技术文件、工程说明和规范理解不正确或出错的现象。

2. 业主资信风险

(1)业主的经济情况变化。

(2)业主信誉差，不诚实，有意拖欠工程款，或对承包商的合理的索赔要求不作答复，或拒不支付。

(3)业主在工程中苛刻刁难承包商，滥用权力，施行罚款或扣款。

(4)业主经常改变主意，但又不愿意给承包商以补偿等。这些情况无论在国际和国内工程中都是经常发生的。

在国内的许多地方，长期拖欠工程款已成为妨碍施工企业正常生产经营的主要原因之一。在国际工程中，也常有工程结束数年，而工程款仍未收回的实例。

3. 外界环境变化、不可抗力的风险

(1)工程所在地发生动乱、战争、禁运、罢工、爆炸、通货膨胀、汇率调整、工资和物价上涨。

(2)新的法律颁布，国家调整税率或增加新税种，新的外汇管理政策等。

(3)百年未遇的洪水、地震、台风以及工程水文、地质条件存在的不确定性。

4. 合同条款的风险

(1)合同中明确规定的业主或承包商应承担的风险；

(2)合同条文不全面，不完整，没有将合同双方的责权利关系全面表达清楚，或没有预计到合同实施过程中可能发生的各种情况的风险；

(3)合同条文不清楚，不细致，不严密，业主或承包商不能清楚地理解合同内容，造成失误；

(4)为了转嫁风险提出单方面约束性的、过于苛刻的、责权利不平衡的合同条款；

(5)业主对承包商苛刻的要求(大量垫资承包，工期要求超过常规，工程变更，苛刻的质量要求等)。

四、合同履行管理

工程履行管理包括造价控制、质量控制、进度控制等几方面的内容。

合同履行是动态的，因为合同实施常常受到外界干扰，偏离目标，而且合同目标本身不断地变化，如在工程过程中不断出现工程变更，使工程的质量、工期、合同价格变化，合同双方的责任和权益发生变化，合同履行时要不断地进行调整。

合同监督是通过具体的合同实施工作完成的。有效的合同监督可以分析合同是否按计划或修正的计划实施进行，是正确分析合同实施状况的有利保证。合同监督的主要工作有：

1. 落实合同实施计划

落实合同实施计划，为各承包商的工作提供必要的保证，如施工现场的平面布置，人、材、机等计划的落实，各工序间搭接关系的安排和其他一些必要的准备工作。

2. 对合同执行各方进行合同监督

现场监督业主、承包商的工作。合同管理人员与项目的其他职能人员对业主和承包商的下属小组进行工作指导，作经常性的合同解释，使各工程管理小组都有全局观念，对工程中发现的问题提出意见、建议或警告。

应及时参与相关的检查验收工作。对这些问题，合同管理人员应及时发现，及时解决或提出补偿要求。此外，当承包方或业主就合同中一些未明确划分责任的工程活动发生争执时，合同管理人员要及时进行判定和调解工作。

对其他合同方的合同监督。在工程施工过程中，还要在材料、设备的供应，运输，供用水、电、气，租赁、保管、筹集资金等方面，与众多企业或单位发生合同关系，这些关系在很大程度上影响施工合同的履行，因此，合同管理部门和人员对这类合同的监督也不能忽视。

3. 对文件资料及原始记录的审查和控制

文件资料和原始记录不仅包括各种产品合格证，检验、检测、验收、化验报告，施工实施情况的各种记录。

4. 会同质量工程师对工程及所用材料和设备质量进行检查监督

按合同要求，对工程所用材料和设备进行开箱检查或验收，检查是否符合质量，符合图纸和技术规范等的要求。进行隐蔽工程和已完工程的检查验收，负责验收文件的起草和验收的组织工作。

5. 工程款申报表进行检查监督

对向业主提出的工程款申报表和承包商提交来的工程款申报表进行审查和确认。

五、合同变更管理

工程变更也就是合同变更，是指对合同中的工作内容作出修改或者追加或取消某一项工作。由于土木工程地质水文条件的复杂性，发生合同变更是较为常见的，几乎每一个工程项目都会发生工程变更。

（一）合同变更的原因

合同变更一般主要有如下几方面原因：

（1）工程范围发生变化。业主新的指令，对工程项目新的进度、质量或功能要求，要求增加或删减某些项目、改变质量标准，项目用途发生变化。

（2）政府部门对工程新的要求。政府部门对工程项目有新的要求如家计划变化、环境保护要求、城市规划变动等。

(3) 设计变化。由于设计考虑不周，不能满足业主的需要或工程施工的需要，或设计错误等，必须对设计图纸进行修改。

(4) 工程环境的变化。在施工中遇到的实际现场条件同招标文件中的描述有本质的差异，或发生不可抗力等。即预定的工程条件不准确。

(5) 合同的原因：由于合同实施出现问题，必须调整合同目标，或修改合同条款。

(6) 承包商的原因：承包商的合同执行错误，质量缺陷，工期延误。

(二) 合同变更的影响

合同变更实质上是对原合同条件和合同条款的修改，是双方新的要约和承诺。这种修改对合同实施影响很大，造成原"合同状态"的变化，必须对原合同规定的双方的责权利作出相应的调整。合同变更的影响主要表现在如下几方面：

(1) 导致工程变更。合同变更常常导致工程目标和工程实施情况的各种文件，如设计图纸、成本计划和支付计划、工期计划、施工方案、技术说明和适用的规范等的修改和变更。合同变更最常见和最多的是工程变更。

(2) 导致工程参与各方合同责任的变化。合同变更往往引起合同双方、承包商的工程小组之间、总承包商和分包商之间合同责任的变化。如工程量增加，则增加了承包商的工程责任，增加了费用开支和延长了工期。

(3) 引起已完工程的返工，现场工程施工的停滞，施工秩序打乱，已购材料的损失以及工期的延误。

(三) 监理工程师对工程变更处理

项目监理机构应按下列程序处理工程变更：

(1) 设计单位对原设计存在的缺陷提出的工程变更，应编制设计变更文件；建设单位或承包单位提出的工程变更，应提交总监理工程师，由总监理工程师组织专业监理工程师审查。审查同意后，应由建设单位转交原设计单位编制设计变更文件。当工程变更涉及安全、环保等内容时，应按规定经有关部门审定。

(2) 项目监理机构应了解实际情况和收集与工程变更有关的资料。

(3) 总监理工程师必须根据实际情况、设计变更文件和其他有关资料，按照施工合同的有关条款，在指定专业监理工程师完成下列工作后，对工程变更的费用和工期作出评估：

1) 确定工程变更项目与原工程项目之间的类似程度和难易程度；

2) 确定工程变更项目的工程量；

3) 确定工程变更的单价或总价。

(4) 总监理工程师应就工程变更费用及工期的评估情况与承包单位和建设单位进行协调。

(5) 总监理工程师签发工程变更单。

(6) 项目监理机构应根据工程变更单监督承包单位实施。

工程变更处理程序，如图 11-1 所示。

项目监理机构在工程变更的质量、费用和工期方面取得建设单位授权后，总监理工程师应按施工合同规定与承包单位进行协商，经协商达成一致后，总监理工程师应将协商

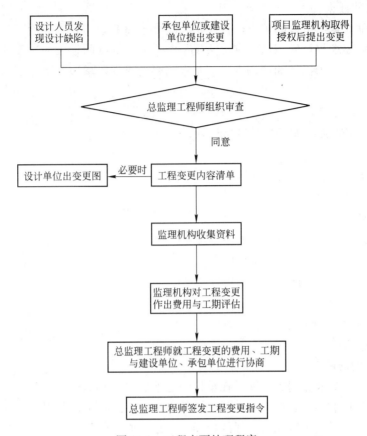

图 11-1 工程变更处理程序

结果向建设单位通报,并由建设单位与承包单位在变更文件上签字。

在项目监理机构未能就工程变更的质量、费用和工期方面取得建设单位授权时,总监理工程师应协助建设单位和承包单位进行协商,并达成一致。

在建设单位和承包单位未能就工程变更的费用等方面达成协议时,项目监理机构应提出一个暂定的价格,作为临时支付工程进度款的依据。该项工程款最终结算时,应以建设单位和承包单位达成的协议为依据。

在总监理工程师签发工程变更单之前,承包单位不得实施工程变更。未经总监理工程师审查同意而实施的工程变更,项目监理机构不得予以计量。

六、施工索赔管理

索赔是当事人在合同实施过程中,根据法律、合同规定及惯例,对并非由于自己的过错,而是由于应由合同对方承担责任的情况造成的,且实际发生了损失,向对方提出给予补偿要求。在工程建设的各个阶段,都有可能发生索赔,但在施工阶段索赔发生较多。

对施工合同的双方来说,索赔是维护双方合法利益的权利。它同合同条件中双方的合同责任一样,构成严密的合同制约关系。承包商可以向业主提出索赔;业主也可以向承包商提出索赔。

监理工程师对索赔的审查工作有:

1. 审查索赔证据

监理工程师对索赔报告的审查，首先是判断承包商的索赔要求是否有理、有据。所谓有理，是指索赔要求与合同条款或有关法规是否一致，受到的损失应属于非承包商责任原因所造成。有据，是指提供的证据满足证明索赔要求成立，承包商可以提供的证据包括下列证明材料：

(1) 合同文件；

(2) 经监理工程师批准的施工进度计划；

(3) 合同履行过程中的来往函件；

(4) 施工现场记录；

(5) 施工会议记录；

(6) 工程照片；

(7) 监理工程师发布的各种书面指令；

(8) 中期支付工程进度款的单证；

(9) 检查和试验记录；

(10) 汇率变化表；

(11) 各类财务凭证；

(12) 其他有关资料。

2. 审查工期延期要求

对索赔报告中要求延期的工期，在审核中应注意以下几点：

(1) 划清施工进度拖延的责任。因承包商的原因造成施工进度滞后，属于不可原谅的延期，只有承包商不应承担任何责任的延误，才是可原谅的延期。有时工期延期的原因中可能包含有双方责任，此时监理工程师应进行详细分析，分清责任比例，只有可原谅延期部分才能批准延展合同工期。可原谅延期，又可细分为可原谅并给与补偿费用的延期和可原谅但不给与补偿费用的延期，后者是指非承包商责任的影响并未导致施工成本的额外支出，大多数业主应承担风险责任事件的影响，如异常恶劣的气候条件影响的停工等。

(2) 被延误的工作应是处于施工进度计划关键线路上的施工内容。只有位于关键线路上工作内容的滞后，才会影响到竣工日期。但有时也应注意，既要看被延误的工作是否在批准进度计划的关键路线上，又要详细分析这一延误对后续工作的可能影响。因为若对非关键路线工作的影响时间较长，超过了该工作可用于自由支配的时间，也会导致进度计划中的非关键路线转化为关键路线，其滞后将影响总工期的拖延。此时，应充分考虑该工作的自由时间，给予相应的工期延展，并要求承包商修改施工进度计划。

(3) 无权要求承包商缩短合同工期。监理工程师有审核、批准承包商延长工期的权力，但他不可以扣减合同工期。也就是说，监理工程师有权指示承包商删减掉某些合同内规定的工作内容，但不能要求他相应缩短合同工期。如果要求提前竣工的话，这项工作属于合同的变更。

3. 审查费用索赔要求

费用索赔的原因，可能是与工期索赔相同的内容，即属于可原谅并应予以费用补偿的索赔，也可能是与工期索赔无关的理由。监理工程师在审核索赔的过程中，除了划清合同责任以外，还应注意索赔计算的取费合理性和计算的正确性。

（1）承包商可索赔的费用。费用内容一般可以包括以下几个方面：

1）人工费。包括增加工作内容的人工费、停工损失费和工作效率降低的损失费等累积，但不能简单地用计日工费计算。

2）设备费。可采用机械台班费、机械折旧费、设备租赁费等几种形式。

3）材料费。

4）保函手续费。工程延期时，保函手续费相应增加，反之，取消部分工程且业主与承包商达成提前竣工协议时，承包商的保函金额相应折减，则计入合同价的保函手续费也应扣减。

5）贷款利息。

6）保险费。

7）利润。

8）管理费。此项又可分为现场管理费和公司管理费两部分，由于二者的计算方法不一样，所以在审核过程中应区别对待。

（2）审核索赔取费的合理性。费用索赔涉及的款项较多，内容庞杂。承包商都是从维护自身利益的角度解释合同条款，进而申请索赔额。监理工程师应做到公正地审核索赔报告申请，挑出不合理的取费项目或费率，就某一特定索赔时间而言，可能涉及上述8种费用的某几项，所以应检查取费项目的合理性。

（3）审核索赔计算的准确性。这里不单指承包商的索赔计算中是否有数学计算错误，更应关注所采用的费率是否合理、适度。主要注意的问题包括：

1）工程量表中的单价是综合单价，不仅含有直接费，还包括间接费、风险费、辅助施工机械费、公司管理费和利润等项目的摊销成本。在索赔计算中不应有重复取费。

2）停工损失中，不应以计日工费计算。闲置人员不应计算在此期间的奖金、福利等报酬，通常采取人工单价乘以折算系数计算，停驶的机械费补偿，应按机械折旧费或设备租赁费计算，不应包括运转操作费用。

3）正确区分停工损失与因监理工程师临时改变工作内容或作业方法的功效降低损失的区别。凡可改作其他工作的，不应按停工损失计算，但可以适当补偿降效损失。

第六节 物资采购与勘察设计合同的管理

一、工程物资采购合同

（一）工程物资采购合同的特征

工程物资采购合同：是指平等主体的自然人、法人、其他组织之间，为实现建设工程物资的买卖，设立、变更、终止相互权利义务关系的协议。

按照协议出卖人转移建设工程物资的所有权于买受人，买受人接受建设工程物资并支付价款。一般包括：材料采购合同和设备采购合同。

建设工程物资采购合同的特征有：

（1）买卖合同：是出卖人转移标的物所有权于买受人，买受人支付价款的合同。

（2）订立的前提是施工合同。

（3）以转移财物和支付价款为基本内容。卖方按时、按质、按量将物资所有权转归买方；买方按时、按量支付货款，这两项主要义务构成物资采购合同最主要的内容。

（4）标的品种繁多，供货条件复杂。标的是建筑材料和设备，其品种、质量、数量和价格差异较大，根据工程的需要有的数量庞大、有的技术要求较高，因此，在合同中必须对各种所需物资逐一明细，以确保工程施工的需要。

（二）建设工程物资采购合同的内容

根据合同法的规定及国内物资购销合同示范文本，可以将建设工程物资采购合同的内容总结为：

（1）合同当事人；

（2）标的（建筑材料、成套机电设备）；

（3）订购数量；

（4）随机备品、配件工具数量及供应办法；

（5）质量要求的技术标准、供货方对质量负责的条件和期限；

（6）验收标准、方法及提出异议的期限；

（7）合同金额；

（8）结算方式及期限；

（9）包装方式；

（10）供货时间和每次供货的数量；

（11）交（提）货的方式、地点；

（12）运输方式及到站（港）和费用的负担；

（13）合理损耗及计算方法；

（14）如需提供担保，另立合同担保书作为合同附件；

（15）违约责任；

（16）不可抗力；

（17）解决合同争议的方法；

（18）特殊条款。

（三）合同条款的确定和履行

1. 当事人

当事人要具体明确，主体资格要确认，包括姓名、名称、住址、法人代表、职务代理人姓名职务代理权限。主体资格不合格将会直接导致合同无效。

根据我国立法及该规定能够成为出卖人的具体包括六种：

（1）财产所有人——生产厂家；

（2）行纪人——从事物资流转业务的供应商，注意应核对其经营范围；

（3）人民法院；

（4）抵押权人；

（5）质权人；

（6）留置权人。

2. 标的物

标的物人明确，其合法性要得到确认。包括产品名称、商标、型号、生产厂家。

3. 包装

《合同法》156 条(出卖人的包装义务)：出卖人应当按照约定的包装方式交付标的物。对包装方式没有约定或者约定不明确的，依照《合同法》61 条仍不能确定，应当按照通用的方式包装。没有通用方式的，应当采取足以保护标的物的包装方式。

包装的目的是保护产品；包装是出卖人的义务之一；应在合同中约定；评判包装是否适当的标准是其能否满足运输的要求。

合同中没有包装方式的约定，并不意味着标的物不用包装，相反意味着出卖人必须提供与商品相适应的包装，使其在正常运输中不致受损，因包装不当而产生的损失由出卖人负责。

4. 产品的交付

交付方式有送货、自提、代运。《合同法》142 条规定：标的物毁损、灭失的风险，在标的物交付之前由出卖人承担，交付之后由买受人承担。因此不同的交付方式风险承担不同，为了明确货物的运输责任，应在相应的条款中写明交货方式、地点、接货单位的名称。

交货期限要明确。《合同法》138 条规定：出卖人应当按照约定的期限交付标的物。交货期限关系到合同是否按期履行及出现货物意外灭失或损坏时的责任承担。合同内应写明具体的时间(日)。对于水泥、钢材等分批交货的材料需要注明各批次交货的时间。

5. 验收

《合同法》157 条规定：买受人收到标的物时应当在约定的检验期内检验。没有约定检验期间的，应当及时检验。检验既是买受人的权利也是买受人的义务。

验收依据：有采购合同、发货单、计量单、装箱单、合同中约定的质量标准、合格证、检验单、图纸样品、其他技术证明文件、双方当事人共同封存的样品。

6. 支付结算管理

合同中需明确是采用验单付款还是验货后付款及结算方式和结算时间。

结算方式可以是：现金支付、转账结算、异地托收承付。

二、勘察设计合同的管理

(一)勘察设计合同示范文本

1. 勘察合同示范文本

勘察合同范本按照委托任务的不同分为两个版本。

(1) 建设工程勘察合同(一)〔GF—2000—0203〕

该范本适用于为设计任务提供勘察工作的委托任务，包括岩土工程勘察、水文地质勘察(含凿井)、工程测量、工程物探等勘察。

合同的主要条款包括：①工程概况；②发包人应提供的资料；③勘察成果的提交；④勘察费用的支付；⑤发包人、勘察人责任；⑥违约责任；⑦未尽事宜的约定；⑧其他约定事项；⑨合同争议的解决；⑩合同生效。

(2) 建设工程勘察合同(二)〔GF—2000—0204〕

该范本的委托工作内容仅涉及岩土工程，包括取得岩土工程的勘察资料、对项目的岩土工程进行设计、治理和监测工作。

合同的主要条款除了上述勘察合同应具备的条款外，还包括变更及工程费的调整；材料设备的供应；报告、文件、治理的工程等的检查和验收等方面的约定条款。

2. 设计合同示范文本

设计合同范本按照委托任务的不同分为两个版本。

(1) 建设工程设计合同(一)〔GF—2000—0209〕

该范本适用于为民用建设工程的设计，合同的主要条款包括：①订立合同依据的文件；②委托设计任务的范围和内容；③发包人应提供的有关资料和文件；④设计人应交付的资料和文件；⑤设计费的支付；⑥双方责任；⑦违约责任等。

(2) 建设工程设计合同(二)〔GF—2000—0210〕

该范本适用于委托专业工程的设计，除了上述设计合同应具备的条款外，还应增加设计依据；合同文件的组成及优先次序；项目的投资要求、设计阶段和设计内容；保密等条款。

(二) 勘察设计合同的订立

1. 发包人应为勘察人提供现场工作条件

发包人应为勘察人的工作人员提供现场必要的生产、生活条件。可能包括：

(1) 在勘察现场范围内，不属于委托勘察任务而又没有资料、图纸的地区(段)，发包人应负责查清地下埋藏物。若因未提供上述资料、图纸，或提供的资料图纸不可靠、地下埋藏物不清，致使勘察人在勘察工作过程中发生人身伤害或造成经济损失时，由发包人承担民事责任。

(2) 若勘察现场需要看守，特别是在有毒、有害等危险现场作业时，发包人应派人负责安全保卫工作，按国家有关规定，对从事危险作业的现场人员进行保健防护，并承担费用。

(3) 工程勘察前，属于发包人负责提供的材料，应根据勘察人提出的工程用料计划，按时提供各种材料及其产品合格证明，并承担费用和运到现场，派人与勘察人的人员一起验收。

2. 订立设计合同应约定的条款

设计合同条款的约定是设计合同履行的依据，应明确委托任务的范围和双方的权利和义务。使用设计合同范本订立合同时，在相关条款内应结合工程项目的具体特点细化明确以下方面的内容：

(1) 发包人应提供文件、资料的名称和时间，作为设计人完成设计任务的基础，通常包括本项目的设计依据文件和设计要求文件两部分。设计依据文件是发包人订立设计合同前已完成工作所获得的批准文件和数据资料；设计要求文件则是设计人完成委托任务的应满足的具体要求。

(2) 委托任务的工作范围。由于具体工程项目的条件和特点各异，应针对委托设计的项目明确说明。通常涉及：设计范围、建筑物的设计合理使用年限要求、委托的设计阶段和内容、设计深度要求、设计人配合施工工作的要求等方面的约定。

(3) 合同约定的勘察工作开始和终止时间。

(4) 设计费用。合同内除了写明双方约定的总设计费外，还需列明分阶段支付进度款的条件、占总设计费的百分比及金额。

（5）发包人应为设计人提供现场服务。包括施工现场的工作条件、生活条件及交通等方面的具体内容。

（6）违约责任。需要约定的内容包括承担违约责任的条件和违约金的计算方法等。

（7）合同争议的最终解决方式。明确约定解决合同争议的最终方式是采用仲裁或诉讼。采用仲裁时，需注明仲裁委员会的名称。

（三）设计合同履行

设计合同确定双方履行义务的原则是，设计人按照发包人的项目建设意图保质、保量、按期完成委托项目的设计任务，并协助实现设计的预期目的，所有与设计有关的外部配合、协调工作属于发包人的义务。因此双方的义务分别体现为以下几个方面。

1. 发包人的责任

提供设计依据资料。发包人应当按照合同内约定时间，一次性或陆续向设计人提交设计的依据文件和相关资料以保证设计工作的顺利进行，并对所提交基础资料及文件的完整性、正确性及时限负责。

提供必要的现场工作条件。发包人有义务为设计人在现场工作期间提供必要的工作、生活方便条件。

外部协调工作。包括设计的阶段成果（初步设计、技术设计、施工图设计）完成后，应由发包人组织鉴定和验收，并负责向发包人的上级或有管理资质的设计审批部门完成报批手续；施工图设计完成后，发包人应将施工图报送建设行政主管部门，由建设行政主管部门委托的审查机构进行结构安全和强制性标准、规范执行情况等内容的审查。

其他相关工作。发包人委托设计配合引进项目的设计任务，从询价、对外谈判、国内外技术考察直至建成投产的各个阶段，应吸收承担有关设计任务的设计人参加。出国费用，除制装费外，其他费用由发包人支付。如果发包人委托设计人承担合同约定委托范围之外的服务工作，需另行支付费用。

保护设计人的知识产权。

遵循合理设计周期的规律。发包人不应严重背离合理设计周期的规律，强迫设计人不合理地缩短设计周期的时间。若双方经过协商达成一致并签订提前交付设计文件的协议后，发包人应支付相应的赶工费。

2. 设计人的责任

（1）保证设计质量

设计人应依据批准的可行性研究报告、勘察资料，在满足国家规定的设计规范、规程、技术标准的基础上，按合同规定的标准完成各阶段的设计任务，并对提交的设计文件质量负责。

在投资限额内，鼓励设计人采用先进的设计思想和方案。但若设计文件中采用的新技术、新材料可能影响工程的质量或安全，而又没有国家标准时，应当由国家认可的检测机构进行试验、论证，并经国务院有关部门或省、直辖市、自治区有关部门组织的建设工程技术专家委员会审定后方可使用。

负责设计的建（构）筑物需注明设计的合理使用年限。

设计文件中选用的材料、构配件、设备等，应当注明规格、型号、性能等技术指标，其质量要求必须符合国家规定的标准。

各设计阶段设计文件审查会提出的修改意见，设计人应负责修正和完善。

对外商的设计资料进行审查。

（2）配合施工的义务

设计交底；解决施工中出现的设计问题，如完成设计变更或解决与设计有关的技术问题等；参加工程验收工作，包括重要部位的隐蔽工程验收、试车验收和竣工验收。

思考题

1. 招标的方式有哪些？
2. 招标的程序是什么？
3. 合同的主要内容是什么？
4. 监理工程师如何审查费用索赔？

第十二章 信 息 管 理

由于工程项目信息管理工作涉及多部门、多环节、多专业、多渠道，工程信息量大，来源广泛，形式多样，主要信息形态有三类：一是文字图形信息，包括勘察、测绘、设计图纸及说明书、计算书、合同，工作条例及规定，施工组织设计，情况报告，原始记录，统计图表、报表，信函等信息；二是语言信息，包括口头分配任务、作指示、汇报、工作检查、介绍情况、谈判交涉、建议、批评、工作讨论和研究、会议等信息；三是新技术信息，包括通过网络、电话、电报、电传、计算机、电视、录像、广播等现代化手段收集及处理的一部分信息。监理工作者应当捕捉各种信息并加工处理和运用各种信息。

所谓信息管理是指对信息的收集、加工整理、储存、传递与应用等一系列工作的总称。信息管理的目的就是通过有组织的信息流通，使决策者能及时、准确地获得相应的信息。为了达到信息管理的目的，就要把握好信息管理的各个环节，并要做到：

（1）了解和掌握信息来源，对信息进行分类；
（2）掌握和正确运用信息管理的手段(如计算机)；
（3）掌握信息流程的不同环节，建立信息管理系统。

第一节 建筑工程资料管理

一、工程资料的构成

工程资料是指在工程建设过程中形成的各种形式的信息记录，也称为工程文件，可分为工程准备阶段文件、监理资料、施工资料、竣工图和工程竣工文件。工程资料还可以进一步进行分类：

（1）工程准备阶段文件是指工程开工以前，在立项、审批、征地、勘察、设计、招投标等工程准备阶段形成的文件，包括决策立项文件、建设用地文件、勘察设计文件、招投标及合同文件、开工文件、商务文件。

（2）监理资料是指监理单位在工程设计、施工等阶段监理过程中形成的文件，包括监理管理资料、进度控制资料、质量控制资料、造价控制资料、合同管理资料和竣工验收资料。

（3）施工资料是指施工单位在工程施工过程中形成的文件，包括施工管理资料、施工技术资料、施工进度及造价资料、施工物资资料、施工记录、施工试验记录及检测报告、施工质量验收记录、竣工验收资料。

（4）竣工图是指工程竣工验收后，真实反映建设工程项目竣工结果的图纸文件。

（5）工程竣工文件是指建设工程项目竣工验收活动中形成的文件，包括竣工验收文件、竣工决算文件、竣工交档文件、竣工总结文件。

工程资料的详细分类可参照本章第二节的规定。

二、工程资料管理基本规定

（1）工程资料应与建筑工程建设过程同步形成，并应真实反映建筑工程的建设情况和实体质量；

（2）工程资料管理应制度健全、岗位责任明确，并应纳入工程建设管理的各个环节和各级相关人员的职责范围；

（3）工程资料的套数、费用、移交时间应在合同中明确；

（4）工程资料的收集、整理、组卷、移交及归档应及时；

（5）工程资料形成单位应对资料内容的真实性、完整性、有效性负责；由多方形成的资料，应各负其责；

（6）工程资料的填写、编制、审核、审批、签认应及时进行，其内容应符合相关规定；

（7）工程资料不得随意修改；当需修改时，应实行划改，并由划改人签署；

（8）工程资料的文字、图表、印章应清晰；

（9）工程资料应为原件；当为复印件时，提供单位应在复印件上加盖单位印章，并应有经办人签字及日期。提供单位应对资料的真实性负责；

（10）工程资料应内容完整、结论明确、签认手续齐全。

三、工程资料的收集、整理与组卷

工程资料应由相应单位负责收集、整理与组卷。工程准备阶段文件和工程竣工文件应由建设单位负责；监理资料应由监理单位负责；施工资料应由施工单位负责；竣工图应由建设单位负责，也可委托其他单位负责。

工程资料的组卷应符合下列规定：

（1）工程资料组卷应遵循自然形成规律，保持卷内文件、资料内在联系。工程资料可根据数量多少组成一卷或多卷。

（2）工程准备阶段文件和工程竣工文件可按建设项目或单位工程进行组卷。

（3）监理资料应按单位工程进行组卷。

（4）施工资料应按单位工程组卷，并应符合下列规定：

1）专业承包工程形成的施工资料应由专业承包单位负责，并应单独组卷；

2）电梯应按不同型号每台电梯单独组卷；

3）室外工程应按室外建筑环境、室外安装工程单独组卷；

4）当施工资料中部分内容不能按一个单位工程分类组卷时，可按建设项目组卷；

5）施工资料目录应与其对应的施工资料一起组卷。

（5）竣工图应按专业分类组卷。

（6）工程资料组卷内容可参照本章第二节的规定。

（7）工程资料组卷应编制封面、卷内目录及备考表，其格式及填写要求可按现行国家标准《建设工程文件归档整理规范》GB/T 50328—2001 的有关规定执行。

第二节　建筑工程文件档案资料的归档

一、建设工程文件档案的载体

建设工程文件档案的载体主要有以下几种形式：

（1）纸质载体：以纸张为基础的载体形式。

（2）缩微品载体：以胶片为基础，利用缩微技术对工程资料进行保存的载体形式。

（3）光盘载体：以光盘为基础，利用计算机技术对工程资料进行存储的物质形式。

（4）磁性载体：以磁性记录材料（磁带、磁盘等）为基础对工程资料的电子文件、声音、图像进行存储的物质方式。

工程资料是指在工程建设过程中形成的各种形式的信息记录，可用纸质载体、光盘载体保存；建设工程档案是指在工程建设活动中直接形成的具有归档保存价值的文字、图表、声像等各种形式的历史记录，可用纸质载体、光盘载体、缩微品载体保存。

二、工程文件的归档范围

对与工程建设有关的重要活动、记载工程建设主要过程和现状、具有保存价值的各种载体的文件，均应收集齐全，整理立卷后归档。

工程文件的归档范围及保存应参照《建筑工程资料管理规程》JGJ/T 185—2009 的相关规定执行，如表 12-1 所示。

建设工程文件类别、来源及保存　　　　　　　　　表 12-1

工程资料类别		工程资料名称	工程资料来源	工程资料保存			
				施工单位	监理单位	建设单位	城建档案馆
A 类		工程准备阶段文件					
A1 类	决策立项文件	项目建议书	建设单位			●	●
		项目建议书批复文件	建设行政管理部门			●	●
		可行性研究报告及附件	建设单位			●	●
		可行性研究报告的批复文件	建设行政管理部门			●	●
		关于立项的会议纪要、领导批示	建设单位			●	●
		工程立项的专家建议资料	建设单位			●	●
		项目评估研究材料	建设单位			●	●
A2 类	建设用地文件	选址申请及选址规划意见通知书	建设单位规划部门			●	●
		建设用地批准书	土地行政管理部门			●	●
		拆迁安置意见、协议、方案等	建设单位			●	●
		建设用地规划许可证及其附件	规划行政管理部门			●	●

续表

工程资料类别		工程资料名称	工程资料来源	工程资料保存			
				施工单位	监理单位	建设单位	城建档案馆
A2类	建设用地文件	国有土地使用证	土地行政管理部门			●	●
		划拨建设用地文件	土地行政管理部门			●	●
A3类	勘察设计文件	岩土工程勘察报告	勘察单位	●	●	●	●
		建设用地钉桩通知单（书）	规划行政管理部门	●	●	●	●
		地形测量和拨地测量成果报告	测绘单位			●	●
		审定设计方案通知书及审查意见	规划行政管理部门			●	●
		审定设计方案通知书要求征求有关部门的审查意见和要求取得的有关协议	有关部门			●	●
		初步设计图及设计说明	设计单位			●	
		消防设计审核意见	公安机关消防机构	○	○	●	●
		施工图设计文件审查通知单及审查报告	施工图审查机构	○	○	●	●
		施工图及设计说明	设计单位	○	○	●	
A4类	招投标及合同文件	勘察招投标文件	建设单位勘察单位			●	
		勘察合同*	建设单位勘察单位			●	●
		设计招标文件	建设单位设计单位			●	
		设计合同*	建设单位设计单位			●	●
		监理招投标文件	建设单位监理单位		●	●	
		委托监理合同*	建设单位监理单位		●	●	●
		施工招投标文件	建设单位施工单位	●	○	●	
		施工合同*	建设单位施工单位	●	○	●	●
A5类	开工文件	建设项目列入年度计划的申报文件	建设单位			●	
		建设项目列入年度计划的批复文件或年度计划项目表	建设行政管理部门			●	●
		规划审批申报表及报送的文件和图纸	建设单位设计单位			●	

续表

工程资料类别		工程资料名称	工程资料来源	工程资料保存			
				施工单位	监理单位	建设单位	城建档案馆
A5类	开工文件	建设工程规划许可证及其附件	规划部门			●	●
		建设工程施工许可证及其附件	建设行政管理部门	●	●	●	●
		工程质量安全监督注册登记	质量监督机构	○	○	●	●
		工程开工前的原貌影像资料	建设单位	●	●	●	●
		施工现场移交单	建设单位	○	○	○	
A6类	商务文件	工程投资估算材料	建设单位			●	
		工程设计概算材料	建设单位			●	
		工程施工图预算资料	建设单位			●	
	A类其他资料						
B类		监理资料					
B1类	监理管理资料	监理规划	监理单位		●	●	●
		监理实施细则	监理单位	○	●	●	●
		监理月报	监理单位		●	●	
		监理会议纪要	监理单位	○	●	●	
		监理工作日志	监理单位		●		
		监理工作总结	监理单位		●	●	●
		工作联系单	监理单位施工单位	○	○		
		监理工程师通知	监理单位	○	○		
		监理工程师通知回复单*	施工单位	○	○		
		工程暂停令	监理单位	○	○	○	●
		工程复工报审表*	施工单位	●	●	●	●
B2类	进度控制资料	工程开工报审表*	施工单位	●	●	●	●
		施工进度计划报审表*	施工单位	○	○		
B3类	质量控制资料	质量事故报告及处理资料	施工单位	●	●	●	●
		旁站监理记录*	监理单位	○	●	●	
		见证取样和送检见证人员备案表	监理单位或建设单位	●	●	●	
		见证记录*	监理单位	●	●	●	
		工程技术文件报审表*	施工单位	○	○		
B4类	造价控制资料	工程款支付申请表	施工单位	○	○	●	
		工程款支付证书	监理单位	○	○	●	
		工程变更费用报审表*	施工单位	○	○	●	
		费用索赔申请表	施工单位	○	○	●	
		费用索赔审批表	监理单位	○	○	●	

续表

工程资料类别		工程资料名称	工程资料来源	工程资料保存			
				施工单位	监理单位	建设单位	城建档案馆
B5类	合同管理资料	委托监理合同*	监理单位		●	●	●
		工程延期申请表	施工单位	●	●	●	
		工程延期审批表	监理单位	●	●	●	●
		分包单位资质报审表*	施工单位	●	●	●	
B6类	竣工验收资料	单位(子单位)工程竣工预验收报验表*	施工单位	●	●	●	
		单位(子单位)工程质量竣工验收记录**	施工单位	●	●	●	●
		单位(子单位)工程质量控制资料核查记录*	施工单位	●	●	●	●
		单位(子单位)工程安全和功能检验资料核查及主要功能抽查记录*	施工单位	●	●	●	●
		单位(子单位)工程观感质量检查记录*	施工单位	●	●	●	●
		工程质量评估报告	监理单位	●	●	●	●
		监理费用决算资料	监理单位		○	●	
		监理资料移交书	监理单位		●	●	
	B类其他资料						
C类			施工资料				
C1类	施工管理资料	工程概况表	施工单位	●	●	●	●
		施工现场质量管理检查记录*	施工单位	○	○		
		企业资质证书及相关专业人员岗位证书	施工单位	○	○		
		分包单位资质报审表*	施工单位	●	●	●	
		建设工程质量事故调查、勘察记录	调查单位	●	●	●	●
		建设工程质量事故报告书	调查单位	●	●	●	●
		施工检测计划	施工单位	○			
		见证记录*	监理单位	●	●	●	
		见证试验检测汇总表	施工单位	●	●		
		施工日志	施工单位	●			
		监理工程师通知回复单*	施工单位	○	○		
C2类	施工技术资料	工程技术文件报审表*	施工单位	○	○		
		施工组织设计及施工方案	施工单位	○	○		
		危险性较大分部分项工程施工方案专家论证表	施工单位	○	○		
		技术交底记录	施工单位	○			

续表

工程资料类别		工程资料名称	工程资料来源	工程资料保存			
				施工单位	监理单位	建设单位	城建档案馆
C2类	施工技术资料	图纸会审记录**	施工单位	●	●	●	●
		设计变更通知单**	设计单位	●	●	●	●
		工程洽商记录(技术核定单)**	施工单位	●	●	●	●
C3类	进度造价资料	工程开工报审表*	施工单位	●	●	●	●
		工程复工报审表*	施工单位	●	●	●	●
		施工进度计划报审表*	施工单位	○	○		
		施工进度计划	施工单位	○	○		
		人、机、料动态表	施工单位	○	○		
		工程延期申请表	施工单位	●	●	●	●
		工程款支付申请表	施工单位	○	○	●	
		工程变更费用报审表*	施工单位	○	○	●	
		费用索赔申请表*	施工单位	○	○	●	
C4类	施工物资资料	出厂质量证明文件及检测报告					
		砂、石、砖、水泥、钢筋、隔热保温、防腐材料、轻骨料出厂质量证明文件	施工单位	●	●	●	●
		其他物资出厂合格证、质量保证书、检测报告和报关单或商检证等	施工单位	●	○	○	
		材料、设备的相关检验报告、形式检测报告、3C强制认证合格证书或3C标志	采购单位	●	○	○	
		主要设备、器具的安装说明书	采购单位	●	○	○	
		进口的主要材料设备的商检证明文件	采购单位	●	○	●	●
		涉及消防、安全、卫生、环保、节能的材料、设备的检测报告或法定机构出具的有效证明文件	采购单位	●	●	●	
		进场检验通用表格					
		材料、构配件进场检验记录*	施工单位	○	○		
		设备开箱检验记录*	施工单位	○	○		
		设备及管道附件试验记录*	施工单位	●		●	
		进场复试报告					
		钢材试验报告	检测单位	●	●	●	●
		水泥试验报告	检测单位	●	●	●	●
		砂试验报告	检测单位	●	●	●	●
		碎(卵)石试验报告	检测单位	●	●	●	●
		外加剂试验报告	检测单位	●	●	○	●

工程资料类别		工程资料名称	工程资料来源	工程资料保存			
				施工单位	监理单位	建设单位	城建档案馆
C4 类	施工物资资料	防水涂料试验报告	检测单位	●	○	●	
		防水卷材试验报告	检测单位	●	○	●	
		砖（砌块）试验报告	检测单位	●	●	●	●
		预应力筋复试报告	检测单位	●	●	●	●
		预应力锚具、夹具和连接器复试报告	检测单位	●	●	●	●
		装饰装修用门窗复试报告	检测单位	●	○	●	
		装饰装修用人造木板复试报告	检测单位	●	○	●	
		装饰装修用花岗石复试报告	检测单位	●	○	●	
		装饰装修用安全玻璃复试报告	检测单位	●	○	●	
		装饰装修用外墙面砖复试报告	检测单位	●	○	●	
		钢结构用钢材复试报告	检测单位	●	●	●	●
		钢结构用防火涂料复试报告	检测单位	●	●	●	●
		钢结构用焊接材料复试报告	检测单位	●	●	●	●
		钢结构用高强度大六角头螺栓连接副复试报告	检测单位	●	●	●	●
		钢结构用扭剪型高强螺栓连接副复试报告	检测单位	●	●	●	●
		幕墙用铝塑板、石材、玻璃、结构胶复试报告	检测单位	●	●	●	●
		散热器、采暖系统保温材料、通风与空调工程绝热材料、风机盘管机组、低压配电系统电缆的见证取样复试报告	检测单位	●	○	●	
		节能工程材料复试报告	检测单位	●	●	●	
C5 类	施工记录	通用表格					
		隐蔽工程验收记录*	施工单位	●	●	●	●
		施工检查记录	施工单位	○			
		交接检查记录	施工单位	○			
		专用表格					
		工程定位测量记录*	施工单位	●	●	●	●
		基槽验线记录	施工单位	●	●	●	●
		楼层平面放线记录	施工单位	○	○		
		楼层标高抄测记录	施工单位	○	○		
		建筑物垂直度、标高观测记录*	施工单位	●	○	●	
		沉降观测记录	建设单位委托测量单位提供	●	○	●	●

续表

工程资料类别		工程资料名称	工程资料来源	工程资料保存			
				施工单位	监理单位	建设单位	城建档案馆
C5 类	施工记录	基坑支护水平位移监测记录	施工单位	○	○		
		桩基、支护测量放线记录	施工单位	○	○		
		地基验槽记录**	施工单位	●	●	●	●
		地基钎探记录	施工单位	○	○	●	●
		混凝土浇灌申请书	施工单位	○	○		
		预拌混凝土运输单	施工单位	○			
		混凝土开盘鉴定	施工单位	○	○		
		混凝土拆模申请单	施工单位	○	○		
		混凝土预拌测温记录	施工单位	○			
		混凝土养护测温记录	施工单位	○			
		大体积混凝土养护测温记录	施工单位	○			
		大型构件吊装记录	施工单位	○	○	●	●
		焊接材料烘焙记录	施工单位	○			
		地下工程防水效果检查记录*	施工单位	○	○	●	
		防水工程试水检查记录*	施工单位	○	○	●	
		通风(烟)道、垃圾道检查记录*	施工单位	○	○	●	
		预应力筋张拉记录	施工单位	●	○	●	●
		有粘结预应力结构灌浆记录	施工单位	●	○	●	●
		钢结构施工记录	施工单位	●	○	●	
		网架(索膜)施工记录	施工单位	●	○	●	●
		木结构施工记录	施工单位	●	○	●	
		幕墙注胶检查记录	施工单位	●	○	●	
		自动扶梯、自动人行道相邻区域检查记录	施工单位	●	○	●	
		电梯电气装置安装检查记录	施工单位	●	○	●	
		自动扶梯、自动人行道电气装置检查记录	施工单位	●	○	●	
		自动扶梯、自动人行道整机安装质量检查记录	施工单位	●	○	●	
C6 类	施工试验记录及检测报告	通用表格					
		设备单机试运转记录*	施工单位	●	○	●	●
		系统试运转调试记录*	施工单位	●	○	●	●
		接地电阻测试记录*	施工单位	●	○	●	●
		绝缘电阻测试记录*	施工单位	●	○	●	

续表

工程资料类别		工程资料名称	工程资料来源	工程资料保存			
				施工单位	监理单位	建设单位	城建档案馆
C6类	施工试验记录及检测报告	专用表格					
		建筑与结构工程					
		锚杆试验报告	检测单位	●	○	●	●
		地基承载力试验报告	检测单位	●	○	●	●
		桩基检测报告	检测单位	●	○	●	●
		土工击实试验报告	检测单位	●	○	●	●
		回填土试验报告(应附图)	检测单位	●	○	●	●
		钢筋机械连接试验报告	检测单位	●	○	●	●
		钢筋焊接连接试验报告	检测单位	●	○	●	●
		砂浆配合比申请单、通知单	施工单位	○	○		
		砂浆抗压强度试验报告	检测单位	●	○	●	●
		砌筑砂浆试块强度统计、评定记录	施工单位	●		●	●
		混凝土配合比申请单、通知单	施工单位	○	○		
		混凝土抗压强度试验报告	检测单位	●	○	●	●
		混凝土试块强度统计、评定记录	施工单位	●		●	●
		混凝土抗渗试验报告	检测单位	●	○	●	●
		砂、石、水泥放射性指标报告	施工单位	●	○	●	●
		混凝土碱总量计算书	施工单位	●	○	●	●
		外墙饰面砖样板粘结强度试验报告	检测单位	●	○	●	●
		后置埋件抗拔试验报告	检测单位	●	○	●	●
		超声波探伤报告、探伤记录	检测单位	●	○	●	●
		钢构件射线探伤报告	检测单位	●	○	●	●
		磁粉探伤报告	检测单位	●	○	●	●
		高强度螺栓抗滑移系数检测报告	检测单位	●	○	●	●
		钢结构焊接工艺评定	检测单位	○	○		
		网架节点承载力试验报告	检测单位	●		●	●
		钢结构防腐、防火涂料厚度检测报告	检测单位	●	○	●	●
		木结构胶缝试验报告	检测单位	●	○	●	●
		木结构构件力学性能试验报告	检测单位	●	○	●	●
		木结构防护剂试验报告	检测单位	●	○	●	●
		幕墙双组分硅酮结构密封胶混匀性及拉断试验报告	检测单位	●	○	●	●

续表

工程资料类别	工程资料名称	工程资料来源	工程资料保存			
			施工单位	监理单位	建设单位	城建档案馆
C6类 施工试验记录及检测报告	外门窗的抗风压性能、空气渗透性能和雨水渗透性能检测报告	检测单位	●	○	●	●
	墙体节能工程保温板材与基层粘结强度现场拉拔试验	检测单位	●	○	●	●
	外墙保温浆料同条件养护试件试验报告	检测单位	●	○	●	
	结构实体混凝土强度检验记录*	施工单位	●	○	●	
	结构实体钢筋保护层厚度检验记录*	施工单位	●	○	●	●
	围护结构现场实体检验	检测单位	●	○	●	
	室内环境检测报告	检测单位	●	○	●	
	节能性能检测报告	检测单位	●	○	●	●
	给排水及采暖工程					
	灌(满)水试验记录*	施工单位	○	○	●	
	强度严密性试验记录*	施工单位	●	○	●	●
	通水试验记录*	施工单位	○	○	●	
	冲(吹)洗试验记录*	施工单位	●	○	●	
	通球试验记录	施工单位	○	○	●	
	补偿器安装记录	施工单位	○	○	●	
	消火栓试射记录	施工单位	●	○	●	
	安全附件安装检查记录	施工单位	●	○		
	锅炉烘炉试验记录	施工单位	●	○		
	锅炉煮炉试验记录	施工单位	●	○		
	锅炉试运行记录	施工单位	●	○	●	
	安全阀定压合格证书	检测单位	●	○	●	
	自动喷水灭火系统联动试验记录	施工单位	●	○	●	●
	建筑电气工程					
	电气接地装置平面示意图表	施工单位	●	○	●	●
	电气器具通电安全检查记录	施工单位	○	○	●	
	电气设备空载试运行记录*	施工单位	●	○	●	
	建筑物照明通电试运行记录	施工单位	●	○	●	
	大型照明灯具承载试验记录*	施工单位	●	○	●	
	漏电开关模拟试验记录	施工单位	●	○	●	
	大容量电气线路结点测温记录	施工单位	●	○	●	
	低压配电电源质量测试记录	施工单位	●	○	●	
	建筑物照明系统照度测试记录	施工单位	○	○	●	

续表

工程资料类别		工程资料名称	工程资料来源	工程资料保存			
				施工单位	监理单位	建设单位	城建档案馆
C6类	施工试验记录及检测报告	智能建筑工程					
		综合布线测试记录*	施工单位	●	○	●	●
		光纤损耗测试记录*	施工单位	●	○	●	●
		视频系统末端测试记录*	施工单位	●	○	●	●
		子系统检测记录*	施工单位	●	○	●	●
		系统试运行记录*	施工单位	●	○	●	●
		通风与空调工程					
		风管漏光检测记录*	施工单位	○	○	●	
		风管漏风检测记录*	施工单位	●	○	●	
		现场组装除尘器、空调机漏风检测记录	施工单位	○	○		
		各房间室内风量测量记录	施工单位	●	○	●	
		管网风量平衡记录	施工单位	●	○		
		空调系统试运转调试记录	施工单位	●	○	●	●
		空调水系统试运转调试记录	施工单位	●	○	●	●
		制冷系统气密性试验记录	施工单位	●	○	●	●
		净化空调系统检测记录	施工单位	●	○	●	●
		防排烟系统联合试运行记录	施工单位	●	○	●	●
		电梯工程					
		轿厢平层准确度测量记录	施工单位	○	○	●	
		电梯层门安全装置检测记录	施工单位	●	○	●	
		电梯电气安全装置检测记录	施工单位	●	○	●	
		电梯整机功能检测记录	施工单位	●	○	●	
		电梯主要功能检测记录	施工单位	●	○	●	
		电梯负荷运行试验记录	施工单位	●	○	●	●
		电梯负荷运行试验曲线图表	施工单位	●	○	●	
		电梯噪声测试记录	施工单位	○	○	○	
		自动扶梯、自动人行道安全装置检测记录	施工单位	●	○	●	
		自动扶梯、自动人行道安全整机性能、运行试验记录	施工单位	●	○	●	●
C7类	施工质量验收记录	检验批质量验收记录*	施工单位	○	○		
		分项工程质量验收记录*	施工单位	●	●		
		分项（子分部）工程质量验收记录**	施工单位	●	●	●	●
		建筑节能分部工程质量验收记录**	施工单位	●	●	●	●

续表

工程资料类别		工程资料名称	工程资料来源	工程资料保存			
				施工单位	监理单位	建设单位	城建档案馆
C7类	施工质量验收记录	自动喷水系统验收缺陷项目划分记录	施工单位	●	○	○	
		程控电话交换系统分项工程质量验收记录	施工单位	●	○	●	
		会议电视系统分项工程质量验收记录	施工单位	●	○	●	
		卫星数字电视分项工程质量验收记录	施工单位	●	○	●	
		有线电视系统分项工程质量验收记录	施工单位	●	○	●	
		公共广播与紧急广播系统分项工程质量验收记录	施工单位	●	○	●	
		计算机网络系统分项工程质量验收记录	施工单位	●	○	●	
		应用软件系统分项工程质量验收记录	施工单位	●	○	●	
		网络安全系统分项工程质量验收记录	施工单位	●	○	●	
		空调与通风系统分项工程质量验收记录	施工单位	●	○	●	
		变配电系统分项工程质量验收记录	施工单位	●	○	●	
		公共照明系统分项工程质量验收记录	施工单位	●	○	●	
		给排水系统分项工程质量验收记录	施工单位	●	○	●	
		热源和热交换分项工程质量验收记录	施工单位	●	○	●	
		冷冻和冷却水系统分项工程质量验收记录	施工单位	●	○	●	
		电梯和自动扶梯系统分项工程质量验收记录	施工单位	●	○	●	
		数据通信接口分项工程质量验收记录	施工单位	●	○	●	
		中央管理工作站及操作分站分项工程质量验收记录	施工单位	●	○	●	
		系统实时性、可维护性、可靠性分项工程质量验收记录	施工单位	●	○	●	
		现场设备安装及检测分项工程质量验收记录	施工单位	●	○	●	

续表

工程资料类别		工程资料名称	工程资料来源	工程资料保存			
				施工单位	监理单位	建设单位	城建档案馆
C7类	施工质量验收记录	火灾自动报警及消防联动系统分项工程质量验收记录	施工单位	●	○	●	
		综合防范功能分项工程质量验收记录	施工单位	●	○	●	
		视频安防监控系统分项工程质量验收记录	施工单位	●	○	●	
		入侵报警系统分项工程质量验收记录	施工单位	●	○	●	
		出入口控制(门禁)系统分项工程质量验收记录	施工单位	●	○	●	
		巡更管理系统分项工程质量验收记录	施工单位	●	○	●	
		停车场(库)管理系统分项工程质量验收记录	施工单位	●	○	●	
		安全防范综合管理系统分项工程质量验收记录	施工单位	●	○	●	
		综合布线系统安装分项工程质量验收记录	施工单位	●	○	●	
		综合布线系统性能检测分项工程质量验收记录	施工单位	●	○	●	
		系统集成网络连接分项工程质量验收记录	施工单位	●	○	●	
		系统数据集成分项工程质量验收记录	施工单位	●	○	●	
		系统集成整体协调分项工程质量验收记录	施工单位	●	○	●	
		系统集成综合管理及见余功能分项工程质量验收记录	施工单位	●	○	●	
		系统集成可维护性和安全性分项工程质量验收记录	施工单位	●	○	●	
		电源系统分项工程质量验收记录	施工单位	●	○	●	
C8类	竣工验收资料	工程竣工报告	施工单位	●	●	●	●
		单位(子单位)工程竣工预验收报验表*	施工单位	●	●	●	
		单位(子单位)工程质量竣工验收记录**	施工单位	●	●	●	●
		单位(子单位)工程质量控制资料核查记录*	施工单位	●	●	●	●
		单位(子单位)工程安全和功能检验资料核查及主要功能抽查记录*	施工单位	●	●	●	●
		单位(子单位)工程观感质量检查记录**	施工单位	●	●	●	●
		施工决算资料	施工单位	○	○	●	

续表

工程资料类别		工程资料名称		工程资料来源	工程资料保存			
					施工单位	监理单位	建设单位	城建档案馆
C8类	竣工验收资料	施工资料移交书		施工单位	●		●	
		房屋建筑工程质量保修书		施工单位	●	●	●	
	C类其他资料							
D类			竣工图					
D类	竣工图	建筑与结构竣工图	建筑竣工图	编制单位	●		●	●
			结构竣工图	编制单位	●		●	●
			钢结构竣工图	编制单位	●		●	●
		建筑装饰与装修竣工图	幕墙竣工图	编制单位	●		●	●
			室内装饰竣工图	编制单位	●		●	●
		建筑给水、排水与采暖竣工图		编制单位	●		●	●
		建筑电气竣工图		编制单位	●		●	●
		智能建筑竣工图		编制单位	●		●	●
		通风与空调竣工图		编制单位	●		●	●
		室外工程竣工图	室外给水、排水、供热、供电、照明管线等竣工图	编制单位	●		●	
			室外道路、园林绿化、花坛、喷泉等竣工图	编制单位	●		●	●
	D类其他资料							
E类			工程竣工文件					
E1类	竣工验收文件	单位(子单位)工程质量竣工验收记录**		施工单位	●	●	●	●
		勘察单位工程质量检查报告		勘察单位	○	○	●	●
		设计单位工程质量检查报告		设计单位	○	○	●	●
		工程竣工验收报告		建设单位	●	●	●	●
		规划、消防、环保等部门出具的认可文件或准许使用文件		政府主管部门	●	●	●	●
		房屋建筑工程质量保修书		施工单位	●	●	●	
		住宅质量保证书、住宅使用说明书		建设单位			●	
		建设工程竣工验收备案表		建设单位	●	●	●	●
E2类	竣工决算文件	施工决算文件*		施工单位	○	○	●	
		监理费用决算资料*		监理单位		○	●	
E3类	竣工文档文件	工程竣工档案预验收意见		城建档案管理部门			●	●
		施工资料移交书*		施工单位	●		●	
		监理资料移交书*		监理单位		●	●	
		城市建设档案移交书		建设单位			●	

工程资料类别		工程资料名称	工程资料来源	工程资料保存			
				施工单位	监理单位	建设单位	城建档案馆
E4 类	竣工总结文件	工程竣工总结	建设单位			●	●
		竣工新貌影像资料	建设单位	●		●	●
	E 类其他资料						

注：1. 表中工程表中工程资料名称与资料保存单位所对应的栏中"●"表示"归档保存"；"○"表示"过程保存"，是否归档保存可自行确定。

2. 表中注明"＊"的表，宜由施工单位和监理或建设单位共同形成；表中注明"＊＊"的表，宜由建设、设计、监理、施工等多方共同形成。

3. 勘察单位保存资料内容应包括工程地质勘察报告、勘察招投标文件、勘察合同、勘察单位工程质量检查报告以及勘察单位签署的有关质量验收记录等。

4. 设计单位保存资料内容应包括审定设计方案通知书及审查意见、审定设计方案通知书要求征求有关部门的审查意见和要求取得的有关协议、初步设计图及设计说明、施工图及设计说明、消防设计审核意见、施工图设计文件审查通知书及审查报告、设计招投标文件、设计合同、图纸会审记录、设计变更通知单、设计单位签署意见的工程洽商记录（包括技术核定单）、设计单位工程质量检查报告以及设计单位签署的有关质量验收记录。

三、建设工程档案编制质量要求与组卷方法

建设工程档案编制质量要求与组卷方法，应按原建设部和国家质量检验检疫总局于 2002 年 1 月 10 日联合发布，2002 年 5 月 1 日实施的国家标准《建设工程文件归档整理规范》GB/T 50328—2001、《科学技术档案案卷构成的一般要求》GB/T 11822—2000、《技术制图复制图的折叠方法》GB/T 10609.3—2009、《城市建设档案案卷质量规定》（建办[1995] 697 号)等规范文件的规定及各省、市相应的地方规范执行。

（一）归档文件的质量要求

（1）归档的工程文件一般应为原件。

（2）工程文件的内容及其深度必须符合国家有关工程勘察、设计、施工、监理等方面的技术规范、标准和规程。

（3）工程文件的内容必须真实、准确，与工程实际相符。

（4）工程文件应采用耐久性强的书写材料，如碳素墨水、蓝黑墨水，不得使用易褪色的书写材料，如：红色墨水、纯蓝墨水、圆珠笔、复写纸、铅笔等。

（5）工程文件应字迹清楚，图样清晰，图表整洁，签字盖章手续完备。

（6）工程文件中文字材料幅面尺寸规格宜为 A4 幅面(297mm×210mm)。图纸宜采用国家标准图幅。

（7）工程文件的纸张应采用能够长期保存的韧力大、耐久性强的纸张。图纸一般采用蓝晒图，竣工图应是新蓝图。计算机出图必须清晰，不得使用计算机所出图纸的复印件。

（8）所有竣工图均应加盖竣工图章。

（9）利用施工图改绘竣工图，必须标明变更修改依据；凡施工图结构、工艺、平面布置等有重大改变，或变更部分超过图面 1/3 的，应重新绘制竣工图。

（10）不同幅面的工程图纸应按《技术制图复制图的折叠方法》GB/T 10609.3—2009统一折叠成 A4 幅面，图标栏露在外面。

（11）工程档案资料的缩微制品，必须按国家缩微标准进行制作，主要技术指标（解像力、密度、海波残留量等）要符合国家标准，保证质量，以适应长期安全保管。

（12）工程档案资料的照片（含底片）及声像档案，要求图像清晰，声音清楚，文字说明或内容准确。

（13）工程文件应采用打印的形式并按档案规定用笔手工签字，在不能够使用原件时，应在复印件或抄件上加盖公章并注明原件保存处。

（二）归档工程文件的组卷要求

1. 立卷的原则和方法

（1）立卷应遵循工程文件的自然形成规律，保持卷内文件的有机联系，便于档案的保管和利用。

（2）一个建设工程由多个单位工程组成时，工程文件应按单位工程组卷。

（3）立卷采用如下方法：

1）工程文件可按建设程序划分为工程准备阶段的文件、监理文件、施工文件、竣工图、竣工验收文件五部分。

2）工程准备阶段文件可按单位工程、分部工程、专业、形成单位等组卷。

3）监理文件可按单位工程、分部工程、专业、阶段等组卷。

4）施工文件可按单位工程、分部工程、专业、阶段等组卷。

5）竣工图可按单位工程、专业等组卷。

6）竣工验收文件可按单位工程、专业等组卷。

（4）立卷过程中宜遵循下列要求：

1）案卷不宜过厚，一般不超过 40mm。

2）案卷内不应有重份文件，不同载体的文件一般应分别组卷。

2. 卷内文件的排列

（1）文字材料按事项、专业顺序排列。同一事项的请示与批复、同一文件的印本与定稿、主件与附件不能分开，并按批复在前、请示在后，印本在前、定稿在后，主件在前、附件在后的顺序排列。

（2）图纸按专业排列，同专业图纸按图号顺序排列。

（3）既有文字材料又有图纸的案卷，文字材料排前，图纸排后。

3. 案卷的编目

（1）编制卷内文件页号应符合下列规定：

1）卷内文件均按有书写内容的页面编号。每卷单独编号，页号从“1”开始。

2）页号编写位置：单页书写的文字在右下角；双面书写的文件，正面在右下角，背面在左下角。折叠后的图纸一律在右下角。

3）成套图纸或印刷成册的科技文件材料，自成一卷的，原目录可代替卷内目录，不必重新编写页码。

4）案卷封面、卷内目录、卷内备考表不编写页号。

（2）卷内目录的编制应符合下列规定：

1）卷内目录式样宜符合现行《建设工程文件归档整理规范》GB/T 50328—2001 中附录 B 的要求。

2）序号：以一份文件为单位，用阿拉伯数字从 1 依次标注。

3）责任者：填写文件的直接形成单位和个人。有多个责任者时，选择两个主要责任者，其余用"等"代替。

4）文件编号：填写工程文件原有的文号或图号。

5）文件题名：填写文件标题的全称。

6）日期：填写文件形成的日期。

7）页次：填写文件在卷内所排列的起始页号、最后一份文件填写起止页号。

8）卷内目录排列在卷内文件之前。

（3）卷内备考表的编制应符合下列规定：

1）卷内备考表的式样宜符合现行《建设工程文件归档整理规范》GB/T 50328—2001 中附录 C 的要求。

2）卷内备考表主要标明卷内文件的总页数、各类文件数（照片张数），以及立卷单位对案卷情况的说明。

3）卷内备考表排列在卷内文件的尾页之后。

（4）案卷封面的编制应符合下列规定：

1）案卷封面印刷在卷盒、卷夹的正表面，也可采用内封面形式。案卷封面的式样宜符合现行《建设工程文件归档整理规范》GB/T 50328—2001 中附录 D 的要求。

2）案卷封面的内容应包括：档号、档案馆代号、案卷题名、编制单位、起止日期、密级、保管期限、共几卷、第几卷。

3）档号应由分类号、项目号和案卷号组成。档号由档案保管单位填写。

4）档案馆代号应填写国家给定的本档案馆的编号。档案馆代号由档案馆填写。

5）案卷题名应简明、准确地揭示卷内文件的内容。案卷题名应包括工程名称、专业名称、卷内文件的内容。

6）编制单位应填写案卷内文件的形成单位或主要责任者。

7）起止日期应填写案卷内全部文件形成的起止日期。

8）保管期限分为永久、长期、短期三种期限。各类文件的保管期限可见现行《建设工程文件归档整理规范》中附录 A 的要求。永久是指工程档案需永久保存。长期是指工程档案的保存期等于该工程的使用寿命。短期是指工程档案保存 20 年以下。同一案卷内有不同保管期限的文件，该案卷保管期限应从长。

9）工程档案套数一般不少于两套，一套由建设单位保管，另一套原件要求移交当地城建档案管理部门保存，接受范围规范规定可由各城市根据本地情况适当拓宽和缩减，具体可向建设工程所在地城建档案管理部门咨询。

10）密级分为绝密、机密、秘密三种。同一案卷内有不同密级的文件，应以高密级为本卷密级。

（5）卷内目录、卷内备考表、卷内封面应采用 70g 以上白色书写纸制作，幅面统一采用 A4 幅面。

第三节 监理的文档管理

一、监理机构信息管理的基本任务

建设工程文件档案资料管理，是建设工程信息管理的一项重要工作。它是监理工程师实施工程建设监理，进行目标控制的基础性工作，同时也是工程项目竣工验收及备案的必要环节。在监理组织机构中必须配备专门的人员负责监理文件和档案的收发、管理、保存工作。他的信息管理的任务主要包括：

（1）组织项目基本情况信息的收集并系统化，编制项目手册。项目管理的任务之一是，按照项目的任务，按照项目的实施要求，设计项目实施和项目管理中的信息和信息流，确定它们的基本要求和特征，并保证在实施过程中信息顺利流通。

（2）项目报告及各种资料的规定，例如资料的格式、内容、数据结构要求。

（3）按照项目实施、项目组织、项目管理工作过程建立项目管理信息系统流程，在实际工作中保证这个系统正常运行，并控制信息流。

（4）文件档案管理工作。

有效的项目管理需要更多地依靠信息系统的结构和维护。信息管理影响组织和整个项目管理系统的运行效率，是人们沟通的桥梁，监理工程师应对它有足够的重视。

二、监理文件资料内容

监理文件资料主要包括：

根据《建设工程监理规范》GB/T 50319—2013 的要求，监理文件资料主要有以下种类：

（1）勘察设计文件、建设工程监理合同及其他合同文件；

（2）监理规划、监理实施细则；

（3）设计交底和图纸会审会议纪要；

（4）施工组织设计、（专项）施工方案、施工进度计划报审文件资料；

（5）分包单位资格报审文件资料；

（6）施工控制测量成果报验文件资料；

（7）总监理工程师任命书、工程开工令、暂停令、复工令、开工/复工报审文件资料；

（8）工程材料、构配件、设备报验文件资料；

（9）见证取样和平行检验文件资料；

（10）工程质量检查报验资料及工程有关验收资料；

（11）工程变更、费用索赔及工程延期文件资料；

（12）工程计量、工程款支付文件资料；

（13）监理通知、工作联系单与监理报告；

（14）第一次工地会议、监理例会、专题会议等会议纪要；

（15）监理月报、监理日志、旁站记录；

（16）工程质量/生产安全事故处理文件资料；

（17）工程质量评估报告及竣工验收监理文件资料；

（18）监理工作总结。

三、监理单位文档管理职责

监理单位应按《建设工程监理规范》GB/T 50319—2013 的规定，监理机构应做好以下工作：

（1）应设专人负责监理资料的收集、整理和归档工作。在项目监理部，监理资料的管理应由总监理工程师负责，并指定专人具体实施。监理资料应在各阶段监理工作结束后及时整理归档。

（2）监理资料必须及时整理、真实完整、分类有序。在施工阶段，对施工单位的工程文件的形成、积累、立卷归档进行监督、检查。

（3）如委托监理合同有约定，可接受建设单位的委托，监督、检查工程文件的形成、积累和立卷归档工作。

（4）编制的监理文件的套数、提交内容、提交时间，应按照现行《建设工程文件归档整理规范》GB/T 50328—2001 和各地城建档案管理部门的要求，编制移交清单，及时移交建设单位，双方签字、盖章后，由建设单位收集和汇总。监理单位档案部门需要的监理档案，由项目监理部及时按《建设工程监理规范》GB/T 50319—2013 及监理单位的有关要求提供。

四、重要监理文件的内容

（一）监理日志主要内容
（1）天气和施工环境情况；
（2）施工进展情况；
（3）当日监理工作情况（包括旁站、巡视、见证取样、平行检验等情况）；
（4）当日存在的问题及协调解决情况；
（5）其他有关事项。
（二）监理月报主要内容
（1）本月工程实施情况；
（2）本月监理工作情况；
（3）本月施工中存在的问题及处理情况；
（4）下月监理工作重点。
（三）监理工作总结主要内容
（1）工程概况；
（2）项目监理机构；
（3）建设工程监理合同履行情况；
（4）监理工作成效；
（5）监理工作中发现的问题及其处理情况；
（6）说明和建议。

五、建设工程监理基本表式目录

（一）A类表（工程监理单位用表）
A.0.1　总监理工程师任命书

A.0.2 工程开工令

A.0.3 监理通知

A.0.4 监理报告

A.0.5 工程暂停令

A.0.6 旁站记录

A.0.7 工程复工令

A.0.8 工程款支付证书

（二）B类表（施工单位报审/验用表）

B.0.1 施工组织设计/（专项）施工方案报审表

B.0.2 开工报审表

B.0.3 复工报审表

B.0.4 分包单位资格报审表

B.0.5 施工控制测量成果报验表

B.0.6 工程材料/构配件/设备报审表

B.0.7 报审/验表

B.0.8 分部工程报验表

B.0.9 监理通知回复单

B.0.10 单位工程竣工验收报表

B.0.11 工程款支付申请表

B.0.12 施工进度计划报审表

B.0.13 费用索赔报审表

B.0.14 工程临时/最终延期报审表

（三）C类表（通用表）

C.0.1 工作联系单

C.0.2 工程变更单

C.0.3 索赔意向通知书

思考题

1. 监理用表有哪些种类？

2. 如何填写监理日记？

3. 整理监理文件资料的基本要求是什么？

附录一　中华人民共和国建筑法

中华人民共和国主席令

（第四十六号）

（1997 年 11 月 1 日第八届全国人民代表大会常务委员会第二十八次会议通过　根据 2011 年 4 月 22 日第十一届全国人民代表大会常务委员会第二十次会议《关于修改〈中华人民共和国建筑法〉的决定》修正）

第一章　总　　则

第一条　为了加强对建筑活动的监督管理，维护建筑市场秩序，保证建筑工程的质量和安全，促进建筑业健康发展，制定本法。

第二条　在中华人民共和国境内从事建筑活动，实施对建筑活动的监督管理，应当遵守本法。

本法所称建筑活动，是指各类房屋建筑及其附属设施的建造和与其配套的线路、管道、设备的安装活动。

第三条　建筑活动应当确保建筑工程质量和安全，符合国家的建筑工程安全标准。

第四条　国家扶持建筑业的发展，支持建筑科学技术研究，提高房屋建筑设计水平，鼓励节约能源和保护环境，提倡采用先进技术、先进设备、先进工艺、新型建筑材料和现代管理方式。

第五条　从事建筑活动应当遵守法律、法规，不得损害社会公共利益和他人的合法权益。

任何单位和个人都不得妨碍和阻挠依法进行的建筑活动。

第六条　国务院建设行政主管部门对全国的建筑活动实施统一监督管理。

第二章　建　筑　许　可

第一节　建筑工程施工许可

第七条　建筑工程开工前，建设单位应当按照国家有关规定向工程所在地县级以上人民政府建设行政主管部门申请领取施工许可证；但是，国务院建设行政主管部门确定的限额以下的小型工程除外。

按照国务院规定的权限和程序批准开工报告的建筑工程，不再领取施工许可证。

第八条　申请领取施工许可证，应当具备下列条件：

（一）已经办理该建筑工程用地批准手续；

（二）在城市规划区的建筑工程，已经取得规划许可证；

（三）需要拆迁的，其拆迁进度符合施工要求；

（四）已经确定建筑施工企业；

（五）有满足施工需要的施工图纸及技术资料；

（六）有保证工程质量和安全的具体措施；

（七）建设资金已经落实；

（八）法律、行政法规规定的其他条件。

建设行政主管部门应当自收到申请之日起 15 日内，对符合条件的申请颁发施工许可证。

第九条 建设单位应当自领取施工许可证之日起 3 个月内开工。因故不能按期开工的，应当向发证机关申请延期；延期以两次为限，每次不超过 3 个月。既不开工又不申请延期或者超过延期时限的，施工许可证自行废止。

第十条 在建的建筑工程因故中止施工的，建设单位应当自中止施工之日起 1 个月内，向发证机关报告，并按照规定做好建筑工程的维护管理工作。

建筑工程恢复施工时，应当向发证机关报告；中止施工满一年的工程恢复施工前，建设单位应当报发证机关核验施工许可证。

第十一条 按照国务院有关规定批准开工报告的建筑工程，因故不能按期开工或者中止施工的，应当及时向批准机关报告情况。因故不能按期开工超过 6 个月的，应当重新办理开工报告的批准手续。

第二节 从 业 资 格

第十二条 从事建筑活动的建筑施工企业、勘察单位、设计单位和工程监理单位，应当具备下列条件：

（一）有符合国家规定的注册资本；

（二）有与其从事的建筑活动相适应的具有法定执业资格的专业技术人员；

（三）有从事相关建筑活动所应有的技术装备；

（四）法律、行政法规规定的其他条件。

第十三条 从事建筑活动的建筑施工企业、勘察单位、设计单位和工程监理单位，按照其拥有的注册资本、专业技术人员、技术装备和已完成的建筑工程业绩等资质条件，划分为不同的资质等级，经资质审查合格，取得相应等级的资质证书后，方可在其资质等级许可的范围内从事建筑活动。

第十四条 从事建筑活动的专业技术人员，应当依法取得相应的执业资格证书，并在执业资格证书许可的范围内从事建筑活动。

第三章 建筑工程发包与承包

第一节 一 般 规 定

第十五条 建筑工程的发包单位与承包单位应当依法订立书面合同，明确双方的权利和义务。

发包单位和承包单位应当全面履行合同约定的义务。不按照合同约定履行义务的，依法承担违约责任。

第十六条 建筑工程发包与承包的招标投标活动，应当遵循公开、公正、平等竞争的原则，择优选择承包单位。

建筑工程的招标投标，本法没有规定的，适用有关招标投标法律的规定。

第十七条 发包单位及其工作人员在建筑工程发包中不得收受贿赂、回扣或者索取其他好处。

承包单位及其工作人员不得利用向发包单位及其工作人员行贿、提供回扣或者给予其他好处等不正当手段承揽工程。

第十八条 建筑工程造价应当按照国家有关规定，由发包单位与承包单位在合同中约定。公开招标发包的，其造价的约定，须遵守招标投标法律的规定。

发包单位应当按照合同的约定，及时拨付工程款项。

第二节 发 包

第十九条 建筑工程依法实行招标发包，对不适于招标发包的可以直接发包。

第二十条 建筑工程实行公开招标的，发包单位应当依照法定程序和方式，发布招标公告，提供载有招标工程的主要技术要求、主要的合同条款、评标的标准和方法以及开标、评标、定标的程序等内容的招标文件。

开标应当在招标文件规定的时间、地点公开进行。开标后应当按照招标文件规定的评标标准和程序对标书进行评价、比较，在具备相应资质条件的投标者中，择优选定中标者。

第二十一条 建筑工程招标的开标、评标、定标由建设单位依法组织实施，并接受有关行政主管部门的监督。

第二十二条 建筑工程实行招标发包的，发包单位应当将建筑工程发包给依法中标的承包单位。建筑工程实行直接发包的，发包单位应当将建筑工程发包给具有相应资质条件的承包单位。

第二十三条 政府及其所属部门不得滥用行政权力，限定发包单位将招标发包的建筑工程发包给指定的承包单位。

第二十四条 提倡对建筑工程实行总承包，禁止将建筑工程肢解发包。

建筑工程的发包单位可以将建筑工程的勘察、设计、施工、设备采购一并发包给一个工程总承包单位，也可以将建筑工程勘察、设计、施工、设备采购的一项或者多项发包给一个工程总承包单位；但是，不得将应当由一个承包单位完成的建筑工程肢解成若干部分发包给几个承包单位。

第二十五条 按照合同约定，建筑材料、建筑构配件和设备由工程承包单位采购的，发包单位不得指定承包单位购入用于工程的建筑材料、建筑构配件和设备或者指定生产厂、供应商。

第三节 承 包

第二十六条 承包建筑工程的单位应当持有依法取得的资质证书，并在其资质等级许可的业务范围内承揽工程。

　　禁止建筑施工企业超越本企业资质等级许可的业务范围或者以任何形式用其他建筑施工企业的名义承揽工程。禁止建筑施工企业以任何形式允许其他单位或者个人使用本企业的资质证书、营业执照，以本企业的名义承揽工程。

　　第二十七条　大型建筑工程或者结构复杂的建筑工程，可以由两个以上的承包单位联合共同承包。共同承包的各方对承包合同的履行承担连带责任。

　　两个以上不同资质等级的单位实行联合共同承包的，应当按照资质等级低的单位的业务许可范围承揽工程。

　　第二十八条　禁止承包单位将其承包的全部建筑工程转包给他人，禁止承包单位将其承包的全部建筑工程肢解以后以分包的名义分别转包给他人。

　　第二十九条　建筑工程总承包单位可以将承包工程中的部分工程发包给具有相应资质条件的分包单位；但是，除总承包合同中约定的分包外，必须经建设单位认可。施工总承包的，建筑工程主体结构的施工必须由总承包单位自行完成。

　　建筑工程总承包单位按照总承包合同的约定对建设单位负责；分包单位按照分包合同的约定对总承包单位负责。总承包单位和分包单位就分包工程对建设单位承担连带责任。

　　禁止总承包单位将工程分包给不具备相应资质条件的单位。禁止分包单位将其承包的工程再分包。

第四章　建　筑　工　程　监　理

　　第三十条　国家推行建筑工程监理制度。

　　国务院可以规定实行强制监理的建筑工程的范围。

　　第三十一条　实行监理的建筑工程，由建设单位委托具有相应资质条件的工程监理单位监理。建设单位与其委托的工程监理单位应当订立书面委托监理合同。

　　第三十二条　建筑工程监理应当依照法律、行政法规及有关的技术标准、设计文件和建筑工程承包合同，对承包单位在施工质量、建设工期和建设资金使用等方面，代表建设单位实施监督。

　　工程监理人员认为工程施工不符合工程设计要求、施工技术标准和合同约定的，有权要求建筑施工企业改正。

　　工程监理人员发现工程设计不符合建筑工程质量标准或者合同约定的质量要求的，应当报告建设单位要求设计单位改正。

　　第三十三条　实施建筑工程监理前，建设单位应当将委托的工程监理单位、监理的内容及监理权限，书面通知被监理的建筑施工企业。

　　第三十四条　工程监理单位应当在其资质等级许可的监理范围内，承担工程监理业务。

　　工程监理单位应当根据建设单位的委托，客观、公正地执行监理任务。

　　工程监理单位与被监理工程的承包单位以及建筑材料、建筑构配件和设备供应单位不得有隶属关系或者其他利害关系。

　　工程监理单位不得转让工程监理业务。

　　第三十五条　工程监理单位不按照委托监理合同的约定履行监理义务，对应当监督检查的项目不检查或者不按照规定检查，给建设单位造成损失的，应当承担相应的赔偿责任。

工程监理单位与承包单位串通，为承包单位谋取非法利益，给建设单位造成损失的，应当与承包单位承担连带赔偿责任。

第五章 建筑安全生产管理

第三十六条 建筑工程安全生产管理必须坚持安全第一、预防为主的方针，建立健全安全生产的责任制度和群防群治制度。

第三十七条 建筑工程设计应当符合按照国家规定制定的建筑安全规程和技术规范，保证工程的安全性能。

第三十八条 建筑施工企业在编制施工组织设计时，应当根据建筑工程的特点制定相应的安全技术措施；对专业性较强的工程项目，应当编制专项安全施工组织设计，并采取安全技术措施。

第三十九条 建筑施工企业应当在施工现场采取维护安全、防范危险、预防火灾等措施；有条件的，应当对施工现场实行封闭管理。

施工现场对毗邻的建筑物、构筑物和特殊作业环境可能造成损害的，建筑施工企业应当采取安全防护措施。

第四十条 建设单位应当向建筑施工企业提供与施工现场相关的地下管线资料，建筑施工企业应当采取措施加以保护。

第四十一条 建筑施工企业应当遵守有关环境保护和安全生产的法律、法规的规定，采取控制和处理施工现场的各种粉尘、废气、废水、固体废物以及噪声、振动对环境的污染和危害的措施。

第四十二条 有下列情形之一的，建设单位应当按照国家有关规定办理申请批准手续：

（一）需要临时占用规划批准范围以外场地的；

（二）可能损坏道路、管线、电力、邮电通讯等公共设施的；

（三）需要临时停水、停电、中断道路交通的；

（四）需要进行爆破作业的；

（五）法律、法规规定需要办理报批手续的其他情形。

第四十三条 建设行政主管部门负责建筑安全生产的管理，并依法接受劳动行政主管部门对建筑安全生产的指导和监督。

第四十四条 建筑施工企业必须依法加强对建筑安全生产的管理，执行安全生产责任制度，采取有效措施，防止伤亡和其他安全生产事故的发生。

建筑施工企业的法定代表人对本企业的安全生产负责。

第四十五条 施工现场安全由建筑施工企业负责。实行施工总承包的，由总承包单位负责。分包单位向总承包单位负责，服从总承包单位对施工现场的安全生产管理。

第四十六条 建筑施工企业应当建立健全劳动安全生产教育培训制度，加强对职工安全生产的教育培训；未经安全生产教育培训的人员，不得上岗作业。

第四十七条 建筑施工企业和作业人员在施工过程中，应当遵守有关安全生产的法律、法规和建筑行业安全规章、规程，不得违章指挥或者违章作业。作业人员有权对影响人身健康的作业程序和作业条件提出改进意见，有权获得安全生产所需的防护用品。作业人员对危及生命安全和人身健康的行为有权提出批评、检举和控告。

第四十八条 建筑施工企业应当依法为职工参加工伤保险缴纳工伤保险费。鼓励企业为从事危险作业的职工办理意外伤害保险，支付保险费。

第四十九条 涉及建筑主体和承重结构变动的装修工程，建设单位应当在施工前委托原设计单位或者具有相应资质条件的设计单位提出设计方案；没有设计方案的，不得施工。

第五十条 房屋拆除应当由具备保证安全条件的建筑施工单位承担，由建筑施工单位负责人对安全负责。

第五十一条 施工中发生事故时，建筑施工企业应当采取紧急措施减少人员伤亡和事故损失，并按照国家有关规定及时向有关部门报告。

第六章 建筑工程质量管理

第五十二条 建筑工程勘察、设计、施工的质量必须符合国家有关建筑工程安全标准的要求，具体管理办法由国务院规定。

有关建筑工程安全的国家标准不能适应确保建筑安全的要求时，应当及时修订。

第五十三条 国家对从事建筑活动的单位推行质量体系认证制度。从事建筑活动的单位根据自愿原则可以向国务院产品质量监督管理部门或者国务院产品质量监督管理部门授权的部门认可的认证机构申请质量体系认证。经认证合格的，由认证机构颁发质量体系认证证书。

第五十四条 建设单位不得以任何理由，要求建筑设计单位或者建筑施工企业在工程设计或者施工作业中，违反法律、行政法规和建筑工程质量、安全标准，降低工程质量。

建筑设计单位和建筑施工企业对建设单位违反前款规定提出的降低工程质量的要求，应当予以拒绝。

第五十五条 建筑工程实行总承包的，工程质量由工程总承包单位负责，总承包单位将建筑工程分包给其他单位的，应当对分包工程的质量与分包单位承担连带责任。分包单位应当接受总承包单位的质量管理。

第五十六条 建筑工程的勘察、设计单位必须对其勘察、设计的质量负责。勘察、设计文件应当符合有关法律、行政法规的规定和建筑工程质量、安全标准、建筑工程勘察、设计技术规范以及合同的约定。设计文件选用的建筑材料、建筑构配件和设备，应当注明其规格、型号、性能等技术指标，其质量要求必须符合国家规定的标准。

第五十七条 建筑设计单位对设计文件选用的建筑材料、建筑构配件和设备，不得指定生产厂、供应商。

第五十八条 建筑施工企业对工程的施工质量负责。

建筑施工企业必须按照工程设计图纸和施工技术标准施工，不得偷工减料。工程设计的修改由原设计单位负责，建筑施工企业不得擅自修改工程设计。

第五十九条 建筑施工企业必须按照工程设计要求、施工技术标准和合同的约定，对建筑材料、建筑构配件和设备进行检验，不合格的不得使用。

第六十条 建筑物在合理使用寿命内，必须确保地基基础工程和主体结构的质量。

建筑工程竣工时，屋顶、墙面不得留有渗漏、开裂等质量缺陷；对已发现的质量缺陷，建筑施工企业应当修复。

第六十一条 交付竣工验收的建筑工程，必须符合规定的建筑工程质量标准，有完整的工程技术经济资料和经签署的工程保修书，并具备国家规定的其他竣工条件。

建筑工程竣工经验收合格后，方可交付使用；未经验收或者验收不合格的，不得交付使用。

第六十二条 建筑工程实行质量保修制度。

建筑工程的保修范围应当包括地基基础工程、主体结构工程、屋面防水工程和其他土建工程，以及电气管线、上下水管线的安装工程，供热、供冷系统工程等项目；保修的期限应当按照保证建筑物合理寿命年限内正常使用，维护使用者合法权益的原则确定。具体的保修范围和最低保修期限由国务院规定。

第六十三条 任何单位和个人对建筑工程的质量事故、质量缺陷都有权向建设行政主管部门或者其他有关部门进行检举、控告、投诉。

第七章 法 律 责 任

第六十四条 违反本法规定，未取得施工许可证或者开工报告未经批准擅自施工的，责令改正，对不符合开工条件的责令停止施工，可以处以罚款。

第六十五条 发包单位将工程发包给不具有相应资质条件的承包单位的，或者违反本法规定将建筑工程肢解发包的，责令改正，处以罚款。

超越本单位资质等级承揽工程的，责令停止违法行为，处以罚款，可以责令停业整顿，降低资质等级；情节严重的，吊销资质证书；有违法所得的，予以没收。

未取得资质证书承揽工程的，予以取缔，并处罚款；有违法所得的，予以没收。

以欺骗手段取得资质证书的，吊销资质证书，处以罚款；构成犯罪的，依法追究刑事责任。

第六十六条 建筑施工企业转让、出借资质证书或者以其他方式允许他人以本企业的名义承揽工程的，责令改正，没收违法所得，并处罚款，可以责令停业整顿，降低资质等级；情节严重的，吊销资质证书。对因该项承揽工程不符合规定的质量标准造成的损失，建筑施工企业与使用本企业名义的单位或者个人承担连带赔偿责任。

第六十七条 承包单位将承包的工程转包的，或者违反本法规定进行分包的，责令改正，没收违法所得，并处罚款，可以责令停业整顿，降低资质等级；情节严重的，吊销资质证书。

承包单位有前款规定的违法行为的，对因转包工程或者违法分包的工程不符合规定的质量标准造成的损失，与接受转包或者分包的单位承担连带赔偿责任。

第六十八条 在工程发包与承包中索贿、受贿、行贿，构成犯罪的，依法追究刑事责任；不构成犯罪的，分别处以罚款，没收贿赂的财物，对直接负责的主管人员和其他直接责任人员给予处分。

对在工程承包中行贿的承包单位，除依照前款规定处罚外，可以责令停业整顿，降低资质等级或者吊销资质证书。

第六十九条 工程监理单位与建设单位或者建筑施工企业串通，弄虚作假、降低工质量的，责令改正，处以罚款，降低资质等级或者吊销资质证书；有违法所得的，予以没收；造成损失的，承担连带赔偿责任；构成犯罪的，依法追究刑事责任。

工程监理单位转让监理业务的，责令改正，没收违法所得，可以责令停业整顿，降低资质等级；情节严重的，吊销资质证书。

第七十条 违反本法规定，涉及建筑主体或者承重结构变动的装修工程擅自施工的，责令改正，处以罚款；造成损失的，承担赔偿责任；构成犯罪的，依法追究刑事责任。

第七十一条 建筑施工企业违反本法规定，对建筑安全事故隐患不采取措施予以消除的，责令改正，可以处以罚款；情节严重的，责令停业整顿，降低资质等级或者吊销资质证书；构成犯罪的，依法追究刑事责任。

建筑施工企业的管理人员违章指挥、强令职工冒险作业，因而发生重大伤亡事故或者造成其他严重后果的，依法追究刑事责任。

第七十二条 建设单位违反本法规定，要求建筑设计单位或者建筑施工企业违反建筑工程质量、安全标准，降低工程质量的，责令改正，可以处以罚款；构成犯罪的，依法追究刑事责任。

第七十三条 建筑设计单位不按照建筑工程质量、安全标准进行设计的，责令改正，处以罚款；造成工程质量事故的，责令停业整顿，降低资质等级或者吊销资质证书，没收违法所得，并处罚款；造成损失的，承担赔偿责任；构成犯罪的，依法追究刑事责任。

第七十四条 建筑施工企业在施工中偷工减料的，使用不合格的建筑材料、建筑构配件和设备的，或者有其他不按照工程设计图纸或者施工技术标准施工的行为的，责令改正，处以罚款；情节严重的，责令停业整顿，降低资质等级或者吊销资质证书；造成建筑工程质量不符合规定的质量标准的，负责返工、修理，并赔偿因此造成的损失；构成犯罪的，依法追究刑事责任。

第七十五条 建筑施工企业违反本法规定，不履行保修义务或者拖延履行保修义务的，责令改正，可以处以罚款，并对在保修期内因屋顶、墙面渗漏、开裂等质量缺陷造成的损失，承担赔偿责任。

第七十六条 本法规定的责令停业整顿、降低资质等级和吊销资质证书的行政处罚，由颁发资质证书的机关决定；其他行政处罚，由建设行政主管部门或者有关部门依照法律和国务院规定的职权范围决定。

依照本法规定被吊销资质证书的，由工商行政管理部门吊销其营业执照。

第七十七条 违反本法规定，对不具备相应资质等级条件的单位颁发该等级资质证书的，由其上级机关责令收回所发的资质证书，对直接负责的主管人员和其他直接责任人员给予行政处分；构成犯罪的，依法追究刑事责任。

第七十八条 政府及其所属部门的工作人员违反本法规定，限定发包单位将招标发包的工程发包给指定的承包单位的，由上级机关责令改正；构成犯罪的，依法追究刑事责任。

第七十九条 负责颁发建筑工程施工许可证的部门及其工作人员对不符合施工条件的建筑工程颁发施工许可证的，负责工程质量监督检查或者竣工验收的部门及其工作人员对不合格的建筑工程出具质量合格文件或者按合格工程验收的，由上级机关责令改正，对责任人员给予行政处分；构成犯罪的，依法追究刑事责任；造成损失的，由该部门承担相应的赔偿责任。

第八十条 在建筑物的合理使用寿命内，因建筑工程质量不合格受到损害的，有权向责任者要求赔偿。

第八章 附 则

第八十一条 本法关于施工许可、建筑施工企业资质审查和建筑工程发包、承包、禁止转包，以及建筑工程监理、建筑工程安全和质量管理的规定，适用于其他专业建筑工程的建筑活动，具体办法由国务院规定。

第八十二条 建设行政主管部门和其他有关部门在对建筑活动实施监督管理中，除按照国务院有关规定收取费用外，不得收取其他费用。

第八十三条 省、自治区、直辖市人民政府确定的小型房屋建筑工程的建筑活动，参照本法执行。

依法核定作为文物保护的纪念建筑物和古建筑等的修缮，依照文物保护的有关法律规定执行。

抢险救灾及其他临时性房屋建筑和农民自建低层住宅的建筑活动，不适用本法。

第八十四条 军用房屋建筑工程建筑活动的具体管理办法，由国务院、中央军事委员会依据本法制定。

第八十五条 本法自 1998 年 3 月 1 日起施行。

附录二 中华人民共和国招标投标法

中华人民共和国主席令

（第二十一号）

《中华人民共和国招标投标法》已由中华人民共和国第九届全国人民代表大会常务委员会第十一次会议于 1999 年 8 月 30 日通过，现予公布，自 2000 年 1 月 1 日起施行。

中华人民共和国主席 江泽民

一九九九年八月三十日

第一章 总　　则

第一条　为了规范招标投标活动，保护国家利益、社会公共利益和招标投标活动当事人的合法权益，提高经济效益，保证项目质量，制定本法。

第二条　在中华人民共和国境内进行招标投标活动，适用本法。

第三条　在中华人民共和国境内进行下列工程建设项目包括项目的勘察、设计、施工、监理以及与工程建设有关的重要设备、材料等的采购，必须进行招标：

（一）大型基础设施、公用事业等关系社会公共利益、公众安全的项目；

（二）全部或者部分使用国有资金投资或者国家融资的项目；

（三）使用国际组织或者外国政府贷款、援助资金的项目。

前款所列项目的具体范围和规模标准，由国务院发展计划部门会同国务院有关部门制订，报国务院批准。

法律或者国务院对必须进行招标的其他项目的范围有规定的，依照其规定。

第四条　任何单位和个人不得将依法必须进行招标的项目化整为零或者以其他任何方式规避招标。

第五条　招标投标活动应当遵循公开、公平、公正和诚实信用的原则。

第六条　依法必须进行招标的项目，其招标投标活动不受地区或者部门的限制。任何单位和个人不得违法限制或者排斥本地区、本系统以外的法人或者其他组织参加投标，不得以任何方式非法干涉招标投标活动。

第七条　招标投标活动及其当事人应当接受依法实施的监督。

有关行政监督部门依法对招标投标活动实施监督，依法查处招标投标活动中的违法行为。

对招标投标活动的行政监督及有关部门的具体职权划分，由国务院规定。

第二章 招 标

第八条 招标人是依照本法规定提出招标项目、进行招标的法人或者其他组织。

第九条 招标项目按照国家有关规定需要履行项目审批手续的，应当先履行审批手续，取得批准。

招标人应当有进行招标项目的相应资金或者资金来源已经落实，并应当在招标文件中如实载明。

第十条 招标分为公开招标和邀请招标。

公开招标，是指招标人以招标公告的方式邀请不特定的法人或者其他组织投标。

邀请招标，是指招标人以投标邀请书的方式邀请特定的法人或者其他组织投标。

第十一条 国务院发展计划部门确定的国家重点项目和省、自治区、直辖市人民政府确定的地方重点项目不适宜公开招标的，经国务院发展计划部门或者省、自治区、直辖市人民政府批准，可以进行邀请招标。

第十二条 招标人有权自行选择招标代理机构，委托其办理招标事宜。任何单位和个人不得以任何方式为招标人指定招标代理机构。

招标人具有编制招标文件和组织评标能力的，可以自行办理招标事宜。任何单位和个人不得强制其委托招标代理机构办理招标事宜。

依法必须进行招标的项目，招标人自行办理招标事宜的，应当向有关行政监督部门备案。

第十三条 招标代理机构是依法设立、从事招标代理业务并提供相关服务的社会中介组织。

招标代理机构应当具备下列条件：

（一）有从事招标代理业务的营业场所和相应资金；

（二）有能够编制招标文件和组织评标的相应专业力量；

（三）有符合本法第三十七条第三款规定条件、可以作为评标委员会成员人选的技术、经济等方面的专家库。

第十四条 从事工程建设项目招标代理业务的招标代理机构，其资格由国务院或者省、自治区、直辖市人民政府的建设行政主管部门认定。具体办法由国务院建设行政主管部门会同国务院有关部门制定。从事其他招标代理业务的招标代理机构，其资格认定的主管部门由国务院规定。

招标代理机构与行政机关和其他国家机关不得存在隶属关系或者其他利益关系。

第十五条 招标代理机构应当在招标人委托的范围内办理招标事宜，并遵守本法关于招标人的规定。

第十六条 招标人采用公开招标方式的，应当发布招标公告。依法必须进行招标的项目的招标公告，应当通过国家指定的报刊、信息网络或者其他媒介发布。

招标公告应当载明招标人的名称和地址、招标项目的性质、数量、实施地点和时间以及获取招标文件的办法等事项。

第十七条 招标人采用邀请招标方式的，应当向 3 个以上具备承担招标项目的能力、资信良好的特定的法人或者其他组织发出投标邀请书。

投标邀请书应当载明本法第十六条第二款规定的事项。

第十八条 招标人可以根据招标项目本身的要求,在招标公告或者投标邀请书中,要求潜在投标人提供有关资质证明文件和业绩情况,并对潜在投标人进行资格审查;国家对投标人的资格条件有规定的,依照其规定。

招标人不得以不合理的条件限制或者排斥潜在投标人,不得对潜在投标人实行歧视待遇。

第十九条 招标人应当根据招标项目的特点和需要编制招标文件。招标文件应当包括招标项目的技术要求、对投标人资格审查的标准、投标报价要求和评标标准等所有实质性要求和条件以及拟签订合同的主要条款。

国家对招标项目的技术、标准有规定的,招标人应当按照其规定在招标文件中提出相应要求。

招标项目需要划分标段、确定工期的,招标人应当合理划分标段、确定工期,并在招标文件中载明。

第二十条 招标文件不得要求或者标明特定的生产供应者以及含有倾向或者排斥潜在投标人的其他内容。

第二十一条 招标人根据招标项目的具体情况,可以组织潜在投标人踏勘项目现场。

第二十二条 招标人不得向他人透露已获取招标文件的潜在投标人的名称、数量以及可能影响公平竞争的有关招标投标的其他情况。

招标人设有标底的,标底必须保密。

第二十三条 招标人对已发出的招标文件进行必要的澄清或者修改的,应当在招标文件要求提交投标文件截止时间至少 15 日前,以书面形式通知所有招标文件收受人。该澄清或者修改的内容为招标文件的组成部分。

第二十四条 招标人应当确定投标人编制投标文件所需要的合理时间;但是,依法必须进行招标的项目,自招标文件开始发出之日起至投标人提交投标文件截止之日止,最短不得少于 20 日。

第三章 投 标

第二十五条 投标人是响应招标、参加投标竞争的法人或者其他组织。

依法招标的科研项目允许个人参加投标的,投标的个人适用本法有关投标人的规定。

第二十六条 投标人应当具备承担招标项目的能力;国家有关规定对投标人资格条件或者招标文件对投标人资格条件有规定的,投标人应当具备规定的资格条件。

第二十七条 投标人应当按照招标文件的要求编制投标文件。投标文件应当对招标文件提出的实质性要求和条件作出响应。

招标项目属于建设施工的,投标文件的内容应当包括拟派出的项目负责人与主要技术人员的简历、业绩和拟用于完成招标项目的机械设备等。

第二十八条 投标人应当在招标文件要求提交投标文件的截止时间前,将投标文件送达投标地点。招标人收到投标文件后,应当签收保存,不得开启。投标人少于 3 个的,招标人应当依照本法重新招标。

在招标文件要求提交投标文件的截止时间后送达的投标文件，招标人应当拒收。

第二十九条 投标人在招标文件要求提交投标文件的截止时间前，可以补充、修改或者撤回已提交的投标文件，并书面通知招标人。补充、修改的内容为投标文件的组成部分。

第三十条 投标人根据招标文件载明的项目实际情况，拟在中标后将中标项目的部分非主体、非关键性工作进行分包的，应当在投标文件中载明。

第三十一条 两个以上法人或者其他组织可以组成一个联合体，以一个投标人的身份共同投标。

联合体各方均应当具备承担招标项目的相应能力；国家有关规定或者招标文件对投标人资格条件有规定的，联合体各方均应当具备规定的相应资格条件。由同一专业的单位组成的联合体，按照资质等级较低的单位确定资质等级。

联合体各方应当签订共同投标协议，明确约定各方拟承担的工作和责任，并将共同投标协议连同投标文件一并提交招标人。联合体中标的，联合体各方应当共同与招标人签订合同，就中标项目向招标人承担连带责任。

招标人不得强制投标人组成联合体共同投标，不得限制投标人之间的竞争。

第三十二条 投标人不得相互串通投标报价，不得排挤其他投标人的公平竞争，损害招标人或者其他投标人的合法权益。

投标人不得与招标人串通投标，损害国家利益、社会公共利益或者他人的合法权益。

禁止投标人以向招标人或者评标委员会成员行贿的手段谋取中标。

第三十三条 投标人不得以低于成本的报价竞标，也不得以他人名义投标或者以其他方式弄虚作假，骗取中标。

第四章 开标、评标和中标

第三十四条 开标应当在招标文件确定的提交投标文件截止时间的同一时间公开进行；开标地点应当为招标文件中预先确定的地点。

第三十五条 开标由招标人主持，邀请所有投标人参加。

第三十六条 开标时，由投标人或者其推选的代表检查投标文件的密封情况，也可以由招标人委托的公证机构检查并公证；经确认无误后，由工作人员当众拆封，宣读投标人名称、投标价格和投标文件的其他主要内容。

招标人在招标文件要求提交投标文件的截止时间前收到的所有投标文件，开标时都应当当众予以拆封、宣读。

开标过程应当记录，并存档备查。

第三十七条 评标由招标人依法组建的评标委员会负责。

依法必须进行招标的项目，其评标委员会由招标人的代表和有关技术、经济等方面的专家组成，成员人数为 5 人以上单数，其中技术、经济等方面的专家不得少于成员总数的 2/3。

前款专家应当从事相关领域工作满八年并具有高级职称或者具有同等专业水平，由招标人从国务院有关部门或者省、自治区、直辖市人民政府有关部门提供的专家名册或者招标代理机构的专家库内的相关专业的专家名单中确定；一般招标项目可以采取随机抽取方式，特殊招标项目可以由招标人直接确定。

与投标人有利害关系的人不得进入相关项目的评标委员会；已经进入的应当更换。

评标委员会成员的名单在中标结果确定前应当保密。

第三十八条 招标人应当采取必要的措施，保证评标在严格保密的情况下进行。

任何单位和个人不得非法干预、影响评标的过程和结果。

第三十九条 评标委员会可以要求投标人对投标文件中含义不明确的内容作必要的澄清或者说明，但是澄清或者说明不得超出投标文件的范围或者改变投标文件的实质性内容。

第四十条 评标委员会应当按照招标文件确定的评标标准和方法，对投标文件进行评审和比较；设有标底的，应当参考标底。评标委员会完成评标后，应当向招标人提出书面评标报告，并推荐合格的中标候选人。

招标人根据评标委员会提出的书面评标报告和推荐的中标候选人确定中标人。招标人也可以授权评标委员会直接确定中标人。

国务院对特定招标项目的评标有特别规定的，从其规定。

第四十一条 中标人的投标应当符合下列条件之一：

（一）能够最大限度地满足招标文件中规定的各项综合评价标准；

（二）能够满足招标文件的实质性要求，并且经评审的投标价格最低；但是投标价格低于成本的除外。

第四十二条 评标委员会经评审，认为所有投标都不符合招标文件要求的，可以否决所有投标。

依法必须进行招标的项目的所有投标被否决的，招标人应当依照本法重新招标。

第四十三条 在确定中标人前，招标人不得与投标人就投标价格、投标方案等实质性内容进行谈判。

第四十四条 评标委员会成员应当客观、公正地履行职务，遵守职业道德，对所提出的评审意见承担个人责任。

评标委员会成员不得私下接触投标人，不得收受投标人的财物或者其他好处。

评标委员会成员和参与评标的有关工作人员不得透露对投标文件的评审和比较、中标候选人的推荐情况以及与评标有关的其他情况。

第四十五条 中标人确定后，招标人应当向中标人发出中标通知书，并同时将中标结果通知所有未中标的投标人。

中标通知书对招标人和中标人具有法律效力。中标通知书发出后，招标人改变中标结果的，或者中标人放弃中标项目的，应当依法承担法律责任。

第四十六条 招标人和中标人应当自中标通知书发出之日起 30 日内，按照招标文件和中标人的投标文件订立书面合同。招标人和中标人不得再行订立背离合同实质性内容的其他协议。

招标文件要求中标人提交履约保证金的，中标人应当提交。

第四十七条 依法必须进行招标的项目，招标人应当自确定中标人之日起 15 日内，向有关行政监督部门提交招标投标情况的书面报告。

第四十八条 中标人应当按照合同约定履行义务，完成中标项目。中标人不得向他人转让中标项目，也不得将中标项目肢解后分别向他人转让。

中标人按照合同约定或者经招标人同意，可以将中标项目的部分非主体、非关键性工作分包给他人完成。接受分包的人应当具备相应的资格条件，并不得再次分包。

中标人应当就分包项目向招标人负责，接受分包的人就分包项目承担连带责任。

第五章 法 律 责 任

第四十九条 违反本法规定，必须进行招标的项目而不招标的，将必须进行招标的项目化整为零或者以其他任何方式规避招标的，责令限期改正，可以处项目合同金额 5‰以上 10‰以下的罚款；对全部或者部分使用国有资金的项目，可以暂停项目执行或者暂停资金拨付；对单位直接负责的主管人员和其他直接责任人员依法给予处分。

第五十条 招标代理机构违反本法规定，泄露应当保密的与招标投标活动有关的情况和资料的，或者与招标人、投标人串通损害国家利益、社会公共利益或者他人合法权益的，处 5 万元以上 25 万元以下的罚款，对单位直接负责的主管人员和其他直接责任人员处单位罚款数额 5％以上 10％以下的罚款；有违法所得的，并处没收违法所得；情节严重的，暂停直至取消招标代理资格；构成犯罪的，依法追究刑事责任。给他人造成损失的，依法承担赔偿责任。

前款所列行为影响中标结果的，中标无效。

第五十一条 招标人以不合理的条件限制或者排斥潜在投标人的，对潜在投标人实行歧视待遇的，强制要求投标人组成联合体共同投标的，或者限制投标人之间竞争的，责令改正，可以处 1 万元以上 5 万元以下的罚款。

第五十二条 依法必须进行招标的项目的招标人向他人透露已获取招标文件的潜在投标人的名称、数量或者可能影响公平竞争的有关招标投标的其他情况的，或者泄露标底的，给予警告，可以并处 1 万元以上 10 万元以下的罚款；对单位直接负责的主管人员和其他直接责任人员依法给予处分；构成犯罪的，依法追究刑事责任。

前款所列行为影响中标结果的，中标无效。

第五十三条 投标人相互串通投标或者与招标人串通投标的，投标人以向招标人或者评标委员会成员行贿的手段谋取中标的，中标无效，处中标项目金额 5‰以上 10‰以下的罚款，对单位直接负责的主管人员以及其他直接责任人员处单位罚款数额 5％以上 10％以下的罚款；有违法所得的，并处没收违法所得；情节严重的，取消其 1～2 年内参加依法必须进行招标的项目的投标资格并予以公告，直至由工商行政管理机关吊销营业执照；构成犯罪的，应依法追究刑事责任。给他人造成损失的，依法承担赔偿责任。

第五十四条 投标人以他人名义投标或者以其他方式弄虚作假，骗取中标的，中标无效，给招标人造成损失的，依法承担赔偿责任；构成犯罪的，依法追究刑事责任。

依法必须进行招标的项目的投标人有前款所列行为尚未构成犯罪的，处中标项目金额 5‰以上 10‰以下的罚款，对单位直接负责的主管人员和其他直接责任人员处单位罚款数额 5％以上 10％以下的罚款；有违法所得的，并处没收违法所得；情节严重的，取消其 1～3 年内参加依法必须进行招标的项目的投标资格并予以公告，直至由工商行政管理机关吊销营业执照。

第五十五条 依法必须进行招标的项目，招标人违反本法规定，与投标人就投标价格、投标方案等实质性内容进行谈判的，给予警告，对单位直接负责的主管人员和其他直接责任人员依法给予处分。

前款所列行为影响中标结果的，中标无效。

第五十六条 评标委员会成员收受投标人的财物或者其他好处的，评标委员会成员或者参加评标的有关工作人员向他人透露对投标文件的评审和比较、中标候选人的推荐以及与评标有关的其他情况的，给予警告，没收收受的财物，可以并处300元以上5万元以下的罚款，对有所列违法行为的评标委员会成员取消担任评标委员会成员的资格，不得再参加任何依法必须进行招标的项目的评标；构成犯罪的，依法追究刑事责任。

第五十七条 招标人在评标委员会依法推荐的中标候选人以外确定中标人的，依法必须进行招标的项目在所有投标被评标委员会否决后自行确定中标人的，中标无效。责令改正，可以处中标项目金额5‰以上10‰以下的罚款；对单位直接负责的主管人员和其他直接责任人员依法给予处分。

第五十八条 中标人将中标项目转让给他人的，将中标项目肢解后分别转让给他人的，违反本法规定将中标项目的部分主体、关键性工作分包给他人的，或者分包人再次分包的，转让、分包无效，处转让、分包项目金额5‰以上10‰以下的罚款；有违法所得的，并处没收违法所得；可以责令停业整顿；情节严重的，由工商行政管理机关吊销营业执照。

第五十九条 招标人与中标人不按照招标文件和中标人的投标文件订立合同的，或者招标人、中标人订立背离合同实质性内容的协议的，责令改正；可以处中标项目金额5‰以上10‰以下的罚款。

第六十条 中标人不履行与招标人订立的合同的，履约保证金不予退还，给招标人造成的损失超过履约保证金数额的，还应当对超过部分予以赔偿；没有提交履约保证金的，应当对招标人的损失承担赔偿责任。

中标人不按照与招标人订立的合同履行义务，情节严重的，取消其2～5年内参加依法必须进行招标的项目的投标资格并予以公告，直至由工商行政管理机关吊销营业执照。

因不可抗力不能履行合同的，不适用前两款规定。

第六十一条 本章规定的行政处罚，由国务院规定的有关行政监督部门决定。本法已对实施行政处罚的机关作出规定的除外。

第六十二条 任何单位违反本法规定，限制或者排斥本地区、本系统以外的法人或者其他组织参加投标的，为招标人指定招标代理机构的，强制招标人委托招标代理机构办理招标事宜的，或者以其他方式干涉招标投标活动的，责令改正；对单位直接负责的主管人员和其他直接责任人员依法给予警告、记过、记大过的处分，情节较重的，依法给予降级、撤职、开除的处分。

个人利用职权进行前款违法行为的，依照前款规定追究责任。

第六十三条 对招标投标活动依法负有行政监督职责的国家机关工作人员徇私舞弊、滥用职权或者玩忽职守，构成犯罪的，依法追究刑事责任；不构成犯罪的，依法给予行政处分。

第六十四条 依法必须进行招标的项目违反本法规定，中标无效的，应当依照本法规定的中标条件从其余投标人中重新确定中标人或者依照本法重新进行招标。

第六章　附　则

第六十五条 投标人和其他利害关系人认为招标投标活动不符合本法有关规定的，有权向招标人提出异议或者依法向有关行政监督部门投诉。

第六十六条 涉及国家安全、国家秘密、抢险救灾或者属于利用扶贫资金实行以工代赈、需要使用农民工等特殊情况，不适宜进行招标的项目，按照国家有关规定可以不进行招标。

第六十七条 使用国际组织或者外国政府贷款、援助资金的项目进行招标，贷款方、资金提供方对招标投标的具体条件和程序有不同规定的，可以适用其规定。但违背中华人民共和国的社会公共利益的除外。

第六十八条 本法自 2000 年 1 月 1 日起施行。

附录三 建设工程质量管理条例

中华人民共和国国务院令

第 279 号

《建设工程质量管理条例》已经 2000 年 1 月 10 日国务院第 25 次常务会议通过，现予发布，自发布之日起施行。

总理 朱镕基

2000 年 1 月 30 日

建设工程质量管理条例

第一章 总 则

第一条 为了加强对建设工程质量的管理，保证建设工程质量，保护人民生命和财产安全，根据《中华人民共和国建筑法》，制定本条例。

第二条 凡在中华人民共和国境内从事建设工程的新建、扩建、改建等有关活动及实施对建设工程质量监督管理的，必须遵守本条例。

本条例所称建设工程，是指土木工程、建筑工程、线路管道和设备安装工程及装修工程。

第三条 建设单位、勘察单位、设计单位、施工单位、工程监理单位依法对建设工程质量负责。

第四条 县级以上人民政府建设行政主管部门和其他有关部门应当加强对建设工程质量的监督管理。

第五条 从事建设工程活动，必须严格执行基本建设程序，坚持先勘察、后设计、再施工的原则。

县级以上人民政府及其有关部门不得超越权限审批建设项目或者擅自简化基本建设程序。

第六条 国家鼓励采用先进的科学技术和管理方法，提高建设工程质量。

第二章 建设单位的质量责任和义务

第七条 建设单位应当将工程发包给具有相应资质等级的单位。

建设单位不得将建设工程肢解发包。

第八条　建设单位应当依法对工程建设项目的勘察、设计、施工、监理以及与工程建设有关的重要设备、材料等的采购进行招标。

第九条　建设单位必须向有关的勘察、设计、施工、工程监理等单位提供与建设工程有关的原始资料。

原始资料必须真实、准确、齐全。

第十条　建设工程发包单位不得迫使承包方以低于成本的价格竞标，不得任意压缩合理工期。

建设单位不得明示或者暗示设计单位或者施工单位违反工程建设强制性标准，降低建设工程质量。

第十一条　建设单位应当将施工图设计文件报县级以上人民政府建设行政主管部门或者其他有关部门审查。施工图设计文件审查的具体办法，由国务院建设行政主管部门会同国务院其他有关部门制定。

施工图设计文件未经审查批准的，不得使用。

第十二条　实行监理的建设工程，建设单位应当委托具有相应资质等级的工程监理单位进行监理，也可以委托具有工程监理相应资质等级并与被监理工程的施工承包单位没有隶属关系或者其他利害关系的该工程的设计单位进行监理。

下列建设工程必须实行监理：

（一）国家重点建设工程；

（二）大中型公用事业工程；

（三）成片开发建设的住宅小区工程；

（四）利用外国政府或者国际组织贷款、援助资金的工程；

（五）国家规定必须实行监理的其他工程。

第十三条　建设单位在领取施工许可证或者开工报告前，应当按照国家有关规定办理工程质量监督手续。

第十四条　按照合同约定，由建设单位采购建筑材料、建筑构配件和设备的，建设单位应当保证建筑材料、建筑构配件和设备符合设计文件和合同要求。

建设单位不得明示或者暗示施工单位使用不合格的建筑材料、建筑构配件和设备。

第十五条　涉及建筑主体和承重结构变动的装修工程，建设单位应当在施工前委托原设计单位或者具有相应资质等级的设计单位提出设计方案；没有设计方案的，不得施工。

房屋建筑使用者在装修过程中，不得擅自变动房屋建筑主体和承重结构。

第十六条　建设单位收到建设工程竣工报告后，应当组织设计、施工、工程监理等有关单位进行竣工验收。

建设工程竣工验收应当具备下列条件：

（一）完成建设工程设计和合同约定的各项内容；

（二）有完整的技术档案和施工管理资料；

（三）有工程使用的主要建筑材料、建筑构配件和设备的进场试验报告；

（四）有勘察、设计、施工、工程监理等单位分别签署的质量合格文件；

（五）有施工单位签署的工程保修书。

建设工程经验收合格的，方可交付使用。

第十七条 建设单位应当严格按照国家有关档案管理的规定，及时收集、整理建设项目各环节的文件资料，建立、健全建设项目档案，并在建设工程竣工验收后，及时向建设行政主管部门或者其他有关部门移交建设项目档案。

第三章 勘察、设计单位的质量责任和义务

第十八条 从事建设工程勘察、设计的单位应当依法取得相应等级的资质证书，并在其资质等级许可的范围内承揽工程。

禁止勘察、设计单位超越其资质等级许可的范围或者以其他勘察、设计单位的名义承揽工程。禁止勘察、设计单位允许其他单位或者个人以本单位的名义承揽工程。

勘察、设计单位不得转包或者违法分包所承揽的工程。

第十九条 勘察、设计单位必须按照工程建设强制性标准进行勘察、设计，并对其勘察、设计的质量负责。

注册建筑师、注册结构工程师等注册执业人员应当在设计文件上签字，对设计文件负责。

第二十条 勘察单位提供的地质、测量、水文等勘察成果必须真实、准确。

第二十一条 设计单位应当根据勘察成果文件进行建设工程设计。

设计文件应当符合国家规定的设计深度要求，注明工程合理使用年限。

第二十二条 设计单位在设计文件中选用的建筑材料、建筑构配件和设备，应当注引规格、型号、性能等技术指标，其质量要求必须符合国家规定的标准。

除有特殊要求的建筑材料、专用设备、工艺生产线等外，设计单位不得指定生产厂、供应商。

第二十三条 设计单位应当就审查合格的施工图设计文件向施工单位作出详细说明。

第二十四条 设计单位应当参与建设工程质量事故分析，并对因设计造成的质量事故，提出相应的技术处理方案。

第四章 施工单位的质量责任和义务

第二十五条 施工单位应当依法取得相应等级的资质证书，并在其资质等级许可的范围内承揽工程。

禁止施工单位超越本单位资质等级许可的业务范围或者以其他施工单位的名义承揽工程。禁止施工单位允许其他单位或者个人以本单位的名义承揽工程。

施工单位不得转包或者违法分包工程。

第二十六条 施工单位对建设工程的施工质量负责。

施工单位应当建立质量责任制，确定工程项目的项目经理、技术负责人和施工管理负责人。

建设工程实行总承包的，总承包单位应当对全部建设工程质量负责；建设工程勘察、设计、施工、设备采购的一项或者多项实行总承包的，总承包单位应当对其承包的建设工程或者采购的设备的质量负责。

第二十七条 总承包单位依法将建设工程分包给其他单位的，分包单位应当按照分包合同的约定对其分包工程的质量向总承包单位负责，总承包单位与分包单位对分包工程的

质量承担连带责任。

第二十八条　施工单位必须按照工程设计图纸和施工技术标准施工，不得擅自修改工程设计，不得偷工减料。

施工单位在施工过程中发现设计文件和图纸有差错的，应当及时提出意见和建议。

第二十九条　施工单位必须按照工程设计要求、施工技术标准和合同约定，对建筑材料、建筑构配件、设备和商品混凝土进行检验，检验应当有书面记录和专人签字；未经检验或者检验不合格的，不得使用。

第三十条　施工单位必须建立、健全施工质量的检验制度，严格工序管理，做好隐蔽工程的质量检查和记录。隐蔽工程在施工前，施工单位应当通知建设单位和建设工程质量监督机构。

第三十一条　施工人员对涉及结构安全的试块、试件以及有关材料，应当在建设单位或者工程监理单位监督下现场取样，并送具有相应资质等级的质量检测单位进行检测。

第三十二条　施工单位对施工中出现质量问题的建设工程或者竣工验收不合格的建设工程，应当负责返修。

第三十三条　施工单位应当建立、健全教育培训制度，加强对职工的教育培训；未经教育培训或者考核不合格的人员，不得上岗作业。

第五章　工程监理单位的质量责任和义务

第三十四条　工程监理单位应当依法取得相应等级的资质证书，并在其资质等级许可的范围内承担工程监理业务。

禁止工程监理单位超越本单位资质等级许可的范围或者以其他工程监理单位的名义承担工程监理业务。禁止工程监理单位允许其他单位或者个人以本单位的名义承担工程监理业务。

工程监理单位不得转让工程监理业务。

第三十五条　工程监理单位与被监理工程的施工承包单位以及建筑材料、建筑构配件和设备供应单位有隶属关系或者其他利害关系的，不得承担该项建设工程的监理业务。

第三十六条　工程监理单位应当依照法律、法规以及有关技术标准、设计文件和建设工程承包合同，代表建设单位对施工质量实施监理，并对施工质量承担监理责任。

第三十七条　工程监理单位应当选派具备相应资格的总监理工程师和监理工程师进驻施工现场。

未经监理工程师签字，建筑材料、建筑构配件和设备不得在工程上使用或者安装，施工单位不得进行下一道工序的施工。未经总监理工程师签字，建设单位不拨付工程款，不进行竣工验收。

第三十八条　监理工程师应当按照工程监理规范的要求，采取旁站、巡视和平行检验等形式，对建设工程实施监理。

第六章　建设工程质量保修

第三十九条　建设工程实行质量保修制度。

建设工程承包单位在向建设单位提交工程竣工验收报告时，应当向建设单位出具质量保修书。质量保修书中应当明确建设工程的保修范围、保修期限和保修责任等。

第四十条 在正常使用条件下，建设工程的最低保修期限为：

（一）基础设施工程、房屋建筑的地基基础工程和主体结构工程，为设计文件规定的该工程的合理使用年限；

（二）屋面防水工程、有防水要求的卫生间、房间和外墙面的防渗漏，为5年；

（三）供热与供冷系统，为2个采暖期、供冷期；

（四）电气管线、给排水管道、设备安装和装修工程，为2年；

其他项目的保修期限由发包方与承包方约定。

建设工程的保修期，自竣工验收合格之日起计算。

第四十一条 建设工程在保修范围和保修期限内发生质量问题的，施工单位应当履行保修义务，并对造成的损失承担赔偿责任。

第四十二条 建设工程在超过合理使用年限后需要继续使用的，产权所有人应当委托具有相应资质等级的勘察、设计单位鉴定，并根据鉴定结果采取加固、维修等措施，重新界定使用期。

第七章 监 督 管 理

第四十三条 国家实行建设工程质量监督管理制度。

国务院建设行政主管部门对全国的建设工程质量实施统一监督管理。国务院铁路、交通、水利等有关部门按照国务院规定的职责分工，负责对全国的有关专业建设工程质量的监督管理。

县级以上地方人民政府建设行政主管部门对本行政区域内的建设工程质量实施监督管理。县级以上地方人民政府交通、水利等有关部门在各自的职责范围内，负责对本行政区域内的专业建设工程质量的监督管理。

第四十四条 国务院建设行政主管部门和国务院铁路、交通、水利等有关部门应当加强对有关建设工程质量的法律、法规和强制性标准执行情况的监督检查。

第四十五条 国务院发展计划部门按照国务院规定的职责，组织稽察特派员，对国家出资的重大建设项目实施监督检查。

国务院经济贸易主管部门按照国务院规定的职责，对国家重大技术改造项目实施监督检查。

第四十六条 建设工程质量监督管理，可以由建设行政主管部门或者其他有关部门委托的建设工程质量监督机构具体实施。

从事房屋建筑工程和市政基础设施工程质量监督的机构，必须按照国家有关规定经国务院建设行政主管部门或者省、自治区、直辖市人民政府建设行政主管部门考核；从事专业建设工程质量监督的机构，必须按照国家有关规定经国务院有关部门或者省、自治区、直辖市人民政府有关部门考核。经考核合格后，方可实施质量监督。

第四十七条 县级以上地方人民政府建设行政主管部门和其他有关部门应当加强对有关建设工程质量的法律、法规和强制性标准执行情况的监督检查。

第四十八条 县级以上人民政府建设行政主管部门和其他有关部门履行监督检查职责时，有权采取下列措施：

（一）要求被检查的单位提供有关工程质量的文件和资料；

（二）进入被检查单位的施工现场进行检查；

（三）发现有影响工程质量的问题时，责令改正。

第四十九条　建设单位应当自建设工程竣工验收合格之日起 15 日内，将建设工程竣工验收报告和规划、公安消防、环保等部门出具的认可文件或者准许使用文件报建设行政主管部门或者其他有关部门备案。

建设行政主管部门或者其他有关部门发现建设单位在竣工验收过程中有违反国家有关建设工程质量管理规定行为的，责令停止使用，重新组织竣工验收。

第五十条　有关单位和个人对县级以上人民政府建设行政主管部门和其他有关部门进行的监督检查应当支持与配合，不得拒绝或者阻碍建设工程质量监督检查人员依法执行职务。

第五十一条　供水、供电、供气、公安消防等部门或者单位不得明示或者暗示建设单位、施工单位购买其指定的生产供应单位的建筑材料、建筑构配件和设备。

第五十二条　建设工程发生质量事故，有关单位应当在 24 小时内向当地建设行政主管部门和其他有关部门报告。对重大质量事故，事故发生地的建设行政主管部门和其他有关部门应当按照事故类别和等级向当地人民政府和上级建设行政主管部门和其他有关部门报告。

特别重大质量事故的调查程序按照国务院有关规定办理。

第五十三条　任何单位和个人对建设工程的质量事故、质量缺陷都有权检举、控告、投诉。

第八章　罚　　则

第五十四条　违反本条例规定，建设单位将建设工程发包给不具有相应资质等级的勘察、设计、施工单位或者委托给不具有相应资质等级的工程监理单位的，责令改正，处 50 万元以上 100 万元以下的罚款。

第五十五条　违反本条例规定，建设单位将建设工程肢解发包的，责令改正，处工程合同价款 0.5% 以上 1% 以下的罚款；对全部或者部分使用国有资金的项目，并可以暂停项目执行或者暂停资金拨付。

第五十六条　违反本条例规定，建设单位有下列行为之一的，责令改正，处 20 万元以上 50 万元以下的罚款：

（一）迫使承包方以低于成本的价格竞标的；

（二）任意压缩合理工期的；

（三）明示或者暗示设计单位或者施工单位违反工程建设强制性标准，降低工程质量的；

（四）施工图设计文件未经审查或者审查不合格，擅自施工的；

（五）建设项目必须实行工程监理而未实行工程监理的；

（六）未按照国家规定办理工程质量监督手续的；

（七）明示或者暗示施工单位使用不合格的建筑材料、建筑构配件和设备的；

（八）未按照国家规定将竣工验收报告、有关认可文件或者准许使用文件报送备案的。

第五十七条　违反本条例规定，建设单位未取得施工许可证或者开工报告未经批准，擅自施工的，责令停止施工，限期改正，处工程合同价款 1% 以上 2% 以下的罚款。

第五十八条　违反本条例规定，建设单位有下列行为之一的，责令改正，处工程合同价款 2% 以上 4% 以下的罚款；造成损失的，依法承担赔偿责任：

（一）未组织竣工验收，拉自交付使用的；

（二）验收不合格。擅自交付使用的；

（三）对不合格的建设工程按照合格工程验收的。

第五十九条　违反本条例规定，建设工程竣工验收后，建设单位未向建设行政主管部门或者其他有关部门移交建设项目档案的，责令改正，处 1 万元以上 10 万元以下的罚款。

第六十条　违反本条例规定，勘察、设计、施工、工程监理单位超越本单位资质等级承揽工程的，责令停止违法行为，对勘察、设计单位或者工程监理单位处合同约定的勘察费、设计费或者监理酬金 1 倍以上 2 倍以下的罚款；对施工单位处工程合同价款百分之二以上百分之四以下的罚款，可以责令停业整顿，降低资质等级；情节严重的，吊销资质证书；有违法所得的，予以没收。

未取得资质证书承揽工程的，予以取缔，依照前款规定处以罚款；有违法所得的，予以没收。

以欺骗手段取得资质证书承揽工程的，吊销资质证书，依照本条第一款规定处以罚款；有违法所得的，予以没收。

第六十一条　违反本条例规定，勘察、设计、施工、工程监理单位允许其他单位或者个人以本单位名义承揽工程的，责令改正，没收违法所得，对勘察、设计单位和工程监理单位处合同约定的勘察费、设计费和监理酬金 1 倍以上 2 倍以下的罚款；对施工单位处工程合同价款 2% 以上 4% 以下的罚款；可以责令停业整顿，降低资质等级；情节严重的，吊销资质证书。

第六十二条　违反本条例规定，承包单位将承包的工程转包或者违法分包的，责令改正，没收违法所得，对勘察、设计单位处合同约定的勘察费、设计费 25% 以上 50% 以下的罚款；对施工单位处工程合同价款 0.5% 以上 1% 以下的罚款；可以责令停业整顿，降低资质等级；情节严重的，吊销资质证书。

工程监理单位转让工程监理业务的，责令改正，没收违法所行得，处合同约定的监理酬金 25% 以上 50% 以下的罚款；可以责令停业整顿，降低资质等级下情节严重的，吊销资质证书。

第六十三条　违反本条例规定，有下列行为之一的，责令改正，处 10 万元以上 30 万元以下的罚款：

（一）勘察单位未按照工程建设强制性标准进行勘察的；

（二）设计单位未根据勘察成果文件进行工程设计的；

（三）设计单位指定建筑材料、建筑构配件的生产厂、供应商的；

（四）设计单位未按照工程建设强制性标准进行设计的。

有前款所列行为，造成工程质量事故的，责令停业整顿，降低资质等级；情节严重的，吊销资质证书；造成损失的，依法承担赔偿责任。

第六十四条 违反本条例规定，施工单位在施工中偷工减料的，使用不合格的建筑材料、建筑构配件和设备的，或者有不按照工程设计图纸或者施工技术标准施工的其他行为的，责令改正，处工程合同价款 2‰以上 4‰以下的罚款；造成建设工程质量不符合规定的质量标准的，负责返工、修理，并赔偿因此造成的损失；情节严重的，责令停业整顿，降低资质等级或者吊销资质证书。

第六十五条 违反本条例规定，施工单位未对建筑材料、建筑构配件、设备和商品混凝土进行检验，或者未对涉及结构安全的试块、试件以及有关材料取样检测的，责令改正，处 10 万元以上 20 万元以下的罚款；情节严重的，责令停业整顿，降低资质等级或者吊销资质证书；造成损失的，依法承担赔偿责任。

第六十六条 违反本条例规定，施工单位不履行保修义务或者拖延履行保修义务的，责令改正，处 10 万元以上 20 万元以下的罚款，并对在保修期内因质量缺陷造成的损失承担赔偿责任。

第六十七条 工程监理单位有下列行为之一的，责令改正，处 50 万元以上 100 万元以下的罚款，降低资质等级或者吊销资质证书；有违法所得的，予以没收；造成损失的，承担连任：

（一）与建设单位或者施工单位串通，弄虚作假、降低工程质量的；

（二）将不合格的建设工程、建筑材料、建筑构配件和设备按照合格签字的。

第六十八条 违反本条例规定，工程监理单位与被监理工程的施工承包单位以及建筑材料、建筑构配件和设备供应单位有隶属关系或者其他利害关系承担该项建设工程的监理业务的，责令改正，处 5 万元以上 10 万元以下的罚款，降低资质等级或者吊销资质证书；有违法所得的，予以没收。

第六十九条 违反本条例规定，涉及建筑主体或者承重结构变动的装修工程，没有设计方案擅自施工的，责令改正，处 50 万元以上 100 万元以下的罚款；房屋建筑使用者在装修过程中擅自变动房屋建筑主体和承重结构的，责令改正，处 5 万元以上 10 万元以下的罚款。

有前款所列行为，造成损失的，依法承担赔偿责任。

第七十条 发生重大工程质量事故隐瞒不报、谎报或者拖延报告期限的，对直接负责的主管人员和其他责任人员依法给予行政处分。

第七十一条 违反本条例规定，供水、供电、供气、公安消防等部门或者单位明示或者暗示建设单位或者施工单位购买其指定的生产供应单位的建筑材料、建筑构配件和设备的，责令改正。

第七十二条 违反本条例规定，注册建筑师、注册结构工程师、监理工程师等注册执业人员因过错造成质量事故的，责令停止执业 1 年；造成重大质量事故的，吊销执业资格证书，5 年以内不予注册；情节特别恶劣的，终身不予注册。

第七十三条 依照本条例规定，给予单位罚款处罚的，对单位直接负责的主管人员和其他直接责任人员处单位罚款数额 5‰以上 10‰以下的罚款。

第七十四条 建设单位、设计单位、施工单位、工程监理单位违反国家规定，降低工程质量标准，造成重大安全事故，构成犯罪的，对直接责任人员依法追究刑事责任。

第七十五条 本条例规定的责令停业整顿，降低资质等级和吊销资质证书的行政处罚，由颁发资质证书的机关决定；其他行政处罚，由建设行政主管部门或者其他有关部门依照法定职权决定。

依照本条例规定被吊销资质证书的，由工商行政管理部门吊销其营业执照。

第七十六条 国家机关工作人员在建设工程质量监督管理工作中玩忽职守、滥用职权、徇私舞弊，构成犯罪的，依法追究刑事责任；尚不构成犯罪的，依法给予行政处分。

第七十七条 建设、勘察、设计、施工、工程监理单位的工作人员因调动工作、退休等原因离开该单位后，被发现在该单位工作期间违反国家有关建设工程质量管理规定，造成重大工程质量事故的，仍应当依法追究法律责任。

第九章 附 则

第七十八条 本条例所称肢解发包，是指建设单位将应当由一个承包单位完成的建设工程分解成若干部分发包给不同的承包单位的行为。

本条例所称违法分包，是指下列行为：

（一）总承包单位将建设工程分包给不具备相应资质条件的单位的；

（二）建设工程总承包合同中未有约定，又未经建设单位认可，承包单位将其承包的部分建设工程交由其他单位完成的；

（三）施工总承包单位将建设工程主体结构的施工分包给其他单位的；

（四）分包单位将其承包的建设工程再分包的。

本条例所称转包，是指承包单位承包建设工程后，不履行合同约定的责任和义务，将其承包的全部建设工程转给他人或者将其承包的全部建设工程肢解以后以分包的名义分别转给其他单位承包的行为。

第七十九条 本条例规定的罚款和没收的违法所得，必须全部上缴国库。

第八十条 抢险救灾及其他临时性房屋建筑和农民自建低层住宅的建设活动，不适用本条例。

第八十一条 军事建设工程的管理，按照中央军事委员会的有关规定执行。

第八十二条 本条例自发布之日起施行。

附录四　建设工程安全生产管理条例

《建设工程安全生产管理条例》已经 2003 年 11 月 12 日国务院第 28 次常务会议通过，现予公布，自 2004 年 2 月 1 日起施行。

第一章　总　　则

第一条　为了加强建设工程安全生产监督管理，保障人民群众生命和财产安全，根据《中华人民共和国建筑法》、《中华人民共和国安全生产法》，制定本条例。

第二条　在中华人民共和国境内从事建设工程的新建、扩建、改建和拆除等有关活动及实施对建设工程安全生产的监督管理，必须遵守本条例。

本条例所称建设工程，是指土木工程、建筑工程、线路管道和设备安装工程及装修工程。

第三条　建设工程安全生产管理，坚持安全第一、预防为主的方针。

第四条　建设单位、勘察单位、设计单位、施工单位、工程监理单位及其他与建设工程安全生产有关的单位，必须遵守安全生产法律、法规的规定，保证建设工程安全生产，依法承担建设工程安全生产责任。

第五条　国家鼓励建设工程安全生产的科学技术研究和先进技术的推广应用，推进建设工程安全生产的科学管理。

第二章　建设单位的安全责任

第六条　建设单位应当向施工单位提供施工现场及毗邻区域内供水、排水、供电、供气、供热、通信、广播电视等地下管线资料，气象和水文观测资料，相邻建筑物和构筑物、地下工程的有关资料，并保证资料的真实、准确、完整。

建设单位因建设工程需要，向有关部门或者单位查询前款规定的资料时，有关部门或者单位应当及时提供。

第七条　建设单位不得对勘察、设计、施工、工程监理等单位提出不符合建设工程安全生产法律、法规和强制性标准规定的要求，不得压缩合同约定的工期。

第八条　建设单位在编制工程概算时，应当确定建设工程安全作业环境及安全施工措施所需费用。

第九条　建设单位不得明示或者暗示施工单位购买、租赁、使用不符合安全施工要求的安全防护用具、机械设备、施工机具及配件、消防设施和器材。

第十条　建设单位在申请领取施工许可证时，应当提供建设工程有关安全施工措施的资料。

依法批准开工报告的建设工程，建设单位应当自开工报告批准之日起 15 日内，将保证安全施工的措施报送建设工程所在地的县级以上地方人民政府建设行政主管部门或者其他有关部门备案。

第十一条 建设单位应当将拆除工程发包给具有相应资质等级的施工单位。

建设单位应当在拆除工程施工 15 日前，将下列资料报送建设工程所在地的县级以上地方人民政府建设行政主管部门或者其他有关部门备案：

（一）施工单位资质等级证明；

（二）拟拆除建筑物、构筑物及可能危及毗邻建筑的说明；

（三）拆除施工组织方案；

（四）堆放、清除废弃物的措施。

实施爆破作业的，应当遵守国家有关民用爆炸物品管理的规定。

第三章 勘察、设计、工程监理及其他有关单位的安全责任

第十二条 勘察单位应当按照法律、法规和工程建设强制性标准进行勘察，提供的勘察文件应当真实、准确，满足建设工程安全生产的需要。

勘察单位在勘察作业时，应当严格执行操作规程，采取措施保证各类管线、设施和周边建筑物、构筑物的安全。

第十三条 设计单位应当按照法律、法规和工程建设强制性标准进行设计，防止因设计不合理导致生产安全事故的发生。

设计单位应当考虑施工安全操作和防护的需要，对涉及施工安全的重点部位和环节在设计文件中注明，并对防范生产安全事故提出指导意见。

采用新结构、新材料、新工艺的建设工程和特殊结构的建设工程，设计单位应当在设计中提出保障施工作业人员安全和预防生产安全事故的措施建议。

设计单位和注册建筑师等注册执业人员应当对其设计负责。

第十四条 工程监理单位应当审查施工组织设计中的安全技术措施或者专项施工方案是否符合工程建设强制性标准。

工程监理单位在实施监理过程中，发现存在安全事故隐患的，应当要求施工单位整改；情况严重的，应当要求施工单位暂时停止施工，并及时报告建设单位。施工单位拒不整改或者不停止施工的，工程监理单位应当及时向有关主管部门报告。

工程监理单位和监理工程师应当按照法律、法规和工程建设强制性标准实施监理，并对建设工程安全生产承担监理责任。

第十五条 为建设工程提供机械设备和配件的单位，应当按照安全施工的要求配备齐全有效的保险、限位等安全设施和装置。

第十六条 出租的机械设备和施工机具及配件，应当具有生产（制造）许可证、产品合格证。

出租单位应当对出租的机械设备和施工机具及配件的安全性能进行检测，在签订租赁协议时，应当出具检测合格证明。

禁止出租检测不合格的机械设备和施工机具及配件。

第十七条 在施工现场安装、拆卸施工起重机械和整体提升脚手架、模板等自升式架设设施，必须由具有相应资质的单位承担。

安装、拆卸施工起重机械和整体提升脚手架、模板等自升式架设设施，应当编制拆装

方案、制定安全施工措施，并由专业技术人员现场监督。

施工起重机械和整体提升脚手架、模板等自升式架设设施安装完毕后，安装单位应当自检，出具自检合格证明，并向施工单位进行安全使用说明，办理验收手续并签字。

第十八条 施工起重机械和整体提升脚手架、模板等自升式架设设施的使用达到国家规定的检验检测期限的，必须经具有专业资质的检验检测机构检测。经检测不合格的，不得继续使用。

第十九条 检验检测机构对检测合格的施工起重机械和整体提升脚手架、模板等自升式架设设施，应当出具安全合格证明文件，并对检测结果负责。

第四章 施工单位的安全责任

第二十条 施工单位从事建设工程的新建、扩建、改建和拆除等活动，应当具备国家规定的注册资本、专业技术人员、技术装备和安全生产等条件，依法取得相应等级的资质证书，并在其资质等级许可的范围内承揽工程。

第二十一条 施工单位主要负责人依法对本单位的安全生产工作全面负责。施工单位应当建立健全安全生产责任制度和安全生产教育培训制度，制定安全生产规章制度和操作规程，保证本单位安全生产条件所需资金的投入，对所承担的建设工程进行定期和专项安全检查，并做好安全检查记录。

施工单位的项目负责人应当由取得相应执业资格的人员担任，对建设工程项目的安全施工负责，落实安全生产责任制度、安全生产规章制度和操作规程，确保安全生产费用的有效使用，并根据工程的特点组织制定安全施工措施，消除安全事故隐患，及时、如实报告生产安全事故。

第二十二条 施工单位对列入建设工程概算的安全作业环境及安全施工措施所需费用，应当用于施工安全防护用具及设施的采购和更新、安全施工措施的落实、安全生产条件的改善，不得挪作他用。

第二十三条 施工单位应当设立安全生产管理机构，配备专职安全生产管理人员。

专职安全生产管理人员负责对安全生产进行现场监督检查。发现安全事故隐患，应当及时向项目负责人和安全生产管理机构报告；对违章指挥、违章操作的，应当立即制止。

专职安全生产管理人员的配备办法由国务院建设行政主管部门会同国务院其他有关部门制定。

第二十四条 建设工程实行施工总承包的，由总承包单位对施工现场的安全生产负总责。

总承包单位应当自行完成建设工程主体结构的施工。

总承包单位依法将建设工程分包给其他单位的，分包合同中应当明确各自的安全生产方面的权利、义务。总承包单位和分包单位对分包工程的安全生产承担连带责任。

分包单位应当服从总承包单位的安全生产管理，分包单位不服从管理导致生产安全事故的，由分包单位承担主要责任。

第二十五条 垂直运输机械作业人员、安装拆卸工、爆破作业人员、起重信号工、登高架设作业人员等特种作业人员，必须按照国家有关规定经过专门的安全作业培训，并取得特种作业操作资格证书后，方可上岗作业。

第二十六条 施工单位应当在施工组织设计中编制安全技术措施和施工现场临时用电方案，对下列达到一定规模的危险性较大的分部分项工程编制专项施工方案，并附具安全验算结果，经施工单位技术负责人、总监理工程师签字后实施，由专职安全生产管理人员进行现场监督：

（一）基坑支护与降水工程；

（二）土方开挖工程；

（三）模板工程；

（四）起重吊装工程；

（五）脚手架工程；

（六）拆除、爆破工程；

（七）国务院建设行政主管部门或者其他有关部门规定的其他危险性较大的工程。

对前款所列工程中涉及深基坑、地下暗挖工程、高大模板工程的专项施工方案，施工单位还应当组织专家进行论证、审查。

本条第一款规定的达到一定规模的危险性较大工程的标准，由国务院建设行政主管部门会同国务院其他有关部门制定。

第二十七条 建设工程施工前，施工单位负责项目管理的技术人员应当对有关安全施工的技术要求向施工作业班组、作业人员作出详细说明，并由双方签字确认。

第二十八条 施工单位应当在施工现场入口处、施工起重机械、临时用电设施、脚手架、出入通道口、楼梯口、电梯井口、孔洞口、桥梁口、隧道口、基坑边沿、爆破物及有害危险气体和液体存放处等危险部位，设置明显的安全警示标志。安全警示标志必须符合国家标准。

施工单位应当根据不同施工阶段和周围环境及季节、气候的变化，在施工现场采取相应的安全施工措施。施工现场暂时停止施工的，施工单位应当做好现场防护，所需费用由责任方承担，或者按照合同约定执行。

第二十九条 施工单位应当将施工现场的办公、生活区与作业区分开设置，并保持安全距离；办公、生活区的选址应当符合安全性要求。职工的膳食、饮水、休息场所等应当符合卫生标准。施工单位不得在尚未竣工的建筑物内设置员工集体宿舍。

施工现场临时搭建的建筑物应当符合安全使用要求。施工现场使用的装配式活动房屋应当具有产品合格证。

第三十条 施工单位对因建设工程施工可能造成损害的毗邻建筑物、构筑物和地下管线等，应当采取专项防护措施。

施工单位应当遵守有关环境保护法律、法规的规定，在施工现场采取措施，防止或者减少粉尘、废气、废水、固体废物、噪声、振动和施工照明对人和环境的危害和污染。

在城市市区内的建设工程，施工单位应当对施工现场实行封闭围挡。

第三十一条 施工单位应当在施工现场建立消防安全责任制度，确定消防安全责任人，制定用火、用电、使用易燃易爆材料等各项消防安全管理制度和操作规程，设置消防通道、消防水源，配备消防设施和灭火器材，并在施工现场入口处设置明显标志。

第三十二条　施工单位应当向作业人员提供安全防护用具和安全防护服装，并书面告知危险岗位的操作规程和违章操作的危害。

作业人员有权对施工现场的作业条件、作业程序和作业方式中存在的安全问题提出批评、检举和控告，有权拒绝违章指挥和强令冒险作业。

在施工中发生危及人身安全的紧急情况时，作业人员有权立即停止作业或者在采取必要的应急措施后撤离危险区域。

第三十三条　作业人员应当遵守安全施工的强制性标准、规章制度和操作规程，正确使用安全防护用具、机械设备等。

第三十四条　施工单位采购、租赁的安全防护用具、机械设备、施工机具及配件，应当具有生产（制造）许可证、产品合格证，并在进入施工现场前进行查验。

施工现场的安全防护用具、机械设备、施工机具及配件必须由专人管理，定期进行检查、维修和保养，建立相应的资料档案，并按照国家有关规定及时报废。

第三十五条　施工单位在使用施工起重机械和整体提升脚手架、模板等自升式架设设施前，应当组织有关单位进行验收，也可以委托具有相应资质的检验检测机构进行验收；使用承租的机械设备和施工机具及配件的，由施工总承包单位、分包单位、出租单位和安装单位共同进行验收。验收合格的方可使用。

《特种设备安全监察条例》规定的施工起重机械，在验收前应当经有相应资质的检验检测机构监督检验合格。

施工单位应当自施工起重机械和整体提升脚手架、模板等自升式架设设施验收合格之日起30日内，向建设行政主管部门或者其他有关部门登记。登记标志应当置于或者附着于该设备的显著位置。

第三十六条　施工单位的主要负责人、项目负责人、专职安全生产管理人员应当经建设行政主管部门或者其他有关部门考核合格后方可任职。

施工单位应当对管理人员和作业人员每年至少进行一次安全生产教育培训，其教育培训情况记入个人工作档案。安全生产教育培训考核不合格的人员，不得上岗。

第三十七条　作业人员进入新的岗位或者新的施工现场前，应当接受安全生产教育培训。未经教育培训或者教育培训考核不合格的人员，不得上岗作业。

施工单位在采用新技术、新工艺、新设备、新材料时，应当对作业人员进行相应的安全生产教育培训。

第三十八条　施工单位应当为施工现场从事危险作业的人员办理意外伤害保险。

意外伤害保险费由施工单位支付。实行施工总承包的，由总承包单位支付意外伤害保险费。意外伤害保险期限自建设工程开工之日起至竣工验收合格止。

第五章　监　督　管　理

第三十九条　国务院负责安全生产监督管理的部门依照《中华人民共和国安全生产法》的规定，对全国建设工程安全生产工作实施综合监督管理。

县级以上地方人民政府负责安全生产监督管理的部门依照《中华人民共和国安全生产

法》的规定，对本行政区域内建设工程安全生产工作实施综合监督管理。

第四十条 国务院建设行政主管部门对全国的建设工程安全生产实施监督管理。国务院铁路、交通、水利等有关部门按照国务院规定的职责分工，负责有关专业建设工程安全生产的监督管理。

县级以上地方人民政府建设行政主管部门对本行政区域内的建设工程安全生产实施监督管理。县级以上地方人民政府交通、水利等有关部门在各自的职责范围内，负责本行政区域内的专业建设工程安全生产的监督管理。

第四十一条 建设行政主管部门和其他有关部门应当将本条例第十条、第十一条规定的有关资料的主要内容抄送同级负责安全生产监督管理的部门。

第四十二条 建设行政主管部门在审核发放施工许可证时，应当对建设工程是否有安全施工措施进行审查，对没有安全施工措施的，不得颁发施工许可证。

建设行政主管部门或者其他有关部门对建设工程是否有安全施工措施进行审查时，不得收取费用。

第四十三条 县级以上人民政府负有建设工程安全生产监督管理职责的部门在各自的职责范围内履行安全监督检查职责时，有权采取下列措施：

（一）要求被检查单位提供有关建设工程安全生产的文件和资料；

（二）进入被检查单位施工现场进行检查；

（三）纠正施工中违反安全生产要求的行为；

（四）对检查中发现的安全事故隐患，责令立即排除；重大安全事故隐患排除前或者排除过程中无法保证安全的，责令从危险区域内撤出作业人员或者暂时停止施工。

第四十四条 建设行政主管部门或者其他有关部门可以将施工现场的监督检查委托给建设工程安全监督机构具体实施。

第四十五条 国家对严重危及施工安全的工艺、设备、材料实行淘汰制度。具体目录由国务院建设行政主管部门会同国务院其他有关部门制定并公布。

第四十六条 县级以上人民政府建设行政主管部门和其他有关部门应当及时受理对建设工程生产安全事故及安全事故隐患的检举、控告和投诉。

第六章　生产安全事故的应急救援和调查处理

第四十七条 县级以上地方人民政府建设行政主管部门应当根据本级人民政府的要求，制定本行政区域内建设工程特大生产安全事故应急救援预案。

第四十八条 施工单位应当制定本单位生产安全事故应急救援预案，建立应急救援组织或者配备应急救援人员，配备必要的应急救援器材、设备，并定期组织演练。

第四十九条 施工单位应当根据建设工程施工的特点、范围，对施工现场易发生重大事故的部位、环节进行监控，制定施工现场生产安全事故应急救援预案。实行施工总承包的，由总承包单位统一组织编制建设工程生产安全事故应急救援预案，工程总承包单位和分包单位按照应急救援预案，各自建立应急救援组织或者配备应急救援人员，配备救援器材、设备，并定期组织演练。

第五十条 施工单位发生生产安全事故，应当按照国家有关伤亡事故报告和调查处理的规定，及时、如实地向负责安全生产监督管理的部门、建设行政主管部门或者其他有关部门报告；特种设备发生事故的，还应当同时向特种设备安全监督管理部门报告。接到报告的部门应当按照国家有关规定，如实上报。

实行施工总承包的建设工程，由总承包单位负责上报事故。

第五十一条 发生生产安全事故后，施工单位应当采取措施防止事故扩大，保护事故现场。需要移动现场物品时，应当做出标记和书面记录，妥善保管有关证物。

第五十二条 建设工程生产安全事故的调查、对事故责任单位和责任人的处罚与处理，按照有关法律、法规的规定执行。

第七章 法 律 责 任

第五十三条 违反本条例的规定，县级以上人民政府建设行政主管部门或者其他有关行政管理部门的工作人员，有下列行为之一的，给予降级或者撤职的行政处分；构成犯罪的，依照刑法有关规定追究刑事责任：

（一）对不具备安全生产条件的施工单位颁发资质证书的；

（二）对没有安全施工措施的建设工程颁发施工许可证的；

（三）发现违法行为不予查处的；

（四）不依法履行监督管理职责的其他行为。

第五十四条 违反本条例的规定，建设单位未提供建设工程安全生产作业环境及安全施工措施所需费用的，责令限期改正；逾期未改正的，责令该建设工程停止施工。

建设单位未将保证安全施工的措施或者拆除工程的有关资料报送有关部门备案的，责令限期改正，给予警告。

第五十五条 违反本条例的规定，建设单位有下列行为之一的，责令限期改正，处20万元以上50万元以下的罚款；造成重大安全事故，构成犯罪的，对直接责任人员，依照刑法有关规定追究刑事责任；造成损失的，依法承担赔偿责任：

（一）对勘察、设计、施工、工程监理等单位提出不符合安全生产法律、法规和强制性标准规定的要求的；

（二）要求施工单位压缩合同约定的工期的；

（三）将拆除工程发包给不具有相应资质等级的施工单位的。

第五十六条 违反本条例的规定，勘察单位、设计单位有下列行为之一的，责令限期改正，处10万元以上30万元以下的罚款；情节严重的，责令停业整顿，降低资质等级，直至吊销资质证书；造成重大安全事故，构成犯罪的，对直接责任人员，依照刑法有关规定追究刑事责任；造成损失的，依法承担赔偿责任：

（一）未按照法律、法规和工程建设强制性标准进行勘察、设计的；

（二）采用新结构、新材料、新工艺的建设工程和特殊结构的建设工程，设计单位未在设计中提出保障施工作业人员安全和预防生产安全事故的措施建议的。

第五十七条 违反本条例的规定，工程监理单位有下列行为之一的，责令限期改正；逾期未改正的，责令停业整顿，并处10万元以上30万元以下的罚款；情节严重的，降低资质等级，直至吊销资质证书；造成重大安全事故，构成犯罪的，对直接责任人员，依照刑法有关规定追究刑事责任；造成损失的，依法承担赔偿责任：

（一）未对施工组织设计中的安全技术措施或者专项施工方案进行审查的；

（二）发现安全事故隐患未及时要求施工单位整改或者暂时停止施工的；

（三）施工单位拒不整改或者不停止施工，未及时向有关主管部门报告的；

（四）未依照法律、法规和工程建设强制性标准实施监理的。

第五十八条 注册执业人员未执行法律、法规和工程建设强制性标准的，责令停止执业3个月以上1年以下；情节严重的，吊销执业资格证书，5年内不予注册；造成重大安全事故的，终身不予注册；构成犯罪的，依照刑法有关规定追究刑事责任。

第五十九条 违反本条例的规定，为建设工程提供机械设备和配件的单位，未按照安全施工的要求配备齐全有效的保险、限位等安全设施和装置的，责令限期改正，处合同价款1倍以上3倍以下的罚款；造成损失的，依法承担赔偿责任。

第六十条 违反本条例的规定，出租单位出租未经安全性能检测或者经检测不合格的机械设备和施工机具及配件的，责令停业整顿，并处5万元以上10万元以下的罚款；造成损失的，依法承担赔偿责任。

第六十一条 违反本条例的规定，施工起重机械和整体提升脚手架、模板等自升式架设设施安装、拆卸单位有下列行为之一的，责令限期改正，处5万元以上10万元以下的罚款；情节严重的，责令停业整顿，降低资质等级，直至吊销资质证书；造成损失的，依法承担赔偿责任：

（一）未编制拆装方案、制定安全施工措施的；

（二）未由专业技术人员现场监督的；

（三）未出具自检合格证明或者出具虚假证明的；

（四）未向施工单位进行安全使用说明，办理移交手续的。

施工起重机械和整体提升脚手架、模板等自升式架设设施安装、拆卸单位有前款规定的第（一）项、第（三）项行为，经有关部门或者单位职工提出后，对事故隐患仍不采取措施，因而发生重大伤亡事故或者造成其他严重后果，构成犯罪的，对直接责任人员，依照刑法有关规定追究刑事责任。

第六十二条 违反本条例的规定，施工单位有下列行为之一的，责令限期改正；逾期未改正的，责令停业整顿，依照《中华人民共和国安全生产法》的有关规定处以罚款；造成重大安全事故，构成犯罪的，对直接责任人员，依照刑法有关规定追究刑事责任：

（一）未设立安全生产管理机构、配备专职安全生产管理人员或者分部分项工程施工时无专职安全生产管理人员现场监督的；

（二）施工单位的主要负责人、项目负责人、专职安全生产管理人员、作业人员或者特种作业人员，未经安全教育培训或者经考核不合格即从事相关工作的；

（三）未在施工现场的危险部位设置明显的安全警示标志，或者未按照国家有关规定在施工现场设置消防通道、消防水源、配备消防设施和灭火器材的；

（四）未向作业人员提供安全防护用具和安全防护服装的；

（五）未按照规定在施工起重机械和整体提升脚手架、模板等自升式架设设施验收合格后登记的；

（六）使用国家明令淘汰、禁止使用的危及施工安全的工艺、设备、材料的。

第六十三条 违反本条例的规定，施工单位挪用列入建设工程概算的安全生产作业环境及安全施工措施所需费用的，责令限期改正，处挪用费用 20% 以上 50% 以下的罚款；造成损失的，依法承担赔偿责任。

第六十四条 违反本条例的规定，施工单位有下列行为之一的，责令限期改正；逾期未改正的，责令停业整顿，并处 5 万元以上 10 万元以下的罚款；造成重大安全事故，构成犯罪的，对直接责任人员，依照刑法有关规定追究刑事责任：

（一）施工前未对有关安全施工的技术要求作出详细说明的；

（二）未根据不同施工阶段和周围环境及季节、气候的变化，在施工现场采取相应的安全施工措施，或者在城市市区内的建设工程的施工现场未实行封闭围挡的；

（三）在尚未竣工的建筑物内设置员工集体宿舍的；

（四）施工现场临时搭建的建筑物不符合安全使用要求的；

（五）未对因建设工程施工可能造成损害的毗邻建筑物、构筑物和地下管线等采取专项防护措施的。

施工单位有前款规定第（四）项、第（五）项行为，造成损失的，依法承担赔偿责任。

第六十五条 违反本条例的规定，施工单位有下列行为之一的，责令限期改正；逾期未改正的，责令停业整顿，并处 10 万元以上 30 万元以下的罚款；情节严重的，降低资质等级，直至吊销资质证书；造成重大安全事故，构成犯罪的，对直接责任人员，依照刑法有关规定追究刑事责任；造成损失的，依法承担赔偿责任：

（一）安全防护用具、机械设备、施工机具及配件在进入施工现场前未经查验或者查验不合格即投入使用的；

（二）使用未经验收或者验收不合格的施工起重机械和整体提升脚手架、模板等自升式架设设施的；

（三）委托不具有相应资质的单位承担施工现场安装、拆卸施工起重机械和整体提升脚手架、模板等自升式架设设施的；

（四）在施工组织设计中未编制安全技术措施、施工现场临时用电方案或者专项施工方案的。

第六十六条 违反本条例的规定，施工单位的主要负责人、项目负责人未履行安全生产管理职责的，责令限期改正；逾期未改正的，责令施工单位停业整顿；造成重大安全事故、重大伤亡事故或者其他严重后果，构成犯罪的，依照刑法有关规定追究刑事责任。

作业人员不服管理、违反规章制度和操作规程冒险作业造成重大伤亡事故或者其他严重后果，构成犯罪的，依照刑法有关规定追究刑事责任。

施工单位的主要负责人、项目负责人有前款违法行为，尚不够刑事处罚的，处 2 万元以上 20 万元以下的罚款或者按照管理权限给予撤职处分；自刑罚执行完毕或者受处分之日起，5 年内不得担任任何施工单位的主要负责人、项目负责人。

第六十七条 施工单位取得资质证书后，降低安全生产条件的，责令限期改正；经整改仍未达到与其资质等级相适应的安全生产条件的，责令停业整顿，降低其资质等级直至吊销资质证书。

第六十八条 本条例规定的行政处罚，由建设行政主管部门或者其他有关部门依照法定职权决定。

违反消防安全管理规定的行为，由公安消防机构依法处罚。

有关法律、行政法规对建设工程安全生产违法行为的行政处罚决定机关另有规定的，从其规定。

第八章 附 则

第六十九条 抢险救灾和农民自建低层住宅的安全生产管理，不适用本条例。

第七十条 军事建设工程的安全生产管理，按照中央军事委员会的有关规定执行。

第七十一条 本条例自 2004 年 2 月 1 日起施行。

附录五　工程监理企业资质管理规定

中华人民共和国建设部令第 158 号

《工程监理企业资质管理规定》已于 2006 年 12 月 11 日经建设部第 112 次常务会议讨论通过，现予发布，自 2007 年 8 月 1 日起施行。

建设部部长　汪光焘
二〇〇七年六月二十六日

第一章　总　　则

第一条　为了加强工程监理企业资质管理，规范建设工程监理活动，维护建筑市场秩序，根据《中华人民共和国建筑法》、《中华人民共和国行政许可法》、《建设工程质量管理条例》等法律、行政法规，制定本规定。

第二条　在中华人民共和国境内从事建设工程监理活动，申请工程监理企业资质，实施对工程监理企业资质监督管理，适用本规定。

第三条　从事建设工程监理活动的企业，应当按照本规定取得工程监理企业资质，并在工程监理企业资质证书（以下简称资质证书）许可的范围内从事工程监理活动。

第四条　国务院建设主管部门负责全国工程监理企业资质的统一监督管理工作。国务院铁路、交通、水利、信息产业、民航等有关部门配合国务院建设主管部门实施相关资质类别工程监理企业资质的监督管理工作。

省、自治区、直辖市人民政府建设主管部门负责本行政区域内工程监理企业资质的统一监督管理工作。省、自治区、直辖市人民政府交通、水利、信息产业等有关部门配合同级建设主管部门实施相关资质类别工程监理企业资质的监督管理工作。

第五条　工程监理行业组织应当加强工程监理行业自律管理。

鼓励工程监理企业加入工程监理行业组织。

第二章　资质等级和业务范围

第六条　工程监理企业资质分为综合资质、专业资质和事务所资质。其中，专业资质按照工程性质和技术特点划分为若干工程类别。

综合资质、事务所资质不分级别。专业资质分为甲级、乙级；其中，房屋建筑、水利水电、公路和市政公用专业资质可设立丙级。

第七条　工程监理企业的资质等级标准如下：

（一）综合资质标准

1. 具有独立法人资格且注册资本不少于600万元。

2. 企业技术负责人应为注册监理工程师，并具有15年以上从事工程建设工作的经历或者具有工程类高级职称。

3. 具有5个以上工程类别的专业甲级工程监理资质。

4. 注册监理工程师不少于60人，注册造价工程师不少于5人，一级注册建造师、一级注册建筑师、一级注册结构工程师或者其他勘察设计注册工程师合计不少于15人次。

5. 企业具有完善的组织结构和质量管理体系，有健全的技术、档案等管理制度。

6. 企业具有必要的工程试验检测设备。

7. 申请工程监理资质之日前一年内没有本规定第十六条禁止的行为。

8. 申请工程监理资质之日前一年内没有因本企业监理责任造成重大质量事故。

9. 申请工程监理资质之日前一年内没有因本企业监理责任发生三级以上工程建设重大安全事故或者发生两起以上四级工程建设安全事故。

（二）专业资质标准

1. 甲级

（1）具有独立法人资格且注册资本不少于300万元。

（2）企业技术负责人应为注册监理工程师，并具有15年以上从事工程建设工作的经历或者具有工程类高级职称。

（3）注册监理工程师、注册造价工程师、一级注册建造师、一级注册建筑师、一级注册结构工程师或者其他勘察设计注册工程师合计不少于25人次；其中，相应专业注册监理工程师不少于《专业资质注册监理工程师人数配备表》（附表1）中要求配备的人数，注册造价工程师不少于2人。

（4）企业近2年内独立监理过3个以上相应专业的二级工程项目，但是，具有甲级设计资质或一级及以上施工总承包资质的企业申请本专业工程类别甲级资质的除外。

（5）企业具有完善的组织结构和质量管理体系，有健全的技术、档案等管理制度。

（6）企业具有必要的工程试验检测设备。

（7）申请工程监理资质之日前一年内没有本规定第十六条禁止的行为。

（8）申请工程监理资质之日前一年内没有因本企业监理责任造成重大质量事故。

（9）申请工程监理资质之日前一年内没有因本企业监理责任发生三级以上工程建设重大安全事故或者发生两起以上四级工程建设安全事故。

2. 乙级

（1）具有独立法人资格且注册资本不少于100万元。

（2）企业技术负责人应为注册监理工程师，并具有10年以上从事工程建设工作的经历。

（3）注册监理工程师、注册造价工程师、一级注册建造师、一级注册建筑师、一级注册结构工程师或者其他勘察设计注册工程师合计不少于15人次。其中，相应专业注册监理工程师不少于《专业资质注册监理工程师人数配备表》（附表1）中要求配备的人数，注册造价工程师不少于1人。

（4）有较完善的组织结构和质量管理体系，有技术、档案等管理制度。

（5）有必要的工程试验检测设备。

（6）申请工程监理资质之日前一年内没有本规定第十六条禁止的行为。

（7）申请工程监理资质之日前一年内没有因本企业监理责任造成重大质量事故。

（8）申请工程监理资质之日前一年内没有因本企业监理责任发生三级以上工程建设重大安全事故或者发生两起以上四级工程建设安全事故。

3. 丙级

（1）具有独立法人资格且注册资本不少于 50 万元。

（2）企业技术负责人应为注册监理工程师，并具有 8 年以上从事工程建设工作的经历。

（3）相应专业的注册监理工程师不少于《专业资质注册监理工程师人数配备表》（附表 1）中要求配备的人数。

（4）有必要的质量管理体系和规章制度。

（5）有必要的工程试验检测设备。

（三）事务所资质标准

1. 取得合伙企业营业执照，具有书面合作协议书。

2. 合伙人中有 3 名以上注册监理工程师，合伙人均有 5 年以上从事建设工程监理的工作经历。

3. 有固定的工作场所。

4. 有必要的质量管理体系和规章制度。

5. 有必要的工程试验检测设备。

第八条 工程监理企业资质相应许可的业务范围如下：

（一）综合资质

可以承担所有专业工程类别建设工程项目的工程监理业务。

（二）专业资质

1. 专业甲级资质

可承担相应专业工程类别建设工程项目的工程监理业务（见附表 2）。

2. 专业乙级资质

可承担相应专业工程类别二级以下（含二级）建设工程项目的工程监理业务（见附表 2）。

3. 专业丙级资质

可承担相应专业工程类别三级建设工程项目的工程监理业务（见附表 2）。

（三）事务所资质

可承担三级建设工程项目的工程监理业务（见附表 2），但是，国家规定必须实行强制监理的工程除外。

工程监理企业可以开展相应类别建设工程的项目管理、技术咨询等业务。

第三章 资质申请和审批

第九条 申请综合资质、专业甲级资质的，应当向企业工商注册所在地的省、自治区、直辖市人民政府建设主管部门提出申请。

省、自治区、直辖市人民政府建设主管部门应当自受理申请之日起 20 日内初审完毕，并将初审意见和申请材料报国务院建设主管部门。

国务院建设主管部门应当自省、自治区、直辖市人民政府建设主管部门受理申请材料之日起 60 日内完成审查，公示审查意见，公示时间为 10 日。其中，涉及铁路、交通、水利、通信、民航等专业工程监理资质的，由国务院建设主管部门送国务院有关部门审核。国务院有关部门应当在 20 日内审核完毕，并将审核意见报国务院建设主管部门。国务院建设主管部门根据初审意见审批。

第十条 专业乙级、丙级资质和事务所资质由企业所在地省、自治区、直辖市人民政府建设主管部门审批。

专业乙级、丙级资质和事务所资质许可。延续的实施程序由省、自治区、直辖市人民政府建设主管部门依法确定。

省、自治区、直辖市人民政府建设主管部门应当自作出决定之日起 10 日内，将准予资质许可的决定报国务院建设主管部门备案。

第十一条 工程监理企业资质证书分为正本和副本，每套资质证书包括一本正本，四本副本。正、副本具有同等法律效力。

工程监理企业资质证书的有效期为 5 年。

工程监理企业资质证书由国务院建设主管部门统一印制并发放。

第十二条 申请工程监理企业资质，应当提交以下材料：

（一）工程监理企业资质申请表（一式三份）及相应电子文档；

（二）企业法人、合伙企业营业执照；

（三）企业章程或合伙人协议；

（四）企业法定代表人、企业负责人和技术负责人的身份证明、工作简历及任命（聘用）文件；

（五）工程监理企业资质申请表中所列注册监理工程师及其他注册执业人员的注册执业证书；

（六）有关企业质量管理体系、技术和档案等管理制度的证明材料；

（七）有关工程试验检测设备的证明材料。

取得专业资质的企业申请晋升专业资质等级或者取得专业甲级资质的企业申请综合资质的，除前款规定的材料外，还应当提交企业原工程监理企业资质证书正、副本复印件，企业《监理业务手册》及近两年已完成代表工程的监理合同、监理规划、工程竣工验收报告及监理工作总结。

第十三条 资质有效期届满，工程监理企业需要继续从事工程监理活动的，应当在资质证书有效期届满 60 日前，向原资质许可机关申请办理延续手续。

对在资质有效期内遵守有关法律、法规、规章、技术标准，信用档案中无不良记录，且专业技术人员满足资质标准要求的企业，经资质许可机关同意，有效期延续 5 年。

第十四条 工程监理企业在资质证书有效期内名称、地址、注册资本、法定代表人等发生变更的，应当在工商行政管理部门办理变更手续后 30 日内办理资质证书变更手续。

涉及综合资质、专业甲级资质证书中企业名称变更的，由国务院建设主管部门负责办理，并自受理申请之日起 3 日内办理变更手续。

前款规定以外的资质证书变更手续，由省、自治区、直辖市人民政府建设主管部门负责办理。省、自治区、直辖市人民政府建设主管部门应当自受理申请之日起 3 日内办理变更手续，并在办理资质证书变更手续后 15 日内将变更结果报国务院建设主管部门备案。

第十五条 申请资质证书变更，应当提交以下材料：

（一）资质证书变更的申请报告；

（二）企业法人营业执照副本原件；

（三）工程监理企业资质证书正、副本原件。

工程监理企业改制的，除前款规定材料外，还应当提交企业职工代表大会或股东大会关于企业改制或股权变更的决议、企业上级主管部门关于企业申请改制的批复文件。

第十六条 工程监理企业不得有下列行为：

（一）与建设单位串通投标或者与其他工程监理企业串通投标，以行贿手段谋取中标；

（二）与建设单位或者施工单位串通弄虚作假、降低工程质量；

（三）将不合格的建设工程、建筑材料、建筑构配件和设备按照合格签字；

（四）超越本企业资质等级或以其他企业名义承揽监理业务；

（五）允许其他单位或个人以本企业的名义承揽工程；

（六）将承揽的监理业务转包；

（七）在监理过程中实施商业贿赂；

（八）涂改、伪造、出借、转让工程监理企业资质证书；

（九）其他违反法律法规的行为。

第十七条 工程监理企业合并的，合并后存续或者新设立的工程监理企业可以承继合并前各方中较高的资质等级，但应当符合相应的资质等级条件。

工程监理企业分立的，分立后企业的资质等级，根据实际达到的资质条件，按照本规定的审批程序核定。

第十八条 企业需增补工程监理企业资质证书的(含增加、更换、遗失补办)，应当持资质证书增补申请及电子文档等材料向资质许可机关申请办理。遗失资质证书的，在申请补办前应当在公众媒体刊登遗失声明。资质许可机关应当自受理申请之日起 3 日内予以办理。

第四章 监 督 管 理

第十九条 县级以上人民政府建设主管部门和其他有关部门应当依照有关法律、法规和本规定，加强对工程监理企业资质的监督管理。

第二十条 建设主管部门履行监督检查职责时，有权采取下列措施：

（一）要求被检查单位提供工程监理企业资质证书、注册监理工程师注册执业证书，有关工程监理业务的文档，有关质量管理、安全生产管理、档案管理等企业内部管理制度的文件；

（二）进入被检查单位进行检查，查阅相关资料；

（三）纠正违反有关法律、法规和本规定及有关规范和标准的行为。

第二十一条 建设主管部门进行监督检查时，应当有两名以上监督检查人员参加，并出示执法证件，不得妨碍被检查单位的正常经营活动，不得索取或者收受财物、谋取其他利益。

有关单位和个人对依法进行的监督检查应当协助与配合，不得拒绝或者阻挠。

监督检查机关应当将监督检查的处理结果向社会公布。

第二十二条 工程监理企业违法从事工程监理活动的，违法行为发生地的县级以上地方人民政府建设主管部门应当依法查处，并将违法事实、处理结果或处理建议及时报告该工程监理企业资质的许可机关。

第二十三条 工程监理企业取得工程监理企业资质后不再符合相应资质条件的，资质许可机关根据利害关系人的请求或者依据职权，可以责令其限期改正；逾期不改的，可以撤回其资质。

第二十四条 有下列情形之一的，资质许可机关或者其上级机关，根据利害关系人的请求或者依据职权，可以撤销工程监理企业资质：

（一）资质许可机关工作人员滥用职权、玩忽职守作出准予工程监理企业资质许可的；

（二）超越法定职权作出准予工程监理企业资质许可的；

（三）违反资质审批程序作出准予工程监理企业资质许可的；

（四）对不符合许可条件的申请人作出准予工程监理企业资质许可的；

（五）依法可以撤销资质证书的其他情形。

以欺骗、贿赂等不正当手段取得工程监理企业资质证书的，应当予以撤销。

第二十五条 有下列情形之一的，工程监理企业应当及时向资质许可机关提出注销资质的申请，交回资质证书，国务院建设主管部门应当办理注销手续，公告其资质证书作废：

（一）资质证书有效期届满，未依法申请延续的；

（二）工程监理企业依法终止的；

（三）工程监理企业资质依法被撤销、撤回或吊销的；

（四）法律、法规规定的应当注销资质的其他情形。

第二十六条 工程监理企业应当按照有关规定，向资质许可机关提供真实、准确、完整的工程监理企业的信用档案信息。

工程监理企业的信用档案应当包括基本情况、业绩、工程质量和安全、合同违约等情况。被投诉举报和处理、行政处罚等情况应当作为不良行为记入其信用档案。

工程监理企业的信用档案信息按照有关规定向社会公示，公众有权查阅。

第五章 法 律 责 任

第二十七条 申请人隐瞒有关情况或者提供虚假材料申请工程监理企业资质的，资质许可机关不予受理或者不予行政许可，并给予警告，申请人在 1 年内不得再次申请工程监理企业资质。

第二十八条 以欺骗、贿赂等不正当手段取得工程监理企业资质证书的，由县级以上地方人民政府建设主管部门或者有关部门给予警告，并处 1 万元以上 2 万元以下的罚款，申请人 3 年内不得再次申请工程监理企业资质。

第二十九条 工程监理企业有本规定第十六条第七项、第八项行为之一的，由县级以上地方人民政府建设主管部门或者有关部门予以警告，责令其改正，并处 1 万元以上 3 万元以下的罚款；造成损失的，依法承担赔偿责任；构成犯罪的，依法追究刑事责任。

第三十条 违反本规定，工程监理企业不及时办理资质证书变更手续的，由资质许可机关责令限期办理；逾期不办理的，可处以 1000 元以上 1 万元以下的罚款。

第三十一条　工程监理企业未按照本规定要求提供工程监理企业信用档案信息的，由县级以上地方人民政府建设主管部门予以警告，责令限期改正；逾期未改正的，可处以1000元以上1万元以下的罚款。

第三十二条　县级以上地方人民政府建设主管部门依法给予工程监理企业行政处罚的，应当将行政处罚决定以及给予行政处罚的事实、理由和依据，报国务院建设主管部门备案。

第三十三条　县级以上人民政府建设主管部门及有关部门有下列情形之一的，由其上级行政主管部门或者监察机关责令改正，对直接负责的主管人员和其他直接责任人员依法给予处分；构成犯罪的，依法追究刑事责任：

（一）对不符合本规定条件的申请人准予工程监理企业资质许可的；

（二）对符合本规定条件的申请人不予工程监理企业资质许可或者不在法定期限内作出准予许可决定的；

（三）对符合法定条件的申请不予受理或者未在法定期限内初审完毕的；

（四）利用职务上的便利，收受他人财物或者其他好处的；

（五）不依法履行监督管理职责或者监督不力，造成严重后果的。

第六章　附　　则

第三十四条　本规定自2007年8月1日起施行。2001年8月29日建设部颁布的《工程监理企业资质管理规定》（建设部令第102号）同时废止。

附表：1. 专业资质注册监理工程师人数配备表

2. 专业工程类别和等级表

专业资质注册监理工程师人数配备表

附表1

（单位：人）

序号	工程类别	甲级	乙级	丙级
1	房屋建筑工程	15	10	5
2	冶炼工程	15	10	
3	矿山工程	20	12	
4	化工石油工程	15	10	
5	水利水电工程	20	12	5
6	电力工程	15	10	
7	农林工程	15	10	
8	铁路工程	23	14	
9	公路工程	20	12	5
10	港口与航道工程	20	12	
11	航天航空工程	20	12	
12	通信工程	20	12	
13	市政公用工程	15	10	5
14	机电安装工程	15	10	

注：表中各专业资质注册监理工程师人数配备是指企业取得本专业工程类别注册的注册监理工程师人数。

专业工程类别和等级表 附表2

序号	工程类别		一级	二级	三级
一	房屋建筑工程	一般公共建筑	28层以上；36m跨度以上(轻钢结构除外)；单项工程建筑面积3万㎡以上	14～28层；24～36m跨度(轻钢结构除外)；单项工程建筑面积1万～3万㎡	14层以下；24m跨度以下(轻钢结构除外)；单项工程建筑面积1万㎡以下
		高耸构筑工程	高度120m以上	高度70～120m	高度70m以下
		住宅工程	小区建筑面积12万㎡以上；单项工程28层以上	建筑面积6万～12万㎡；单项工程14～28层	建筑面积6万㎡以下；单项工程14层以下
二	冶炼工程	钢铁冶炼、连铸工程	年产100万t以上；单座高炉炉容1250m³以上；单座公称容量转炉100t以上；电炉50t以上；连铸年产100万t以上或板坯连铸单机1450mm以上	年产100万t以下；单座高炉炉容1250m³以下；单座公称容量转炉100t以下；电炉50t以下；连铸年产100万t以下或板坯连铸单机1450mm以下	
		轧钢工程	热轧年产100万t以上，装备连续、半连续轧机；冷轧带板年产100万t以上，冷轧线材年产30万t以上或装备连续、半连续轧机	热轧年产100万t以下，装备连续、半连续轧机；冷轧带板年产100万t以下，冷轧线材年产30万t以下或装备连续、半连续轧机	
		冶炼辅助工程	炼焦工程年产50万t以上或炭化室高度4.3m以上；单台烧结机100m²以上；小时制氧300m³以上	炼焦工程年产50万t以下或炭化室高度4.3m以下；单台烧结机100m²以下；小时制氧300m³以下	
		有色冶炼工程	有色冶炼年产10万t以上；有色金属加工年产5万t以上；氧化铝工程40万t以上	有色冶炼年产10万t以下；有色金属加工年产5万t以下；氧化铝工程40万t以下	
		建材工程	水泥日产2000t以上；浮化玻璃日熔量400t以上；池窑拉丝玻璃纤维、特种纤维；特种陶瓷生产线工程	水泥日产2000t以下；浮化玻璃日熔量400t以下；普通玻璃生产线；组合炉拉丝玻璃纤维；非金属材料、玻璃钢、耐火材料、建筑及卫生陶瓷厂工程	
三	矿山工程	煤矿工程	年产120万t以上的井工矿工程；年产120万t以上的洗选煤工程；深度800m以上的立井井筒工程；年产400万t以上的露天矿山工程	年产120万t以下的井工矿工程；年产120万t以下的洗选煤工程；深度800m以下的立井井筒工程；年产400万t以下的露天矿山工程	

序号	工程类别		一级	二级	三级
三	矿山工程	冶金矿山工程	年产100万t以上的黑色矿山采选工程；年产100万t以上的有色砂矿采、选工程；年产60万t以上的有色脉矿采、选工程	年产100万t以下的黑色矿山采选工程；年产100万t以下的有色砂矿采、选工程；年产60万t以下的有色脉矿采、选工程	
		化工矿山工程	年产60万t以上的磷矿、硫铁矿工程	年产60万t以下的磷矿、硫铁矿工程	
		铀矿工程	年产10万t以上的铀矿；年产200t以上的铀选冶	年产10万t以下的铀矿；年产200t以下的铀选冶	
		建材类非金属矿工程	年产70万t以上的石灰石矿；年产30万t以上的石膏矿、石英砂岩矿	年产70万t以下的石灰石矿；年产30万t以下的石膏矿、石英砂岩矿	
四	化工石油工程	油田工程	原油处理能力150万t/年以上、天然气处理能力150万m³/d以上、产能50万t以上及配套设施	原油处理能力150万t/年以下、天然气处理能力150万m³/d以下、产能50万t以下及配套设施	
		油气储运工程	压力容器8MPa以上；油气储罐10万m³/台以上；长输管道120km以上	压力容器8MPa以下；油气储罐10万m³/台以下；长输管道120km以下	
		炼油化工工程	原油处理能力在500万t/年以上的一次加工及相应二次加工装置和后加工装置	原油处理能力在500万t/年以下的一次加工及相应二次加工装置和后加工装置	
		基本原材料工程	年产30万t以上的乙烯工程；年产4万t以上的合成橡胶、合成树脂及塑料和化纤工程	年产30万t以下的乙烯工程；年产4万t以下的合成橡胶、合成树脂及塑料和化纤工程	
		化肥工程	年产20万t以上合成氨及相应后加工装置；年产24万t以上磷氨工程	年产20万t以下合成氨及相应后加工装置；年产24万t以下磷氨工程	
		酸碱工程	年产硫酸16万t以上；年产烧碱8万t以上；年产纯碱40万t以上	年产硫酸16万t以下；年产烧碱8万t以下；年产纯碱40万t以下	
		轮胎工程	年产30万套以上	年产30万套以下	
		核化工及加工工程	年产1000t以上的铀转换化工工程；年产100t以上的铀浓缩工程；总投资10亿元以上的乏燃料后处理工程；年产200t以上的燃料元件加工工程；总投资5000万元以上的核技术及同位素应用工程	年产1000t以下的铀转换化工工程；年产100t以下的铀浓缩工程；总投资10亿元以下的乏燃料后处理工程；年产200t以下的燃料元件加工工程；总投资5000万元以下的核技术及同位素应用工程	
		医药及其他化工工程	总投资1亿元以上	总投资1亿元以下	

续表

序号	工程类别		一级	二级	三级
五	水利水电工程	水库工程	总库容 1 亿 m³ 以上	总库容 1000 万～1 亿 m³	总库容 1000 万 m³ 以下
		水力发电站工程	总装机容量 300MW 以上	总装机容量 50MW～300MW	总装机容量 50MW 以下
		其他水利工程	引调水堤防等级 1 级；灌溉排涝流量 5m³/s 以上；河道整治面积 30 万亩以上；城市防洪城市人口 50 万人以上；围垦面积 5 万亩以上；水土保持综合治理面积 1000km² 以上	引调水堤防等级 2、3 级；灌溉排涝流量 0.5～5m³/s；河道整治面积 3 万～30 万亩；城市防洪城市人口 20 万～50 万人；围垦面积 0.5 万～5 万亩；水土保持综合治理面积 100～1000km²	引调水堤防等级 4、5 级；灌溉排涝流量 0.5m³/s 以下；河道整治面积 3 万亩以下；城市防洪城市人口 20 万人以下；围垦面积 0.5 万亩以下；水土保持综合治理面积 100km² 以下
六	电力工程	火力发电站工程	单机容量 30 万 kW 以上	单机容量 30 万 kW 以下	
		输变电工程	330kV 以上	330kV 以下	
		核电工程	核电站；核反应堆工程		
七	农林工程	林业局（场）总体工程	面积 35 万 hm² 以上	面积 35 万 hm² 以下	
		林产工业工程	总投资 5000 万元以上	总投资 5000 万元以下	
		农业综合开发工程	总投资 3000 万元以上	总投资 3000 万元以下	
		种植业工程	2 万亩以上或总投资 1500 万元以上	2 万亩以下或总投资 1500 万元以下	
		兽医/畜牧工程	总投资 1500 万元以上	总投资 1500 万元以下	
		渔业工程	渔港工程总投资 3000 万元以上；水产养殖等其他工程总投资 1500 万元以上	渔港工程总投资 3000 万元以下；水产养殖等其他工程总投资 1500 万元以下	
		设施农业工程	设施园艺工程 1hm² 以上；农产品加工等其他工程总投资 1500 万元以上	设施园艺工程 1hm² 以下；农产品加工等其他工程总投资 1500 万元以下	
		核设施退役及放射性三废处理处置工程	总投资 5000 万元以上	总投资 5000 万元以下	
八	铁路工程	铁路综合工程	新建、改建一级干线；单线铁路 40km 以上；双线 30km 以上及枢纽	单线铁路 40km 以下；双线 30km 以下；二级干线及站线；专用线、专用铁路	
		铁路桥梁工程	桥长 500m 以上	桥长 500m 以下	
		铁路隧道工程	单线 3000m 以上；双线 1500m 以上	单线 3000m 以下；双线 1500m 以下	
		铁路通信、信号、电力电气化工程	新建、改建铁路（含枢纽、配、变电所、分区亭）单双线 200km 及以上	新建、改建铁路（不含枢纽、配、变电所、分区亭）单双线 200km 及以下	

续表

序号	工程类别		一级	二级	三级
九	公路工程	公路工程	高速公路	高速公路路基工程及一级公路	一级公路路基工程及二级以下各级公路
		公路桥梁工程	独立大桥工程；特大桥总长1000m以上或单跨跨径150m以上	大桥、中桥桥梁总长30～1000m或单跨跨径20～150m	小桥总长30m以下或单跨跨径20m以下；涵洞工程
		公路隧道工程	隧道长度1000m以上	隧道长度500～1000m	隧道长度500m以下
		其他工程	通信、监控、收费等机电工程，高速公路交通安全设施、环保工程和沿线附属设施	一级公路交通安全设施、环保工程和沿线附属设施	二级及以下公路交通安全设施、环保工程和沿线附属设施
十	港口与航道工程	港口工程	集装箱、件杂、多用途等沿海港口工程20000t级以上；散货、原油沿海港口工程30000t级以上；1000t级以上内河港口工程	集装箱、件杂、多用途等沿海港口工程20000t级以下；散货、原油沿海港口工程30000t级以下；1000t级以下内河港口工程	
		通航建筑与整治工程	1000t级以上	1000t级以下	
		航道工程	通航30000t级以上船舶沿海复杂航道；通航1000t级以上船舶的内河航运工程项目	通航30000t级以下船舶沿海航道；通航1000t级以下船舶的内河航运工程项目	
		修造船水工工程	10000t位以上的船坞工程；船体重量5000t位以上的船台、滑道工程	10000t位以下的船坞工程；船体重量5000t位以下的船台、滑道工程	
		防波堤、导流堤等水工工程	最大水深6m以上	最大水深6m以下	
		其他水运工程项目	建安工程费6000万元以上的沿海水运工程项目；建安工程费4000万元以上的内河水运工程项目	建安工程费6000万元以下的沿海水运工程项目；建安工程费4000万元以下的内河水运工程项目	
十一	航天航空工程	民用机场工程	飞行区指标为4E及以上及其配套工程	飞行区指标为4D及以下及其配套工程	
		航空飞行器	航空飞行器（综合）工程总投资1亿元以上；航空飞行器（单项）工程总投资3000万元以上	航空飞行器（综合）工程总投资1亿元以下；航空飞行器（单项）工程总投资3000万元以下	
		航天空间飞行器	工程总投资3000万元以上；面积3000m²以上；跨度18m以上	工程总投资3000万元以下；面积3000m²以下；跨度18m以下	

序号	工程类别	一级	二级	三级
十二	通信工程	有线、无线传输通信工程，卫星、综合布线	省际通信、信息网络工程	省内通信、信息网络工程	
		邮政、电信、广播枢纽及交换工程	省会城市邮政、电信枢纽	地市级城市邮政、电信枢纽	
		发射台工程	总发射功率500kW以上短波或600kW以上中波发射台；高度200m以上广播电视发射塔	总发射功率500kW以下短波或600kW以下中波发射台；高度200m以下广播电视发射塔	
十三	市政公用工程	城市道路工程	城市快速路、主干路，城市互通式立交桥及单孔跨径100m以上桥梁；长度1000m以上的隧道工程	城市次干路工程，城市分离式立交桥及单孔跨径100m以下的桥梁；长度1000m以下的隧道工程	城市支路工程、过街天桥及地下通道工程
		给水排水工程	10万t/日以上的给水厂；5万t/日以上污水处理工程；3m³/s以上的给水、污水泵站；15m³/s以上的雨泵站；直径2.5m以上的给水排水管道	2万~10万t/日的给水厂；1万~5万t/日污水处理工程；1~3m³/s的给水、污水泵站；5~15m³/s的雨泵站；直径1~2.5m的给水管道；直径1.5~2.5m的排水管道	2万t/日以下的给水厂；1万t/日以下污水处理工程；1m³/s以下的给水、污水泵站；5m³/s以下的雨泵站；直径1m以下的给水管道；直径1.5m以下的排水管道
		燃气热力工程	总储存容积1000m³以上液化气贮罐站；供气规模15万m³/日以上的燃气工程；中压以上的燃气管道、调压站；供热面积150万m²以上的热力工程	总储存容积1000m³以下的液化气贮罐场（站）；供气规模15万m³/日以下的燃气工程；中压以下的燃气管道、调压站；供热面积50万~150万m²的热力工程	供热面积50万m²以下的热力工程
		垃圾处理工程	1200t/日以上的垃圾焚烧和填埋工程	500~1200t/日的垃圾焚烧及填埋工程	500t/日以下的垃圾焚烧及填埋工程
		地铁轻轨工程	各类地铁轻轨工程		
		风景园林工程	总投资3000万元以上	总投资1000万~3000万元	总投资1000万元以下
十四	机电安装工程	机械工程	总投资5000万元以上	总投资5000万以下	
		电子工程	总投资1亿元以上；含有净化级别6级以上的工程	总投资1亿元以下；含有净化级别6级以下的工程	
		轻纺工程	总投资5000万元以上	总投资5000万元以下	
		兵器工程	建安工程费3000万元以上的坦克装甲车辆、炸药、弹箭工程；建安工程费2000万元以上的枪炮、光电工程；建安工程费1000万元以上的防化民爆工程	建安工程费3000万元以下的坦克装甲车辆、炸药、弹箭工程；建安工程费2000万元以下的枪炮、光电工程；建安工程费1000万元以下的防化民爆工程	

续表

序号	工程类别		一级	二级	三级
十四	机电安装工程	船舶工程	船舶制造工程总投资1亿元以上；船舶科研、机械、修理工程总投资5000万元以上	船舶制造工程总投资1亿元以下；船舶科研、机械、修理工程总投资5000万元以下	
		其他工程	总投资5000万元以上	总投资5000万元以下	

说明

1. 表中的"以上"含本数，"以下"不含本数。

2. 未列入本表中的其他专业工程，由国务院有关部门按照有关规定在相应的工程类别中划分等级。

3. 房屋建筑工程包括结合城市建设与民用建筑修建的附建人防工程。

附录六　注册监理工程师管理规定

《注册监理工程师管理规定》已于 2005 年 12 月 31 日经建设部第 83 次常务会议讨论通过，现予发布，自 2006 年 4 月 1 日起施行。

建设部部长　汪光焘

二〇〇六年一月二十六日

第一章　总　则

第一条　为了加强对注册监理工程师的管理，维护公共利益和建筑市场秩序，提高工程监理质量与水平，根据《中华人民共和国建筑法》、《建设工程质量管理条例》等法律法规，制定本规定。

第二条　中华人民共和国境内注册监理工程师的注册、执业、继续教育和监督管理，适用本规定。

第三条　本规定所称注册监理工程师，是指经考试取得中华人民共和国监理工程师资格证书(以下简称资格证书)，并按照本规定注册，取得中华人民共和国注册监理工程师注册执业证书(以下简称注册证书)和执业印章，从事工程监理及相关业务活动的专业技术人员。

未取得注册证书和执业印章的人员，不得以注册监理工程师的名义从事工程监理及相关业务活动。

第四条　国务院建设主管部门对全国注册监理工程师的注册、执业活动实施统一监督管理。

县级以上地方人民政府建设主管部门对本行政区域内的注册监理工程师的注册、执业活动实施监督管理。

第二章　注　册

第五条　注册监理工程师实行注册执业管理制度。

取得资格证书的人员，经过注册方能以注册监理工程师的名义执业。

第六条　注册监理工程师依据其所学专业、工作经历、工程业绩，按照《工程监理企业资质管理规定》划分的工程类别，按专业注册。每人最多可以申请两个专业注册。

第七条　取得资格证书的人员申请注册，由省、自治区、直辖市人民政府建设主管部门初审，国务院建设主管部门审批。

取得资格证书并受聘于一个建设工程勘察、设计、施工、监理、招标代理、造价咨询等单位的人员，应当通过聘用单位向单位工商注册所在地的省、自治区、直辖市人民政府建设主管部门提出注册申请；省、自治区、直辖市人民政府建设主管部门受理后提出初审意见，并将初审意见和全部申报材料报国务院建设主管部门审批；符合条件的，由国务院建设主管部门核发注册证书和执业印章。

第八条 省、自治区、直辖市人民政府建设主管部门在收到申请人的申请材料后，应当即时作出是否受理的决定，并向申请人出具书面凭证；申请材料不齐全或者不符合法定形式的，应当在 5 日内一次性告知申请人需要补正的全部内容。逾期不告知的，自收到申请材料之日起即为受理。

对申请初始注册的，省、自治区、直辖市人民政府建设主管部门应当自受理申请之日起 20 日内审查完毕，并将申请材料和初审意见报国务院建设主管部门。国务院建设主管部门自收到省、自治区、直辖市人民政府建设主管部门上报材料之日起，应当在 20 日内审批完毕并作出书面决定，并自作出决定之日起 10 日内，在公众媒体上公告审批结果。

对申请变更注册、延续注册的，省、自治区、直辖市人民政府建设主管部门应当自受理申请之日起 5 日内审查完毕，并将申请材料和初审意见报国务院建设主管部门。国务院建设主管部门自收到省、自治区、直辖市人民政府建设主管部门上报材料之日起，应当在 10 日内审批完毕并作出书面决定。

对不予批准的，应当说明理由，并告知申请人享有依法申请行政复议或者提起行政诉讼的权利。

第九条 注册证书和执业印章是注册监理工程师的执业凭证，由注册监理工程师本人保管、使用。

注册证书和执业印章的有效期为 3 年。

第十条 初始注册者，可自资格证书签发之日起 3 年内提出申请。逾期未申请者，须符合继续教育的要求后方可申请初始注册。

申请初始注册，应当具备以下条件：

（一）经全国注册监理工程师执业资格统一考试合格，取得资格证书；

（二）受聘于一个相关单位；

（三）达到继续教育要求；

（四）没有本规定第十三条所列情形。

初始注册需要提交下列材料：

（一）申请人的注册申请表；

（二）申请人的资格证书和身份证复印件；

（三）申请人与聘用单位签订的聘用劳动合同复印件；

（四）所学专业、工作经历、工程业绩、工程类中级及中级以上职称证书等有关证明材料；

（五）逾期初始注册的，应当提供达到继续教育要求的证明材料。

第十一条 注册监理工程师每一注册有效期为 3 年，注册有效期满需继续执业的，应当在注册有效期满 30 日前，按照本规定第七条规定的程序申请延续注册。延续注册有效期 3 年。延续注册需要提交下列材料：

（一）申请人延续注册申请表；

（二）申请人与聘用单位签订的聘用劳动合同复印件；

（三）申请人注册有效期内达到继续教育要求的证明材料。

第十二条　在注册有效期内，注册监理工程师变更执业单位，应当与原聘用单位解除劳动关系，并按本规定第七条规定的程序办理变更注册手续，变更注册后仍延续原注册有效期。

变更注册需要提交下列材料：

（一）申请人变更注册申请表；

（二）申请人与新聘用单位签订的聘用劳动合同复印件；

（三）申请人的工作调动证明（与原聘用单位解除聘用劳动合同或者聘用劳动合同到期的证明文件、退休人员的退休证明）。

第十三条　申请人有下列情形之一的，不予初始注册、延续注册或者变更注册：

（一）不具有完全民事行为能力的；

（二）刑事处罚尚未执行完毕或者因从事工程监理或者相关业务受到刑事处罚，自刑事处罚执行完毕之日起至申请注册之日止不满 2 年的；

（三）未达到监理工程师继续教育要求的；

（四）在两个或者两个以上单位申请注册的；

（五）以虚假的职称证书参加考试并取得资格证书的；

（六）年龄超过 65 周岁的；

（七）法律、法规规定不予注册的其他情形。

第十四条　注册监理工程师有下列情形之一的，其注册证书和执业印章失效：

（一）聘用单位破产的；

（二）聘用单位被吊销营业执照的；

（三）聘用单位被吊销相应资质证书的；

（四）已与聘用单位解除劳动关系的；

（五）注册有效期满且未延续注册的；

（六）年龄超过 65 周岁的；

（七）死亡或者丧失行为能力的；

（八）其他导致注册失效的情形。

第十五条　注册监理工程师有下列情形之一的，负责审批的部门应当办理注销手续，收回注册证书和执业印章或者公告其注册证书和执业印章作废：

（一）不具有完全民事行为能力的；

（二）申请注销注册的；

（三）有本规定第十四条所列情形发生的；

（四）依法被撤销注册的；

（五）依法被吊销注册证书的；

（六）受到刑事处罚的；

（七）法律、法规规定应当注销注册的其他情形。

注册监理工程师有前款情形之一的，注册监理工程师本人和聘用单位应当及时向国务院建设主管部门提出注销注册的申请；有关单位和个人有权向国务院建设主管部门举报；县级以上地方人民政府建设主管部门或者有关部门应当及时报告或者告知国务院建设主管部门。

第十六条 被注销注册者或者不予注册者，在重新具备初始注册条件，并符合继续教育要求后，可以按照本规定第七条规定的程序重新申请注册。

第三章 执 业

第十七条 取得资格证书的人员，应当受聘于一个具有建设工程勘察、设计、施工、监理、招标代理、造价咨询等一项或者多项资质的单位，经注册后方可从事相应的执业活动。

从事工程监理执业活动的，应当受聘并注册于一个具有工程监理资质的单位。

第十八条 注册监理工程师可以从事工程监理、工程经济与技术咨询、工程招标与采购咨询、工程项目管理服务以及国务院有关部门规定的其他业务。

第十九条 工程监理活动中形成的监理文件由注册监理工程师按照规定签字盖章后方可生效。

第二十条 修改经注册监理工程师签字盖章的工程监理文件，应当由该注册监理工程师进行；因特殊情况，该注册监理工程师不能进行修改的，应当由其他注册监理工程师修改，并签字、加盖执业印章，对修改部分承担责任。

第二十一条 注册监理工程师从事执业活动，由所在单位接受委托并统一收费。

第二十二条 因工程监理事故及相关业务造成的经济损失，聘用单位应当承担赔偿责任；聘用单位承担赔偿责任后，可依法向负有过错的注册监理工程师追偿。

第四章 继 续 教 育

第二十三条 注册监理工程师在每一注册有效期内应当达到国务院建设主管部门规定的继续教育要求。继续教育作为注册监理工程师逾期初始注册、延续注册和重新申请注册的条件之一。

第二十四条 继续教育分为必修课和选修课，在每一注册有效期内各为48学时。

第五章 权 利 和 义 务

第二十五条 注册监理工程师享有下列权利：

（一）使用注册监理工程师称谓；

（二）在规定范围内从事执业活动；

（三）依据本人能力从事相应的执业活动；

（四）保管和使用本人的注册证书和执业印章；

（五）对本人执业活动进行解释和辩护；

（六）接受继续教育；

（七）获得相应的劳动报酬；

（八）对侵犯本人权利的行为进行申诉。

第二十六条 注册监理工程师应当履行下列义务：

（一）遵守法律、法规和有关管理规定；

（二）履行管理职责，执行技术标准、规范和规程；

（三）保证执业活动成果的质量，并承担相应责任；

（四）接受继续教育，努力提高执业水准；

（五）在本人执业活动所形成的工程监理文件上签字、加盖执业印章；

（六）保守在执业中知悉的国家秘密和他人的商业、技术秘密；

（七）不得涂改、倒卖、出租、出借或者以其他形式非法转让注册证书或者执业印章；

（八）不得同时在两个或者两个以上单位受聘或者执业；

（九）在规定的执业范围和聘用单位业务范围内从事执业活动；

（十）协助注册管理机构完成相关工作。

第六章 法 律 责 任

第二十七条 隐瞒有关情况或者提供虚假材料申请注册的，建设主管部门不予受理或者不予注册，并给予警告，1 年之内不得再次申请注册。

第二十八条 以欺骗、贿赂等不正当手段取得注册证书的，由国务院建设主管部门撤销其注册，3 年内不得再次申请注册，并由县级以上地方人民政府建设主管部门处以罚款，其中没有违法所得的，处以 1 万元以下罚款，有违法所得的，处以违法所得 3 倍以下且不超过 3 万元的罚款；构成犯罪的，依法追究刑事责任。

第二十九条 违反本规定，未经注册，擅自以注册监理工程师的名义从事工程监理及相关业务活动的，由县级以上地方人民政府建设主管部门给予警告，责令停止违法行为，处以 3 万元以下罚款；造成损失的，依法承担赔偿责任。

第三十条 违反本规定，未办理变更注册仍执业的，由县级以上地方人民政府建设主管部门给予警告，责令限期改正；逾期不改的，可处以 5000 元以下的罚款。

第三十一条 注册监理工程师在执业活动中有下列行为之一的，由县级以上地方人民政府建设主管部门给予警告，责令其改正，没有违法所得的，处以 1 万元以下罚款，有违法所得的，处以违法所得 3 倍以下且不超过 3 万元的罚款；造成损失的，依法承担赔偿责任；构成犯罪的，依法追究刑事责任：

（一）以个人名义承接业务的；

（二）涂改、倒卖、出租、出借或者以其他形式非法转让注册证书或者执业印章的；

（三）泄露执业中应当保守的秘密并造成严重后果的；

（四）超出规定执业范围或者聘用单位业务范围从事执业活动的；

（五）弄虚作假提供执业活动成果的；

（六）同时受聘于两个或者两个以上的单位，从事执业活动的；

（七）其他违反法律、法规、规章的行为。

第三十二条 有下列情形之一的，国务院建设主管部门依据职权或者根据利害关系人的请求，可以撤销监理工程师注册：

（一）工作人员滥用职权、玩忽职守颁发注册证书和执业印章的；

（二）超越法定职权颁发注册证书和执业印章的；

（三）违反法定程序颁发注册证书和执业印章的；

（四）对不符合法定条件的申请人颁发注册证书和执业印章的；

（五）依法可以撤销注册的其他情形。

第三十三条 县级以上人民政府建设主管部门的工作人员，在注册监理工程师管理工作中，有下列情形之一的，依法给予处分；构成犯罪的，依法追究刑事责任：

（一）对不符合法定条件的申请人颁发注册证书和执业印章的；

（二）对符合法定条件的申请人不予颁发注册证书和执业印章的；

（三）对符合法定条件的申请人未在法定期限内颁发注册证书和执业印章的；

（四）对符合法定条件的申请不予受理或者未在法定期限内初审完毕的；

（五）利用职务上的便利，收受他人财物或者其他好处的；

（六）不依法履行监督管理职责，或者发现违法行为不予查处的。

第七章 附 则

第三十四条 注册监理工程师资格考试工作按照国务院建设主管部门、国务院人事主管部门的有关规定执行。

第三十五条 香港特别行政区、澳门特别行政区、台湾地区及外籍专业技术人员，申请参加注册监理工程师注册和执业的管理办法另行制定。

第三十六条 本规定自 2006 年 4 月 1 日起施行。1992 年 6 月 4 日建设部颁布的《监理工程师资格考试和注册试行办法》（建设部令第 18 号)同时废止。

附录七 建设工程监理范围和规模标准规定

建设部第 86 号令
2001 年 1 月 17 日

第一条 为了确定必须实行监理的建设工程项目具体范围和规模标准,规范建设工程监理活动,根据《建设工程质量管理条例》,制定本规定。

第二条 下列建设工程必须实行监理:

(一)国家重点建设工程;

(二)大中型公用事业工程;

(三)成片开发建设的住宅小区工程;

(四)利用外国政府或者国际组织贷款、援助资金的工程;

(五)家规定必须实行监理的其他工程。

第三条 重点建设工程,是指依据《国家重点建设项目管理办法》所确定的对国民经济和社会发展有重大影响的骨干项目。

第四条 大中型公用事业工程,是指项目总投资额在 3000 万元以上的下列工程项目:

(一)供水、供电、供气、供热等市政工程项目;

(二)科技、教育、文化等项目;

(三)教育、旅游、商业等项目;

(四)卫生、社会福利等项目;

(五)其他公用事业项目。

第五条 开发建设的住宅小区工程,建筑面积在 5 万 m² 以上的住宅建设工程必须实行监理 35 万 m² 以下的住宅建设工程,可以实行监理,具体范围和规模标准,由省、自治区、直辖市人民政府建设行政主管部门规定。

为了保证住宅质量,对高层住宅及地基、结构复杂的多层住宅应当实行监理。

第六条 外国政府或者国际组织贷款、援助资金的工程范围包括:

(一)使用世界银行、亚洲开发银行等国际组织贷款资金的项目;

(二)使用国外政府及其机构贷款资金的项目;

(三)使用国际组织或者国外政府援助资金的项目。

第七条 国家规定必须实行监理的其他工程是指:

(一)项目总投资在 3000 万元以上关系社会公共利益、公共安全的下列基础设施项目:

(1)煤炭、石油、化工、天然气、电力、新能源等项目;

（2）铁路、公路、管道、水运、民航以及其他交通运输业等项目；

（3）邮政、电信枢纽、通信、信息网络等项目；

（4）防洪、灌溉、排涝、发电、引（供）水、滩涂治理、水资源保护、水土保持等水利建设项目；

（5）道路、桥梁、地铁和轻轨交通、污水排放及处理、垃圾处理、地下管道、公共停车场等城市基础设施项目；

（6）生态环境保护项目；

（7）其他基础设施项目。

（二）学校、影剧院、体育场馆项目。

第八条 国务院建设行政主管部门商同国务院有关部门后，可以对本规定确定的必须实行监理的建设工程具体范围和规模标准进行调整。

第九条 本规定由国务院建设行政主管部门负责解释。

第十条 本规定自发布之日起施行。

附录八　建设工程监理与相关服务收费管理规定

第一条　为规范建设工程监理与相关服务收费行为，维护发包人和监理人的合法权益，根据《中华人民共和国价格法》及有关法律、法规，制定本规定。

第二条　建设工程监理与相关服务，应当遵循公开、公平、公正、自愿和诚实信用的原则。依法须招标的建设工程，应通过招标方式确定监理人。监理服务招标应优先考虑监理单位的资信程度、监理方案的优劣等技术因素。

第三条　发包人和建立人应当遵守国家有关价格法律法规的规定，接受政府价格主管部门的监督、管理。

第四条　建设工程监理与相关服务收费根据建设项目性质不同情况，分别实行政府指导价或市场调节价。依法必须实行监理的建设工程施工阶段的监理收费实行政府指导价；其他建设工程施工阶段的监理收费和其他阶段的监理与相关服务收费实行市场调节价。

第五条　实行政府指导价的建设工程施工阶段监理收费，其基准价根据《建设工程监理与相关服务收费标准》计算，浮动幅度为上下20％。发包人和监理人应当根据建设工程的实际情况在规定的浮动幅度内协商确定收费额。实行市场调节价的建设工程监理与相关服务收费，由发包人和监理人协商确定收费额。

第六条　建设工程监理与相关服务收费，应当体现优质优价的原则。在保证工程质量的前提下，由于监理人提供的监理与相关服务节省投资，缩短工期，取得显著经济效益的，发包人可根据合同约定奖励监理人。

第七条　监理人应当按照《关于商品和服务实行明码标价的规定》，告知发包人有关服务项目、服务内容、服务质量、收费依据，以及收费标准。

第八条　建设工程监理与相关服务的内容、质量要求和相应的收费金额以及支付方式，由发包人和监理人在监理与相关服务合同中约定。

第九条　监理人提供的监理与相关服务，应当符合国家有关法律、法规和标准规范，满足合同约定的服务内容和质量等要求。监理人不得违反标准规范规定或合同约定，通过降低服务质量、减少服务内容等手段进行恶性竞争，扰乱正常市场秩序。

第十条　由于非监理人原因造成建设工程监理与相关服务工作量增加或减少的，发包人应当按照合同约定与监理人协商另行支付或扣减相应的监理与相关服务费用。

第十一条　由于监理人原因造成监理与相关服务工作量增加的，发包人不另行支付监理与相关服务费用。

监理人提供的监理与相关服务不符合国家有关法律、法规和标准规范的，提供的监理服务人员、执业水平和服务时间未达到监理工作要求的，不能满足合同约定的服务内容和质量等要求的，发包人可按合同约定扣减相应的监理与相关服务费用。

由于监理人工作失误给发包人造成经济损失的，监理人应当按照合同约定依法承担相应赔偿责任。

第十二条 违反本规定和国家有关价格法律、法规规定的，由政府价格主管部门依据《中华人民共和国价格法》、《价格违法行为行政处罚规定》予以处罚。

第十三条 本规定及所附《建设工程监理与相关服务收费标准》，由国家发展改革委会同建设部负责解释。

第十四条 本规定自 2007 年 5 月 1 日其施行，规定生效之日前已签订服务合同及在建项目的相关收费不再调整。原国家物价局与建设部联合发布的《关于发布工程建设监理费有关规定的通知》（［1992］价费字 479 号）同时废止。国务院有关部门及各地制定的相关规定与本规定相抵触的，以本规定为准。

附件：建设工程监理与相关服务收费标准

1 总则

1.0.1 建设工程监理与相关服务是指监理人接受发包人的委托，提供建设工程施工阶段的质量、进度、费用控制管理和安全生产监督管理、合同、信息等方面协调管理服务，以及勘察、设计、保修等阶段的相关服务；各阶段的工作内容见《建设工程监理与相关服务的主要工作内容》（附表一）。

1.0.2 建设工程监理与相关服务收费包括建设工程施工阶段的工程监理（以下简称"施工监理"）服务收费和勘察、设计、保修等阶段的相关服务（以下简称"其他阶段的相关服务"）收费。

1.0.3 铁路、水运、公路、水电、水库工程的施工监理服务收费按建筑安装工程费分档定额计费方式计算收费。其他工程的施工监理服务收费按照建设项目工程概算投资额分档定额计费方式计算收费。

1.0.4 其他阶段的相关服务收费一般按相关服务工作所需工日和《建设工程监理与相关服务人员人工日费用标准》（附表四）收费。

1.0.5 施工监理服务收费按照下列公式计算：

(1) 施工监理服务收费＝施工监理服务收费基准价×(1±浮动幅度值)

(2) 施工监理服务收费基准价＝施工监理服务收费基价×专业调整系数×工程复杂程度调整系数×高程调整系数

1.0.6 施工监理服务收费基价

施工监理服务收费基价是完成国家法律法规、规范规定的施工阶段监理基本服务内容的价格。施工监理服务收费基价按《施工监理服务收费基价表》（附表二）确定，计费额处于两个数值区间的，采用直线内插法确定施工监理服务收费基价。

1.0.7 施工监理服务收费基价

施工监理服务收费基价是完成国家法律法规、行业规范规定的基价和1.0.5(2)计算出的施工监理服务基准收费额。发包人与监理人根据项目的实际情况，在规定的浮动幅度范围内协商确定施工监理服务收费合同额。

1.0.8 施工监理服务收费的计费额

施工监理服务收费以建设项目工程概算投资额分档定额计费方式收费的，其计费额为工程概算中的建筑安装工程费、设备购置费和联合试运转费之和，即工程概算投资额。对设备购置费和联合试运转费占工程概算投资额 40% 以上的工程项目，其建筑安装工程费全部计入计费额，设备购置费和联合试运转费按 40% 的比例计入计费额。但其计费额不应小于建筑安装工程费与其相同且设备购置费和联合试运转费等于工程概算投资额 40% 的工程项目的计费额。

工程中有利用原有设备并进行安装调试服务的，以签订工程监理合同时同类设备的当期价格作为施工监理服务收费的计费额；工程中有缓配设备的，应扣除签订监理合同时同类设备的当期价格作为施工监理服务收费的计费额；工程中有引进设备的，按照购进设备的离岸价格折换成人民币作为施工监理服务收费的计费额。

施工监理服务收费以建筑安装工程费分档定额计费方式收费的，其计费额为工程概算中的建筑安装工程费。

作为施工监理服务收费计费额的建设项目工程概算投资额或建筑安装工程费均指每个监理合同中约定的工程项目范围的计费额。

1.0.9 施工监理服务收费调整系数

施工监理服务收费调整系数包括：专业调整系数、工程复杂程度调整系数和高程调整系数。

(1) 专业调整系数是对不同专业建设工程的施工监理工作复杂程度和工作量差异进行调整的系数。计算施工监理服务收费时，专业调整系数在《施工监理服务收费专业调整系数表》（附表三）中查找确定。

(2) 工程复杂程度调整系数是对同一专业不同建设工程项目的施工监理复杂程度和工作量差异进行调整的系数。工程复杂程度分为一般、较复杂和复杂三个等级，其调整系数分别为：一般（Ⅰ级）0.85；较复杂（Ⅱ级）1.0；复杂（Ⅲ级）1.15。计算施工监理服务收费时，工程复杂程度在相应章节的《工程复杂程度表》中查找确定。

(3) 高程调整系数如下：

海拔高程 2001m 以下的为 1；

海拔高程 2001～3000m 为 1.1；

海拔高程 3001～3500m 为 1.2；

海拔高程 3501～4000m 为 1.3；

海拔高程 4001m 以上的，高程调整系数由发包人和监理人协商确定。

1.0.10 发包人将施工监理服务中的某一部分工作单独发包给监理人，按照其占施工监理服务工作量的比例计算施工监理服务收费，其中质量控制和安全生产监督管理服务收费不宜低于施工监理服务收费额的 70%。

1.0.11 建设工程项目施工监理服务由两个或者两个以上监理人承担的，各监理人按照其占施工监理服务工作量的比例计算施工监理服务收费。发包人委托其中一个监理人对建设工程项目施工监理服务总负责的，该监理人按照各监理人合计监理服务收费额的 4%～6% 向发包人加收总体协调费。

1.0.12 本收费标准不包括本总则 1.0.1 以外的其他服务收费。其他服务收费，国家有规定的，从其规定；国家没有规定的，由发包人与监理人协商确定。

2 矿山采选工程

2.1 矿山采选工程范围

适用于有色金属、黑色冶金、化学、非金属、黄金、铀、煤炭以及其他矿种采选工程。

2.2 矿山采选工程复杂程度

2.2.1 采矿工程

采矿工程复杂程度表　　　　　　　　　　　　　　表 2.2-1

等级	工程特征
Ⅰ级	1. 地形、地质、水文条件简单； 2. 煤层、煤质稳定，全区可采，无岩浆岩侵入，无自然发火的矿井工程； 3. 立井筒垂深<300m，斜井筒斜长<500m； 4. 矿田地形为Ⅰ、Ⅱ类，煤层赋存条件属Ⅰ、Ⅱ类，可采煤层2层及以下，煤层埋藏深度<100m，采用单一开采工艺的煤炭露天采矿工程； 5. 两种矿石品种，有分采、分贮、分运设施的露天采矿工程； 6. 矿体埋藏垂深<120m的山坡与深凹露天矿； 7. 矿石品种单一，斜井，平硐溜井，主、副、风井条数<4条的矿井工程
Ⅱ级	1. 地形、地质、水文条件较复杂； 2. 低瓦斯、偶见少量岩浆岩、自然发火倾向小的矿井工程； 3. 300m≤立井筒垂深<800m，500m≤斜井筒斜长<1000m，表土层厚度<300m； 4. 矿田地形为Ⅲ类及以上，煤层赋存条件属Ⅲ类，煤层结构复杂，可采煤层多于2层，煤层埋藏深度≥100m，采用综合开采工艺的煤炭露天采矿工程； 5. 有两种矿石品种，主、副、风井条数≥4条，有分采、分贮、分运设施的矿井工程； 6. 两种以上开拓运输方式，多采场的露天矿； 7. 矿体埋藏垂深≥120m的深凹露天矿； 8. 采金工程
Ⅲ级	1. 地形、地质、水文条件复杂； 2. 水患严重、有岩浆岩侵入、有自然发火危险的矿井工程； 3. 地压大，地温局部偏高，煤尘具爆炸性，高瓦斯矿井，煤层及瓦斯突出的矿井工程； 4. 立井筒垂深≥800m，斜井筒斜长≥1000m，表土层厚度≥300m； 5. 开采运输系统复杂，斜井胶带，联合开拓运输系统，有复杂的疏干、排水系统及设施； 6. 两种以上矿石品种，有分采、分贮、分运设施，采用充填采矿法或特殊采矿法的各类采矿工程； 7. 铀矿采矿工程

2.2.2 选矿工程

选矿工程复杂程度表　　　　　　　　　　　　　　表 2.2-2

等级	工程特征
Ⅰ级	1. 新建筛选厂（车间）工程； 2. 处理易选矿石，单一产品及选矿方法的选矿工程
Ⅱ级	1. 新建和改扩建入洗下限≥25mm选煤厂工程； 2. 两种矿产品及选矿方法的选矿工程
Ⅲ级	1. 新建和改扩建入洗下限<25mm选煤厂、水煤浆制备及燃烧应用工程； 2. 两种以上矿产品及选矿方法的选矿工程

3 加工冶炼工程

3.1 加工冶炼工程范围

适用于机械、船舶、兵器、航空、航天、电子、核加工、轻工、纺织、商物粮、建材、钢铁、有色等各类加工工程，钢铁、有色等冶炼工程。

3.2 加工冶炼工程复杂程度

加工冶炼工程复杂程度表   表 3.2-1

等级	工程特征
Ⅰ级	1. 一般机械辅机及配套厂工程； 2. 船舶辅机及配套厂，船舶普航仪器厂，吊车道工程； 3. 防化民爆工程、光电工程； 4. 文体用品、玩具、工艺美术品、日用杂品、金属制品厂等工程； 5. 针织、服装厂工程； 6. 小型林产加工工程； 7. 小型冷库、屠宰厂，制冰厂，一般农业（粮食）与内贸加工工程； 8. 普通水泥、砖瓦水泥制品厂工程； 9. 一般简单加工及冶炼辅助单体工程和单体附属工程； 10. 小型、技术简单的建筑铝材、铜材加工及配套工程
Ⅱ级	1. 试验站（室）、试车台、计量检测站、自动化立体和多层仓库工程； 2. 造船厂、修船厂、坞修车间、船台滑道、海洋开发工程设备厂、水声设备及水中兵器厂工程； 3. 坦克装甲车车辆、枪炮工程； 4. 航空装配厂、维修厂、辅机厂，航空、航天试验测试及零部件厂，航天产品部装厂工程； 5. 电子整机及基础产品项目工程，显示器件项目工程； 6. 食品发酵烟草工程、制糖工程、制盐及盐化工工程、皮革毛皮及其制品工程、家电及日用机械工程、日用硅酸盐工程； 7. 纺织工程； 8. 林产加工工程； 9. 商物粮加工工程； 10. ＜2000t/d 的水泥生产线，普通玻璃、陶瓷、耐火材料工程、特种陶瓷生产线工程，新型建筑材料工程； 11. 焦化、耐火材料、烧结球团及辅助、加工和配套工程、有色、钢铁冶炼等辅助、加工和配套工程
Ⅲ级	1. 机械主机制造厂工程； 2. 船舶工业特种涂装车间，干船坞工程； 3. 火炸药及火工品工程、弹箭引信工程； 4. 航空主机厂、航天产品总装厂工程； 5. 微电子产品项目工程、电子特种环境工程、电子系统工程； 6. 核燃料元/组件、铀浓缩、核技术及同位素应用工程； 7. 制浆造纸工程、日用化工工程； 8. 印染工程； 9. ≥2000t/d 的水泥生产线，浮法玻璃生产线； 10. 有色、钢铁冶炼（含连铸）工程，轧钢工程

4 石油化工工程

4.1 石油化工工程范围

适用于石油、天然气、石油化工、化工、火化工、核化工、化纤、医药工程。

4.2 石油化工工程复杂程度

石油化工工程复杂程度表   表 4.2-1

等级	工程特征
Ⅰ级	1. 油气田井口装置和内部集输管线，油气计量站、接转站等场站、总容积＜50000m³ 或品种＜5 种的独立油库工程； 2. 平原微丘陵地区长距离油、气、水煤浆等各种介质的输送管道和中间场站工程； 3. 无机盐、橡胶制品、混配肥工程； 4. 石油化工工程的辅助生产设施和公用工程

等级	工程特征
Ⅱ级	1. 油气田原油脱水转油站、油气水联合处理站、总容积≥50000m³ 或品种≥5 种的独立油库、天然气处理和轻烃回收厂站、三次采油回注水处理工程；硫磺回收及下游装置、稠油及三次采油联合处理站、油气田天然气液化及提氢、地下储气库； 2. 山区沼泽地带长距离油、气、水煤浆等各种介质的输送管道和首站、末站、压气站、调度中心工程； 3. 500 万 t/年以下的常、减压蒸馏及二次加工装置，丁烯氧化脱氢、MTBE、丁二烯抽提、乙腈生产装置工程； 4. 磷肥、农药、精细化工、生物化工、化纤工程； 5. 医药工程； 6. 冷冻、脱盐、联合控制室、中高压热力站、环境监测、工业监视、三级污水处理工程
Ⅲ级	1. 海上油气田工程； 2. 长输管道的穿跨越工程； 3. 500 万 t/年以上的常减压蒸馏及二次加工装置，芳烃抽提、芳烃(PX)，乙烯、精对苯二甲酸等单体原料，合成材料，LPG、LNG 低温储存运输设施工程； 4. 合成氨、制酸、制碱、复合肥、火化工、煤化工工程； 5. 核化工、放射性药品工程

5 水利电力工程

5.1 水利电力工程范围

适用于水利、发电、送电、变电、核能工程。

5.2 水利电力工程复杂程度

水利、发电、送电、变电、核能工程复杂程度表　　　　　表 5.2-1

等级	工程特征
Ⅰ级	1. 单机容量 200MW 及以下凝汽式机组发电工程，燃气轮机发电工程，50MW 及以下供热机组发电工程； 2. 电压等级 220kV 及以下的送电、变电工程； 3. 最大坝高<70m，边坡高度<50m，基础处理深度<20m 的水库水电工程； 4. 施工明渠导流建筑物与土石围堰； 5. 总装机容量<50MW 的水电工程； 6. 单洞长度<1km 的隧洞； 7. 无特殊环保要求
Ⅱ级	1. 单机容量 300～600MW 凝汽式机组发电工程，单机容量 50MW 及以上供热机组发电工程，新能源发电工程(可再生能源、风电、潮汐等)； 2. 电压等级 330kV 的送电、变电工程； 3. 70m≤最大坝高<100m 或 1000 万 m³≤库容<1 亿 m³ 的水库水电工程； 4. 地下洞室的跨度<15m，50m≤边坡高度<100 m，20m≤基础处理深度<40 m 的水库水电工程； 5. 施工隧洞导流建筑物(洞径<10 m)或混凝土围堰(最大堰高<20 m)； 6. 50MW≤总装机容量<1000MW 的水电工程； 7. 1km≤单洞长度<4km 的隧洞； 8. 工程位于省级重点环境(生态)保护区内，或毗邻省级重点环境(生态)保护区，有较高的环保要求
Ⅲ级	1. 单机容量 600MW 以上凝汽式机组发电工程； 2. 换流站工程，电压等级≥500kV 送电、变电工程； 3. 核能工程； 4. 最大坝高≥100m 或库容≥1 亿 m³ 的水库水电工程； 5. 地下洞室的跨度≥15m，边坡高度≥100m，基础处理深度≥40 m 的水库水电工程； 6. 施工隧洞导流建筑物(洞径≥10m)或混凝土围堰(最大堰高≥20m)； 7. 总装机容量≥1000MW 的水库水电工程； 8. 单洞长度≥4km 的水工隧洞； 9. 工程位于国家级重点环境(生态)保护区内，或毗邻国家级重点环境(生态)保护区，有特殊的环保要求

5.3 其他水利工程

其他水利工程复杂程度表 表 5.3-1

等级	工程特征
Ⅰ级	1. 流量<15m³/s 的引调水渠道管线工程； 2. 堤防等级Ⅴ级的河道治理建(构)筑物及河道堤防工程； 4. 灌区田间工程； 5. 水土保持工程
Ⅱ级	1. 15m³/s≤流量<25m³/s 引调水渠道管线工程； 2. 引调水工程中的建筑物工程； 3. 丘陵、山区、沙漠地区的引调水渠道管线工程； 4. 堤防等级Ⅲ、Ⅳ级的河道治理建(构)筑物及河道堤防工程
Ⅲ级	1. 流量≥25m³/s 的引调水渠道管线工程； 2. 丘陵、山区、沙漠地区的引调水建筑物工程； 3. 堤防等级Ⅰ、Ⅱ级的河道治理建(构)筑物及河道堤防工程； 4. 护岸、防波堤、围堰、人工岛、围垦工程，城镇防洪、河口整治工程

6 交通运输工程

6.1 交通运输工程范围

适用于铁路、公路、水运、城市交通、民用机场、索道工程。

6.2 交通运输工程复杂程度

6.2.1 铁路工程

铁路工程复杂程度表 表 6.2-1

等级	工程特征
Ⅰ级	Ⅰ.Ⅱ、Ⅲ、Ⅳ级铁路
Ⅱ级	1. 时速 200km 客货共线； 2. Ⅰ级铁路； 3. 货运专线； 4. 独立特大桥； 5. 独立隧道
Ⅲ级	1. 客运专线； 2. 技术特别复杂的工程

注：1. 复杂程度调整系数Ⅰ级为 0.85，Ⅱ级为 1，Ⅲ为 0.95；
　　2. 复杂等级Ⅱ级的新建双线复杂程度调整系数为 0.85。

6.2.2 公路、城市道路、轨道交通、索道工程

公路、城市道路、轨道交通、索道工程复杂程度表 表 6.2-2

等级	工程特征
Ⅰ级	1. 三级、四级公路及相应的机电工程； 2. 一级公路、二级公路的机电工程
Ⅱ级	1. 一级公路、二级公路； 2. 高速公路的机电工程； 3. 城市道路、广场、停车场工程
Ⅲ级	1. 高速公路工程； 2. 城市地铁、轻轨； 3. 客(货)运索道工程

注：穿越山岭重丘区的复杂程度Ⅱ、Ⅲ级公路工程项目的部分复杂程度调整系数分别为 1.1 和 1.26。

6.2.3 公路桥梁、城市桥梁和隧道工程

公路桥梁、城市桥梁和隧道工程复杂程度表 　　　　　表 6.2-3

等级	工程特征
Ⅰ级	1. 总长＜1000m 或单孔跨径＜150m 的公路桥梁； 2. 长度＜1000m 的隧道工程； 3. 人行天桥、涵洞工程
Ⅱ级	1. 总长≥1000m 或 150m≤单孔跨径＜250m 的公路桥梁； 2. 1000m≤长度＜3000m 的隧道工程； 3. 城市桥梁、分离式立交桥、地下通道工程
Ⅲ级	1. 主跨≥250m 拱桥，单跨≥250m 预应力混凝土连续结构，≥400m 斜拉桥，≥800m 悬索桥； 2. 连拱隧道、水底隧道、长度≥3000m 的隧道工程； 3. 城市互通式立交桥

6.2.4 水运工程

水运工程复杂程度表 　　　　　表 6.2-4

等级	工程特征
Ⅰ级	1. 沿海港口、航道工程：码头＜1000t 级，航道＜5000t 级； 2. 内河港口、航道整治、通航建筑工程：码头、航道整治、船闸＜100t 级； 3. 修造船厂水工工程：船坞、舾装码头＜3000t 级，船台、滑道船体重量＜1000t； 4. 各类疏浚、吹填、造陆工程
Ⅱ级	1. 沿海港口、航道工程：1000t 级≤码头≤10000t 级，5000 t 级≤航道＜30000t 级，护岸、引堤、防波堤等建筑物； 2. 油、气等危险品码头工程＜1000t 级； 3. 内河港口、航道整治、通航建筑工程：100t 级≤码头＜1000t 级，100t 级≤航道整治＜1000t 级，100t 级≤船闸＜500 t 级，升船机＜300t 级； 4. 修造船厂水工工程：3000t 级≤船坞、舾装码头＜10000t 级，1000t≤船台、滑道船体重量＜5000t
Ⅲ级	1. 沿海港口、航道工程：码头≥10000t 级，航道≥30000t 级； 2. 油、气等危险品码头工程≥1000t 级； 3. 内河港口、航道整治、通航建筑工程：码头、航道整治≥1000t 级，船闸≥500t 级，升船机≥300t 级； 4. 航运(电)枢纽工程； 5. 修造船厂水工工程：船坞、舾装码头≥10000t 级，船台、滑道船体重量≥5000t； 6. 水上交通管制工程

6.2.5 民用机场工程

民用机场工程复杂程度表 　　　　　表 6.2-5

等级	工程特征
Ⅰ级	3C 及以下场道、空中交通管制及助航灯光工程(项目单一或规模较小工程)
Ⅱ级	4C、4D 场道及空中交通管制及助航灯光工程(中等规模工程)
Ⅲ级	4E 及以上场道、空中交通管制及助航灯光工程(大型综合工程含配套措施)

注：工程项目规模划分标准见《民用机场飞行区技术标准》。

7 建筑市政工程

7.1 建筑市政工程范围

适用于建筑、人防、市政公用、园林绿化、电信、广播电视、邮政、电信工程。

7.2 建筑市政工程复杂程度

7.2.1 建筑、人防工程

建筑、人防工程复杂程度表   表 7.2-1

等级	工程特征
I 级	1. 高度<24m 的公共建筑和住宅工程； 2. 跨度<24m 厂房和仓储建筑工程； 3. 室外工程及简单的配套用房； 4. 高度<70m 的高耸构筑物
II 级	1. 24m≤高度<50m 的公共建筑工程； 2. 24m≤跨度<36m 厂房和仓储建筑工程； 3. 高度≥24m 的住宅工程； 4. 仿古建筑，一般标准的古建筑、保护性建筑以及地下建筑工程； 5. 装饰、装修工程； 6. 防护级别为四级及以下的人防工程； 7. 70m≤高度<120m 的高耸构筑物
III 级	1. 高度≥50m 或跨度≥36m 的厂房和仓储建筑工程； 2. 高标准的古建筑、保护性建筑； 3. 防护级别为四级以上的人防工程； 4. 高度≥120m 的高耸构筑物

7.2.2 市政公用、园林绿化工程

市政公用、园林绿化工程复杂程度表   表 7.2-2

等级	工程特征
I 级	1. $DN<1.0m$ 的给排水地下管线工程； 2. 小区内燃气管道工程； 3. 小区供热管网工程，<2MW 的小型换热站工程； 4. 小型垃圾中转站，简易堆肥工程
II 级	1. $DN≥1.0m$ 的给水排水地下管线工程；<3m³/s 的给水、污水泵站；<10 万 t/d 给水厂工程，<5万 t/d 污水处理厂工程； 2. 城市中、低压燃气管网(站)，<1000 m³ 液化气贮罐场(站)； 3. 锅炉房，城市供热管网工程，≥2MW 换热站工程； 4. ≥100t/d 的大型垃圾中转站，垃圾填埋工程； 5. 园林绿化工程
III 级	1. ≥3m³/s 的给水、污水泵站，≥10 万 t/d 给水厂工程，≥5 万 t/d 污水处理厂工程； 2. 城市高压燃气管网(站)，≥1000 m³ 液化气贮罐场(站)； 3. 垃圾焚烧工程； 4. 海底排污管线，海水取排水、淡化及处理工程

7.2.3　广播电视、邮政、电信工程

广播电视、邮政、电信工程复杂程度表　　　　　　　　表 7.2-3

等级	工程特征
Ⅰ级	1. 广播电视中心设备(广播 2 套及以下，电视 3 套及以下)工程； 2. 中短波发射台(中波单机功率 $P<1kW$，短波单机功率 $P<50kW$)工程； 3. 电视、调频发射塔(台)设备(单机功率 $P<1kW$)工程； 4. 广播电视收测台设备工程；三级邮件处理中心工艺工程
Ⅱ级	1. 广播电视中心设备(广播 3～5 套，电视 4～6 套)工程； 2. 中短波发射台(中波单机功率 $1kW≤P<20kW$，短波单机功率 $50kW≤P<150kW$)工程； 3. 电视、调频发射塔(台)设备(中波单机功率 $1kW≤P<10kW$，塔高$<200m$)工程； 4. 广播电视传输网络工程；二级邮件处理中心工艺工程； 5. 电声设备、演播厅、录(播)音馆、摄影棚设备工程； 6. 广播电视卫星地球站、微波站设备工程； 7. 电信工程
Ⅲ级	1. 广播电视中心设备(广播 6 套以上，电视 7 套以上)工程； 2. 中短波发射台设备(中波单机功率 $P≥20kW$，短波单机功率 $P≥150kW$)工程； 3. 电视、调频发射塔(台)设备(中波单机功率 $P≥10kW$，塔高$≥200m$)工程； 4. 一级邮件处理中心工艺工程

8　农业林业工程

8.1　农业林业工程范围

适用于农业、林业工程。

8.2　农业林业工程复杂程度

农业、林业工程复杂程度为Ⅱ级。

建设工程监理与相关服务的主要工作内容　　　　　　　　附表一

服务阶段	具体服务范围构成	备注
勘察阶段	协助发包人编制勘察要求、选择勘察单位，核查勘察方案并监督实施和进行相应的控制，参与验收勘察成果	建设工程勘察、设计、施工、保修等阶段监理与相关服务的具体工作内容执行国家、行业有关规范、规定
设计阶段	协助发包人编制设计要求、选择设计单位，组织评选设计方案，对各设计单位进行协调管理，监督合同履行，审查设计进度计划并监督实施，核查设计大纲和设计深度、使用技术规范合理性，提出设计评估报告(包括各阶段设计的核查意见和优化建议)，协助审核设计概算	
施工阶段	施工过程中的质量、进度、费用控制，安全生产监督管理、合同、信息等方面的协调管理	
保修阶段	检查和记录工程质量缺陷，对缺陷原因进行调查分析并确定责任归属，审核修复方案，监督修复过程并验收，审核修复费用	

施工监理服务收费基价表　　　　　　　　附表二

单位：万元

序号	计费额	收费基价
1	500	16.5
2	1000	30.1
3	3000	78.1

续表

序号	计费额	收费基价
4	5000	120.8
5	8000	181.0
6	10000	218.6
7	20000	393.4
8	40000	708.2
9	60000	991.4
10	80000	1255.8
11	100000	1507.0
12	200000	2712.5
13	400000	4882.6
14	600000	6835.6
15	800000	8658.4
16	1000000	10390.1

注：计费额大于1000000万元的，以计费额乘以1.039%的收费率计算收费基价。其他未包含的其收费由双方协商议定。

施工监理服务收费专业调整系数表　　　　　　　　附表三

工程类型	专业调整系数
1. 矿山采选工程	
黑色、有色、黄金、化学、非金属及其他矿采选工程	0.9
选煤及其他煤炭工程	1.0
矿井工程，铀矿采选工程	1.1
2. 加工冶炼工程	
冶炼工程	0.9
船舶水工工程	1.0
各类加工	1.0
核加工工程	1.2
3. 石油化工工程	
石油工程	0.9
化工、石化、化纤、医药工程	1.0
核化工工程	1.2
4. 水利电力工程	
风力发电、其他水利工程	0.9
火电工程、送变电工程	1.0
核能、水电、水库工程	1.2
5. 交通运输工程	
机场场道、助航灯光工程	0.9
铁路、公路、城市道路、轻轨及机场空管工程	1.0
水运、地铁、桥梁、隧道、索道工程	1.1
6. 建筑市政工程	
园林绿化工程	0.8
建筑、人防、市政公用工程	1.0
邮政、电信、广播电视工程	1.0
7. 农业林业工程	
农业工程	0.9
林业工程	0.9

建设工程监理与相关服务人员人工日费用标准　　　　　附表四

建设工程监理与相关服务人员职级	工日费用标准（元）
一、高级专家	1000～1200
二、高级专业技术职称的监理与相关服务人员	800～1000
三、中级专业技术职称的监理与相关服务人员	600～800
四、初级及以下专业技术职称监理与相关服务人员	300～600

　　注：本表适用于提供短期服务的人工费用标准。

附录九 房屋建筑工程和市政基础设施工程实行见证取样和送检的规定

建建［2000］211号

第一条 规范房屋建筑工程和市政基础设施工程中涉及结构安全的试块、试件和材料的见证取样和送检工作，保证工程质量，根据《建设工程质量管理条例》，制定本规定。

第二条 凡从事房屋建筑工程和市政基础设施工程的新建、扩建、改建等有关活动，应当遵守本规定。

第三条 本规定所称见证取样和送检是指在建设单位或工程监理单位人员的见证下，由施工单位的现场试验人员对工程中涉及结构安全的试块、试件和材料在现场取样，并送至经过省级以上建设行政主管部门对其计量认证的质量检测单位（以下简称"检测单位"）进行检测。

第四条 国务院建设行政主管部门对全国房屋建筑工程和市政基础设施工程的见证取样和送检工作实施统一监督管理。

县级以上地方人民政府建设行政主管部门对本行政区域内的房屋建筑工程和市政基础设施工程的见证取样和送检工作实施监督管理。

第五条 涉及结构安全的试块、试件和材料见证取样和送检的比例不得低于有关技术标准中规定应取样数量的30％。

第六条 下列试块、试件和材料必须实施见证取样和送检：

（一）用于承重结构的混凝土试块；

（二）用于承重墙体的砌筑砂浆试块；

（三）用于承重结构的钢筋及连接接头试件；

（四）用于承重墙的砖和混凝土小型砌块；

（五）用于拌制混凝土和砌筑砂浆的水泥；

（六）用于承重结构的混凝土中使用的掺加剂；

（七）地下、屋面、厕浴间使用的防水材料；

（八）国家规定必须实行见证取样和送检的其他试块、试件和材料。

第七条 见证人员应由建设单位或该工程的监理单位具备建筑施工试验知识的专业技术人员担任，并应由建设单位或该工程的监理单位书面通知施工单位、检测单位和负责该项工程的质量监督机构。

第八条 在施工过程中，见证人员应按照见证取样和送检计划，对施工现场的取样和送检进行见证，取样人员应在试样或其包装上作出标识、封志。标识和封志应标明工程名称、取样部位、取样日期、样品名称和样品数量，并由见证人员和取样人员签字。见证人员应制作见证记录，并将见证记录归入施工技术档案。

见证人员和取样人员应对试样的代表性和真实性负责。

第九条 见证取样的试块、试件和材料送检时，应由送检单位填写委托单，委托单应有见证人员和送检人员签字。检测单位应检查委托单及试样上的标识和封志，确认无误后方可进行检测。

第十条 检测单位应严格按照有关管理规定和技术标准进行检测，出具公正、真实、准确的检测报告。见证取样和送检的检测报告必须加盖见证取样检测的专用章。

第十一条 本规定由国务院建设行政主管部门负责解释。

第十二条 本规定自发布之日起施行。

附录十　危险性较大的分部分项工程安全管理办法

关于印发《危险性较大的分部分项工程安全管理办法》的通知

建质〔2009〕87号

为进一步规范和加强对危险性较大的分部分项工程安全管理，积极防范和遏制建筑施工生产安全事故的发生，我们组织修订了《危险性较大的分部分项工程安全管理办法》，现印发给你们，请遵照执行。

中华人民共和国住房和城乡建设部

二○○九年五月十三日

第一条　为加强对危险性较大的分部分项工程安全管理，明确安全专项施工方案编制内容，规范专家论证程序，确保安全专项施工方案实施，积极防范和遏制建筑施工生产安全事故的发生，依据《建设工程安全生产管理条例》及相关安全生产法律法规制定本办法。

第二条　本办法适用于房屋建筑和市政基础设施工程(以下简称"建筑工程")的新建、改建、扩建、装修和拆除等建筑安全生产活动及安全管理。

第三条　本办法所称危险性较大的分部分项工程是指建筑工程在施工过程中存在的、可能导致作业人员群死群伤或造成重大不良社会影响的分部分项工程。危险性较大的分部分项工程范围见附件一。

危险性较大的分部分项工程安全专项施工方案(以下简称"专项方案")，是指施工单位在编制施工组织(总)设计的基础上，针对危险性较大的分部分项工程单独编制的安全技术措施文件。

第四条　建设单位在申请领取施工许可证或办理安全监督手续时，应当提供危险性较大的分部分项工程清单和安全管理措施。施工单位、监理单位应当建立危险性较大的分部分项工程安全管理制度。

第五条　施工单位应当在危险性较大的分部分项工程施工前编制专项方案；对于超过一定规模的危险性较大的分部分项工程，施工单位应当组织专家对专项方案进行论证。超过一定规模的危险性较大的分部分项工程范围见附件二。

第六条　建筑工程实行施工总承包的，专项方案应当由施工总承包单位组织编制。其中，起重机械安装拆卸工程、深基坑工程、附着式升降脚手架等专业工程实行分包的，其专项方案可由专业承包单位组织编制。

第七条　专项方案编制应当包括以下内容：

(一)工程概况：危险性较大的分部分项工程概况、施工平面布置、施工要求和技术保证条件。

（二）编制依据：相关法律、法规、规范性文件、标准、规范及图纸（国标图集）、施工组织设计等。

（三）施工计划：包括施工进度计划、材料与设备计划。

（四）施工工艺技术：技术参数、工艺流程、施工方法、检查验收等。

（五）施工安全保证措施：组织保障、技术措施、应急预案、监测监控等。

（六）劳动力计划：专职安全生产管理人员、特种作业人员等。

（七）计算书及相关图纸。

第八条 专项方案应当由施工单位技术部门组织本单位施工技术、安全、质量等部门的专业技术人员进行审核。经审核合格的，由施工单位技术负责人签字。实行施工总承包的，专项方案应当由总承包单位技术负责人及相关专业承包单位技术负责人签字。

不需专家论证的专项方案，经施工单位审核合格后报监理单位，由项目总监理工程师审核签字。

第九条 超过一定规模的危险性较大的分部分项工程专项方案应当由施工单位组织召开专家论证会。实行施工总承包的，由施工总承包单位组织召开专家论证会。

下列人员应当参加专家论证会：

（一）专家组成员；

（二）建设单位项目负责人或技术负责人；

（三）监理单位项目总监理工程师及相关人员；

（四）施工单位分管安全的负责人、技术负责人、项目负责人、项目技术负责人、专项方案编制人员、项目专职安全生产管理人员；

（五）勘察、设计单位项目技术负责人及相关人员。

第十条 专家组成员应当由 5 名及以上符合相关专业要求的专家组成。

本项目参建各方的人员不得以专家身份参加专家论证会。

第十一条 专家论证的主要内容：

（一）专项方案内容是否完整、可行；

（二）专项方案计算书和验算依据是否符合有关标准规范；

（三）安全施工的基本条件是否满足现场实际情况。

专项方案经论证后，专家组应当提交论证报告，对论证的内容提出明确的意见，并在论证报告上签字。该报告作为专项方案修改完善的指导意见。

第十二条 施工单位应当根据论证报告修改完善专项方案，并经施工单位技术负责人、项目总监理工程师、建设单位项目负责人签字后，方可组织实施。

实行施工总承包的，应当由施工总承包单位、相关专业承包单位技术负责人签字。

第十三条 专项方案经论证后需做重大修改的，施工单位应当按照论证报告修改，并重新组织专家进行论证。

第十四条 施工单位应当严格按照专项方案组织施工，不得擅自修改、调整专项方案。

如因设计、结构、外部环境等因素发生变化确需修改的，修改后的专项方案应当按本办法第八条重新审核。对于超过一定规模的危险性较大工程的专项方案，施工单位应当重新组织专家进行论证。

第十五条 专项方案实施前，编制人员或项目技术负责人应当向现场管理人员和作业人员进行安全技术交底。

第十六条 施工单位应当指定专人对专项方案实施情况进行现场监督和按规定进行监测。发现不按照专项方案施工的，应当要求其立即整改；发现有危及人身安全紧急情况的，应当立即组织作业人员撤离危险区域。

施工单位技术负责人应当定期巡查专项方案实施情况。

第十七条 对于按规定需要验收的危险性较大的分部分项工程，施工单位、监理单位应当组织有关人员进行验收。验收合格的，经施工单位项目技术负责人及项目总监理工程师签字后，方可进入下一道工序。

第十八条 监理单位应当将危险性较大的分部分项工程列入监理规划和监理实施细则，应当针对工程特点、周边环境和施工工艺等，制定安全监理工作流程、方法和措施。

第十九条 监理单位应当对专项方案实施情况进行现场监理；对不按专项方案实施的，应当责令整改，施工单位拒不整改的，应当及时向建设单位报告；建设单位接到监理单位报告后，应当立即责令施工单位停工整改；施工单位仍不停工整改的，建设单位应当及时向住房城乡建设主管部门报告。

第二十条 各地住房城乡建设主管部门应当按专业类别建立专家库。专家库的专业类别及专家数量应根据本地实际情况设置。

专家名单应当予以公示。

第二十一条 专家库的专家应当具备以下基本条件：

（一）诚实守信、作风正派、学术严谨；

（二）从事专业工作15年以上或具有丰富的专业经验；

（三）具有高级专业技术职称。

第二十二条 各地住房城乡建设主管部门应当根据本地区实际情况，制定专家资格审查办法和管理制度并建立专家诚信档案，及时更新专家库。

第二十三条 建设单位未按规定提供危险性较大的分部分项工程清单和安全管理措施，未责令施工单位停工整改的，未向住房城乡建设主管部门报告的；施工单位未按规定编制、实施专项方案的；监理单位未按规定审核专项方案或未对危险性较大的分部分项工程实施监理的；住房城乡建设主管部门应当依据有关法律法规予以处罚。

第二十四条 各地住房城乡建设主管部门可结合本地区实际，依照本办法制定实施细则。

第二十五条 本办法自颁布之日起实施。原《关于印发〈建筑施工企业安全生产管理机构设置及专职安全生产管理人员配备办法〉和〈危险性较大工程安全专项施工方案编制及专家论证审查办法〉的通知》（建质〔2004〕213号）中的《危险性较大工程安全专项施工方案编制及专家论证审查办法》废止。

附件一 危险性较大的分部分项工程范围

一、基坑支护、降水工程

开挖深度超过 3m(含 3m)或虽未超过 3m 但地质条件和周边环境复杂的基坑(槽)支护、降水工程。

二、土方开挖工程

开挖深度超过 3m(含 3m)的基坑(槽)的土方开挖工程。

三、模板工程及支撑体系

(一)各类工具式模板工程:包括大模板、滑模、爬模、飞模等工程。

(二)混凝土模板支撑工程:搭设高度 5m 及以上;搭设跨度 10m 及以上;施工总荷载 10kN/m² 及以上;集中线荷载 15kN/m 及以上;高度大于支撑水平投影宽度且相对独立无联系构件的混凝土模板支撑工程。

(三)承重支撑体系:用于钢结构安装等满堂支撑体系。

四、起重吊装及安装拆卸工程

(一)采用非常规起重设备、方法,且单件起吊重量在 10KN 及以上的起重吊装工程。

(二)采用起重机械进行安装的工程。

(三)起重机械设备自身的安装、拆卸。

五、脚手架工程

(一)搭设高度 24m 及以上的落地式钢管脚手架工程。

(二)附着式整体和分片提升脚手架工程。

(三)悬挑式脚手架工程。

(四)吊篮脚手架工程。

(五)自制卸料平台、移动操作平台工程。

(六)新型及异型脚手架工程。

六、拆除、爆破工程

(一)建筑物、构筑物拆除工程。

(二)采用爆破拆除的工程。

七、其他

(一)建筑幕墙安装工程。

(二)钢结构、网架和索膜结构安装工程。

(三)人工挖扩孔桩工程。

(四)地下暗挖、顶管及水下作业工程。

(五)预应力工程。

(六)采用新技术、新工艺、新材料、新设备及尚无相关技术标准的危险性较大的分部分项工程。

附件二 超过一定规模的危险性较大的分部分项工程范围

一、深基坑工程

(一)开挖深度超过 5m(含 5m)的基坑(槽)的土方开挖、支护、降水工程。

(二)开挖深度虽未超过 5m,但地质条件、周围环境和地下管线复杂,或影响毗邻建筑(构筑)物安全的基坑(槽)的土方开挖、支护、降水工程。

二、模板工程及支撑体系

(一)工具式模板工程:包括滑模、爬模、飞模工程。

（二）混凝土模板支撑工程：搭设高度 8m 及以上；搭设跨度 18m 及以上；施工总荷载 15kN/m² 及以上；集中线荷载 20kN/m 及以上。

（三）承重支撑体系：用于钢结构安装等满堂支撑体系，承受单点集中荷载 700kg 以上。

三、起重吊装及安装拆卸工程

（一）采用非常规起重设备、方法，且单件起吊重量在 100kN 及以上的起重吊装工程。

（二）起重量 300kN 及以上的起重设备安装工程；高度 200m 及以上内爬起重设备的拆除工程。

四、脚手架工程

（一）搭设高度 50m 及以上落地式钢管脚手架工程。

（二）提升高度 150m 及以上附着式整体和分片提升脚手架工程。

（三）架体高度 20m 及以上悬挑式脚手架工程。

五、拆除、爆破工程

（一）采用爆破拆除的工程。

（二）码头、桥梁、高架、烟囱、水塔或拆除中容易引起有毒有害气（液）体或粉尘扩散、易燃易爆事故发生的特殊建、构筑物的拆除工程。

（三）可能影响行人、交通、电力设施、通信设施或其他建、构筑物安全的拆除工程。

（四）文物保护建筑、优秀历史建筑或历史文化风貌区控制范围的拆除工程。

六、其他

（一）施工高度 50m 及以上的建筑幕墙安装工程。

（二）跨度大于 36m 及以上的钢结构安装工程；跨度大于 60m 及以上的网架和索膜结构安装工程。

（三）开挖深度超过 16m 的人工挖孔桩工程。

（四）地下暗挖工程、顶管工程、水下作业工程。

（五）采用新技术、新工艺、新材料、新设备及尚无相关技术标准的危险性较大的分部分项工程。

附录十一　房屋建筑工程和市政基础设施工程竣工验收暂行规定

建建〔2000〕142 号

为贯彻《建设工程质量管理条例》，规范房屋建筑工程和市政基础设施工程的竣工验收，保证工程质量，现将《房屋建筑工程和市政基础设施工程竣工验收暂行规定》印发给你们，请结合实际认真贯彻执行。

中华人民共和国建设部

二〇〇〇年六月三十日

房屋建筑工程和市政基础设施工程竣工验收暂行规定

第一条　为规范房屋建筑工程和市政基础设施工程的竣工验收，保证工程质量，根据《中华人民共和国建筑法》和《建设工程质量管理条例》，制订本规定。

第二条　凡在中华人民共和国境内新建、扩建、改建的各类房屋建筑工程和市政基础设施工程的竣工验收（以下简称工程竣工验收），应当遵守本规定。

第三条　国务院建设行政主管部门负责全国工程竣工验收的监督管理工作。

县级以上地方人民政府建设行政主管部门负责本行政区域内工程竣工验收的监督管理工作。

第四条　工程竣工验收工作，由建设单位负责组织实施。

县级以上地方人民政府建设行政主管部门应当委托工程质量监督机构对工程竣工验收实施监督。

第五条　工程符合下列要求方可进行竣工验收：

（一）完成工程设计和合同约定的各项内容。

（二）施工单位在工程完工后对工程质量进行了检查，确认工程质量符合有关法律、法规和工程建设强制性标准，符合设计文件及合同要求，并提出工程竣工报告。工程竣工报告应经项目经理和施工单位有关负责人审核签字。

（三）对于委托监理的工程项目，监理单位对工程进行了质量评估，具有完整的监理资料，并提出工程质量评估报告。工程质量评估报告应经总监理工程师和监理单位有关负责人审核签字。

（四）勘察、设计单位对勘察、设计文件及施工过程中由设计单位签署的设计变更通知书进行了检查，并提出质量检查报告。质量检查报告应经该项目勘察、设计负责人和勘察、设计单位有关负责人审核签字。

（五）有完整的技术档案和施工管理资料。

（六）有工程使用的主要建筑材料、建筑构配件和设备的进场试验报告。

（七）建设单位已按合同约定支付工程款。

（八）有施工单位签署的工程质量保修书。

（九）城乡规划行政主管部门对工程是否符合规划设计要求进行检查，并出具认可文件。

（十）有公安消防、环保等部门出具的认可文件或者准许使用文件。

（十一）建设行政主管部门及其委托的工程质量监督机构等有关部门责令整改的问题全部整改完毕。

第六条 工程竣工验收应当按以下程序进行：

（一）工程完工后，施工单位向建设单位提交工程竣工报告，申请工程竣工验收。实行监理的工程，工程竣工报告须经总监理工程师签署意见。

（二）建设单位收到工程竣工报告后，对符合竣工验收要求的工程，组织勘察、设计、施工、监理等单位和其他有关方面的专家组成验收组，制定验收方案。

（三）建设单位应当在工程竣工验收 7 个工作日前将验收的时间、地点及验收组名单书面通知负责监督该工程的工程质量监督机构。

（四）建设单位组织工程竣工验收：

1. 建设、勘察、设计、施工、监理单位分别汇报工程合同履约民政部和在工程建设各个环节执行法律、法规和工程建设强制性标准的情况；

2. 审阅建设、勘察、设计、施工、监理单位的工程档案资料；

3. 实地查验工程质量；

4. 对工程勘察、设计、施工、设备安装质量和各管理环节等方面作出全面评价，形成经验收组人员签署的工程竣工验收意见。

参与工程竣工验收的建设、勘察、设计、施工、监理等各方不能形成一致意见时，应当协商提出解决的方法，待意见一致后，重新组织工程竣工验收。

第七条 工程竣工验收合格后，建设单位应当及时提出工程竣工验收报告。工程竣工验收报告主要包括工程概况，建设单位执行基本建设程序情况，对工程勘察、设计、施工、监理等方面的评价，工程竣工验收时间、程序、内容和组织形式，工程竣工验收意见等内容。

工程竣工验收报告还应附有下列文件：

（一）施工许可证。

（二）施工图设计文件审查意见。

（三）本规定第五条（二）、（三）、（四）、（九）、（十）项规定的文件。

（四）验收组人员签署的工程竣工验收意见。

（五）市政基础设施工程应附有质量检测和功能性试验资料。

（六）施工单位签署的工程质量保修书。

（七）法规、规章规定的其他有关文件。

第八条 负责监督该工程的工程质量监督机构应当对工程竣工验收的组织形式、验收程序、执行验收标准等情况进行现场监督，发现有违反建设工程质量管理规定行为的，责令改正，并将对工程竣工验收的监督情况作为工程质量监督报告的重要内容。

　　第九条　建设单位应当自工程竣工验收合格之日起 15 日内，依照《房屋建筑工程和市政基础设施工程竣工验收备案管理暂行办法》的规定，向工程所在地的县级以上地方人民政府建设行政主管部门备案。

　　第十条　抢险救灾工程、临时性房屋建筑工程和农民自建低层住宅工程，不适用本规定。

　　第十一条　军事建设工程的管理，按照中央军事委员会的有关规定执行。

　　第十二条　省、自治区、直辖市人民政府建设主管部门可以根据本规定制定实施细则。

　　第十三条　本规定由国务院建设行政主管部门负责解释。

　　第十四条　本规定自发布之日起施行。

附录十二　关于培育发展工程总承包和工程项目管理企业的指导意见

建市〔2003〕30 号

为了深化我国工程建设项目组织实施方式改革，培育发展专业化的工程总承包和工程项目管理企业，现提出指导意见如下：

一、推行工程总承包和工程项目管理的重要性和必要性

工程总承包和工程项目管理是国际通行的工程建设项目组织实施方式。积极推行工程总承包和工程项目管理，是深化我国工程建设项目组织实施方式改革，提高工程建设管理水平，保证工程质量和投资效益，规范建筑市场秩序的重要措施；是勘察、设计、施工、监理企业调整经营结构，增强综合实力，加快与国际工程承包和管理方式接轨，适应社会主义市场经济发展和加入世界贸易组织后新形势的必然要求；是贯彻党的十六大关于"走出去"的发展战略，积极开拓国际承包市场，带动我国技术、机电设备及工程材料的出口，促进劳务输出，提高我国企业国际竞争力的有效途径。

各级建设行政主管部门要统一思想，提高认识，采取有效措施，切实加强对工程总承包和工程项目管理活动的指导，及时总结经验，促进我国工程总承包和工程项目管理的健康发展。

二、工程总承包的基本概念和主要方式

（一）工程总承包是指从事工程总承包的企业（以下简称工程总承包企业）受业主委托，按照合同约定对工程项目的勘察、设计、采购、施工、试运行（竣工验收）等实行全过程或若干阶段的承包。

（二）工程总承包企业按照合同约定对工程项目的质量、工期、造价等向业主负责。工程总承包企业可依法将所承包工程中的部分工作发包给具有相应资质的分包企业；分包企业按照分包合同的约定对总承包企业负责。

（三）工程总承包的具体方式、工作内容和责任等，由业主与工程总承包企业在合同中约定。工程总承包主要有如下方式：

1. 设计采购施工（EPC）/交钥匙总承包

设计采购施工总承包是指工程总承包企业按照合同约定，承担工程项目的设计、采购、施工、试运行服务等工作，并对承包工程的质量、安全、工期、造价全面负责。交钥匙总承包是设计采购施工总承包业务和责任的延伸，最终是向业主提交一个满足使用功能、具备使用条件的工程项目。

2. 设计—施工总承包（D—B）

设计—施工总承包是指工程总承包企业按照合同约定，承担工程项目设计和施工，并

对承包工程的质量、安全、工期、造价全面负责。

根据工程项目的不同规模、类型和业主要求，工程总承包还可采用设计—采购总承包(E—P)、采购—施工总承包(P—C)等方式。

三、工程项目管理的基本概念和主要方式

(一)工程项目管理是指从事工程项目管理的企业(以下简称工程项目管理企业)受业主委托，按照合同约定，代表业主对工程项目的组织实施进行全过程或若干阶段的管理和服务。

(二)工程项目管理企业不直接与该工程项目的总承包企业或勘察、设计、供货、施工等企业签订合同，但可以按合同约定，协助业主与工程项目的总承包企业或勘察、设计、供货、施工等企业签订合同，并受业主委托监督合同的履行。

(三)工程项目管理的具体方式及服务内容、权限、取费和责任等，由业主与工程项目管理企业在合同中约定。工程项目管理主要有如下方式：

1. 项目管理服务(PM)

项目管理服务是指工程项目管理企业按照合同约定，在工程项目决策阶段，为业主编制可行性研究报告，进行可行性分析和项目策划；在工程项目实施阶段，为业主提供招标代理、设计管理、采购管理、施工管理和试运行(竣工验收)等服务，代表业主对工程项目进行质量、安全、进度、费用、合同、信息等管理和控制。工程项目管理企业一般应按照合同约定承担相应的管理责任。

2. 项目管理承包(PMC)

项目管理承包是指工程项目管理企业按照合同约定，除完成项目管理服务(PM)的全部工作内容外，还可以负责完成合同约定的工程初步设计(基础工程设计)等工作。对于需要完成工程初步设计(基础工程设计)工作的工程项目管理企业，应当具有相应的工程设计资质。项目管理承包企业一般应当按照合同约定承担一定的管理风险和经济责任。

根据工程项目的不同规模、类型和业主要求，还可采用其他项目管理方式。

四、进一步推行工程总承包和工程项目管理的措施

(一)鼓励具有工程勘察、设计或施工总承包资质的勘察、设计和施工企业，通过改造和重组，建立与工程总承包业务相适应的组织机构、项目管理体系，充实项目管理专业人员，提高融资能力，发展成为具有设计、采购、施工(施工管理)综合功能的工程公司，在其勘察、设计或施工总承包资质等级许可的工程项目范围内开展工程总承包业务。

工程勘察、设计、施工企业也可以组成联合体对工程项目进行联合总承包。

(二)鼓励具有工程勘察、设计、施工、监理资质的企业，通过建立与工程项目管理业务相适应的组织机构、项目管理体系，充实项目管理专业人员，按照有关资质管理规定在其资质等级许可的工程项目范围内开展相应的工程项目管理业务。

(三)打破行业界限，允许工程勘察、设计、施工、监理等企业，按照有关规定申请取得其他相应资质。

(四)工程总承包企业可以接受业主委托，按照合同约定承担工程项目管理业务，但不应在同一个工程项目上同时承担工程总承包和工程项目管理业务，也不应与承担工程总承包或者工程项目管理业务的另一方企业有隶属关系或者其他利害关系。

（五）对于依法必须实行监理的工程项目，具有相应监理资质的工程项目管理企业受业主委托进行项目管理，业主可不再另行委托工程监理，该工程项目管理企业依法行使监理权利，承担监理责任；没有相应监理资质的工程项目管理企业受业主委托进行项目管理，业主应当委托监理。

（六）各级建设行政主管部门要加强与有关部门的协调，认真贯彻《国务院办公厅转发外经贸部等部门关于大力发展对外承包工程意见的通知》（国办发［2000］32号）精神，使有关融资、担保、税收等方面的政策落实到重点扶持发展的工程总承包企业和工程项目管理企业，增强其国际竞争实力，积极开拓国际市场。

鼓励大型设计、施工、监理等企业与国际大型工程公司以合资或合作的方式，组建国际型工程公司或项目管理公司，参加国际竞争。

（七）提倡具备条件的建设项目，采用工程总承包、工程项目管理方式组织建设。

鼓励有投融资能力的工程总承包企业，对具备条件的工程项目，根据业主的要求，按照建设—转让（BT）、建设—经营—转让（BOT）、建设—拥有—经营（BOO）、建设—拥有—经营—转让（BOOT）等方式组织实施。

（八）充分发挥行业协会和高等院校的作用，进一步开展工程总承包和工程项目管理的专业培训，培养工程总承包和工程项目管理的专业人才，适应国内外工程建设的市场需要。

有条件的行业协会、高等院校和企业等，要加强对工程总承包和工程项目管理的理论研究，开发工程项目管理软件，促进我国工程总承包和工程项目管理水平的提高。

（九）本指导意见自印发之日起实施。1992年11月17日建设部颁布的《设计单位进行工程总承包资格管理的有关规定》（建设［1992］805号）同时废止。

中华人民共和国建设部
二○○三年二月十三日